科创探梦

第 42 届北京青少年科技创新大赛评鉴

北京青少年科技创新大赛组委会　编

科学出版社

北　京

内 容 简 介

本书精选了第42届北京青少年科技创新大赛的优秀作品，包括少年儿童科学幻想画、青少年科技实践活动、青少年科技创新成果、科技辅导员科技教育创新成果、青少年创客作品、创客教师教案/论文，涵盖生命科学、工程学、环境科学、物理与天文学、数学、行为和社会科学、计算机科学与信息技术等，旨在展现青少年的创新思维和实践能力,促进北京市各区青少年科技创新活动的广泛开展和科技教育水平的不断提升。此外，书中还提供了科学研究、论文写作等方面的指导和建议。

本书可作为北京青少年科技创新大赛的参赛指南，也可供科技教育、STEAM教育师生参考。

图书在版编目（CIP）数据

科创探梦：第42届北京青少年科技创新大赛评鉴/北京青少年科技创新大赛组委会编.—北京：科学出版社，2024.5
　ISBN　978-7-03-077108-7

　Ⅰ.①科⋯　Ⅱ.①北⋯　Ⅲ.①青少年 – 科学技术 – 校外活动 – 概况 –北京 – 2023　Ⅳ.①N19

中国国家版本馆CIP数据核字（2023）第228587号

责任编辑:许寒雪　杨　凯/责任制作:付永杰　魏　谨
责任印制:肖　兴/封面设计:杨安安

斜 学 出 版 社 出版
北京东黄城根北街16号
邮政编码：100717
http://www.sciencep.com

北京科信印刷有限公司印刷
科学出版社发行各地新华书店经销

*

2024年5月第　一　版　　开本：787×1092　1/16
2024年5月第一次印刷　　印张：24
字数：480 000

定价：158.00元
（如有印装质量问题，我社负责调换）

编委会

目　录

第一部分
综述与赛事解读

第二部分
青少年科技创新大赛优秀作品展示

◆ **中学组科技创新成果** …………………………………………………… 109

第三部分
青少年创客国际交流展示活动案例摘编

附　录

第一部分
综述与赛事解读

北京青少年科技创新大赛：培养科技素养和创新能力的摇篮

一、目的与意义

北京青少年科技创新大赛（以下简称"创新大赛"）旨在为对科学研究充满兴趣、乐于参与科研实践活动的青少年群体搭建一个展示交流的平台。通过参与创新大赛，青少年可以接触各种科技领域和创新项目，感受科技发展为生活带来的便利，从而对科技产生兴趣。这种兴趣不仅可以激发他们学习科技知识的积极性，还可以激发他们主动探索和创造的欲望。除此以外，在参与创新大赛的过程中，青少年可以通过朋辈交流碰撞出更多的创意。

二、比赛主题和要求

近年来，创新大赛以"发现、创新、责任"为主题，设置 6 个赛项，即面向青少年的科技创新成果、创客作品、科技实践活动和科学幻想画；面向科技辅导员的科技教育创新成果、创客教师作品。对于面向青少年的赛项，申报者需为北京市在校中小学生且有北京市学籍的个人或学生团体；对于面向科技辅导员的赛项，申报者需为中小学校科学教师、科技辅导员，各级教育研究机构、校外科技教育机构和活动场所的科技教育工作者。具体申报要求详见活动规则最新修订版文件（在北京科学中心官方网站查询）。

三、比赛的评审

比赛重点考察参赛学生的科研潜质和创新素养，从 5 个维度进行评审。

1. 科研潜质

参赛学生对科学具有浓厚的兴趣，对研究成果具有强烈分享意愿，具有一定的科学素养和严谨的科学态度；参赛学生对于科学研究工作的基本规律和方法有一定理解，基础科学理论知识掌握扎实、运用准确。

2. 作品选题

作品选题符合青少年认知能力和成长特点，研究方法和研究技术合理可行，实验材料和仪器设备能够合规获取和使用。

3. 作品水平

① 创新性：作品的立意、观点、研究方法等有新意、有创见。

② 科学性：作品符合客观科学规律，论点明确，论据充分；研究方法和技术方案合理。

③ 完整性：作品已取得阶段性研究成果；有足够的科学研究工作量（调查、实验、制作、求证等）；原始实验数据和研究日志等记录规范、资料齐全，研究和分析数据充分，有说服力。

④ 实用性：作品所取得的研究成果能够实际应用。

4. 研究过程

学生具备开展科学研究的基本素质和能力；能够理解作品相关的基本科学原理和概念，掌握或了解涉及的研究方法和关键技术。学生是作品创新点提出、实施和验证的主要贡献者，能够清晰且准确理解和回答研究的核心问题；能够意识到作品的局限性。

5. 现场表现

学生逻辑清晰、语言得当；展示的作

品结构完整；展板内容齐全，设计新颖；展示资料齐全，作品展示效果好。

此外，学生作品重点考查：作品选题是否符合该年龄段学生的思维方式、知识结构和实施能力；对于调查、实验、制作、求证等科学探究方法的应用；收集和获取证据、整理信息、分析数据、得出结论的能力；作品是否有阶段性研究成果。如果是集体作品还要考查团队合作情况，团队成员分工是否合理，每个成员是否均对作品的完成有实质贡献。

评审程序包括资格审查、初评和终评3个阶段。

1. 资格审查

包括形式审查和学术审查两部分。

① 形式审查：审查申报材料是否存在问题或缺失。申报者可在组委会规定的修改时间内对申报材料进行修改或补充。

② 学术审查：审查参赛者是否存在违反科研诚信和行为规范的问题。如经大赛科学道德和伦理审查委员会审议确认存在问题，则取消相关人员参赛资格。

2. 初 评

通过资格审查的作品进入初评阶段，此阶段根据提交的项目材料进行评审，根据比例确定进入终评的项目。

3. 终 评

① 等级奖：终评基于多对多交流的综合素质考查和对参赛作品问辩的创新素养考查进行定级。入围终评的作品须申报者本人参加终评活动，如未参加将视为自动放弃参赛资格，由此产生的名额空缺不予递补。

② 专项奖：由设奖单位评选，专项奖评审原则不得与大赛评审原则相悖。

四、比赛所需素养和素质

参加大赛的学生需要具备的核心素养和综合素质如下。

1. 核心素养

① 观察能力：能够从不同角度观察事物、思考问题，从不同来源的资料中概括出主要观点和主题，从初始信息中梳理出要使用的信息，通过系统分析与比较，评价问题解决途径的有效性。

② 想象能力：好奇心强，对未知问题兴趣浓厚，善于联想，可以借助概念图、思维导图等形式表现出具有创意的想法，进而把想法变为有价值的成果。

③ 逻辑思维：具备分析问题和解决问题的能力，对于不熟悉的问题能够尝试运用已掌握的知识和技能解决问题。

④ 批判思维：能够根据已有知识提出自己的观点，进行合理质疑，并通过分析和比较形成对事物更准确和全面的认识。

⑤ 创新思维：具有独立思考能力，具备创新思维方式，能够围绕问题进行大胆假设和发散性思考；思维敏捷，敢于挑战困难、提出异议，表达自己的意见；能够灵活运用所学的知识和方法，通过多角度、多方式思考得出解决问题的方法和可行性方案。

2. 综合素质

① 人文素养：具有以人为本的意识，尊重、维护人的尊严和价值；具有科学精神，尊重事实和证据，能够理解和掌握基本的科学原理和方法，以兴趣为导向建立符合自身发展需要的知识结构。

② 创新人格：勤奋努力、乐观开朗，喜欢接受挑战，乐于接受新鲜事物，耐挫力强，追求卓越，认真严谨。

③ 责任担当：能自觉捍卫国家主权、尊严和利益；尊重中华民族的优秀文明成果；能明辨是非，具有国家认同感和社会责任感；尊重自然，关注人类面临的全球性挑战。

④ 团队协作：能够清楚表达自己的意见，对讨论的内容做出条理清晰的陈述；认真倾听他人发言，愿意与同伴分享观点；有团队意识和互助精神；善于规划与分工，激发团队动力，积极推动合作任务顺利执行。

五、常见问题及解答

想要参加创新大赛，如何进行选题策划？创新大赛中的学生项目大多源自学生对身边问题的发现，通俗地讲，发现问题就是发现选题。教师引导学生观察生活，发现问题并积极思考用何种方法、途径、手段可以解决这些问题；引导学生学会学习，遇到问题后通过查阅资料的方式，了解其他人如何解决这些问题；引导学生进一步思考，是否有新的方法解决这个问题。

完成工程类选题需要具备哪些技术能力？工程类选题要求学生具有较强的物化能力，能够将脑海中的新奇想法转化为实物。一般而言，学生需要掌握程序设计、机械设计及加工、传感器应用等方面的知识，掌握诸如 3D 打印机、激光切割机的使用方法。

如何进行有效的选题讨论？针对不同比赛主题，首先进行头脑风暴，在此过程中可以使用思维导图等将讨论的过程记录下来，然后针对具体项目进行讨论，将不切实际的想法删去，对项目目标进行聚焦，最后明确参赛选题。

六、比赛建议

1. 制定计划

根据比赛主题和要求制定合理的计划，在制定计划时充分考虑每个阶段的时间安排、任务分配等因素，以确保在比赛前能够充分准备并完成作品。

2. 人员选择

创新大赛的选题范围比较广泛，以团体参赛时，建议选择具备相应领域知识和技术经验比较丰富的学生进行组队。

3. 多渠道学习

充分了解比赛主题和要求，通过书刊、在线课程等方式增加知识储备和提升相应技能。寻求导师和专业人士的指导和帮助。

4. 注意细节

在比赛中注意细节的把握，如作品展示顺序、时间把控、着装等。这些细节会影响评委终评时的印象分。

七、结　语

科技创新是推动社会进步的重要力量，而青少年是未来的科技创新者。青少年时期是培养创新思维和创造力的关键时期，青少年通过参加科技比赛和活动，可以锻炼思维能力和动手能力，拓展视野，增长知识，为未来的发展打下坚实的基础。

近年来青少年在科学竞赛和创新创业比赛中屡创佳绩，不少项目不仅具有实用价值，更展现出鲜明的创新精神和青少年特有的思维模式与活力。这些成功的案例鼓励更多青少年勇敢地追寻科技创新梦想。

希望大家积极参赛，充分发挥自己的优势和潜力，取得好成绩！

第二部分
青少年科技创新大赛
优秀作品展示

- 少年儿童科学幻想画
- 青少年科技实践活动
- 小学组科技创新成果
- 中学组科技创新成果
- 科技辅导员科技教育创新成果

少年儿童科学幻想画

▲《再生能源机器人》

姓　　名：闻君坦
学　　校：北京市延庆区第四小学
指导老师：耿永杰
艺术形式：综合

作品介绍：物质、能源、信息是构成人类生存和发展的三大基本要素。人类当前所用能源有一大部分是不可再生资源。我想通过自己所学的"能量转换与守恒定律"设计一款再生能源机器人。再生能源机器人将垃圾吸入体内，在内部进行分类和"消化"，并输出能源，这样既环保又节省人力。

专家点评 作品画面色彩搭配和谐，创意表达清晰。难得的是作者运用自己所学的"能量转换与守恒定律"设计再生能源机器人，并用娴熟的美术技法，将艺术与科技较好地融合并呈现出来。

▲《智能消防机器人》

姓　　名：李昕瑶
学　　校：北京市延庆区第四小学
指导老师：常春梅
艺术形式：综合

作品介绍：生活中难免会发生火灾，有很多消防员叔叔在救援中被大火烧伤，有的甚至被夺去了生命。我想发明一款智能消防机器人，它不怕火烧，不怕烟熏，可以拯救很多生命。看，它多能干。

▲《航天梦》

姓　　名：毛一涵
学　　校：北京市航天中学
指导老师：王要
艺术形式：综合
作品介绍：中国梦！航天梦！我的梦！每颗流星代表着我们的梦，希望科技不断发展，希望我们的国家越来越强大。

▲《未来城市物流系统》

姓　　名：王昊宸
学　　校：北京市东城区史家胡同小学
指导老师：张怡秋
艺术形式：综合
作品介绍：未来城市物流是高效的、智慧的、绿色的、安全的。未来城市物流系统由智慧物流塔进行总控，根据货物体积、用户要求送货时间等，应用地下城市轨道、胶囊机器人、轨道运输车，地面物流配送路线、小型配送机器人、空中专用航线、送货无人机等组合完成物流配送。除此之外，还有备货系统、快递包装回收系统等。城市中的设施也相应地进行了升级，比如为路灯装配充电系统，可以给送货无人机充电等。

▲《星球探秘》

姓　　名：李睿罡

学　　校：北京市平谷区南独乐河中心小学

指导老师：王爱娟

艺术形式：综合

作品介绍：人类对未知的探索永无止境，我们凭借共同的智慧，以地球为根据地，逐步用科技力量在火星建立基地，以期探索更遥远的星系，从而迈向更宏大的宇宙文明。

◀《未来海底世界》

姓　　名：何芊雨

学　　校：北京市西城区黄城根小学

指导老师：梁庆

艺术形式：综合

作品介绍：2465 年人类科技已经十分发达。这是一艘仿生机器海豚潜艇，它的外壳采用外星金属 X 材料制成，可以抵抗鱼群的攻击和海水的腐蚀；眼睛具有物体识别和信息采集功能；头部有许多探照灯和捕鱼灯，既能照亮海底也能捕鱼；背上还有一栋栋大小不一的房子，供人们居住。除此之外，科学家们在海底投放了许多机器人，比如垃圾收集机器人，它可以自动识别垃圾并进行分类处理，同时会把一些垃圾转成自身可用的能源；地热收集机器人可以收集海底火山岩浆的热能并将其转化成电能，供人们使用。

▲《机器人服务员》

姓　　名：高启淞
学　　校：北京市延庆区第四小学
指导老师：卫新伟
艺术形式：综合
作品介绍：随着科技的发展，我们的生活悄然发生变化。我认为在未来会有越来越多的机器人走进我们的生活，给我们提供帮助，让我们的生活更加便利。

▲《元宇宙》

姓　　名：于照洋
学　　校：北京市顺义区高丽营学校
指导老师：李瑞
艺术形式：综合
作品介绍：当我们抬头仰望星空时，我们便与宇宙再也分不开。在浩瀚的宇宙中，地球不过是沧海一粟。宇宙神秘又遥远，人们正在通过科技手段对其解密，并构建可与现实世界交互的虚拟世界——元宇宙。

专家点评 作品色彩明快、构图较好，画面中的内容极具表现力。作者以较强的绘画技法，通过装饰招贴画的形式呈现了人类运用数字技术构建的元宇宙可与现实世界交互，体现了 5G、云计算、人工智能、物联网等技术的集成。

▲《教室全息体验》

姓　　名：乔熙雯
学　　校：北京市朝阳区白家庄小学科技园校区
指导老师：姚屹松
艺术形式：综合
作品介绍：未来世界科技发达，学习的方式多种多样。科学家们创造了全息教室，教室里的知识集成盒可以把全世界的知识、美妙的景色等通过机器传输给使用者，让使用者可以更具象地学习知识，了解大千世界。

《能源收集转换器》▶

姓　　名：肖语宁
学　　校：北京理工大学附属中学南校区
指导老师：王巧思
艺术形式：综合
作品介绍：为了避免过度开采导致能源枯竭，以及解决工业发展带来的环境污染问题。未来，人们应用能源收集转换器，收集自然界中的风雨雷电，并将其转化为无污染的能源。这项发明的诞生有利于人们建造一个更加美好的地球家园。

▲《宇宙净空计划》

姓　　名：朱潇琬

学　　校：北京市朝阳区白家庄小学科技园校区

指导老师：郭玉凝

艺术形式：综合

作品介绍：未来，有许多太空垃圾处于无监视状态，这些太空垃圾会对航天器造成极大的破坏。"宇宙共同文明组织"提出了名为"宇宙净空计划"的倡议，并首先对太阳系中的太空垃圾展开清理行动。经过清理，太阳系中的太空垃圾减少了，"宇宙净空计划"将会继续推进。

▲《垃圾转化器》

姓　　名：包益睿

学　　校：国家教育行政学院附属实验学校

指导老师：任亚楠

艺术形式：综合

作品介绍：垃圾转化器正在工作，它先将垃圾吸入体内，再将其转化为花草可吸收的养料，最后将养料撒入花丛、草丛。这样既能解决环境污染问题，又能让花草茂盛成长。

《地震救援机器人》

姓　　名：孙诗语
学　　校：北京市延庆区第
　　　　　四小学
指导老师：郑南楠
艺术形式：综合

作品介绍：人类在大自然面前是渺小的。我希望能有一款地震救援机器人，可以在发生地震时，及时开展救援，保一方平安。愿我们能一直平安。

《病毒研究室》▶

姓　　名：齐梓萌
学　　校：北京市房山区城
　　　　　关小学新城校区
指导老师：吕慧慧
艺术形式：综合

作品介绍：世界上有太多的病毒了，这些病毒影响着人们的学习和生活。全人类团结一心创建了病毒研究室。病毒研究室的传送器正为各地传送着药物，药物可以有效消灭各种病毒。当病毒被消灭，人们在美好的科技城市继续幸福生活。

《格利泽 832c 太空家园》▶

姓　　　名：王安滦
学　　　校：北京市密云区大
　　　　　　城子学校
指导老师：王静
艺术形式：综合

作品介绍：格利泽 832c 是围绕恒星格利泽 832 运行的一颗行星，它的质量约是地球质量的 5.4 倍，距离地球约 16 光年，可能存在类似地球的温度变化且它的轨道环境允许液态水的存在。它的发现者描述其是距地球最近且最适合人类居住的行星。未来，人类有可能在这颗行星上建立文明，并以此为基地，继续探索太空。

◀《太空交通指挥中心》

姓　　　名：张知渔
学　　　校：北京市海淀区中关
　　　　　　村第二小学
指导老师：毛訢赟
艺术形式：综合

作品介绍：我们将在未来登上太空，开着宇宙飞船在太空中遨游。在宇宙中，人们需要太空交通指挥中心，为宇宙飞船的航行规划路线！

▲《太空新城》

姓　　名：刘智安
学　　校：北京市海淀区双榆树第一小学
指导老师：杨晔
艺术形式：综合
作品介绍：在太空新城中，圆锥体建筑是人们工作和生活的地方，它可以根据人们的需求移动到任何地方，人们可以在其内部乘坐智能飞机或空中巴士到达任意层；形状各异的平层建筑是人们居住的城市，城市之间开通了快速地表通道和飞机航线。我们还能在太空新城中看见许多标志性建筑，如天安门、中国尊、广州塔、东方明珠等。我相信未来的生活会变得更美好，我要努力学习，用科技创造美好的家园。

《探索宇宙深空》▶

姓　　名：王梓萌
学　　校：北京市海淀区枫丹实验小学
指导老师：张莹
艺术形式：丙烯画
作品介绍：为了人类的生存与发展，人们在应用现代科学技术探索太空、了解太空的同时，也在努力寻求地球生态问题的解决方法。

专家点评 作者很好地将创意与现实生活相联系，大胆幻想了未来太空中的生活场景。作品主题突出、创意新颖、构图完整、线条流畅、用色丰富且和谐，画面繁而不乱，具有较强的艺术表现力与视觉冲击力。

《航天员的演唱会》

姓　　名：徐子翔
学　　校：北京市顺义区裕
　　　　　龙小学
指导老师：王上
艺术形式：水彩画

作品介绍：星际间正在举办一场演唱会。来自地球的宇航员手握电吉他，用充满力量的歌声感染每一位到场的观众。宇航员的服装以标志性的白色为主，与金色的翅膀相映成趣。画面中穿梭着来自各个星球的观众，他们有的乘坐火箭，有的乘坐探测器。当然也少不了乘坐中国星际高铁来看演唱会的地球人。

《神奇的外太空》▶

姓　　名：孙舒曼
学　　校：北京市丰台区丰
　　　　　台第五小学
指导老师：张红燕
艺术形式：水彩画

作品介绍：人们终于在外太空发现了适宜人类居住的地方。在那里，人们可以居住在树屋里，或居住在悬浮于空中的房子里。宇宙飞船成为主要的交通工具，人们乘坐它往返地球和外太空的居住场所或者日常出行。在未来的世界里，没有战争、没有致人死亡的病毒，人们幸福地生活着。

▲《全地形野外科学考察站》

姓　　名：王沛涵

学　　校：北京市西城区育翔小学

指导老师：刘琪

艺术形式：水彩画

作品介绍：世界上有许多濒危动物，如大熊猫、亚洲象、金斑喙凤蝶、金丝猴等。为了研究和保护它们，科研人员需要野外考察。未来，科学家将研制出全地形野外科考站，它不仅能适应各种复杂环境，配备实验室和科研设备，方便科学家野外考察，还能及时救助需要帮助的动物，保护物种多样性，维护生态环境可持续发展。

专家点评 作品主题突出、色彩艳丽，有较强的视觉冲击力。作者绘画技法较娴熟，画中内容的逻辑关系处理恰当，科学依据较强，可体现野外科考站建设与管理的需求。

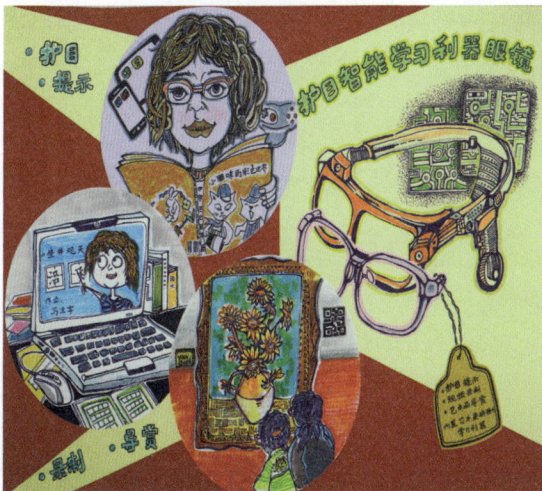

◀《护目智能学习利器——眼镜》

姓　　名：马晓玛

学　　校：北京市东城区东四九条小学

指导老师：马煜

艺术形式：水彩画

作品介绍：我设计的这款眼镜与众不同，它是护目智能学习利器，内置功能强大的芯片，具有3个重要的功能。首先，它不仅能防蓝光，还能实时监控眼睛与书本的距离及我们使用电子产品的时长，会在必要时提醒我们注意休息；其次，它会录制老师讲课的实况并传输到计算机，供我们随时复习；最后，是它能识别博物馆展品的二维码，为我们提供讲解服务。看，我设计的这款眼镜功能强大吧！

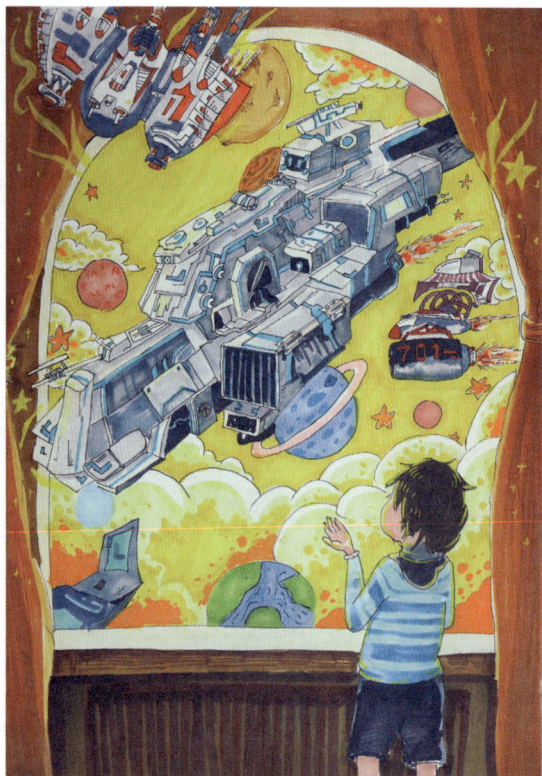

▲《梦之舟》

姓　　名：段宇辰
学　　校：北京市西城区宏庙小学
指导老师：赵玉慧
艺术形式：水彩画
作品介绍：少年拉开梦的帷幕，揭开未来面纱，畅想科学高度发达的人类文明，先进的宇宙飞船漫游在现代人类无法企及的宇宙深处，拓宽人类文明的边界，发现宇宙现象和规律，追寻宇宙的终极奥秘。愿人们驾驭"梦之舟"，以梦为马、以舟载梦、扬帆远航，驶向未来的星辰大海！

专家点评 作品色彩艳丽、画面细致，给人以强烈的代入感。作品创作主题独具特色，画面中宇宙飞船设计得兼具科技感与艺术感。人们驾驭"梦之舟"，驶向未来的星辰大海，体现了作者向往的未来。

▲《空天航车 鸢鸟十号》

姓　　名：李清颖
学　　校：北京市昌平区南口学校
指导老师：王鑫
艺术形式：水彩画
作品介绍：善攻者，动于九天之上！当"鸢鸟二号"高悬于外太空之时，当"玄女"战机绕地飞行之际，我们已从航天大国迈向航天强国。未来，我们会创造出"鸢鸟十号"在外太空为祖国保驾护航。

▲《不可思议的沙漠》

姓　　名：曲雅玟

学　　校：北京市西城区中古友谊小学

指导老师：宋非易

艺术形式：水彩画

作品介绍：人们培育出巨型仙人掌并开发了其内部空间供人们休闲娱乐。重点是沙漠中还出现了机械蜥蜴，它可以作为运输工具，接送来沙漠游玩的旅客。

《未来 AI 科技》▶

姓　　名：王梓晴

学　　校：人大附中北京经济技术开发区学校

指导老师：哈妮斯

艺术形式：水彩画

作品介绍：海洋中还有太多的未知等待探索。我畅想未来人类驾驶海底科技船，探索深海生物，清除海洋垃圾。海底科技船中的海马机器人和潜水员负责船外精细作业，驾驶员和船外的勘探者可以使用 AI 科技交流。

▲《机械空间》

姓　　名：范雨彤
学　　校：北京市昌平区南口学校
指导老师：郭煦峰
艺术形式：水彩画
作品介绍：未来，人类在宇宙中创建了智能机械空间。在机械空间里，机械飞船发射出美丽的光芒，一位妙龄少女和她的宠物机械鱼在浩瀚的机械空间肆意玩耍、嬉笑，到处充满着科技感。

▲《我的航天梦》

姓　　名：郭昱纬
学　　校：北京一零一中学怀柔分校
指导老师：赵丽
艺术形式：水彩画
作品介绍：我的梦想是成为宇航员，飞上太空，去看看大气层以外的景象。我幻想未来人们能够居住在太空，乘坐宇宙飞船在各个星球间自由穿梭，探索宇宙的奥秘。

▲《七彩星际》

姓　　名：温梓祺
学　　校：北京市京源学校
指导老师：黄博翰
艺术形式：水彩画
作品介绍：融合人工智能、航空航天等元素，以色彩鲜艳的赛博朋克风插画展现七彩星际，其中的元素既是现实生活中没有的，又和现实生活息息相关。高科技是沟通现实与未来的使者，引导人们不断开拓，走向充满活力的新世界。

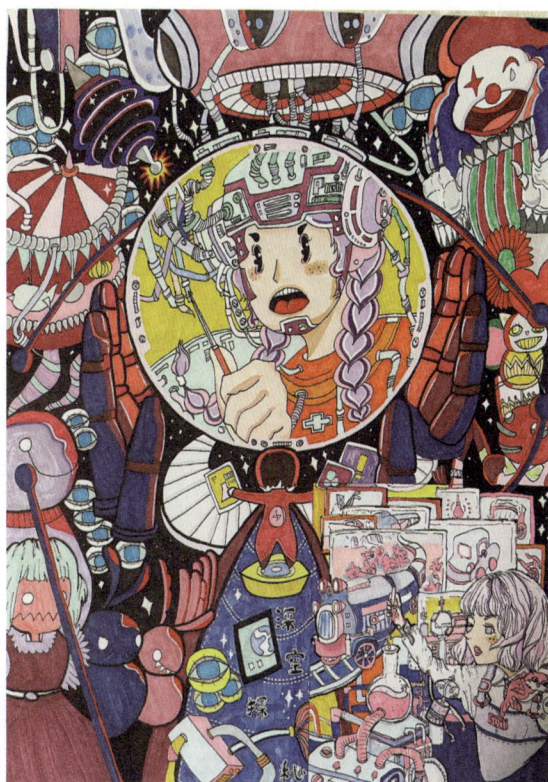

▲《巡天探宇 解密星空》

姓　　名：何沛菡
学　　校：北京市昌平区南口学校
指导老师：王鑫
艺术形式：水彩画
作品介绍：一个从小就喜欢做实验的女孩，长大后从事"未来科技"行业。她开着宇宙飞船，穿越星际，巡视宇宙，探索宇宙中不为人知的秘密，为国家的发展贡献着自己的力量。

▲《梦幻深海度假游》

姓　　名：付雨涵
学　　校：北京市昌平区南口学校
指导老师：王鑫
艺术形式：水彩画
作品介绍：时代在发展，科学在进步，人们也在不断地推陈出新。我畅想在未来人们可以乘坐"水下地铁"到达深海，深海形形色色的生物围绕在"水下地铁"外，人们可以透过窗户观看神奇的海底世界。"叮"，到站了，人们进入温度适宜、设施齐全的"水下生活舱"开启完美假日。

▲《智能未来》

姓　　名：刘可心
学　　校：北京十二中朗悦学校
指导老师：童侠
艺术形式：水彩画
作品介绍：科技改变生活，科技造就未来。我有一个关于科技的梦想，我幻想戴上自己设计的 VR 眼镜看见未来。我看见在灿烂的星空中，有一颗蓝色的天空之眼，人们像宇航员一样飞向宇宙，和星星并肩；我看见机械手和机器人在忙碌地工作；我看见科学家们用科技攻克了世间的疾病；我看见人们通过时空转换技术参观天坛、黄鹤楼等名胜古迹。一片繁荣祥和的景象，多么美好，我相信未来世界会更加科技化、智能化，人们一定能利用科技手段创造美好生活。

▲《未来新人类》

姓　　名：姜子懿

学　　校：北京市丰台区东高地第三小学

指导老师：倪妍娜

艺术形式：水彩画

作品介绍："未来新人类"诞生了，他们并不是传统意义上的人类，而是人类最新发明的机器人。机器人的大脑与机械相结合呈现新形态，机械眼可以及时捕捉外界的各种信息并反馈给大脑，机械手可以完美处理大脑的各种要求。在"未来新人类"的帮助下，新的太空站得以建成，适合人类居住的星球也被成功改造，人类可以完成无数先辈的梦想，去探索那片原本我们只能仰望的星空。

《仿真学习机器人》▶

姓　　名：王涵

学　　校：北京市密云区河南寨镇中心小学

指导老师：张孟盈

艺术形式：水彩画

作品介绍：学习、运动、社团活动……校园生活总是这么充实。我希望有一款神奇的机器人，形似真人，能陪我一起学习。

▲《自动病毒消杀机》

姓　　名：陈佳妮

学　　校：北京市大峪中学

指导老师：贾茹

艺术形式：水彩画

作品介绍：我想设计一款既美观又实用的自动病毒消杀机，缓解医护工作者的工作压力，降低医护工作者与病毒接触的概率。这款自动病毒消杀机只需要注入清水就能自动生成消毒液并喷出雾化好的消毒液，消杀环境中的病毒。希望这款可爱的自动病毒消杀机能带给人们快乐。

《阿尔茨海默病治疗仪》▶

姓　　名：张艺川

学　　校：北京市大峪中学

指导老师：贾茹

艺术形式：水彩画

作品介绍：患有阿尔茨海默病的老年人正戴着治疗仪检测身体情况。我们可以看到治疗仪的电量及检测进度。检测完毕，设置程序，按下开关，即可启动治疗。在治疗仪的帮助下，老年人与儿女生活的点点滴滴浮现在她的脑海里。除此之外，治疗仪还会在老年人身体不适时自动联系其监护人，避免耽误救治。

《未来火星城市》▶

姓　　名：王俊皓
学　　校：北京市海淀区前
　　　　　进小学
指导老师：程征
艺术形式：水彩画

作品介绍：未来人类把火星作为第二母星，并为其取名为未来火星城市。为解决火星的气候不适宜人类居住的问题，科学家研发了人造穹顶，整个城市建造在穹顶内。城市内行驶着各种飞行器和近地轨道车，火星交通枢纽主要承担火星与地球之间的交通任务。

◀《理想之城》

姓　　名：姜珞珈
学　　校：北京市育英
　　　　　学校
指导老师：强志平
艺术形式：水彩画

作品介绍：随着科技的发展，人类将不再局限于生活在地球。在宇宙中建起的理想之城，避免了海啸、地震、沙尘暴等自然灾害对人类的影响。在理想之城中，各种可再生能源通过城市底部的集成转换器转换成新型能源输送到城市的各个角落。人们可以驾驶小型飞行器在空中自由飞行，从而大大缓解地面的交通压力。让我们共同期待更美好的未来家园！

▲《海底卫生站——
机械鱼》

姓　　名：杨馨淇
学　　校：北京小学大兴分
　　　　　校亦庄学校
指导老师：王丽
艺术形式：水彩画

作品介绍：这是我为海洋设计的卫生站——机械鱼。依靠太阳能的它，本领可大了。它的鱼眼有垃圾识别功能，可以检测到哪里有垃圾，垃圾通过蓝色管道进入机械鱼体内，并被鱼体内的装置自动处理成可再利用的能源。除此之外，它还能过滤污水，净化水质。

《携手人工智能，
共创科技未来》▶

姓　　名：茹愿
学　　校：中国人民大
　　　　　学附属小学
指导老师：牛胜南
艺术形式：水彩画

作品介绍：未来，人工智能遍布我们生活的每个角落，人类设计出和人一样拥有智慧与情感的人工智能机器人，它们是人类的好朋友。人工智能机器人与人类携手建造美丽的家园，家园里随处可见千奇百怪的高楼大厦，汽车也已经变成没有轮胎、可在空中穿行的交通工具……我们的生活将变得更加美好。

▲《科技之城，共享未来》

姓　　名：牛梓恒

学　　校：北京市陈经纶中学嘉铭分校

指导老师：周唯佳

艺术形式：水彩画

作品介绍：2178年，建筑师们着手建造已经研究多年的科技之城。科技之城中的大厦如云朵般飘浮在空中，人们在大厦中居住、办公，通过造型各异的小型飞船或应用全新悬浮技术的空中巴士出行，健全的交通网络使城市不再拥堵，绿色生态园为人们提供绿色食物，还有智能机器人协助人类建造家园。智能机器人力大无穷，细致入微，通过配备VR眼镜和声波耳机，智能机器人可以"眼观六路，耳听八方"。

▲《枸杞智能自动化采摘机》

姓　　名：余一诺

学　　校：北京十二中朗悦学校

指导老师：童侠

艺术形式：水彩画

作品介绍：红红的枸杞很漂亮，但采摘却不容易。爷爷和我说，枸杞的枝上有许多刺，采摘时要很小心，采摘好的枸杞要及时且适当地晾晒，如果枸杞破了晒干后会变成黑色的，如果没破但晾晒过久颜色也会变暗。于是，我萌生了设计一款枸杞智能自动化采摘机的想法。这款采摘机的神奇之处是可以利用宁夏当地的优势进行充电（白天使用太阳能，晚上使用风能）。其内置智能系统，可以精确定位、自动识别、采摘、加工。有了这样的机器，采摘和加工枸杞的效率将得到提高，同时也将提升经济效益，为宁夏人民创造福利。

《我的太空航天梦》

姓　　名：王鹤霏
学　　校：北京市西城区师
　　　　　范学校附属小学
指导老师：滕景欣
艺术形式：水彩画

作品介绍：我有一个太空航天梦，一个对未来太空探索永无止境的梦。我畅想来到了未来世界，那时的人们已经可以随意去往其他星球，宇航员们不再局限于探索星球，他们利用宇航服上的显示屏获取并传递各个星球的信息，成为星际联络员。未来的光速传送带方便快捷地运输物品，高科技的机器人代替我们做了许多事情，就连飞船也成为常见的交通工具。

《智能垃圾处理系统》 ▶

姓　　名：彭冠雄
学　　校：首都师范大学附属中学
指导老师：刘佳
艺术形式：水彩画

作品介绍：随着科技的发展，人工智能机器人被广泛应用于各个领域。环卫部门的机器人拥有智能垃圾处理系统，可以快速且精准地进行垃圾分类和再加工，可回收垃圾会被制作成拼装玩具，厨余垃圾会被处理成有机肥料……节省了人力成本，提高了垃圾分类和再加工的效率。人工智能机器人将与人类一起守护我们的家园，地球将变得更文明、更和谐。

《云中城》▶

姓　　名：李依璇
学　　校：北京市昌平
　　　　　区昌盛园小
　　　　　学南邵学校
指导老师：刘颖
艺术形式：其他

作品介绍：广场在云上，城堡在云上，所有建筑都在云上，这是一座建在云上的城市。这座城市最神奇的地方是空中的云可以转化成能源，以供城市运转且不会造成任何污染。人们的生活丰富多彩，可以在广场娱乐，可以乘坐飞行器去其他城市旅游……我向往这样无忧无虑的生活。

◀《黑科技岛屿建造机》

姓　　名：彭茜茜
学　　校：北京市大兴区采育镇
　　　　　第一中心小学
指导老师：刘越
艺术形式：其他

作品介绍：在广袤的宇宙中有许多人类未曾探索的星球，其中不乏类似地球环境的星球。这款黑科技岛屿建造机可以探测出哪些星球适合人类生存，然后利用新型 3D 打印技术，根据人类需求快速建成各种各样的生存岛屿。这款建造机不仅可以建造岛屿还能快速拆除岛屿，使用便捷且无污染。

▲《生命之树》

姓　　名：方玮晨
学　　校：北京市昌平区天通苑小学
指导老师：孔佳佳
艺术形式：其他
作品介绍："我有两个梦想，一个是禾下乘凉梦，一个是让杂交水稻覆盖全球梦"这是杂交水稻之父——袁隆平爷爷说的。受袁隆平爷爷梦想的启发，我完成了这幅作品。我希望生命之树可以为全世界的农作物提供养分，而我最爱吃的圆生菜可以长成大树那么高，被种植在路边。我们可以通过生命之树获取能量，肆意地徜徉在神奇的世界里。科学家们从未停止探索世界的步伐，我也将努力学习，为梦想而奋斗。

▲《太空旅游》

姓　　名：梁佳艺
学　　校：北京市昌平区巩华学校
指导老师：张欣妍
艺术形式：其他
作品介绍：随着全球航天技术的发展，太空旅游逐渐变为现实。人类在太空中建造出美好的城市，一座座具有设计感的建筑，一趟趟飞驰的列车……人类可以穿上宇航服飞到太空感受失重，可以驾驶飞椅在太空中遨游。人类对太空的探索从未停止。

专家点评 作品内容丰富，逻辑关系处理得当，反映了电子技术、遥感技术、喷气技术、自动控制技术及生命科学的发展，是颇具创新思维的科幻画。作品大面积的蓝色，较好呈现了太空的神秘感。作者运用装饰绘画语言表现了对未来航天技术的憧憬。

▲《时光穿梭机》

姓　　名：魏萌

学　　校：北京景山学校

指导老师：陈秋香

艺术形式：其他

作品介绍：2978 年，时代已被科技全面覆盖，科学家们发明了时光穿梭机。人们坐上穿梭机，拨动时间转盘去往不同的时代，了解当时的世界。例如，回到白垩纪去了解恐龙是怎么生活的，弥补我们没有见过恐龙的遗憾；回到抗战时期，去了解真实的历史，学习士兵们坚毅的品质……科技成就未来，我要努力学习，为世界做贡献。

《探索宇宙》▶

姓　　名：程厚华

学　　校：北京市朝阳师范学校附属小学

指导老师：马俊杰

艺术形式：其他

作品介绍：科技飞速发展，未来人类乘坐飞船来到宇宙，看到闪烁的银河。宇宙孕育了生命，而在茫茫的宇宙中仍有很多鲜为人知的秘密。我要好好读书，为国出力，去发现更多宇宙的秘密。

◀《电网蜘蛛维修员》

姓　　名：冯瑞泽
学　　校：北京市延庆区八里庄中心小学
指导老师：王宇霏
艺术形式：其他

作品介绍：电网发生故障时，工程师会对电网进行故障排查，并设定维修程序。启动维修程序后，一个或多个蜘蛛维修员按程序执行操作，它们身形小巧且身体绝缘，不会被高压电伤害。这大大降低了人类在直接维修电网时，被高压电伤害的风险。最后，借此画倡导大家节约用电，保护地球。

专家点评 作品构图视角独特，画面干净整洁，创作主题新颖，体现了作者丰富的想象力。作品内容具有艺术感和科技感。特别的是，作品以现实生活中的常见情景为出发点，运用小巧的蜘蛛维修员呈现电子技术、仿生学、计算机技术等具有科技感的内容。

《2073 未来城》▶

姓　　名：孙一涵
学　　校：北京市通州区运河中学
指导老师：刘璇
艺术形式：其他

作品介绍：2073 未来城，一座 50 年后的江畔城市。城市中巨型的圆环是城市之眼，其兼具钟表、闸机、安检、数据采集等功能，是融合中国传统美学元素的城市景观。浮空桥像流云一样从城市之眼中穿过。浮空桥采用新型材料建造，这种材料轻灵、坚固、不反光。人们常用的交通工具是家用小型飞船，其具有无人驾驶、陆空两用等功能，安全便捷。落日余晖、波澜浩渺、群楼巍峨，未来城的景色美不胜收。

▲《未来星球》

姓　　名：李元欣
学　　校：北京市朝阳师范学校附属小学
　　　　　（太阳星城校区）
指导老师：王峰霞
艺术形式：其他
作品介绍：未来世界，巨大的太阳如同金色的盘子悬挂在空中，朵朵祥云围绕着它。人们身着宇航服在宇宙间自由自在地遨游。这时，一艘巨轮腾空而起，穿梭在空中，运送着去往世界各地的人。我相信人们未来的生活会很便利，科技会造福人类。

▲《无限探索》

姓　　名：任笑盈
学　　校：北京市房山区长阳中心小学
指导老师：邢晓波
艺术形式：其他
作品介绍：我们通过文字、图片、音频、视频等方式了解科技的进步。科技是理性的、准确的、专业的，人们要有创新精神，不断突破技术壁垒。人们一步一个脚印地发展科学技术，未来可以搭乘云霄飞车飞向太空。

◀《天空之城》

姓　　名：武芯桐
学　　校：北京市密云区滨
　　　　　河学校
指导老师：马烨
艺术形式：其他

作品介绍：人们建造了飘浮在空中的天空之城。因为高空氧气稀薄，所以每一座天空之城都配备了氧气防护罩。天空之城的类型众多，有城市城、乡村城、娱乐城等。城与城之间用管道连接，有特定列车在管道中通行。尽管有了天空之城，人们也没有放弃建设地球家园，希望地球家园能越来越好。

《太空之城传输中心》▶

姓　　名：吴卓骏
学　　校：北京市海淀区八里庄
　　　　　小学
指导老师：单雪
艺术形式：其他

作品介绍：受"火星移民计划"的启发，我展开了科学幻想。各个国家在领空中建立了比空间站更大且能模拟自然环境的悬浮城市，人们在太空之城传输中心提交申请，一旦申请通过，神奇的轨道会将人传送至悬浮城市。人们可以在悬浮城市中生活或做科学研究。

青少年科技实践活动

我的生物邻居

北京市东城区和平里第四小学／生命科学团／指导老师：刘春燕 罗炜 赵瑞霞

分类：生命科学

一、活动背景

1.社会背景

生物多样性使地球充满生机，是人类生存和发展的基础。保护生物多样性有助于维护地球家园稳定，促进人类可持续发展。近年来，全球生物多样性迅速恶化，人类如不深刻意识到保护生物多样性和生态系统安全的重要性，将面临全球性灾难。

当前，我国政府正采取积极措施，加强生物多样性保护，呼吁共同构建地球生命共同体，推动全球生物多样性治理，共建美丽世界。在小学开展有关生物多样性的主题实践活动，有助于帮助学生了解生物多样性、生态系统复杂性，提高环境保护意识，增强对生态系统维护的重视程度。

2.学校背景

和平里第四小学是一所科技教育特色小学。依据校内教师团队的专业素养，学校组建了以生命教育为特色的科技教育学生社团。为培养学生的科学思想，培育人才，社团多次组织开展多种主题的科技实践活动，获得了多个市级及国家级的荣誉。

学校坐落在北京市东城区，共3个校区，71个教学班，2800余名学生。学校毗邻多所市属公园，具有良好的地理优势，便于学生走进自然，感知生物多样性。此外，校内教师团队中有多位科学教师在其学生时代就专注生物相关的研究，具有充实的知识储备。综上，学校结合地理优势及教师专长，开展"我的生物邻居"青少年科技实践活动，引导学生了解身边的动植物，了解动植物的生命活动和生命周期，关注生物多样性，掌握观察生物的科学方法。此活动对培养学生的科学思想和科学精神具有一定意义。

二、活动目标

① 了解北京常见的动植物的生命活动和生命周期。

② 了解生物多样性的基本概念，掌握生物分类的基本原理，并能够运用科学的方法观察生物。

③ 理解生物经过长时间的演化，形成多种多样的类别和丰富的物种，各个物种之间存在不同程度且相对稳定的差异。

④ 能够基于对生物形态与栖息生境的观察与比较，利用工具书和软件，初步掌握生物辨识技巧。

⑤ 能够有效利用信息技术，收集和整理信息，处理照片和影像，并能够制作课件或短视频。

⑥ 对生物研究产生浓厚的兴趣，能够自主学习新知识。

⑦ 能够积极与他人交流学习心得，分享经验。

三、活动安排

1. 进度安排

2020 年 3 月，确定活动主题为"我的生物邻居"，组建活动指导教师团队，初步确定各社团的活动内容及对应的指导教师。

2020 年 3 月至 2020 年 8 月，聘请专家学者对指导教师进行专项培训，并鼓励教师走入我市的自然保护区、市属公园，积累生物知识和观察经验。根据各社团具体的学生情况和专业能力设计实践活动内容。

2020 年 9 月至 2022 年 7 月，招募社团成员，开展实践活动，记录活动数据。

2. 活动成员

活动成员包含专家、校内活动指导教师、志愿者、学生家长、学生。其中，专家邀请自与我校建立了良好合作关系的国家林业和草原局、中国野生动物保护协会、北京市野生动物救护中心、北京南海子麋鹿苑博物馆，定期为教师提供专业指导、为学生开展讲座，使活动更具科学性，引导学生进行深入研究；校内活动指导教师主要负责社团活动的策划、实施与总结；志愿者协助社团开展课题研究，为各社团的活动开展提供建议和帮助；学生家长是开展良好家校合作不可缺少的成员，可推动学生的研究延伸至家庭和社会；学生作为活动主体，通过参与活动掌握有关生态系统和生物多样性的知识，学会运用科学方法进行探究，对科学探究产生兴趣，提升科学素养。

四、活动内容

在副校长赵瑞霞的引领下，我校组建了一支涵盖科学、美术、音乐、语文、信息技术、劳动技术等多学科领域的指导教师团队。副校长赵瑞霞负责统筹整个实践活动，指导教师团队根据个人专长、调研所得学生感兴趣的生物问题、学生专长、学生年龄等制定形式多样且具有跨学科教学特色的实践活动内容。各社团对应的指导教师、活动形式和活动时间等信息见表 1。

"我的生物邻居"实践活动的内容可分为"我的动物邻居"和"我的植物邻居"。"我的动物邻居"根据动物观察的难易程度，以"鸟""昆虫""其他动物"为对象，设

表 1 社团信息

社团名称	指导教师	学科领域	活动时间
大自然的礼物	何燕玲	工艺美术	每周五 15:30—17:30
成语里的动物世界	陆佳	语文	单周周三 15:30—17:30
古诗里的野生动物	周宏丽	语文	每周四 15:30—17:30
爱鸟爱自然	刘春燕	科学	单周周末 7:30—11:30
虫虫特工队	吕萌	科学	每周四 15:30—17:30
小小植物园	焦艳	劳动技术	每周一 15:30—17:30
鸟类科学绘画	汪洋	美术	每周一 15:30—17:30
自然生态摄影	白华华	信息技术	每周五 15:30—17:30
少年鸟类学	刘春燕	科学	每周四 15:30—17:30
小小科学家	高颖颖	科学	每周四 15:30—17:30
环保科普剧	康建新	音乐	每周一 15:30—17:30

计形式丰富的活动,如户外观鸟活动、云端观鸟平台观鸟活动、白纹伊蚊幼虫显微镜观察活动、蚕的生活习性探究活动、鸟巢项目制作、鸟类喂食平台项目制作、家禽喂养系统设计、雏鸟保护装置项目制作、以诗溯源鹅的繁衍过程、"流浪猫"课题研究活动、北京雨燕的科学调研活动、野生动物科普活动等。"我的植物邻居"以常见植物、中草药等为对象,开展植物栽培活动、自然观察笔记方法指导讲座、植物药用价值研究、户外摄影活动、科普环保剧编写活动、湿地保护公益宣传活动等。

"我的生物邻居"实践活动的内容及呈现形式多样,可引导学生深入地了解身边的动植物和生态环境,培养科学思想和科学精神,提高科学素养和实践能力。在观察类活动中,学生走进自然、观察自然,通过亲自观察和记录,了解生物的习性和生存环境,感受生物多样性的神奇,在提升观察和探究能力的过程中,自主意识到生物多样性对生态系统的重要性。在制作类活动中,学生通过观察和思考,结合自己现有能力,以维护生物多样性为切入角度,应用跨学科知识,设计有意义的科技创新作品,不仅可以提升动手能力,还可以培养科技创新意识。在课程学习类活动中,以课本中常见的生物为主题展开趣味探究活动,不仅可以加深学生对基础知识的认识,还可以开阔学生视野,激发学习兴趣。摄影、绘画、文字及视频创作类的活动可以充分发挥学生的专长和兴趣,学生通过多样的方式,呈现生物之美及与生态系统相关的知识,如演绎如何保护生态环境、如何救助雨燕等。而公益类活动可以让学生了解生物保护的

重要性,增强其社会责任感和环保意识。活动内容可切实满足不同年龄段的教学需求。

五、活动成果

1. 教师成果

为更好地将"我的生物邻居"实践活动落地及进行后续推广,我校教师先后开发了校本课程读本、教学软件、野生鸟类云端观测平台。

（1）校本课程读本——《爱鸟爱自然》

基于实践活动手册《观鸟观自然》,结合实践活动经验,开发校本课程读本《爱鸟爱自然》并完成出版。《爱鸟爱自然》的主要内容包含"什么是观鸟""用什么观鸟""去哪里观鸟""怎么观鸟""常见鸟类辨识图鉴""鸟类相关学习资料"。其中,图鉴收纳了80余种北京地区常见鸟类,图片由师生及学生家长共同收集和整理,并通过投票的方式选出用图,文字简明扼要,易于阅读。此外,擅长鸟类绘画的学生和美术老师一起,为《爱鸟爱自然》绘制了精美插图。

（2）教学软件

为了打破时间和空间的限制,满足学生随时随地学习的需求,开发"爱鸟""爱鸟 V2.0""Localbird""QuizBird"4 个APP。学生可以使用这些 APP 学习鸟类知识、记录观测数据、完善资源数据库等,教师可以通过 APP 追踪学生的知识点掌握情况,并及时进行答疑。

① 爱鸟 APP 主要用于教学实践活动,包含 60 种北京常见鸟类,鸟类图片由我校学生和教师拍摄。

② 爱鸟 V2.0 APP 是基于爱鸟 APP 开

发的，它将鸟类数量扩大至 1300 种，并增加了鸟声模拟模块和猜猜看模块。

③ Localbird APP 集成了百度地图智能定位 SDK 和云端服务器，具有 GPS 功能和云端存储功能，可实现在完成观鸟记录的同时自动采集并上传观鸟地理信息，为后续探究性学习提供翔实的数据。此 APP 在 2021 年首都原创课程辅助资源征集评选中获得了教学工具一等奖。

④ Quizbird APP 是鸟类辨别水平测试软件，其基于游戏形式进行开发，可有效激发学生的学习兴趣。学生通过观察、比较、判断，结合所学的鸟类知识，如鸟的形态特征、生活习性等，完成鸟类辨别测试。

（3）野生鸟类云端观测平台

我校与北京市野生动物救护中心合作，整合社会资源，共同建立了野生鸟类云端观测平台。该平台能够对多处地点实施 24 小时监控与记录，为野生鸟类的观察和研究提供了大量详尽的数据，使学习和研究更具科学性和严谨性。

此外，基于此实践活动，我校教师在 2020—2022 年，共有 4 人次获得国家级科技活动辅导奖，63 人次获区级科技活动辅导奖；共有 8 人次在论文及案例评选中获国家级奖项，148 人次获市级奖项。

2. 学生成果

学生在实践活动中完成的科学绘画、自然笔记、环保海报、非命题作文等被报纸和期刊刊登。见表 2，多名学生在论文评选中获市级一等奖。据统计，2020—2022 年，学生在生命科学领域的知识比赛、创客活动、论文评选等活动中表现出色，共有 130 人次获市级一等奖，332 人次获市级二等奖，435 人次获市级三等奖，29 人次获区级一等奖。此外，学生设计的基于图像识别鸟类

表 2 论文获奖名单

姓　名	论　文	获奖情况
骆梓桓	《关于社区流浪猫科学管理的建议》	市级一等奖
李孟鸿 苏子康 黄雨葭	《"金蝉蜕壳"羽化树种选择性研究报告》	市级一等奖
田雨蒙 张子墨	《美术颜料的正确使用方式及对人体是否有伤害》	市级一等奖
温梓乔	《异色瓢虫替代饲料配方的筛选》	市级一等奖
杨沐昀	《种植大蒜变色光照实验研究》	市级一等奖
韩瑞阳 俞筠溪 葛汇	《北京东城区小学生对常见野生鸟类的认知状况调查》	市级二等奖
胡钰昕 缴子隆	《对小学生书包质量的调查研究》	市级二等奖
魏翊珺 刘蜀南 房蒙	《印尼金锹形虫生活环境及习性研究报告》	市级三等奖
蒋尊贤	《关于采用绿狐尾藻复合人工湿地治理北京农村污水的建议》	市级三等奖
李跃	《关于推广商品碳标签的建议》	市级二等奖
房蒙	《美国白蛾爆发的思考和防治》	市级二等奖

自动喂食平台，获得了加拿大国际发明奖金奖。

3. 辐射成果

本实践活动通过区"学院制"课程、学区活动、市区教研等多种渠道，向全国多地的教师和学生推广。这些活动不仅满足了我校2800多名学生对生态文明教育的需求，还带动了各地学生积极参与环境保护学习和实践，为更多学生进行生物观察和树立生态环境保护理念提供了机会、共享了资源。

此外，学生不仅以实际行动保护环境，还经常主动参与各类社会环保公益活动，以志愿者的身份积极传播环保知识，提升大众的环保意识。学生想要通过自己的努力，保护地球生物多样性，维护生态环境的稳定。

六、活动总结

教师是教育的实施者，其专业水平和科学素养决定了实践活动的质量。学校给予教师资源支持，帮助教师增长专业知识、提升科研能力，为教师开发活动内容提供保障。"我的生物邻居"实践活动以树德立人为根本任务，注重理论与实践相结合，创新教学方式和方法，目的是在传授知识的同时，使学生了解保护生态环境的重要意义与迫切性，引导学生形成人与自然和谐共生的正确价值观，产生强烈的社会责任感。在实践过程中，践行 STEAM 教育理念，融合跨学科知识，培养学生的创新能力和科学素养，使学生得到全面发展。

因各地地理位置不同、学校情况不同，未来可借助虚拟现实技术开发活动内容，创新多学科融合路径，为不同地区的教学提供更多可能，丰富学生学习体验，提高学习效率，让学生在实践中成长，在成长中收获。

专家点评 这是一个非常值得推广的科技实践活动案例。活动主题从生活实际出发，围绕"保护生物多样性"这个社会热点，依托社会实践资源和专家资源，构建活动体系，从不同科学实践视角引导学生走进自然，了解生物特征、生物与人类社会发展的关系、保护生态系统的重要意义等内容，鼓励学生通过不同形式表现学习成果，注重培养学生的科学思维和科学实践能力，具有多层次、多维度、多形式、多表达的实践学习特点。

北京一零一中学桃园科学化管理实践活动

北京一零一中学 / 桃树管理兴趣小组 / 指导老师：贺凤美 杨双美 史艺

分类：生命科学

一、活动背景

习近平总书记指出："科技创新、科学普及是实现创新发展的两翼，要把科学普及放在与科技创新同等重要的位置。没有全民科学素质普遍提高，就难以建立起宏大的高素质创新大军，难以实现科技成果快速转化。"青少年是国家的未来，其科学素养的培养显得尤为重要。关于提升青少年科学素质的途径方面，《全民科学素质行动规划纲要（2021—2035 年）》《北京市全民科学素质行动规划纲要（2021—2035 年）》《北京市科学技术普及条例》等文件中均提出要建立校内外科学教育资源有效衔接机制，充分发挥社会科普资源在其中的作用。《中共中央 国务院关于全面加强新时代大中小学生劳动教育的意见》中提出要广泛开展劳动教育实践活动，学校要发挥在劳动教育中的主导作用，社会要发挥在劳动教育中的支持作用。

很多学校种植果树仅作观赏用，很少有学校将其作为教育资源展开科学实践教育。北京一零一中学是北京市重点中学、北京市科技教育师范学校、北京市首批金鹏科技团，具备良好的实施科学实践和劳动教育的资源，其圆明园校区桃林占地100多亩，种有近200棵桃树，拥有大久保、绿化九号等品种。但一直以来缺乏专业的栽培管理，桃林所结果实品质一般，观赏和食用价值较小。而果树栽培管理技术具有一定的专业性和实践性，在专业性方面，其中蕴含的科学原理在中学的课程标准中有所涉及；而实践性方面，在参与果树管理过程中遇到的各种问题，需要管理者观察、思考、创新、解决。因此，果树管理既是一项培养学生生产技能的劳动教育活动，也是提升青少年科学素养的良好载体。

基于以上，我们设计了"北京一零一中学桃园科学化管理实践活动"，该活动以北京一零一中学圆明园校区的桃树为管理对象，设计了"线上+线下"两种课程，采取"理论+实践"的实施模式，课程贯穿桃树的种植、管理、鉴定和贸易等环节，打造科学教育与实践活动相结合的特色校园课程，丰富校园文化内涵，提升学生活动的社会价值，推进学校科学文化事业建设。

二、活动设计

1. 设计理念

活动设计围绕SLS综合教育理念展开，SLS的第一个S代表科学教育、L代表劳动教育、第二个S代表社会教育，利用学校的场地资源、社会的科普科研教育资源及农业技术资源，促进科技教育与劳动教育融合发展，实现科学普及、科学创新和劳动教育多元化结合。活动的目的是让参与者在劳动过程中，通过反复实践，积累经验，优化理论，增加过程价值并减少对结果价值的偏执，学会分享和奉献。

2. 设计特色

① 整合学校及社会优质教育资源，借助北京微创博志教育科技有限公司（社会科普教育机构，以下简称机构）的课程与方案支持，以及金果天地（北京）生态科技有限公司国家农业标准化示范区（以下简称基地）技术人员的支持，有效衔接了学校教学与实践教学。

② "双师模式"提升教学效果。为解决学校教师长期从事理论教学，缺乏专业园艺种植及管理的实践经验问题，邀请基地专家作为技术指导，完善课程内容，将种植业的周年管理技术开发成适合中学生的课程，满足学生既可掌握相关理论知识也可掌握专业实践技术的需求，从而达到更好的教学效果。

③ 丰富课后服务或主题社团的课程内容选择。"课后两小时"和主题社团课的选择不再局限于传统课程，科学劳动综合型课程也成为学生可以选择的热门课程。

④ 线上与线下相结合，创新教学模式。学生可以根据情况，利用假期休息时间进行

线上学习，或在学校期间参与线下专家讲座和技术实践。

⑤ 劳动与科学相结合。劳动不能脱离思考，通过理论课的学习和科学问题的探究，将劳动教育与科学教育深度结合，将科研精神与工匠精神融为一体，让劳动教育更有意义，科学教育更具实践价值。

⑥ 活动注重结合当地环境，从实际出发，以情景化的方式引入科学问题。如在活动中发现病虫害，可以进一步思考防治途径；在研究增加桃树产量时，可以探究影响产量的方式、保鲜桃的方法，以及思考如何储藏桃等问题。

⑦ 活动具有探究性和科学性，旨在带领学生完成"提出问题、做出假设、制定计划、实施计划、数据处理、解决问题"全流程的科学探究，全面提升学生的科学素养。

⑧ 活动具有延续性，可为后续活动的开展提供拓展思路，如开展李子树等本土果树的栽培管理和病虫害防治等活动。以多样的活动，拓展学生的视野，加深学生对中国本土种植业的了解，增强民族自信。

3. 呈现形式

活动以北京一零一中学桃园为管理对象，设计"线上＋线下"两种课程，线上课程由桃树周年管理技术教学视频课及习题组成，线下课以专家讲座、管理技术指导课、实践体验课为主。

4. 活动目标

① 知识目标：了解桃树起源、引种、栽培、鉴定、贸易等相关知识，建立对桃树产业的认知，增加对桃树管理的兴趣；学习桃树管理栽培技术，了解桃树生长与物候期的关系；掌握剪枝、水肥管理、花果管理、采收、鉴定的方法；掌握桃树管理过程中的工具使用。

② 能力目标：在实践过程中，学会发现问题，培养细致观察、严谨实验的基本素养，提升运用合理方法及创造性思维解决问题的能力。

③ 情感目标：加强热爱劳动、吃苦耐劳意识，树立正确的劳动价值观；通过体验传统栽培技术，增强民族自信和文化自信。

三、活动对象

从初一、初二、高一、高二年级中每班（含国际班）各选出 2 名学生组成桃树管理兴趣小组。

四、活动时间

2022 年 1 月—9 月。

五、活动准备

1. 前期调研与活动设计

邀请专家进行校园实地调研，评估桃树生长情况，研讨确定活动设计思路，组织专业教师进行活动设计。

2. 师资准备

成立活动指导教师团队，邀请高级农艺师李彦广作为活动中讲座的讲师及活动的技术顾问。

3. 组建兴趣小组

通过学校公众号、班级微信群等途径发布活动信息并招募兴趣小组成员。以自愿报名和班主任推荐相结合的方式，从初一、初二、高一、高二年级中每班（含国际班）各选出 2 名学生组成桃树管理兴趣小组。为便于活动通知和小组成员沟通，建立兴趣小组微信群。每个年级各选出一位负责人，协助老师传达信息、组织活动。另外，邀请学生会宣传部的干事承担每次活动的摄影工作。

4. 课程准备

（1）线上课程

考虑到学生参与活动的时间主要为中午及放学后，其接受理论指导的时间比较少，为保障学生参加活动时具备一定的理论知识基础，活动设计了线上课程。线上课程主要包含"桃树的病虫害防治技术""桃树的整形修剪技术""桃树的周年管理技术""桃树的土水肥管理技术"相关视频及对应的测试题。在完成线上课程的学习及通过测试后，学生会获得"课程证书"。后续，学生可持证参加实践活动。

为保障线上课程顺利开展及为学生提供一个多功能线上学习平台，邀请技术团队开发线上课程平台，如图1所示，并根据活动需要，设计了视频播放、答题闯关、提交成果、教师批改等功能。

图1　线上课程平台

（2）线下课程

线下课程主要包含专家讲座和实践指导，其中，专家讲座开展4场，分别以"桃树周年管理概论与剪枝管理""肥水管理""花果管理""病虫害防治"为主题；实践指导以剪枝、疏花疏果、施肥浇水、病虫害防治、套袋解袋、采摘与品鉴等为主。

为保证线下课程的顺利开展，准备场地和工具，如预定报告厅，选定桃园实践范围，准备修枝剪、修枝锯、果蔬伤口愈合剂、水桶、铁铲、化肥、农药、黏虫板、迷向丝、果袋、手套等。

（3）其　他

为对桃树管理感兴趣的学生设计桃树生长手册和病虫害记录手册，前者用于记录物候期桃树的生长和发育情况，帮助学生认识桃树与环境的关系，了解制定果树栽培管理措施及技术的参考依据；后者以图文形式介绍了桃树主要病虫害的特点及防治技术，帮助学生区别病虫害及掌握一定的防治实践技能，为后续的学习奠定基础。

5. 义卖活动策划

考虑到采摘后桃子的处理问题，策划义卖活动，成立101桃子义卖小组，制定义卖活动方案，方案包含宣传页制作、桃子包装、桃子预售宣传方式、招募志愿者、开发义卖小程序等。

六、活动内容

1. 活动动员会

在学校报告厅召开活动动员会暨北京一零一中学桃树管理员第一次培训，如图2所示。会议参与者为学校、机构、基地三方的活动负责教师，以及兴趣小组成员。会议内容包括介绍活动背景及活动安排，分配桃树及讲解活动要求，动员学生积极参与实践活动等。在会议的最后，由技术顾问李彦广老师介绍桃树的相关知识及科学化管理的重要意义。

图2　活动动员会

2.线上线下课程

成功开发线上课程平台后，发布调查问卷，调研学生对于桃树有哪些感兴趣的科学问题，并将这些问题规划至线上线下课程中。由于调研所得问题较为丰富，为了更好地激发学生的学习兴趣，将学生分成A和B两组，A组为实践组，B组为探究组。附表为线上线下课程规划。图3、图4为线下课程的现场图。

图3　施肥浇水现场图

图4　套袋现场图

3.义　卖

在丰收节（活动11和活动13）前，成立101桃子义卖小组。101桃子义卖小组根据义卖活动方案制作活动宣传页、完善义卖小程序的预售链接、招募志愿者等。招募的志愿者于丰收节当天参与桃子的分拣、装箱、打包等。

4.活动总结会

在学校报告厅召开活动总结会，由学生代表分享活动感悟，教师代表进行活动总结，并为实践活动中表现突出的学生颁发"桃王"奖状。

七、活动成果

本次活动共计收获1万余个桃子（约300箱），通过义卖活动的小程序在2h内售罄。收益由学校团委以购买学习用品的方式捐赠给四川大凉山的贫困学生。

本活动受到学生的广泛欢迎，赢得了广大学生家长的认可。学生通过活动不仅了解了桃树的起源、引种、栽培等相关知识，掌握了有关工具的使用要领，还体验了科学探究的一般流程，提升了在实践中发现问题、解决问题的能力。更重要的是，活动引导学生树立了正确的价值观，加深了对中国文化的认同。

此外，多家媒体对此活动进行了报道，如新京报"北京一零一中学开设桃树养护课程140名学生争当'桃农'"，海淀报"综合实践性劳动教育推动育人方式改革——北京一零一中学'校园桃树园艺课程'受欢迎"，现代教育报"校园里桃子熟了，北京一零一中学爱心义卖捐赠四川凉山牵手校"等，产生了一定的社会影响力，提升了学校知名度。

附表　北京一零一中学桃园科学化管理实践课程表

时　间	课程类型	课程名称	课程简介
2022 年 1 月—2 月	线上课程	桃树周年管理课程	包含"桃树的病虫害防治技术""桃树的整形修剪技术""桃树的周年管理技术""桃树的土水肥管理技术"相关视频及对应测试题
2022 年 3 月	讲座 1	桃树周年管理概论与剪枝管理	介绍桃树起源、品种，周年管理的概念与意义等
2022 年 3 月	活动 1	剪枝	讲解剪枝原理、操作要点等并进行实践指导
2022 年 3 月	讲座 2	肥水管理	介绍桃树肥水管理的原理、重要性及实施方法
2022 年 3 月	活动 2	肥水管理	讲解施肥技术操作要点并进行实践指导
2022 年 4 月	讲座 3	花果管理	介绍桃树花果管理的原理、重要性及实施方法
2022 年 4 月	活动 3	疏花	讲解疏花原理、技术操作要点并进行实践指导
2022 年 4 月	讲座 4	病虫害防治	介绍病虫害防治的重要性及防治方法
2022 年 4 月	活动 4	病虫害防治	讲解物理防治病虫害的技术措施、技术要点并进行实践指导
2022 年 5 月	活动 5	疏果	讲解疏果的原理、技术操作要点并进行实践指导
2022 年 5 月	活动 6	施肥浇水	学生自主实践
2022 年 6 月	活动 7	套袋	讲解套袋的原理、技术操作要点并进行实践指导
2022 年 6 月	活动 8	施肥浇水	学生自主实践
2022 年 6 月	活动 9	剪枝	讲解夏季剪枝的技术操作要点并进行实践指导
2022 年 7 月	活动 10	解袋（大久保、黄桃）	讲解解袋的原理、技术操作要点并进行实践指导
2022 年 8 月初	活动 11	丰收节——采摘 1 品质评价	讲解品质评价的原理及方法，采摘久保桃，完成果品评价及果实产量估算
2022 年 8 月	活动 12	解袋（绿化九号）	学生自主实践
2022 年 8 月中旬	活动 13	丰收节——采摘 2 品质评价	学生自主实践
2022 年 5 月—8 月	课题探究 1	疏果、套袋对桃子品质影响差异探究	疏果、套袋是桃子果实管理中的重要措施，对促进果实生长、提高果实品质、减少病虫害影响有很大的帮助，本课题通过探究疏果、套袋对桃子品质的影响，进一步验证实施科学花果管理的重要性
2022 年 5 月—10 月	课题探究 2	可食性涂膜对毛桃的保鲜效果探究	桃子的保鲜问题困扰着人们，本课题通过探究配置的不同种类的保鲜剂对久保桃的影响，从视觉、触觉、失重率、有效酸度、可溶性固形物、维生素 C 含量等角度评价不同保鲜剂的保鲜效果

八、活动总结

活动成功的原因是其与国家政策和学校教学理念紧密贴合，作为全国文明校园，北京一零一中学借助此次实践活动，在"双减"背景下推动育人方式的改革，积极响应国家"培养社会主义建设者和接班人"的号召。活动中教师团队积极参与活动策划、课程设计与组织实施，坚持开发适合中学生的课程和活动模式。活动形式新颖，落脚实际生活，以学生为主，具有一定的推广意义，可为学校开展其他主题的科学劳动教育融合课程指明方向和思路。

我是小小气象安全员

——关爱生命安全与健康，关注天气和气象灾害

北京第二实验小学 / 小钱学森科技团 / 指导老师：甄奕 马丽 陈琛

分类：生命科学

一、活动背景

2021 年教育部关于印发《生命安全与健康教育进中小学课程教材指南》的通知中提到：在小学阶段，学生要掌握自我保护、求助、避险与逃生的基本技能；初步掌握急救知识，遇到紧急情况，能够拨打急救电话和报警电话。教师在教学实施时要坚持核心素养导向，结合学科特点，以体育与健康学科落实为主，有机融入其他相关学科，明确各学科各学段生命安全与健康教育进课程教材的具体目标和内容，以实践体验为主，组织开展实验探究、情境体验、虚拟仿真、现场教学、演练等活动，确保有效强化学科知识落实。

北京第二实验小学建于 1909 年，一贯注重科技教育、教研活动，倡导学科整合的大教学观，重视多学科融合开展全校性的科技实践活动，是北京市金鹏科技团（地球与环境分团）。此次，学校基于世界各地气象灾害频发的背景，积极响应《生命安全与健康教育进中小学课程教材指南》要求，开展"我是小小气象安全员——关爱生命与健康，关注天气和气象灾害"科技实践活动（以下简称气象实践活动）。该活动旨在通过实践体验和多学科融合的方式，帮助学生了解气象灾害常见发生时间、可能造成的危害及正确的防御措施，从而提高学生的安全意识和应对能力。

二、活动目标

1. 师生层面

① 加强师生对我国天气情况的关注，加深对四季的气候特点的认识。

② 加深师生对气象灾害的了解，提高师生对气象灾害的预防意识和自救能力，加强对生命安全的关注。

2. 学校层面

① 通过本次活动，探索多角度、跨学科的综合科技教育模式。

② 加强校内科技社团建设，丰富社团活动，扩大科技社团在校内的影响力。

③ 提升学校在"天气""气象灾害"相关知识领域的教学水平。

3. 家庭层面

家长和孩子一起参加实践活动，了解气象灾害，储备应对气象灾害的知识。

4. 社会层面

为学生提供发现问题、解决问题的机会。学生通过思考气象灾害现象，提出可行的生活物品改造建议，以服务社会。

三、活动安排

1. 活动时间

2022 年 1 月—2023 年 1 月。

2. 活动地点

北京第二实验小学王府校区、北京第二实验小学新文化街校区、北京第二实验小

学德胜校区、北京公共安全体验馆。

3. 参与对象

北京第二实验小学二年级和四年级全体学生。

四、活动内容

2022 年 1 月成立实践活动课题组，并开始筹备活动。2022 年 2 月，借助学校开展的冬季运动活动，引导学生讨论冬季运动中涉及的物理知识，并以此展开气象实践活动。气象实践活动的内容有以下 10 个。

1. "北京之春"天气观察、记录、统计活动

春天，组织二年级和四年级的学生分别进行长期天气观察和记录活动，使学生通过活动了解北京春天的特点，养成科学记录的好习惯。在活动中，二年级学生主要负责记录春天的气象数据；四年级学生则亲手制作了风向标和雨量器，并完成了风力、风向等的测量。所有参加活动的学生加深了对北京地区春天气候特点的了解，为开展后续活动奠定了基础。

2. "大家贴贴看"气象灾害与应对方法科普活动

本活动是面向北京第二实验小学德胜校区四年级全体师生的一次互动式科普讲座活动。讲座中，教师针对北京的气候特点对北京地区可能发生的气象灾害进行科普，并鼓励学生积极参加互动，将"应对行为"贴纸贴在代表不同气象灾害主题的磁性黑板上，巩固学习到的知识。本活动旨在让学生了解有哪些正确应对气象灾害的行为，以备不时之需。

3. "看云识天气"识云、制云、画云活动

教师通过观察发现学生喜欢观察云并对云的形状比较敏感，因此策划开展"看云识天气"识云、制云、画云活动。

① 识云活动。教师带领学生观察云，帮助学生将观察到的云和可能出现的天气现象建立联系，并为学生讲解产生不同形态云的原理。

② 制云活动。教师带领学生开展科学实验活动，模拟云形成的过程。

③ 画云活动。将科学和美术进行跨学科融合，教师带领学生挖掘与云有关的艺术元素，引导学生以艺术形式呈现具有科学元素的画作，如图 1、图 2 所示。

图 1　画云活动中的学生作品①

图 2　画云活动中的学生作品②

4."气候和气象灾害"线上主题研讨活动

邀请中国科学院大气物理研究所魏科老师参与活动指导。魏老师为活动提供了北京近 10 年的天气数据，我校教师从中选取 1000 条数据制作科学统计图以便学生直观了解北京天气的变化规律，同时设计互动软件，让学生深入学习应对不同气象灾害的自救措施。

5."北京夏季常见天气与气象灾害"讲座

在暑假前，开展"北京夏季常见天气与气象灾害"讲座，为学生普及北京夏季常见天气及可能发生的气象灾害，并引导学生了解并掌握应对北京夏季会发生的气象灾害的措施。

6."云彩收集小组"微信集云活动

暑假期间开展"云彩收集小组"微信集云活动，邀请感兴趣的学生和家长共同参加。参与者需将每日拍到的云发到群里，与大家一同欣赏。教师鼓励学生通过云的形态分析可能出现的天气，以此激发学生的探究兴趣。

7."共同守护生命安全"大手拉小手，灾害体验活动

邀请学生与学生家长以家庭为单位参观北京自然灾害体验馆，体验自然灾害模拟场景。学生和学生家长一同了解了自然灾害可能带来的危害，学习相应的预防措施，掌握逃生锤等自救工具的使用方法，增强防护意识，提升自救水平。

8."寻找北京的秋"观察校园活动

我校为突出环境育人的作用，在建校之初种植了百种植物，使得校园宛如一本立体书。教师在秋天带领学生观察校园，记录植物的变化，总结北京秋天的气候特点。

9."科幻里的气象灾害"保护生态环境讲座

学生普遍对科幻电影很感兴趣，教师借助经典科幻电影《后天》，结合近年来世界各地出现的高温、暴雪、强降雨等气象灾害，讲解灾害的形成原因和气候变化对人类及动植物的影响，呼吁学生关注生态环境，节能绿色生活。

10."《九九歌》，你会用吗？"线上讲座

教师带领学生学习农民歌谣《九九歌》，引导学生理解《九九歌》中每句歌词蕴含的科学道理，并将其应用于生活，如在"七九"的时候，河面已经不结实了，不能在河面上玩耍等。

气象实践活动持续开展一年，活动结束后，教师总结活动经验，反思活动中的不足。

五、活动成果

此次跨学科融合的气象实践活动取得了丰硕成果。以下从学生、教师、家庭、社会层面总结活动成果。

1. 提升了学生的科学素养和实践能力

通过参加气象实践活动，学生学会了根据云的形态判断天气，理解了如何关注天气变化并预防气象灾害，掌握了简单的统计方法和观察技巧，拓展了气象灾害自救技能。

2. 促进了教师的专业发展和跨学科思维

在活动过程中，教师发挥专业特长，引导学生观察和学习，充分挖掘学生的潜力。同时，教师也拓展了自己跨学科教学的思维。在中国科学院大气物理所专家的指导下，我校教研骨干教师完成了"天气"和"气象灾害"的校本课程读本的编写，丰富了学校的教育资源。

3. 提高了家庭的防灾意识和能力

在活动过程中，以小手拉大手的方式，向学生与学生家长普及预防气象灾害的措施，有效提高了参与者的防灾意识和防灾能力。

4. 形成了可能应用于实际生活的成果

本次活动不仅提高了学生的科学素养和实践能力，还引起了社会的广泛关注。学生的研究成果被选送参加北京科学建议奖评选，并有可能应用到实际生活中。

六、活动总结

"我是小小气象安全员——关爱生命安全与健康，关注天气和气象灾害"科技实践活动聚焦"生命安全"这一主题，融合跨学科教学的知识理念，借助丰富的活动形式，引导学生关注气象灾害，提高学生的安全意识与自救能力，为学生安全和家庭幸福保驾护航。开展此活动具有除学科教育意义外的深远意义。

钢铁是怎样炼成的
——探究冶铁的奥秘

北京市顺义牛栏山第一中学 / 铁文化探究小组 / 指导老师：林媛媛 马青青

分类：其他

一、活动背景

1. 基于培养学生"文化基础"素养的要求

中华优秀传统文化是中华民族的根和魂。在培养学生"文化基础"素养的过程中，要求学生习得人文、科学等各领域的知识和技能，掌握和运用人类优秀智慧成果，发展成为有深厚文化素养和更高精神追求的人。同时，我国古代劳动人民在生产、生活中积累了大量与技术应用相关的知识，如在春秋晚期人们已经掌握了炼铁技术，战国晚期人们已经掌握了炼钢技术等。因此，引导学生探究"冶铁"的奥秘，将育人和科学活动相结合，具有重要意义。

2. 基于构建我校自主探究课程的需要

我校在"自觉 +"教育理念的引领下，构建了"四自五育课程"体系。在这个体系中，自主探究课程注重联系生活与实践，强调在科技实践活动中培养学生的科学精神。

基于立德树人和培育学生科学精神的要求，本活动采用课上研究和课后实践相结合的方式，引导学生进行探究式和体验式学习，从而领悟科学技术发展的社会意义。

3. 基于本地区冶铁历史的文化资源

铁是一种在生产、生活中应用广泛的金属，生铁与生铁制钢技术的发明，促进了铸铁在中国的应用。1977 年，北京市平谷区刘家河遗址出土的铁刃铜钺证明了北京地区从商代开始使用铁；2011 年，北京市延庆区水泉沟冶铁遗址有重大考古新发现……这些发现反映了古人卓越的智慧，同时为活动的开展提供了文化资源支持。除此之外，首都博物馆、地质博物馆等也为活动的实施提供了资源。

4. 基于学生运用学科知识解决实际问题的需要

本活动参与者为我校高一年级的学生。

他们在生物和化学学科学习中，已初步了解铁及其化合物的性质、铁元素对人体健康的作用等知识。然而，这其中的很多人是通过机械记忆记住这些知识的。此次实践活动旨在引导学生结合生活实际掌握知识，并激发学生探究学习的兴趣。

二、活动目标

1. 知识与技能目标

① 了解铁矿石的存在形式、类型和主要化学成分。

② 了解我国钢铁冶炼的历史，分析不同冶铁方法的优劣势。

③ 理解工业生产流程设计原理和钢铁在各领域的应用价值。

2. 过程与方法目标

① 学会分析不同价态铁元素的转化反应。

② 学会运用多学科知识和研究方法解决实际问题。

3. 情感态度与价值观目标

① 通过实践探究，亲身感受中国冶铁文化的内涵和重要性，并积极宣传我国的冶铁文化。

② 通过合作学习，培养良好的团队合作精神和严谨求实的科学态度。

③ 通过实践活动，增强文化认同感。

三、活动设计

1. 活动重点

① 了解我国冶炼钢铁的历史。

② 分析不同冶铁方法的优劣势。

③ 认识钢铁的应用价值。

2. 活动难点

活动的难点在于理解工业生产流程的设计方法。

3. 活动创新点

此次活动引导学生通过探究式和体验式学习，理解铁元素在生活和生产中的重要性，了解我国的铁器文化和冶铁技术。在实践活动中，学生通过课上研究和课后实践相结合的方式，亲身参与搭建知识体系、认识冶铁技术、探索铁矿石、模拟冶炼、探究铁防护、初探超级钢等环节，从而提升科学素养。

4. 活动成员

① 活动组织团队由牵头的综合实践活动教研组，协办的高一年级科技教研组、德育处、医务室、团委和信息中心，以及部分学科教师组成。

② 活动参与对象为高一年级 9~14 班的学生，人数共计 220。

③ 活动指导团队由来自首都博物馆、房山世界地质公园博物馆、北京师范大学、西城科技馆、宣武科技馆、顺义科技馆等的专家组成。

5. 活动地点

北京市顺义牛栏山第一中学科技楼中的实验室、科技馆、宇宙馆，房山世界地质公园博物馆等。

四、活动过程

1. 准　备

① 教师通过检索"冶铁""制钢""中国制铁"等关键词及查阅与冶铁相关的书刊，总结活动中可能用到的信息，并将检索的内容归纳进文献记录表。

② 教师到国家博物馆、首都博物馆、房山世界地质公园博物馆、各区科技馆等学习，记录可用的资源和信息。

③ 教师完成实践活动实施方案，拟定学生外出活动安全预案。

④ 学生以 6 人为单位组建小组，并选出小组组长。

⑤ 学生进行组内讨论，尽可能多地列出与"铁"相关的内容，并绘制思维导图。

2. 知识方法搭建

① 在化学课程中，学生已初步掌握铁单质、氧化物、氢氧化物和铁盐的性质，并自主构建了铁及其化合物的相互转化关系图。

② 举办"常见的金属材料及应用"科普讲座。学生通过讲座了解金属材料的基本知识，金属材料在生产、生活及科学研究中的应用。

③ 教师讲解 Fe^{3+}、Fe^{2+} 检测原理，示范安全实验操作方法，指导学生完成常见离子的测试实验，使学生掌握正确实验方法。

④ 教师指导学生完成数据统计及分析方法的学习与应用，为后续分析活动数据做好铺垫。

3. 实　施

以章丘铁锅的制作工艺切入点，讲解铁制农具、兵器对中国历史发展起到的作用，从而激发学生参与实践活动的兴趣。

（1）活动一：初识冶铁术

教师引导学生通过网络、书刊等收集冶铁技术相关资料并进行分类整理，总结中西方冶铁技术的差别。

如图 1 所示，学生在节假日走进首都博物馆，寻找北京地区最早的铁器——北京市平谷区刘家河遗址出土的铁刃铜钺，并了解到其是将陨铁锻造成薄刃后，浇筑青铜手柄而成的。

学生自主查找与陨铁相关的资料，分

图 1　走进首都博物馆

析陨铁、陨石和铁矿石的区别，了解鉴定陨石的方法，进行组内分享和讨论。

学生在课上观看视频"探索·发现——水泉沟冶铁遗址发掘记"。视频讲述了水泉沟冶铁遗址是北京地区保存最完整的辽代冶铁遗址，发掘面积约 150 平方米，现共清理出 4 座炼铁炉，且遗址中存在大量冶铁原料、燃料、耐火材料和炉渣。学生查看地图并结合地理课所学的知识，分析水泉沟附近的环境、资源和交通等情况，得出水泉沟发展冶铁技术的优势。

教师引导学生查阅资料，了解首钢集团的发展历史、所应用的冶炼技术，以及首钢搬迁的相关信息，并从国家政策、环境保护、企业发展、资源利用等角度，分析首钢集团搬迁所带来的影响。

（2）活动二：探秘铁矿石

小组组长带领组员在房山世界地质公园博物馆完成考察任务。要求充分利用博物馆的地图，以录音和手写等记录方式，记录不同矿石的特征，并能结合讲解员讲的方法辨别不同的岩石，如赤铁矿、褐铁矿、黄铁矿等，如图 2 所示；认真聆听讲解，仔细观察展品，并思考"铁矿石的组成元素有什么""在哪里可以找到铁矿石""谁在用铁矿石"等问题。

图 2　辨别不同的岩石

讲解员引导学生参观房山世界地质公园博物馆的外景，介绍博物馆的设计立意——石破天惊，使学生体会设计中的"自然之道"，即建筑与自然和谐相处。

学生在房山世界地质公园博物馆外设置的地质安全教育实践活动区进行互动体验，在体验过程中，了解地质知识，学习逃生技巧并掌握救护方法。

（3）活动三：模拟冶炼铁

学生通过观看视频"延庆水泉沟冶铁遗址生铁冶炼工艺模拟"，初步了解辽代生铁冶炼技术的特点。教师指导学生在考虑成本、环保和利用率等的基础上，分析现代高炉冶铁的反应原理，并绘制高炉冶铁流程图。教师引导学生对比现代高炉冶铁与古代块炼铁，分析高炉冶铁的优势。

教师演示铝热反应实验，学生在安全距离下观察实验，并思考如何检验生成物中的铁单质和如何去除杂质。

教师引导学生查找并观看国家级非物质文化遗产——打铁花的精彩表演视频，分析打铁花中蕴含的科学原理，思考为什么打出的铁花烫不到人，以及打铁花的传承难度在哪里。

教师指导学生使用曲别针体验淬火活动，并记录曲别针在淬火前后的强度变化。

（4）活动四：探究铁防护

教师以铁刃铜钺虽然精美异常，但布满了锈迹为话题，引导学生思考"如果你是一名考古学家，你会如何处理？"，随后让学生分组讨论并提出解决方案。教师向学生介绍专家清理文物的一般步骤：清理、除锈、保护，并展示不同情况下生铁片锈蚀的实验图片，引导学生分析锈蚀原理，并探讨除锈方法。

教师讲解钢铁的化学腐蚀和电化学腐蚀原理，引导学生以自行车为例，分析自行车各个部件采用了哪些防腐蚀的方法，并完成探究实验报告。

（5）活动五：初探超级钢

以"中国核潜艇之父黄旭华，为国家设计核潜艇时遇到的第一个困难是无法获得符合要求的钢板"为铺垫，引导学生就"核潜艇钢板的设计要求是什么""常见的钢铁材质的产品有哪些""钢铁在生产和生活中的应用有哪些"等问题进行分组讨论。

教师引导学生查阅资料，归纳超级钢的特点、应用前景、发展方向。

（6）活动六："铁定江山"主题班会

召开"铁定江山"主题班会，不同小组的学生在班会中汇报交流研究成果。教师点评学生在活动中的表现，强调实践活动的重要意义。

设计"铁器文化的回归"海报，为后续宣传活动做准备。

（7）活动七：探秘铁的奥秘

征集学生在实践活动中的作品，并将作品制成"探秘铁的奥秘"宣传册，为后续宣传活动做准备。

4. 宣传与推广

带领学生走进社区，利用海报和宣传册，开展中国冶铁文化的宣传活动。

五、活动成果

① 学生通过实地考察学习，深入理解了岩浆岩、沉积岩和变质岩的形成与转化过程，掌握了常见铁矿石的产地、类型和主要化学成分，并绘制了关于金属材料及其应用的展示小报，展示学习成果。

② 学生通过查阅文献资料、观看视频和咨询学科教师等，分析北京延庆水泉沟冶铁遗址的地理位置、交通状况和周边资源等情况，了解了北京地区辽代冶铁技术的发展，并完成了小论文的撰写。

③ 学生能够从成本、环保和利用率等方面，分析不同冶铁技术的特点，并绘制高炉冶铁流程图。

④ 通过观看铝热反应实验，以及参与自主探究淬火技术、钢铁腐蚀和防护原理等活动，学生从化学反应原理角度深入理解了工业冶铁的本质、钢铁防护的方法等。

⑤ 学生通过在"铁定江山"主题班会中展示活动成果，锻炼了语言表达能力。

综上，学生通过多种方式深入了解了铁矿石的形成、冶炼和应用等方面的知识，不仅掌握了相关的科学知识，还锻炼了实践能力和团队协作能力。

六、活动收获

从学生角度来看，学生通过探究冶铁的文化历史、技术发展、生产和生活应用，深入理解和应用了高中化学教材中与铁元素有关的知识，达到了学以致用的效果。同时，学生以小组形式开展探究活动，培养了合作意识，锻炼了应用知识解决实际问题的能力，丰富了实践体验，为未来的学习奠定了坚实的基础。

从教师角度来看，各学科教师协同合作，开展实践活动，为学生提供知识和方法的引导，提升了研究与指导能力。同时，教师与学生共同探究冶铁文化和冶铁技术发展，不仅开阔了视野，还增强了师生对中华传统文化的认同感。

航天点亮密云少年"飞天"梦想
——密云区"童眼探大国重器"社团科技实践活动

北京市密云区青少年宫／"童眼探大国重器"科技社团／指导老师：尹玉

分类：其他

一、活动背景

1. 社会热点指向

党的十八大以来，习近平总书记高度重视航天事业的发展，发表了一系列重要讲话，为发展航天事业、建设航天强国指明了前进方向。近十年来我国航天事业蓬勃发展，如"北斗"组网、"嫦娥"蓝月、"祝融"探火、"天和"遨游星辰……以此为活动背景开展航天科技实践活动，能为学生及时科普航天知识，激发学生的学习兴趣，提升学生的民族自豪感。

2. 科技教育指引

《义务教育课程方案（2022 年版）》中指出"加强课程与生产劳动、社会实践的结合，充分发挥实践的独特育人功能"，鼓励教师积极开展主题化、项目式等综合性教学活动。《全民科学素质行动规划纲要（2021—2035 年）》中指出"要提升基础教育阶段科学教育水平，引导变革教学方式，倡导启发式、探究式、开放式教学，保护好学生好奇心，激发求知欲和想象力"。在科技教育理念、政策指导下，教师应在科技活动中引导学生自主、合作、探究解决问题，以此培养学生的科学精神，提升学生的学习能力，鼓励学生实践创新。

3. 项目课程规划

党的十八大以来，我国在科技创新和重大工程建设方面取得了丰硕成果，依托这一时代背景，密云区青少年宫开展了"童眼探大国重器"创新项目，项目课程以"大国重器"为核心，内容从学习科学知识到进行探究实践，旨在促进学生综合发展。课程主要分为六大板块，本实践是课程中"探秘中国高度"板块的活动。

4. 学生发展需求

密云区属于远郊区，其学生接触航天知识的机会相对较少。但是随着我国航天科技的不断发展，越来越多的学生想要了解航天方面的知识。在区域资源匮乏和学生学习需求较大的冲突下，"童眼探大国重器"项目组面向全区及项目重点实验校的中小

学生开展科技实践活动，旨在引导学生通过实践，掌握航天方面的知识，满足学生的学习需求，激发学生对航天科技活动的兴趣，让航天的种子在学生心中扎根，为国家未来培养更多"航天人"打下基础。

二、活动目标

① 学生能够了解中国航天的发展背景、发展历程、发展现状，能够说出中国航天所取得的主要成就。

② 学生能够掌握中国空间站、探月工程等的基本知识，并能根据已掌握的知识，完成航天创客竞赛。

③ 学生能够认识中国航天方面的科学家，进而领悟科学家精神。

④ 学生能够感受到中国航天的强大，并能通过了解中国航天在发展过程中所面临的挑战，领悟航天精神。

三、活动安排

1. 活动成员

"童眼探大国重器"项目社团共 16 人，密云第二小学社团共 20 人，密云第二中学社团共 20 人，项目实验校参与学生共 5500余人。

2. 活动时间

2022 年 3 月—12 月。

3. 活动地点

北京市密云区青少年宫、北京市密云区第二小学、北京市密云区第二中学、北京科学中心等。

4. 活动组织架构

活动组织架构，见表 1。

表1　活动组织架构表

	姓　名	单位名称	岗　位
领导组织机构	刘春霞	北京市密云区青少年宫	书记兼主任
	孔海燕	北京市密云区青少年宫	副主任
	徐晓龙	北京市密云区青少年宫	副主任
活动总负责人	尹玉	北京市密云区青少年宫	科技活动组织教师
项目核心单位	李桂荣	北京市密云区第二小学	科技教师
	郭红燚	北京市密云区第二小学	科技教师
项目合作单位	刘海山	北京市密云区第二中学	科技主管
	景丽	北京市密云区第二中学	科技教师
	王静	北京市密云区第二小学	科技主管
	李二伟	北京市密云区第二小学滨河校区	科技主管
	关晓明	北京市密云区河南寨镇中心小学	科技主管
	霍国栋	北京市密云区不老屯镇中心小学	科技主管
	郝海燕	北京市密云区新城子镇中心小学	科技主管
	刘丹	北京市朝阳区实验小学密云学校	科技主管

四、活动方法及活动设计

1. 活动方法

① 文献法：通过网络查阅相关文献，了解中国航天的发展背景、发展历程、发展现状及主要成就。

② 问卷调查法：对学生进行问卷调查，了解学生对航天知识的了解情况。

③ 访谈法：对学生进行访谈，了解学生对航天科技具体感兴趣的点，以及想要学习的方向和想要的收获等。

2. 活动设计

实践活动思维导图如图 1 所示。

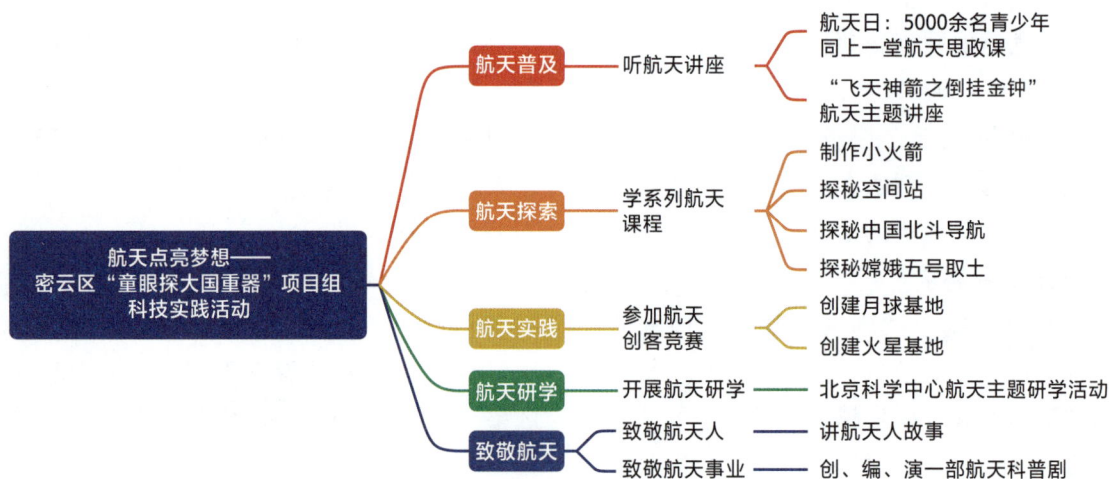

图 1　实践活动思维导图

五、活动内容

1. 活动准备阶段

为确保活动设置科学、合理，能使学生感兴趣，项目组教师多次召开研讨会，对活动进行全方位的设计与规划，准备活动所需物品，联系相关单位、专家等。

2. 活动安排

活动安排，见表2。

3. 活动实施过程

（1）航天点亮梦想——密云少年同上一堂航天思政课活动

在航天气息浓厚的4月，北京市密云区青少年宫邀请知名专家田如森走进密云，以"太空家园——空间站"为主题，为学生讲述中国载人航天三步走及航天员在太空家园的衣食住行，弘扬航天精神，科普航天知识。

（2）"飞天神箭之倒挂金钟"航天主题讲座

带领"童眼探大国重器"社团成员前往北京科学中心，参加由航天一院"捷龙一号"固体运载火箭总设计师为学生开展的航天主题讲座，让学生从火箭的结构、发射方式、"捷龙一号"的设计角度了解航天知识。

（3）"童眼探大国重器"航天课程

① 课程1：制作小火箭。

课程目标：了解火箭的结构和功能，认识载人航天长征"三勇士"的三型火箭的特点和承担的发射任务；可制作简易火箭模型。

活动过程：学生查阅资料自主探究火箭的结构、功能等知识；根据查到的资料，制作简易火箭模型；进行发射实验并改进模型。

② 课程2：探秘空间站。

课程目标：学生通过VR设备，观察空间站各舱位的外形和组成方式；学生以探究性学习为主，概括出中国空间站的发展、各舱功能等内容。

活动过程：学生佩戴VR设备进入空间站，了解其结构和组成方式；小组讨论，选出本小组最感兴趣的有关空间站的问题，并利用电子设备合作探究，对探究结果进行梳理、归纳、展示；分享活动的收获与感受。

③ 课程3：探秘中国北斗导航。

课程目标：学生以探究性学习为主，概括出北斗导航的发展、功能、应用等知识，并说出北斗导航对于中国科技发展的重要作用；学生运用北斗导航的授时服务、定位服务，完成定向任务，提升问题解决和合作

表2 实践活动安排表

活动形式	活动内容	活动时间	参加对象	负责教师
航天普及	航天点亮梦想——密云少年同上一堂航天思政课活动	2022年4月24日	密云区34所中小学，共5500余人	尹玉
	"飞天神箭之倒挂金钟"航天主题讲座	2022年11月	"童眼探大国重器"项目社团，共16人	尹玉
航天探索	"童眼探大国重器"航天课程	2022年5月—12月	密云区各小学校航天爱好者，共30余人	尹玉
航天实践	航天创客竞赛	2022年5月—12月	密云区第二中学的航天爱好者，共20余人	李桂荣
航天研学	航天主题研学活动	2022年11月8日	"童眼探大国重器"项目社团，共16人	尹玉
致敬航天	致敬航天人	2022年5月—12月	密云区各学校航天爱好者，共20余人	尹玉
	致敬航天事业	2022年5月—12月	"童眼探大国重器"项目社团，共16人	尹玉

学习的能力。

活动过程：小组讨论，选出本小组最感兴趣的研究问题，通过合作完成探究，并梳理、归纳、展示探究结果；熟悉活动手册，明确活动任务和规则，团队协作利用北斗导航完成定向活动，组内总结活动中的不足；观看视频及图片材料，感受中国科技的力量。

④ 课程 4：探秘"嫦娥五号"取土。

课程目标：学生能通过自主探究的方式掌握"嫦娥五号"的结构和功能，知道"嫦娥五号"是如何发射，以及如何取土和返回的；学生通过角色扮演的方式演绎"嫦娥五号"的发射和返回过程。

活动过程：学生通过查询资料，了解"嫦娥五号"的相关知识；学生制作角色扮演所需的名牌并到达场地进行彩排；演绎"嫦娥五号"的发射和返回过程并进行录制；分享活动中的收获。

（4）航天创客竞赛

以竞赛的形式鼓励学生关注火星探测、探月工程等科技成就，激发学生的创新热情，使学生将前沿学科知识和实际应用相结合，合作创造出具有新意的航天创客作品。

（5）航天主题研学活动

在北京科学中心开展航天主题研学活动。学生阅读研学手册，完成听科普讲座、制作火箭模型、参观航天展等环节。

（6）致敬航天人

① 追星少年讲科学家故事。以青少年是祖国的未来、民族的希望，引导学生学习航天人的故事，以"让中国航天人成为学生的星"为背景开展活动。活动中学生选择自己喜欢的科学家故事分享给大家。此次活动共分享了钱学森、南仁东等 30 余位航天科学家的故事。

② 小时学先锋，长大做先锋——科技小组纪念钱学森诞辰 110 周年活动。在钱学森诞辰 110 周年之际开展活动，引导学生走近科学家，感悟科学家精神。活动从了解钱学森一生的故事开始，组织学生汇报学习感悟，最后以"钱爷爷我想对您说"为主题，让学生展开写作。

（7）致敬航天事业

根据系列活动中学到的内容，学生创意编排科普剧《东方红一号奇遇记》，以此致敬中国航天。剧本如下。

第一幕

人物：东方红一号（卫星）、长征二号甲（运载火箭）

地点：太空

时间：1975 年 11 月 26 日

旁白：1970 年 4 月 24 日，东方红一号成功升空，距今已经 50 多年了。他从一个年轻小伙子变成了老爷爷。正巧他今天心情好，想给大家讲一讲他在太空的奇遇记。

东方红一号：好孤独啊！这么浩瀚的太空，只有我是中国的，真希望有个同伴来陪陪我啊！

长征二号甲：咻！

东方红一号：嗯？这是谁？怎么穿着中国的衣服，难道是我的同伴？快去和他打个招呼。你好哇，我的老乡！我是东方红一号。

长征二号甲：你好！我是长征二号。今天我是运载遥感卫星来进行科学探测和技术试验的，待会儿就要回去了。

东方红一号：什么？待会儿就要回去了？好吧，我也想跟你一起回去，但我知道要以国家大局为重。

长征二号甲：你别伤心，后续会有很厉害的卫星来陪你的。我先走了，拜拜！

第二幕

人物：东方红一号（卫星）、长征三号（运载火箭）、东方红二号（卫星）

地点：太空

时间：1984 年 4 月 8 日

旁白：长征二号走后，东方红一号又开始了独自生活，他心里一直盼望有新的伙伴出现，就这么盼望着，终于有伙伴来了。东方红一号正要开口，长征三号却抢了先。

长征三号：你好！我是长征三号，长征二号甲的升级版，今天我带来了东方红二号。

东方红一号：咦！为什么有种熟悉的感觉呢？

东方红二号：哥哥你好，我是你的弟弟，东方红二号啊。我能进行远距离电视传输！

东方红一号：原来你这么厉害。欢迎你的到来，以后这就是我们的家了。走，我带你认识一下这里吧！

第三幕

人物：东方红一号（卫星）、长征二号 F（运载火箭）、神舟五号（载人航天飞船）、宇航员

地点：太空

时间：2003 年 10 月 15 日

旁白：这些年来，有很多卫星来到太空，一些寻常的伙伴已经很难让东方红一号失态了，毕竟这些都属于常规操作。直到长征二号 F 出现，东方红一号"沸腾"了！

东方红一号：今天外面的动静怎么这么大，又是哪个国家的小家伙来了呀，我要出去看看。哇！简直不敢相信，这艘火箭（长征二号 F）上竟然有一艘载人飞船——神舟五号，还有一个来自中国的身影。

宇航员：东方红一号，你好，我是杨利伟。（宇航员挥动五星红旗）

东方红一号：你好！这个场景我已经想象过无数次了，如今看着中国人在太空中挥动五星红旗，我太感动了！（擦泪水）你来这一趟辛苦吗？

宇航员：为航天事业奋斗，为我的祖国骄傲！不辛苦！

第四幕

人物：东方红一号（卫星）、天宫一号（实验性轨道飞行器）

地点：太空

时间：2011 年 9 月 29 日

旁白：东方红一号原以为见到神舟五号已经是他的"星"生巅峰了，没想到后面还有更精彩的。

东方红一号：咦！这个外观很独特。你是什么星啊？

天宫一号：你好！东方红一号，我是天宫一号，是实验性轨道飞行器，也是中国首个自主研制的载人空间实验平台，可以满足 3 名宇航员在舱内工作和生活。我要在这里待上至少两年呢！

东方红一号：太好了，又多了一个小伙伴。话说你也太厉害了吧！还能供宇航员生活呢。

天宫一号：哈哈，我还要与神舟八号、神舟九号对接呢。宇航员会在太空与地球的中小学生连线，为他们进行太空授课。到时候你一定要过来看看啊！

东方红一号：好的，好的，那你先忙吧！我过几天再来看你。

第五幕

人物：东方红一号（卫星）、悟空号（卫星）、墨子号（卫星）、长征五号 B（运载火箭）、玉兔号（月球车）、北斗三号（北斗卫星导航系统的三号星）

地点：太空

时间：2022 年 6 月 23 日

旁白：随着时间的推移和科技的发展，越来越多的中国小伙伴来到了太空，这可把东方红一号高兴坏了，他不再觉得孤单。今天又有一个新伙伴要到来，东方红一号作为老大哥，要为这位新伙伴举办一个欢迎会，邀请小伙伴们都来参加，可热闹了！

东方红一号：大家好！谢谢大家今天能聚集到一起为北斗三号举行欢迎仪式。有些小伙伴是不是互相还不认识？大家先做个自我介绍吧。

悟空号：我叫悟空，是一颗探测卫星，是超厉害的暗物质粒子探测卫星。

墨子号：我是墨子号，是一颗量子科学实验卫星，能够实现量子通信。

玉兔二号：我是玉兔二号，我是从月球背面赶过来的，是全世界第一个登陆月球背面的月球车。我不能多待，一会儿还要赶回去呢。

长征五号 B：我是长征五号 B，是中国近地轨道运载能力最大的新一代运载火箭，以后我会常来做客的。

北斗三号：大家好，我是新朋友，北斗卫星导航系统的收官之星，我的到来标志着北斗卫星导航系统星座部署全面完成，以后咱们中国就有自己的卫星导航系统了！

东方红一号：欢迎北斗三号。你是最晚来的，比我们都了解中国航天事业的最新发展，快来给我们讲讲吧，我已经离开地球 50 多年了，大家是不是都把我忘了。

北斗三号：您可说错了，大家都还记得您呢，并把您成功发射的日子作为中国的航天日，就在前不久的 4 月 24 日，为纪念您成功发射 52 周年，全国举行了各种各样的活动。

东方红一号：真的吗？我真是太开心了。（落泪）

北斗三号：小伙伴们，你们知道吗？因为我国航天事业迈着扎实有力的步伐不断前进，世界都在不断刷新对中国的认知，而中国也拓宽了人类对宇宙认知的边界，短短五十多年，祝融探火、羲和逐日，中国空间站建立完成，未来将有更多航天员到太空的家园工作和研究。

悟空号：我们的祖国真的是越来越强大了。

墨子号：是啊，这些成就离不开中国航天人的辛苦付出。

东方红一号：大家说的对！我相信在所有中华儿女的努力下，我国的航天事业会取得更大的进步，以后会有越来越多的中国小伙伴来到太空。让我们一起向我们的国家，向努力拼搏的航天人致敬！祖国，我们想你了！中国航天人，你们辛苦了！敬礼！

剧　终

六、活动成果

① 学生利用新媒体平台宣传中国航天精神、科学家精神，平台总计观看量达 3 万余人次，让更多人了解了中国航天和中国科学家。

② 实践活动开展以来，得到了"学习强国"学习平台、《现代教育报》、千龙网、"密云教育"等多家媒体的关注和报道。

③ 学生掌握了有关航天的知识，领悟了航天精神，并在北京青少年创客国际交流展示活动、科学传播大赛等多项活动中取得优异成绩。

④ 活动总负责人获得优秀辅导教师称号，其以活动为基础写作的多篇文章获得市级奖项。除此之外，其被邀请在全国未成年人校外教育兴趣小组活动"新理念、新模式"研讨活动，"北京市校外教育群众活动教师培训"等多个平台分享经验。

⑤ 教师团队总结活动经验和学生们感兴趣的内容，编写了《中小学生大国重器科普知识读本》。此读本已供 10 余所学校学生使用。

七、收获与反思

学生通过参加丰富的活动，掌握了航天方面的知识，知道了科学研究的方法与途径，提升了解决问题、合作交流、发现创新等能力。教师通过此次活动，锻炼了辅导能力，提升了专业素养，更新了教学理念，构建了适应新课程改革的教学方法。密云区各中小学通过开展实践活动，激发了学生对航天的学习兴趣，为延续学生兴趣，多所学校又陆续开展了航天讲座、航天展览、航天科幻画等活动，校内形成了较为浓厚的航天知识学习氛围。"童眼探大国重器"创新项目作为密云区青少年宫的特色科技项目，促进了密云区科技教育的发展，提升了密云区科技教育实力。

小学组科技创新成果

校园花椒树上柑橘凤蝶生活史研究

北京市第八中学京西附属小学 / 赵昱嘉 陈靖洋 郭思箬 / 指导老师：朱鋆 李婧 肖晨曦

分类：生命科学

一、研究背景

柑橘凤蝶又称黄檗凤蝶、花椒凤蝶，是北京市区常见的大型鳞翅目凤蝶科昆虫，一年可以繁殖多代，以蛹越冬，属于完全变态昆虫。其体色艳丽，易吸引人们的目光。柑橘凤蝶的寄主植物为芸香科植物，我国北方常见的芸香科植物是花椒树和枳树，南方常见的是柑橘树，故在北京的花椒树上易找到柑橘凤蝶的幼虫。我们在学校开设的生命科学之昆虫课中偶然发现了柑橘凤蝶在产卵。在老师的提议和引导下，我们决定人工饲养柑橘凤蝶并观察其发育历期和生活习性。

二、研究过程

1. 查阅文献及咨询专家

查阅相关文献得到，"室内保存的越冬蛹次年 3 月下旬开始羽化；4 月—10 月，野外可见成虫。卵、幼虫的最佳采集时间为 5 月—8 月；9 月下旬—10 月虫化蛹越冬。幼虫 5 龄，室内饲养条件下，卵期为 5~7 天，幼虫期为 15~24 天，蛹期为 9~15 天，越冬蛹期为 140~156 天，成虫期为 10~12 天。同一龄期同条件饲养发育历期不完全一致，这可能与个体体内营养积累及生活的局部环境条件有关。"[1]

通过咨询中国科学院动物研究所的专家，得知北京地区柑橘凤蝶的成虫时间为 3 月—11 月，一年多代。

我们基于以上信息展开研究。

2. 观察与记录

以校园花椒树上的柑橘凤蝶为主要研究对象，采集卵和幼虫，开展观察与记录，并填写观察记录表，见附表。

三、研究结果

研究以我们将柑橘凤蝶的 3 龄幼虫带入实验室饲养为开端。实验室环境安全、食物充足，柑橘凤蝶顺利成长，我们观察到柑橘凤蝶第一周期的完整生活史。对比实验室的环境，校园内生态虽良好，但适合柑橘凤蝶生长的花椒树较少，天敌较多，影响了柑橘凤蝶卵及幼虫的成活率，我们只观察到其成虫的生活习性。而后，我们在校园发现了柑橘凤蝶的末龄幼虫并将其带回实验室进行饲养，在冬天来临时它成功化成了越冬蛹，虽后续蛹被蝇寄生未成功羽化，但我们观察到了寄生现象，为后续研究记录了必要信息。

归纳观察记录表中的信息，我们于 2021 年观察到 3 代柑橘凤蝶，于 2022 年观察到 4 代柑橘凤蝶，其中，第一代采集柑橘凤蝶 3 龄幼虫、3 龄幼虫转 4 龄幼虫、幼虫化蛹的时间均为 5 月，与文献给出的时间范围一致。不同代的蛹，其颜色不同，我们猜测这与环境和温度有一定的关系，此结论与文献中的一致。校园环境中蝶蛹被寄生，与校园周边开展防治美国白蛾，投放周氏啮小蜂有关，但寄生蝇寄生并未找到明确原因，只查找到有灰腹狭颊寄蝇寄生美国白蛾的记录。后续我们会对此进行继续研究。

四、结　语

通过观察柑橘凤蝶，我们感悟了万物有灵且美，大自然包罗万象，无比丰富又极其细腻，每一个生命都值得我们敬畏。让我们多多留意生活中的美好，在自由的呼吸中，体悟生命的意义吧！

参考文献

[1] 翟卿, 曾迅, 韩卫丽, 等. 柑橘凤蝶形态特征及年生活史研究 [J]. 信阳师范学院学报, 2014, 27(4):515-519.

专家点评 翩翩飞舞的蝴蝶激起了人们对美丽大自然的向往。在科技之路上，学习与体验并进，探索与发现共舞。青少年化身小小昆虫学家，虽然尚显稚嫩，但他们的光芒已经闪耀！

附表　观察记录表

第一代完整生活史观察记录				
观察时间	观察地点	生长阶段	形态特征	备　注
2021 年 4 月 26 日	校园环境	柑橘凤蝶卵	淡黄色，圆球状	在四叶花椒叶下
2021 年 4 月 30 日	校园环境	柑橘凤蝶 1 龄幼虫	褐色，头胸部宽，体两侧有三列棘毛，排列规则	取食卵壳
2021 年 5 月 5 日	校园环境	柑橘凤蝶 2 龄幼虫	体长增加，腹末为白色，胸足为黑褐色，腹足为银色	取食叶片，食量较小
2021 年 5 月 12 日	实验室	柑橘凤蝶 3 龄幼虫	身体增大明显，大体为棕褐色，体侧腹面有白色，出现明显花纹	取食叶片，食量增大
2021 年 5 月 17 日	实验室	柑橘凤蝶 4 龄幼虫	墨绿色，胸部膨胀，体侧腹面白色愈发明显	不断进食
2021 年 5 月 23 日	实验室	柑橘凤蝶 5 龄幼虫	绿色，体肥壮，体表光滑，后胸背面出现蛇眼状斑	幼虫吃掉自己蜕的皮

第一代完整生活史观察记录				
观察时间	观察地点	生长阶段	形态特征	备 注
2021 年 5 月 28 日	实验室	柑橘凤蝶蛹	蛹形状不规则，整体为浅绿色，虫体中间有一条起固定作用的白色丝	幼虫化蛹，静静伫立在树枝上
2021 年 6 月 6 日	实验室	柑橘凤蝶成虫	羽化成虫，翅面以乳黄色为主，有清晰黑色花纹、蓝紫色斑纹以及橘色圆斑	停在蛹壳上，约 5~10min 展开翅膀
第二代补充观察记录				
观察时间	观察地点	生长阶段	形态特征	备 注
2021 年 9 月 7 日	校园环境	柑橘凤蝶成虫	翅面以乳黄色为主，有黑色花纹、橘色圆斑	采食花粉
第三代补充观察记录				
观察时间	观察地点	生长阶段	形态特征	备 注
2021 年 10 月 26 日	校园环境	柑橘凤蝶末龄幼虫	体肥壮，体表光滑，大体为绿色，后胸背面约出现蛇眼状斑，体侧有白色花纹	停在树枝上
2021 年 11 月 9 日	实验室	柑橘凤蝶蛹	幼虫化蛹，蛹颜色为棕色，形状不规则	静止不动，以此形态越冬
2022 年 3 月 1 日	实验室	蝶蛹（被寄生）	蝶蛹出现破洞，长约 1cm 的寄生虫钻出，寄生虫无足，后成蛹，蛹呈椭球状	蝶蛹静止不动，确认蝶已死亡。寄生虫活跃
2022 年 3 月 16 日	实验室	寄生虫的蛹羽化	羽化出长约 1.2cm 的灰黑条纹色寄生蝇	寄生虫羽化出寄生蝇，寄生蝇活跃
次年补充观察记录				
观察时间	观察地点	生长阶段	形态特征	备 注
2022 年 7 月 6 日	校园环境	第二代柑橘凤蝶末龄幼虫	大体为绿色，体肥壮，体表光滑，后胸背面约出现蛇眼状斑，体侧有白色花纹	准备化蛹

次年补充观察记录				
观察时间	观察地点	生长阶段	形态特征	备　注
2022 年 7 月 13 日	校园环境	第二代柑橘凤蝶化蛹（被寄生）	幼虫化蛹，蛹颜色为灰色，与化蛹环境颜色相近，形状不规则，有周氏啮小蜂在蛹上产卵	等待羽化
2022 年 7 月 19 日	校园环境	第二代柑橘凤蝶化蛹（被寄生）	蝶蛹右侧有直径 0.5cm 的孔洞，蛹内的肉体被胡蜂、蚂蚁等掏空	确认蝶已死亡
2022 年 7 月 19 日	校园环境	第三代柑橘凤蝶 2 龄幼虫	酷似鸟粪，腹末为白色，胸足为黑褐色，腹足为银色	取食叶片，食量较小
2022 年 7 月 20 日	实验室	第二代柑橘凤蝶蛹内周氏啮小蜂羽化	整体为黑色	羽化出的周氏啮小蜂交配，并准备产卵。确认蝶已死亡
2022 年 8 月 1 日	校园环境	第三代末龄幼虫	大体为绿色，体肥壮，体表光滑，后胸背面隐约出现蛇眼状斑，体侧有白色花纹	吐出丝线固定身体准备化蛹
2022 年 8 月 3 日	校园环境	第三代蛹	幼虫化蛹，蛹颜色为灰色，形状不规则	静静伫立在树枝上
2022 年 8 月 12 日	实验室	第三代成虫	翅面大体为乳黄色，有黑色花纹、橘色的圆斑	末龄幼虫成功在人工环境下化蛹羽化
2022 年 9 月 1 日	校园环境	第四代卵	卵为淡黄色，圆球状	孵化后的低龄幼虫取食叶子
2022 年 10 月 20 日	校园环境	第四代末龄幼虫	大体为绿色，体肥壮，体表光滑，后胸背面隐约出现蛇眼状斑，体侧有白色花纹	最后一批末龄幼虫准备化蛹越冬

探寻"萤"光

——北京地区萤火虫种类、分布及影响因素研究

北京小学 易炜城 / 北京第二实验小学 李澠尘 / 指导老师：师丽花 戎春霖 聂润秋

分类：生命科学

一、研究背景

我们和家人在北京市怀柔区喇叭沟门游玩时，偶然发现一群萤火虫。这是我们第一次见到萤火虫，引起了我们极大的兴趣。萤火虫又名夜光、景天、夜照、流萤等，是鞘翅目萤科的昆虫。萤火虫对水质要求很高，对光污染也很敏感，因此是非常重要的环境指示物种。为了进一步了解萤火虫在北京的分布现状，我们开展了探寻"萤"光——北京地区萤火虫种类、分布及影响因素研究活动。

二、相关研究

世界上已知的萤火虫共有 2000 多种，分别属于 8 个亚科、92 个属，主要分布于温带、亚热带和热带地区。中国已知的萤火虫主要分 3 三个亚科、18 个属、67 种，并且其中有 20 种是未知的[1]。萤火虫特有的光信息传递方式使其成为研究昆虫种内信息交流和信息交流信号演化的研究对象，同时萤火虫的发光机理及体内两种发光物质——荧光素酶和荧光素，已经广泛应用于临床医学、环境检测等领域。闵长庚[2]曾在我国海南、广东、江苏等地采集萤火虫，并利用形态和mtCOI（线粒体细胞色素 C 氧化酶亚基 I）基因片段对萤火虫的分类和遗传多样性进行研究。卢林等人[3]曾利用 MaxEnt（最大熵）模型分析和预测胸窗萤在北京市的潜在适生区主要分布于石景山区、海淀区西南部、昌平区北部和西部、门头沟区东部和南部、房山区西南部及平谷区中部。

三、目的与意义

打造"生物多样性之都"是北京市积极履行生态文明建设使命的重要目标。随着科普宣传力度的加强，公众的生态保护意识得到显著提升。然而，目前的保护工作主要集中在鸟类动物和兽类大型动物上，对萤火虫等小型昆虫的保护工作相对较少。开展此项研究，旨在深入了解萤火虫在北京地区的分布情况及其对生态环境的影响，提出有利于萤火虫生存的建议，让萤火虫在北京地区能够更好地繁衍生息，为北京的夜晚增添更多魅力，同时展现城市生态与自然的和谐共生。

四、研究方法

根据图 1 所示的框架图完成此项研究活动。需要准备的器材有照相机（索尼 ZV-1）、闪光灯、头灯、手电筒、带有 GPS 功能的手机、温 / 湿度计、20mL 的昆虫采集瓶、铅笔、捕虫网、1m×1m 的野外调查样方框、直尺、放大镜、镊子、饲养盒等。

研究方法为以下 3 个。

① 文献查阅法。利用书刊、网络等途径，了解萤火虫的种类、生活习性等。

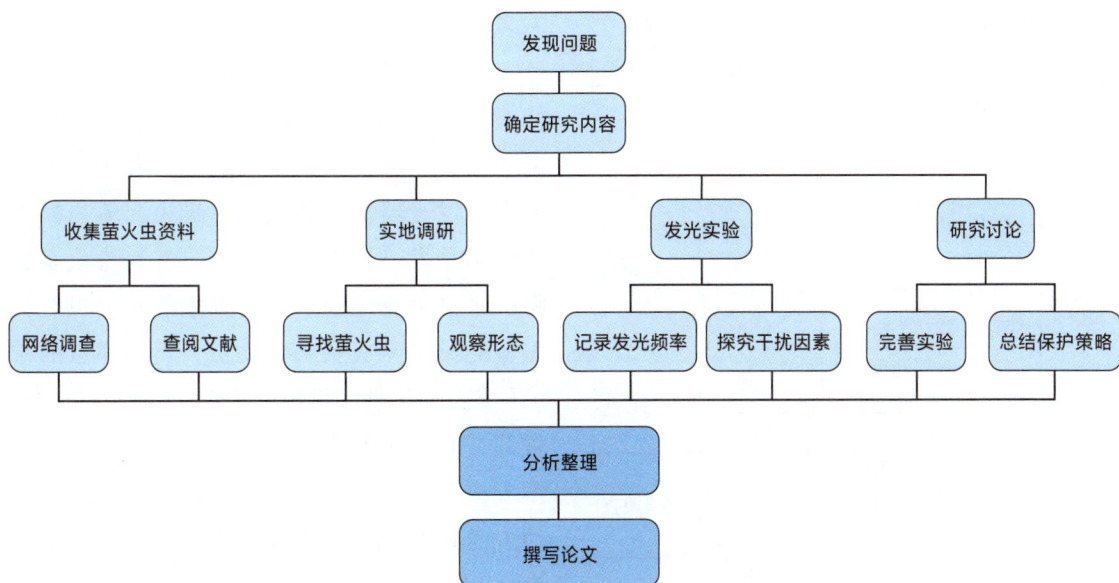

图1　探寻"萤"光——北京地区萤火虫种类、分布及影响因素研究活动框架图

② 实地调研法。在天气晴朗的8月上旬至9月上旬的夜晚，于房山区、延庆区、平谷区、怀柔区、顺义区的多个地点和多个城区公园进行实地调研。调研采用样线法——选定一块代表地段，在该地段的一侧设一条长约200m的基线，然后沿基线随机或系统取样选出待测点，并沿待测点分别布线进行调研。在调研中记录萤火虫的数量、发光频率、受到干扰时的变化，以及周围环境信息，如植被种类、距离水源的直线长度等。此外，我们用捕虫网收集了少量萤火虫，并将其置于昆虫采集瓶中，以便进行更深入的实验观察。

③ 形态学观察法。观察萤火虫成虫（雌雄虫）和幼虫的身体形态特征，测量并记录萤火虫的形态学数据，如体长、触角长度等。在完成观察后，将萤火虫放归野外。

五、研究过程

1. 实地调研

采用样线法对北京地区多地进行调研后，发现北京地区分布的萤火虫主要是胸窗萤和黄脉翅萤。在调研过程中，我们在灌木丛中发现了这两种萤火虫的幼虫，这表明这两种萤火虫很可能在北京地区有繁殖行为。

总结实地调研所得数据和网络调查所得信息，归纳北京地区胸窗萤和黄脉翅萤的分布情况，见表1。无论是在山区还是城区，萤火虫常见于光线昏暗、靠近水源且远离人为活动区的地方。

此外，因为观察到的胸窗萤大多为飞行状态，所以我们选择黄脉翅萤作为观察对象，记录了在自然无干扰（黑暗）、自然有干扰（有路灯）、实验室人为干扰的情况下黄脉翅萤的发光次数和发光时间，见表2。

表 1　胸窗萤和黄脉翅萤在北京地区的分布情况

种 类	地 点	形 态	数据来源
胸窗萤	房山区黄山店村	成虫、幼虫	实地调研
	香山公园	成虫	
	植物园北园	幼虫	
	怀柔区喇叭沟门国家森林公园	成虫	
	平谷区金海湖小溪谷	成虫	
	百望山森林公园	成虫	
	门头沟区百花山自然保护区	成虫	
	慕田峪长城	成虫	
	顺义区汉石桥湿地	成虫	网络调查
	延庆区莲花山森林公园	成虫	
黄脉翅萤	海淀区温泉镇	成虫	实地调研
	天坛公园	成虫、幼虫	
	双秀公园	成虫	
	国家植物园南园	成虫	
	国家植物园北园	成虫、幼虫	
	麋鹿苑	成虫	
	百望山森林公园	成虫	
	石景山区红光山	成虫	网络调查

表 2　黄脉翅萤的发光状态

干扰情况	2min 内的发光次数	单次平均发光时长
自然无干扰（灌木丛）	11	3s
	14	2s
	18	2s
	14	3s
	19	2s
	13	3s
自然无干扰（草地）	19	2s
	15	1s
	11	2s
自然有干扰（草地）	12	1s
	10	1s
	5	1s
	4	1s
人为干扰	1	2min（持续发光）
	1	2min（持续发光）

2. 实验观察

在实验室对实地调研采集的萤火虫进行观察。萤火虫头部长着半圆形的眼睛和两根像天线的触角，腹部的腹板有 7~8 节，末端有发光器。在成虫期，雄虫与雌虫的主要区别是发光器的数量不同，并且雄虫有翅膀，雌虫没有翅膀。我们采集的萤火虫有胸窗萤的雄虫（成虫）和幼虫，黄脉翅萤的雄虫（成虫，腹部有两条发光器）、雌虫（成虫，腹部只有一条发光器）和幼虫。其中，胸窗萤成虫的身长约为 1.7cm，触角约长 0.5cm，幼虫身长约 1.8cm；黄脉翅萤成虫的身长约为 0.5cm，触角约长 0.1cm，幼虫身长与成虫的相近。

六、研究结果

我们从 8 月下旬开始观察萤火虫，直至 9 月下旬。之后，我们很难再发现萤火虫的踪迹。

对比卢林等人利用 MaxEnt 模型预测的胸窗萤在北京的潜在适生区，我们在北京更多地区发现了胸窗萤的存在，包括延庆区、大兴区等。此外，我们还发现黄脉翅萤在双秀公园、天坛公园等地广泛存在。值得关注的是，国家植物园北园和百望山森林公园同时存在胸窗萤和黄脉翅萤。

在调研中，我们还探访了奥林匹克森林公园、柳荫公园等植被环境较好的公园，但并未发现萤火虫的踪迹。经过深入思考和资料查阅，我们推测这可能是公园内的水源采用了中水或再利用的中水导致的。

此外，我们还发现一些不利于萤火虫繁衍及生存的情况。例如，不良商家利用萤火虫营利，导致萤火虫被大量捕捉；不良教育机构以捕捉萤火虫作为促销手段招生，进一步加剧了萤火虫生存环境的恶化；不良活动方大量购买南方的萤火虫，在北京进行无序放飞，可能影响北京本土的萤火虫生存等。

七、总　结

通过调研，我们初步了解了北京地区萤火虫的种类、分布情况及影响萤火虫发光的因素等信息，为后续深入研究北京地区萤火虫生态适应性及城市生物多样性保护提供了重要的数据支撑。我们认为在北京适宜萤火虫生存的环境开展萤火虫监测活动对建立萤火虫保护系统具有重要意义，考虑到萤火虫较小且飞行时较为分散，建立大规模保护系统恐难实现，可以在环境适宜的地方建立小规模保护系统。有效保护措施包括：在保护系统附近严格控制光污染，减少路灯的架设，如确实需要架设

路灯，可采用声控路灯或低矮的红色路灯；减少农药的使用；未经相关部门审批，禁止捕捉萤火虫等。

此外，我们倡议通过积极的宣传活动，提高公众对北京萤火虫的科学认识，停止无序放飞萤火虫的活动，并倡导中小学生在观赏萤火虫时不要捕捉。

最后，为了更好地了解萤火虫在以北京为代表的温带地区的越冬策略与繁殖行为，从而更好地认识萤火虫的习性与特征，我们后续会进一步开展深入调研。

参考文献

[1] 付新华. 故乡的微光 [M]. 长沙: 湖南人民出版社, 2013.

[2] 闵长庚. 中国部分地区萤火虫调查以及黄脉翅萤生物学观察 [D]. 华中农业大学, 2005.

[3] 卢林, 张志伟, 林美英, 等. 基于 MaxEnt 模型预测胸窗萤在北京市的潜在适生区 [J]. 植物保护学报, 2022, 49(4):1217-1224.

为了那美丽的校园天际线
——校园屋顶绿化耐根穿刺实验

北京市朝阳区白家庄小学 / 张轩源 孙源 / 指导老师：朱玲 李颖 崔荣峰
分类：生命科学

一、实验背景

在城市环境备受重视的今天，屋顶绿化成为城市环境规划的热门选择。它的优势在于不占用土地资源，可净化空气，减少扬尘，改善局部气候，缓解城市热岛效应。北京市区屋顶总面积达 2 亿平方米，但目前的绿化覆盖率仅为 1%。在校园开展屋顶绿化，可为城市增添美丽的天际线。有人

担心屋顶绿化会造成屋顶漏水，为了探究这个问题，我们在老师的指导下进行了"为了那美丽的校园天际线——校园屋顶绿化耐根穿刺实验"。我们选择万寿菊和中国凤仙花作为实验对象进行课题研究，因为它们生命力顽强，能适应屋顶的不良生长条件，同时中国凤仙花是我国的传统花卉，研究它也有助于传承我国的传统花卉文化。

二、实验设计

1. 实验地点

北京市白家庄小学科技园校区屋顶露台花园和住宅露台。

2. 实验时间

2022 年 3 月 9 日—2022 年 8 月 30 日。

3. 实验器材

凤仙花和万寿菊的种子（由北京市园林绿化科学研究院赠送）、专业卷材 1 代（呈乳白色，质地类似橡胶，较轻便）、专业卷材 2 代（质地坚硬，较厚重）、专业卷材 3 代（与专业卷材 1 代相似，但一面涂有化学物质）、无纺布、锡箔纸、保鲜膜、硬纸板、普通打印纸、农业环境监测仪、植物营养测定仪、光照度计、笔、记录单、种植器皿、珍珠岩、营养土、标签、喷壶、剪刀、铲子、锄头、数码相机、pH 试纸、尺子、育苗盘、白色育苗盒等。

4. 实验方法

资料查找法、实地调查法、实验测定法等。

三、实验过程

1. 种植实验对象并记录数据

在老师的指导下，我们开始在育苗盘中种植凤仙花和万寿菊。每人负责两个育苗盘，每个育苗盘有 128 个格。种植、浇水、观察，为期 1 个月，抽样记录两种花的种子萌发率和株高，见表 1。

然后，我们选取长势不错的凤仙花和万寿菊，将其从育苗盘移栽至白色育苗盒中进行水肥管理，如图 1 所示。为了确保实验有更多的数据支撑，我们使用仪器检测凤仙花和万寿菊叶子的叶绿素含量和含氮量，检测两种花周围土壤的盐分、温度、水分、pH，数据见表 2，实验现场如图 2 所示。

图 1　将凤仙花和万寿菊移栽至白色育苗盒

表 1　凤仙花与万寿菊的种子萌发率与株高

	凤仙花(1)	凤仙花(2)	凤仙花(3)	凤仙花(4)	凤仙花(5)	万寿菊(1)	万寿菊(2)	万寿菊(3)	万寿菊(4)	万寿菊(5)
采样数量（株）	100	100	100	100	100	100	100	100	100	100
种子萌发率(%)	77	86	87	92	83	90	92	88	96	91
第一周株高(cm)	2.5	3.2	3.6	2.7	3.5	3.3	4.0	3.8	4.3	4.1
第二周株高(cm)	5.3	5.2	6.1	5.4	4.9	6.1	6.3	5.9	5.6	6.6
第四周株高(cm)	11.6	12.1	12.0	13.4	11.9	8.3	9.2	8.6	8.1	8.6

表2 凤仙花和万寿菊叶子及周围土壤的检测数据

检测部位		叶 子	
名 称	序 号	叶绿素（SPAD）	含氮量（mg/g）
凤仙花	1-1	41.1	12.9
	1-2	40.1	12.6
	1-3	42.9	13.6
万寿菊	1-1	53.3	16.5
	1-2	46.6	14.5
	1-3	56.1	17.4

检测部位	土 壤			
项 目	盐 分	土壤温度	水 分	pH
凤仙花	0.32mS/cm	31.1℃	20.1%	4.1
万寿菊	0.07mS/cm	30.3℃	52.9%	7.0

图2 测量数据

2. 耐根穿刺实验

耐根穿刺实验的步骤如下。

① 取16个种植器皿并在每个器皿的底部铺约5mm厚的珍珠岩。

② 按照种植器皿底部的大小剪裁专业卷材1代、专业卷材2代、专业卷材3代、无纺布、锡箔纸、保鲜膜、硬纸板、普通打印纸各两份，并将其铺在珍珠岩的上方。

③ 将凤仙花和万寿菊移至16个种植器皿中，并用营养土填满种植器皿，确保凤仙花和万寿菊可直立生长。

④ 将材料和花的名字写在标签上，插在种植器皿中。

⑤ 定期浇水，并记录凤仙花和万寿菊的生长参数。

⑥ 高举种植器皿，从底部观察根穿刺的情况。

四、实验结果

凤仙花和万寿菊的种子萌发率在77%以上，大部分种子在萌发后长势良好。在耐根穿刺实验中，我们发现专业卷材1代、专业卷材2代、专业卷材3代耐根穿刺效果卓越，或可维持几年不被植物的根穿透，而无纺布、锡箔纸、保鲜膜、硬纸板及普通打印纸的耐穿刺能力相对较弱，若将它们用作屋顶与植物的隔离材料，很可能会因植物根部穿透而引发屋顶漏水等情况。

五、总 结

通过这次实验，我们深刻体会到城市绿色生态的重要性。我们了解到，实现美丽的屋顶绿化，需要综合考虑许多因素，包括屋顶的结构设计、适合种植的植物、耐根穿刺的材料等。在这个过程中，我们不仅学到了很多课堂上没有接触过的知识，也领略了科学的魅力。

"书山有路勤为径，学海无涯苦作舟"，我们将继续秉持初心，怀揣热情，努力学习，勇于实践，锤炼自我。在此，我们要衷心感谢所有给予我们宝贵指导和无私帮助的老师和同学。我们期待在未来的日子里，能够与大家一起继续探索科学的无尽奥秘，为城市绿色生态的建设贡献我们的力量。

探究不同储存方式下鲜切水果的品质变化

北京市海淀区图强第二小学 / 高海钊 / 指导老师：司智颖 李茜茜 邓锡辉

分类：生命科学

一、研究背景

在生活中，我们经常会遇到水果切开后吃不完的情况，扔了可惜，存放又滋生细菌，甚至会霉变和腐烂，如果有人误食还可能危害健康，而即便没有霉变和腐烂，食用放置一段时间的鲜切水果又是否安全呢？查阅资料后，我们发现鲜切水果易滋生沙门氏菌、大肠杆菌、展青霉菌等致病菌，可能会导致食用者发烧、腹泻、肾水肿等，甚至会导致食用者昏迷等。因此，正确地储存鲜切水果至关重要。

基于此，我们想对不同储存方式下鲜切水果的品质变化进行探究，旨在归纳妥善储存鲜切水果的方法，确保食用安全。

二、研究过程

1. 准备实验器材

按照表 1 准备实验器材。

2. 制作平板培养基

根据使用说明，我们先用电子秤和称量纸准确称取 16.5g 的牛肉膏蛋白胨琼脂粉末，并将其放入烧杯中；然后往烧杯中加入 500mL 蒸馏水，将牛肉膏蛋白胨琼脂粉末搅拌均匀；接着，加热煮沸，直到琼脂完全溶解；将溶解的琼脂倒入锥形三角瓶中，用锡纸封住锥形三角瓶的瓶口，再将其置于 120℃ 且高压的环境进行 15min 的灭菌处理；灭菌后，在其凝固前，以 15~20mL 的量，将其分别倒入不同的一次性无菌培养皿中；

表 1　实验器材

名　　称	型号或规格
超净工作台	桌上式 SN-HD-650
高压蒸汽灭菌锅	手提式 LSH-18B
恒温干燥培养箱	101-0B 不锈钢 16L
细菌干粉培养基	牛肉膏蛋白胨琼脂
便携式电子秤	200g/0.01g
菌落计数器	XK97-A
酒精灯	150mL
高温高硼硅玻璃烧杯	600mL
锥形三角瓶	500mL
接种环	铜制
一次性无菌培养皿	直径 90mm
酒精喷雾	酒精浓度 75%
一次性乳胶手套	小号

最后静置培养皿，以备后用，如图 1 所示。

3. 探究不同储存方式下鲜切水果的质量变化

① 将西瓜、火龙果、木瓜、梨 4 种水果用清水洗净。

② 用水果刀和水果切板将水果切成块状，分别放置于塑料杯中，作为实验样本。

③ 根据保鲜条件和储存温度，设置常温无保鲜膜、常温有保鲜膜、低温无保鲜膜、低温有保鲜膜 4 种储存方式，其中常温为室温 25℃ 左右，低温为冰箱冷藏室的温度 4℃ 左右。

④ 将切好的 4 种水果，分别按照这 4 种储存方式进行储存，并用标签纸做好标记。

⑤ 利用电子秤分别对第 2 小时、4 小时、6 小时、8 小时、10 小时、12 小时、18 小时、24 小时、48 小时、72 小时的各个样本进行

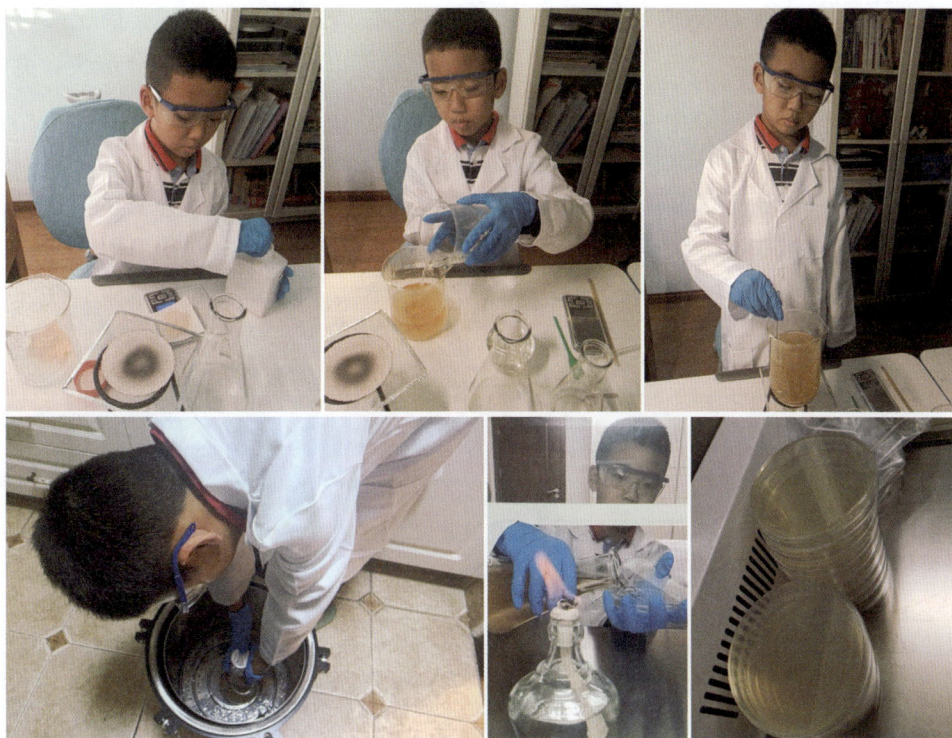

图1 制作平板培养基

称重，记录数据和水果形态。

4.探究不同储存方式下鲜切水果的菌落

① 参考"探究不同储存方式下鲜切水果的质量变化"中的步骤①～④，准备样本。

② 开启超净工作台的紫外线灯，进行消毒。等待30min，关闭紫外线灯，开启照明灯。接着，戴上一次性乳胶手套并对手套进行消毒。然后，在超净工作台上点燃酒精灯，用酒精灯烧红接种环，待接种环冷却后，将接种环在水果表面擦拭，进行菌落接种工作。最后，将接种好的接种环在平板培养基上画线，并用标签纸做好标记。

③ 将做好标记的平板培养基放在30℃恒温干燥培养箱中，放置3天。

④ 利用菌落计数器对平板培养基中的菌落进行计数，一个圆点就是一个菌落，同时观察菌落形态。

5.探究不同切割条件对鲜切水果菌落数量的影响

① 将西瓜、火龙果、木瓜、梨4种水果用清水洗净。

② 使用水果刀和水果板、菜刀和菜板分别切4种水果，将切割好的水果分别放置在托盘中，并用标签纸做好标记。

③ 开启超净工作台的紫外线灯，进行消毒。等待30min，关闭紫外线灯，开启照明灯。接着，戴上一次性乳胶手套并对手套进行消毒。然后，在超净工作台上点燃酒精灯，用酒精灯烧红接种环，待接种环冷却后，将接种环在水果表面擦拭，进行菌落接种工作。最后，将接种好的接种环在平板培养基上画线，并使用标签纸做好标记。

④ 将做好标记的平板培养基放在 30℃ 恒温干燥培养箱中，放置 3 天。

⑤ 记录菌落数量和菌落形态。

三、研究结果

1. 不同储存方式下鲜切水果的质量变化

观察不同储存方式鲜切水果在 72h 内的变化，可以发现在常温条件保存的鲜切水果明显比在低温条件保存的鲜切水果形态变化得快、质量降低得快。图 2 所示为鲜切西瓜、火龙果、木瓜、梨在第 2 小时、4 小时、6 小时、8 小时、10 小时、12 小时、18 小时、24 小时、48 小时、72 小时的丢失质量比。可以看出保鲜膜可以更好地延缓水分流失，并且常温状态下在水果被切开 24h 后，丢失质量比明显增大。

2. 不同储存方式下鲜切水果的菌落情况

图 3 所示是部分鲜切水果表面细菌的菌落图。从图中可看出菌落形状大小不一，颜色也各异，甚至还出现了白灰色毛絮状菌落，这表明鲜切水果表面细菌有多种。图 4 所示为不同储存方式下鲜切水果表面的菌落数量在 72h 内的变化，可以看出鲜切西瓜和梨，在常温储存方式下产生的菌落数量

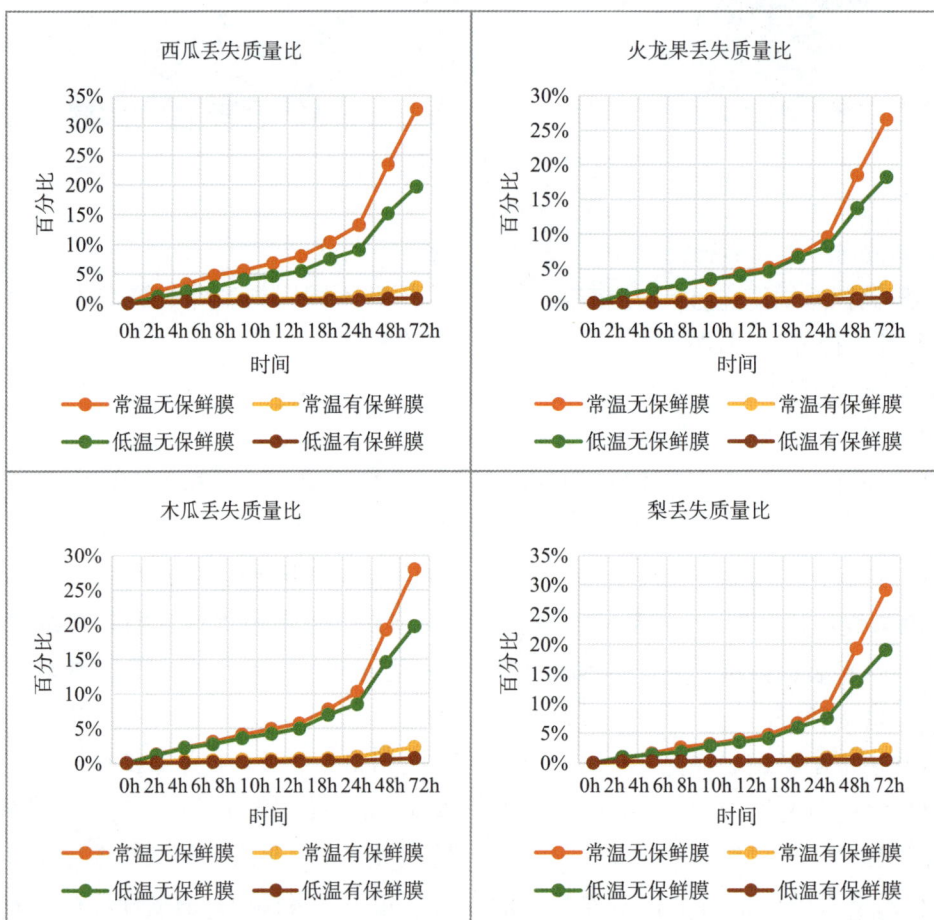

图 2　4 种鲜切水果在 72h 内的丢失质量比

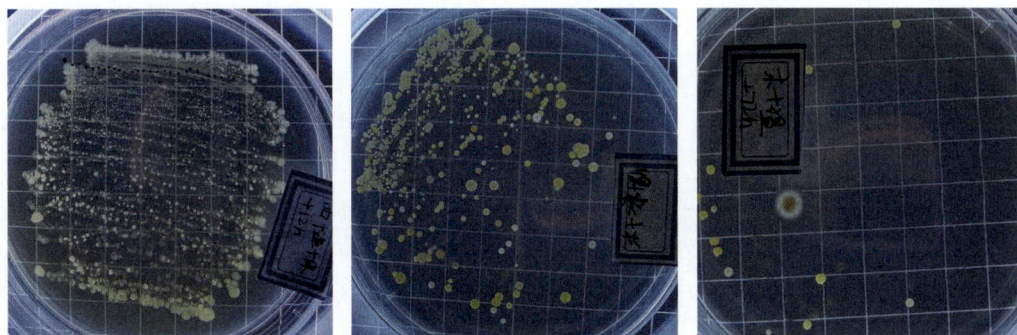

图3 鲜切水果表面细菌的菌落

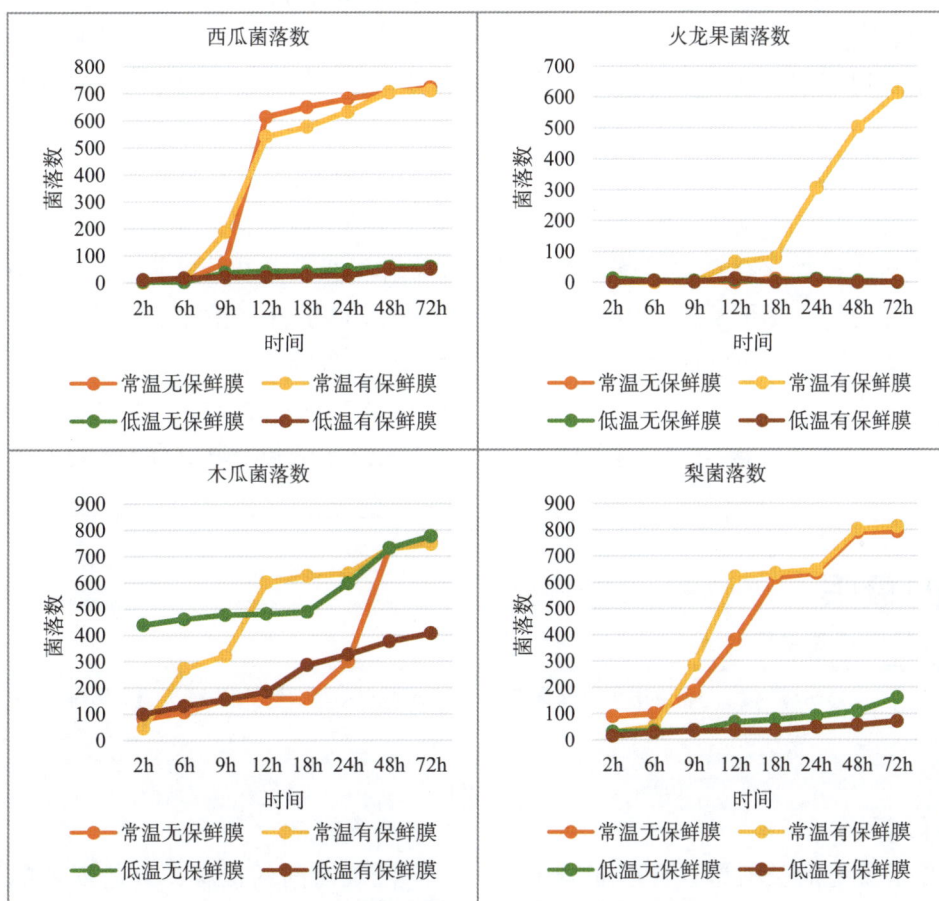

图4 4种鲜切水果在72h内的菌落数

比低温储存方式下增长快且多；火龙果在常温储存且使用保鲜膜保鲜的情况下的菌落数量明显高于在其他几种储存情况下的菌落数量；在低温储存方式下，木瓜的菌落数

量明显高于其他水果的菌落数量。

3. 切割方式对鲜切水果菌落数量的影响

使用菜刀和菜板、水果刀和水果板切水果产生的菌落数量的结果见表2。可以看

出使用菜刀和菜板切水果产生的菌落数量高于使用水果刀和水果板切水果产生的菌落数量。

表 2　不同切割方式下鲜切水果的菌落数量

	西瓜菌落数	火龙果菌落数	木瓜菌落数	梨菌落数
水果刀和水果板	1	2	0	1
菜刀和菜板	110	140	410	410

四、研究结论

① 水果现切现吃完是最好的，若实在吃不完，大部分水果可以使用保鲜膜保鲜，并将其储存在低温环境中。

② 尽量使用水果刀和水果板切水果。

③ 鲜切西瓜如储存在常温条件下，建议 2h 内食用完毕，尽量不超过 9h；如储存在低温条件下且使用保鲜膜保鲜，建议在 24h 内食用完毕。

④ 鲜切火龙果如储存在常温条件下且使用保鲜膜保鲜，建议在 9h 内食用完毕；如储存在低温条件下且使用保鲜膜保鲜，建议在 24h 内食用完毕。

⑤ 鲜切木瓜建议在 2h 内食用完毕。

⑥ 鲜切梨如储存在常温条件下，建议 2h 内食用完毕；如储存在低温条件下且使用保鲜膜保鲜，建议在 24h 内食用完毕。

五、研究心得

通过探究不同储存方式下鲜切水果的品质变化，我们了解了科学探究的流程，即发现问题、查找资料、提出解决方案、开展实验、撰写论文。在科学探究的过程中，我们不仅开阔了视野，了解了微生物世界，掌握了制作平板培养基及培养细菌等的方法，还对科技创新产生了浓厚的兴趣，并意识到在生活中发现困惑的事情，要积极借助科学手段来探究。我会将这些宝贵的经验和知识应用于日常生活和学习中，不断提升自我。

乐器的极限
——钢片琴自动演奏机器人

北京市大兴区青云店镇第一中心小学 / 何沐璋 杨天曦 / 指导老师：曲颖娜

分类：技术

一、项目背景

在音乐历史的长河中，自动演奏乐器的发展一直吸引着人们的注意。早在 14 世纪，就出现了利用发条和齿轮演奏简单旋律的教堂钟楼排钟，以及各种机械八音盒。这些自动演奏乐器虽然能够满足基本的音乐播放需求，但由于其结构的限制，存在音色单一、音乐时长受限、播放内容无法更换、音量小等缺点。

随着时间的推移，自动钢琴的发明开创了新的局面。自动钢琴使音乐不受演奏者技巧的限制，可以自由运用钢琴的整个音域，创造出新的技法、新的和声构成，因此，受到现代作曲家的青睐。

考虑到钢片琴是音乐课上学生接触最多的乐器，其声音清脆，高音区尖锐且穿透力强，我们决定以此为基础，制作一款自动演奏机器人，在演奏美妙的音乐的同时探究更多可能，为人们带来全新的音乐体验。

二、设计思路

钢片琴是一种通过手持琴锤敲击钢片的乐器，学校常见的钢片琴有 15 个音，如图 1 所示。我们计划结合钢片琴的演奏特点，用程序控制多个电磁铁进而驱动多个琴锤，实现敲击的效果。如图 2 所示，用计算机播放 MIDI 文件并传输至 Arduino 控制板，通过 Arduino 控制板控制连接在 MOSFET 的电磁铁，进而控制琴锤敲击钢片琴。使用 MOSFET 是为了提高驱动电磁铁的能力。

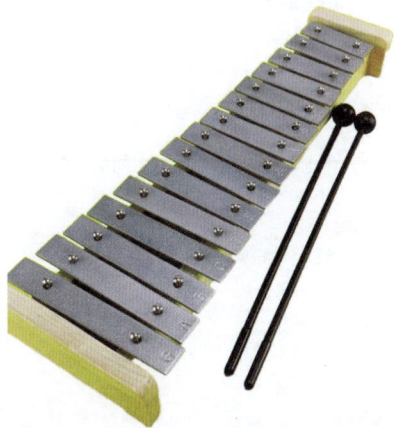

图 1 钢片琴

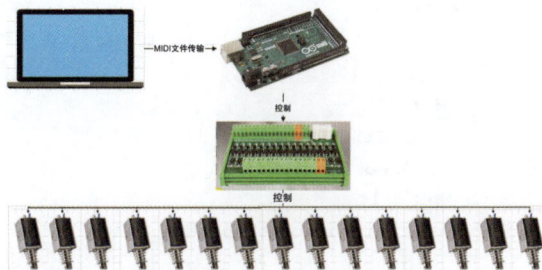

图 2 钢片琴自动演奏机器人设计思路

三、制作步骤

① 使用 3D 建模软件绘制制作钢片琴演奏机器人所需的结构件，如图 3 所示，确保其各孔位大小和距离合适，然后进行 3D 打印，并将打印好的结构件与电磁铁组装到一起，如图 4 所示，共制作 15 组。此结构件用于固定琴锤，以便电磁铁进行控制。

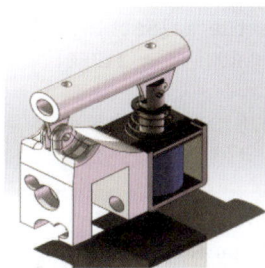

图 3 3D 建模的结构件　　图 4 将结构件与电磁铁组装到一起

② 将 15 个电磁铁和 Arduino 控制板连接至 MOS 管模块，将琴锤插入 3D 打印的结构件中，并用 1515 铝型材稳固整体结构。调整琴锤位置，整理连接线，完成钢片琴自动演奏机器人的组装，如图 5 所示。

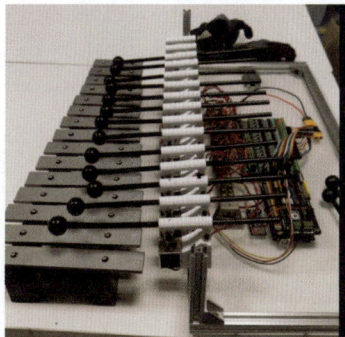

图 5 钢片琴自动演奏机器人

③ 查找资料编写程序。MIDI 文件记录的不是实际声音，而是电子乐器指令，当指令按顺序进入音源系统，音源系统将按顺序

演奏。在 Arduino 控制板的官方平台有对应的 MIDI 库，我们在编写程序时可以直接使用。钢片琴自动演奏机器人的参考程序如程序 1 所示。

程序 1

```
#include <MIDI.h>
// 导入 MIDI 库，将波特率设置为 31250
struct CustomBaudRateSettings : public
MIDI_NAMESPACE::DefaultSerialSettings {
  static const long BaudRate = 31250;
};
MIDI_NAMESPACE::SerialMIDI<Hardwa
reSerial, CustomBaudRateSettings>
serialMIDI(Serial1);
MIDI_NAMESPACE::MidiInterface<MIDI_
NAMESPACE::SerialMIDI<HardwareSerial,
CustomBaudRateSettings>> MIDI((MIDI_
NAMESPACE::SerialMIDI<HardwareSerial,
CustomBaudRateSettings>&)serialMIDI);
// 使用数组记录 I/O 端口
byte data[20];
int IO[16] = {26, 27, 28, 29,
              34, 35, 36, 37,
              42, 43, 44, 45,
              46, 47, 48, 49};
#define LED 13
// ------------------------------
void BlinkLed(byte num)
{
  for (byte i = 0; i < num; i++)
  {
    digitalWrite(LED, HIGH);
    delay(50);
    digitalWrite(LED, LOW);
    delay(50);
  }
}
// 初始化设置
void setup()
{
  MIDI.begin();
  pinMode(19, INPUT_PULLUP);
  pinMode(LED, OUTPUT);
  for (int i ; i < 16; i++)
  {
    pinMode(IO[i] , OUTPUT);
  }
  MIDI.setHandleNoteOn(HandleHardwareNo
teOn);
  MIDI.setHandleNoteOff(HandleHardwareNo
teOff);
  MIDI.setHandleSystemExclusive(HandleH
ardwareSystemExclusive);
}
// 判断 MIDI 信号，更改对应 I/O 端口的电平信号，
实现对电磁铁的控制
void Note_judgment(byte note, bool
level)
{
  switch (note) {
    case 53:
      digitalWrite(IO[0], level);
      break;
    case 55:
      digitalWrite(IO[1], level);
      break;
    case 57:
      digitalWrite(IO[2], level);
      break;
    case 59:
      digitalWrite(IO[3], level);
      break;
    case 60:
      digitalWrite(IO[4], level);
      break;
    case 62:
      digitalWrite(IO[5], level);
      break;
    case 64:
      digitalWrite(IO[6], level);
      break;
    case 65:
      digitalWrite(IO[7], level);
      break;
    case 67:
      digitalWrite(IO[8], level);
      break;
    case 69:
      digitalWrite(IO[9], level);
      break;
    case 71:
      digitalWrite(IO[10], level);
      break;
    case 72:
```

```
                digitalWrite(IO[11], level);
                break;
        case 74:
                digitalWrite(IO[12], level);
                break;
        case 76:
                digitalWrite(IO[13], level);
                break;
        case 77:
                digitalWrite(IO[14], level);
                break;
        case 79:
                digitalWrite(IO[15], level);
                break;
        default :
                break;
    }
}
void HandleHardwareNoteOn(byte channel,
byte note, byte velocity)
{
    if (channel = 1) {
        Note_judgment(note, HIGH);
    }
}
void HandleHardwareNoteOff(byte channel,
byte note, byte velocity)
{
    if (channel = 1) {
        Note_judgment(note, LOW);
    }
}
void HandleHardwareSystemExclusive(byte
*array, unsigned int size)
{
    unsigned int number = MIDI.
getSysExArrayLength ();
    const byte *pMsg = MIDI.
getSysExArray();
    for (int n = 0; n < number; n++) {
            data[n] = pMsg[n];
    }
}
// 刷新信息
void loop()
{
    MIDI.read();
}
```

四、调试装置

使用计算机播放 MIDI 文件，如图 6 所示，钢片琴自动演奏机器人演奏音乐，但因钢片琴只有 15 个音，遇到其他音，则无琴锤敲下。除了演奏音乐，我们还可以通过计算机控制钢片琴自动演奏机器人弹奏 15 个音中的某个音。

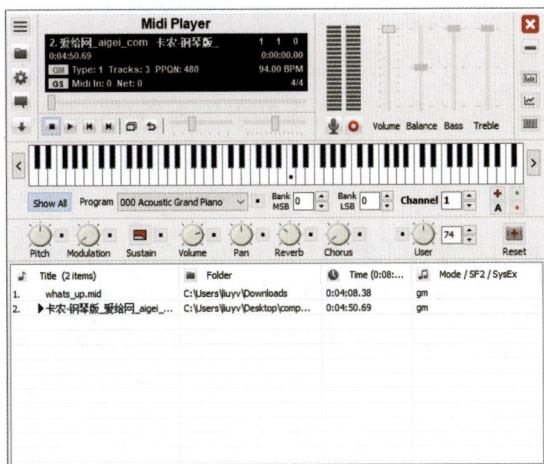

图 6　使用计算机播放 MIDI 文件

五、总　结

演奏者需要通过练习才能使用钢片琴演奏高难度的曲目，而且由于每只手能拿的琴槌数量有限，所以无法做到同时弹奏较多的音。我们设计的钢片琴自动演奏机器人不仅可以演奏曲目，还可以同时弹奏较多的音，完成人类无法达到的演奏极限。

通过设计与制作钢片琴自动演奏机器人，我们了解了科学探究的方法，并在查找资料的过程中学习了各种知识，如数字音乐的格式、Arduino 控制板的使用方法等，提升了自己动手解决问题的能力。

校园节水神器，滴灌之水天上来

北京市延庆区西屯中心小学 / 崔莅泽 / 指导老师：杨艳丽 高建玲

分类：技术

一、研究背景

中国水资源总量位居世界第六，但由于人口基数巨大，人均水资源占有量相对较少。因此，合理利用水资源、节约用水是符合可持续发展战略的关键措施。我所就读的学校非常重视校园生态环境的建设，为了美化环境，学校种植了许多树木花草，养护这些植物通常需要使用大量的自来水进行浇灌。了解到日常降雨大多从下水道流失后，我思考是否可以采取雨水收集措施，将收集到的雨水用于浇灌校园内的植物，这样既可以提高雨水的利用率，又能达到节约用水的目的。

二、设计原理

校园节水神器是运用虹吸原理和滴灌技术设计的。虹吸原理是利用压强差，使管内高点的液体向低位管口移动，从而在管道内产生压力，导致高位液体被持续吸入另一端，形成虹吸现象，解决了雨水管道输送的动力问题。滴灌技术则是利用低压将灌溉水通过低压输送管道输送至末级的滴灌头，以较小的流量滴入植物根部土壤中，实现了节水、均匀、及时、可控的灌溉效果。

三、制作过程

首先准备制作校园节水神器的材料，包括不锈钢板、三角铁、PVC 塑料管件、上水节门、下水节门、铝塑管、滴灌管、铁丝、过滤网、生料带等；制作所需工具，包括手电钻、电焊机、钢锯、管钳、螺丝刀、盒尺、老虎钳、剪刀等。

然后根据学校屋顶的情况，设计校园节水神器草图，如图 1 所示，其中①为雨水收集器，②为小屋顶，③为大屋顶，④为浇灌上下水管，⑤为截止阀，⑥为校园绿地，⑦为储水箱，⑧为排污水口，⑨为滴灌系统。

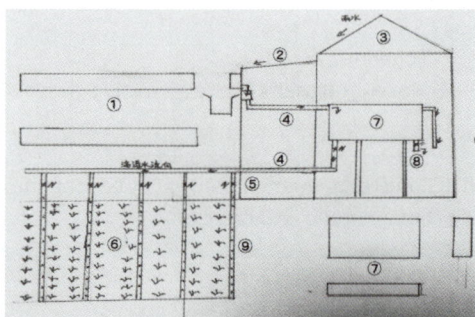

图 1　校园节水神器设计草图

最后，在老师的帮助下制作校园节水神器，如图 2、图 3 所示。

图 2　校园节水神器外部

图3　校园节水神器滴灌部分

四、应用前景

校园节水神器的发明使雨水资源被科学合理地利用，为环境保护和可持续发展开辟了新的路径。

其核心设计理念是将雨水收集起来，储存在特定的容器中。当植物需要水分时，打开浇灌阀门，让水滴慢慢渗透到植物的根部土壤中。这样的设计不仅充分利用了雨水资源，更为植物生长提供了充足的水分。

在实践中得到数据：降水量达到15mm时，校园节水神器的储水箱可以收集0.3t雨水。如果增设多个校园节水神器，那么储水量非常可观。我们可以将雨水应用于其他方面，如灌溉植物、清洗道路、冲厕所等，实现最大化利用。

此外，校园节水神器还具有简单易用、成本低廉的优点。它的应用范围广泛，不仅适用于校园，也适用于其他公共场所。通过推广和应用这项发明，可以促进水资源的可持续利用，为环境保护和人类社会的发展做出积极的贡献。

五、结　论

在设计校园节水神器的过程中，我不仅学会了利用科学知识解决课题研究中的难题，还学到了很多关于自然降水方面的知识。此外，我也深刻理解了什么是生态文明。生态文明是指在保护自然环境的前提下，科学、合理地利用自然资源，实现低碳、环保的可持续发展。校园节水神器体现了这一理念，其通过收集和利用雨水，使得我们可以在保护自然环境的同时，减少自来水的用量，实现节约用水。

该发明的创新点在于利用自然降水规律，特别是在北京地区降水少而不均的情况下，通过在雨天收集和储存一部分雨水，解决植物用水的问题。这种设计具有很强的实用性，可以广泛应用于各种公共场所。

在使用节水神器的过程中，我发现了一些问题并找到相应的解决方法。例如，雨水容易将屋顶上的杂物冲到雨水收集器中，这可能会造成管道和滴灌头的小孔堵塞。为了解决这个问题，我在雨水收集器槽的上方加装过滤装置。此外，在无降雨天气，校园节水神器中缺水，无法对植物进行滴灌。我通过将校园自来水系统连接至校园节水神器的储水箱解决了这个问题，在无降雨天气，打开自来水系统，为储水箱蓄水，然后使用滴灌系统为植物浇水，进而减少直接应用自来水浇灌的用水量。

综上，这项发明不仅具有实用价值，还能充分体现我们对环境保护和可持续发展的追求。

恒星光谱装置制作与观测研究

北京市西城区师范学校附属小学 / 陈乐嘉 / 指导老师：田思雨 袁茗玮
分类：地球环境与宇宙科学

一、研究背景

每当夜幕降临，我抬头仰望繁星点点的天空，心中不禁对那些遥远的恒星产生强烈的探索欲望。在天文学中，光谱研究是一种揭示恒星性质的关键方法。而光谱仪是大型天文机构用来进行光谱研究的重要工具，对推动天文学发展具有重大贡献。然而其体积庞大，价格也比较昂贵，让许多天文爱好者望而却步。我们虽然能通过书本和网络了解许多已知恒星的光谱，但无法在生活中自行获取恒星的光谱并亲自研究它们的"秘密"，如恒星为什么会有不同的颜色？不同颜色意味着什么？恒星有生命吗？它们的生命是如何演化的？

在查阅了各种资料后，我发现只有极少数天文爱好者自行制作了可以观测太阳和天狼星的光谱装置。这些装置的制作方案各不相同，并且没有经过广泛测试和推广。因此，我产生了通过学习光谱仪的工作原理和主要结构，利用现有的望远镜等，制作一台成本低、简单易用且有可能在中小学校园普及的恒星光谱装置的想法。我希望通过这个项目，能够实现便捷地观察恒星光谱并开展深入研究的目标。

二、装置制作与使用参数探究

我们常规意义上理解的光谱仪是光学吸收型光谱仪，它利用棱镜色散原理或者光栅分光原理，通过分光器将光源发出的光按照波长（或频率）分离得到横轴为波长（或频率）、纵向为强度的谱线图。光谱仪中的分光器主要是三棱镜或光栅。其中，应用光栅得到的谱线比应用三棱镜得到的谱线更均匀和清晰。因此，制作恒星光谱装置选择采用光栅进行分光。

我初步设计的恒星光谱装置的结构如图 1 所示，由左至右分别是天文相机、红外截止滤镜和光栅。光栅将光按波长色散开来，打在天文相机的传感器上，传感器将这些光信号转换为电信号，又进一步转换为数字信号储存在计算机里；红外截止滤镜的作用是减少红外部分的二级光谱，降低二级光谱对一级光谱的干扰。使用时将恒星光谱装置装在望远镜上，然后使用者通过指星笔及望远镜等找到恒星，找到恒星后不需要追踪恒星，经过一定时间的曝光后，就能形成光谱。为了得到更好的观测效果，对此装置的使用参数进行探究，并进一步优化装置。

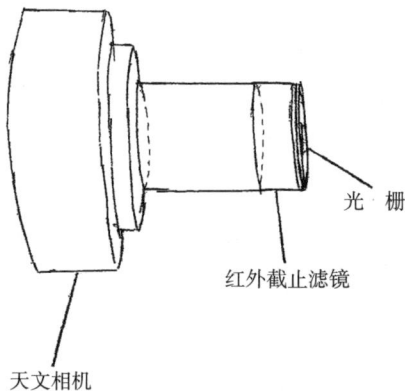

图 1　初步设计的恒星光谱装置结构

1. 光栅刻线选择实验

光栅刻线不同，所获得的光谱效果不同。一般来说，刻线越高，光分得越散，光谱分辨率越高，理论上可以呈现更多细节，但同时亮度会降低，覆盖波长范围也会更窄。因此，制作恒星光谱装置需要平衡光谱分辨率、光谱亮度、覆盖波长范围等选择合适的光栅。我通过光栅刻线选择实验，对比不同刻线的观测效果，从而选择合适的刻线。

实验信息见表1。

表1　光栅刻线选择实验的实验信息

地　点	北京市西城区
气　象	有效气象条件下进行观测
器　材	赤道仪：信达 AZ-GTi
	望远镜：天虎 80APO PRO，480mm 焦距，80mm 口径
	天文相机：ASI224MC
	红外截止滤镜
	恒星光谱装置（光栅：50 刻线、100 刻线、300 刻线、600 刻线）
软　件	SharpCap
目　标	大角星
曝光时间	15s

实验结果如图2所示。采用50刻线光栅和100刻线光栅制作的恒星光谱装置可以得到大角星光谱，其中50刻线的可以看到2个完整的光谱，但是每个光谱都相对较短，无法清晰看到更多细节；100刻线的可以看到1个完整且较长的光谱，但亮度不如50刻线的亮；300刻线和600刻线的恒星光谱装置，因刻线数高，光被分得太散，不易找到，从而未得到这2种刻线的观测结果。

综合实验结果，300刻线和600刻线的恒星光谱装置无法在短时间内得到光谱，50刻线的恒星光谱装置虽然得到的光谱亮度高，但其很难区分谱线，因此我决定对100刻线的恒星光谱装置进行装置改进和后续的实验。

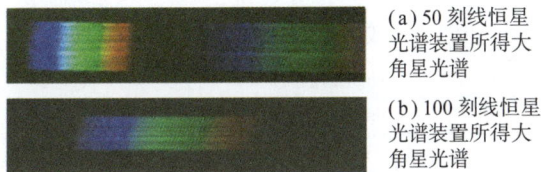

(a) 50 刻线恒星光谱装置所得大角星光谱

(b) 100 刻线恒星光谱装置所得大角星光谱

图2　光栅刻线选择实验的实验结果

2. 改进恒星光谱装置

使用100刻线的恒星光谱装置进行多次观测实验，发现得到的光谱还是相对较窄，为改善这个问题，我对装置进行了改进——引入天顶镜，将光栅放置在天顶镜靠近物镜处，以加长光栅与天文相机的距离，从而将光分得更开。改进后的装置结构如图3所示，实物如图4所示。

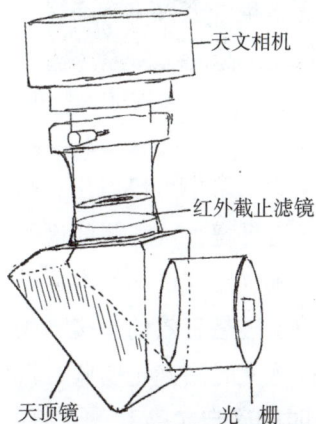

图3　改进后的恒星光谱装置结构

图4　改进后的恒星光谱装置

83

为了验证改进效果，进行实验。实验信息见表 2。实验结果如图 5 所示。

表 2　验证改进效果的实验信息

地　点	北京市西城区
气　象	有效气象条件下进行观测
器　材	赤道仪：信达 AZ-GTi
	望远镜：天虎 80APO PRO，480mm 焦距，80mm 口径
	天文相机：ASI224MC
	红外截止滤镜
	恒星光谱装置（不含天顶镜）/ 恒星光谱装置（不含天顶镜）
软　件	SharpCap
目　标	大角星
光栅刻线	100
曝光时间	15s

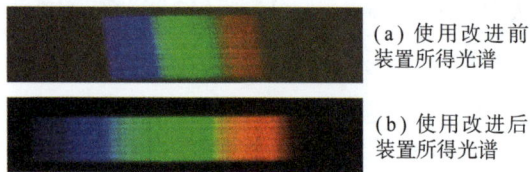

(a) 使用改进前装置所得光谱

(b) 使用改进后装置所得光谱

图 5　光谱装置改进前后观测所得光谱

从实验结果中可以看出，改进装置后，所得的光谱更宽，可观测的谱线更多，每种颜色的区域也比改进前的有所扩大。实验证明装置的改进是有效的。接下来对改进后的装置进行曝光时间确定实验。

3. 曝光时间确定实验

观测光谱是根据曝光时间的长短，利用拖线将光谱拖出一定的宽度，因此增加曝光时间，可以使这个宽度加长，从而更容易分辨谱线，但过长的曝光时间也是没必要的。因此进行曝光时间确定实验，以得到合适的曝光时间。实验信息见表 3。实验结果如图 6 所示。

表 3　曝光时间确定实验的实验信息

地　点	北京市西城区
气　象	有效气象条件下进行观测
器　材	赤道仪：信达 AZ-GTi
	望远镜：天虎 80APO PRO，480mm 焦距，80mm 口径
	天文相机：ASI224MC
	红外截止滤镜
	恒星光谱装置（含天顶镜）
软　件	SharpCap
目　标	织女星
光栅刻线	100
曝光时间	15s、10s、15s、25s、30s

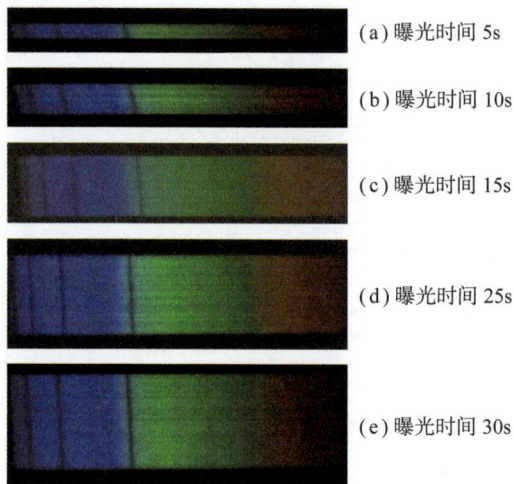

(a) 曝光时间 5s

(b) 曝光时间 10s

(c) 曝光时间 15s

(d) 曝光时间 25s

(e) 曝光时间 30s

图 6　不同曝光时间的织女星光谱对比

根据实验结果确定曝光时间为 15s。此外，在实验中，我发现提高增益可以提高亮度，但同时也会增加噪点，因此使用时可根据恒星亮度，灵活调节增益，以得到更易于观测的光谱。

三、装置测试与结果分析

使用恒星光谱装置观测恒星的具体步骤如下。

① 根据观测计划，观察天气情况，确定观测区域及观测目标恒星。

② 带上天文观测设备、恒星光谱装置和其他必要的辅助设备（寻星镜、指星笔等）。

③ 通过辅助设备寻找要观测的恒星。

④ 通过目镜观测，调焦以确定有光谱。

⑤ 将目镜换成彩色天文相机，调焦，设置 SharpCap 增益、曝光时间等参数。

⑥ 旋转恒星光谱装置中的天顶镜，确保恒星运动方向和光栅刻线方向平行，避免观测的光谱是斜的。

⑦ 移动天文相机，确保光谱在 SharpCap 的中心位置。

⑧ 使用 SharpCap 进行观测。

⑨ 对观测数据进行标记和整理。

测试装置，并基于表4的实验信息在城市中观测恒星光谱。观测结果如图7所示，共得到 15 颗恒星的有效光谱。

表4 城市观测恒星的实验信息

地 点	北京市西城区
气 象	有效气象条件下进行观测
器 材	赤道仪：信达 AZ-GTi
	望远镜：天虎 80APO PRO，480mm 焦距，80mm 口径
	天文相机：ASI224MC
	红外截止滤镜
	恒星光谱装置（含天顶镜）
软 件	SharpCap
目 标	多颗恒星
光栅刻线	100
曝光时间	15s，增益根据恒星亮度灵活调节

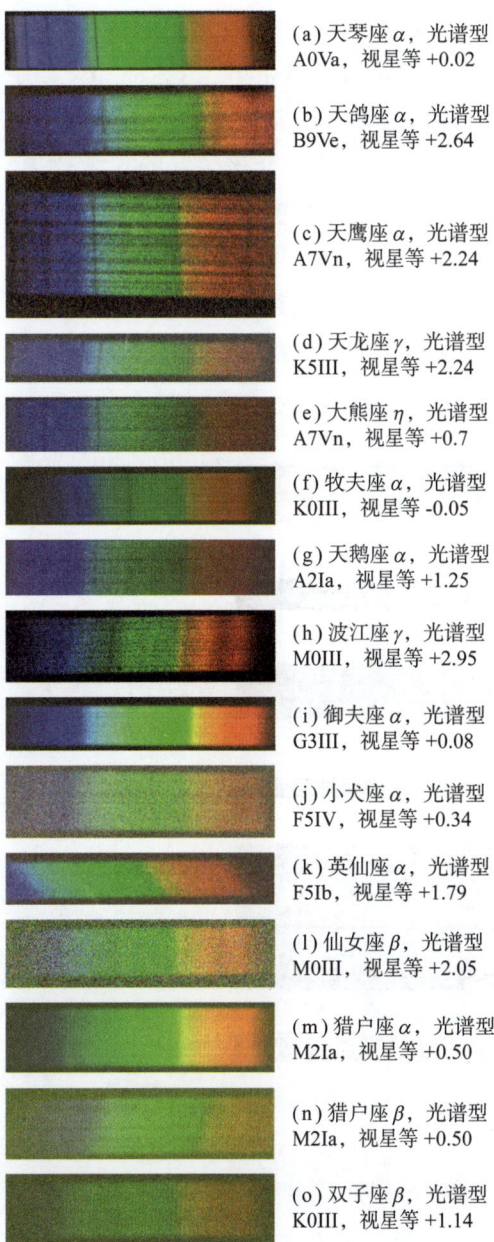

(a) 天琴座 α，光谱型 A0Va，视星等 +0.02

(b) 天鸽座 α，光谱型 B9Ve，视星等 +2.64

(c) 天鹰座 α，光谱型 A7Vn，视星等 +2.24

(d) 天龙座 γ，光谱型 K5III，视星等 +2.24

(e) 大熊座 η，光谱型 A7Vn，视星等 +0.7

(f) 牧夫座 α，光谱型 K0III，视星等 -0.05

(g) 天鹅座 α，光谱型 A2Ia，视星等 +1.25

(h) 波江座 γ，光谱型 M0III，视星等 +2.95

(i) 御夫座 α，光谱型 G3III，视星等 +0.08

(j) 小犬座 α，光谱型 F5IV，视星等 +0.34

(k) 英仙座 α，光谱型 F5Ib，视星等 +1.79

(l) 仙女座 β，光谱型 M0III，视星等 +2.05

(m) 猎户座 α，光谱型 M2Ia，视星等 +0.50

(n) 猎户座 β，光谱型 M2Ia，视星等 +0.50

(o) 双子座 β，光谱型 K0III，视星等 +1.14

图 7 观测到的 15 颗恒星的光谱

1. 结果有效性分析

根据哈佛光谱分类法，恒星光谱被划分为 7 个类型，从高到低分别是 O、B、A、F、G、K、M。在北京城区，我利用自制的恒星光谱装置，结合现有的望远镜、天文相机、天顶镜等设备，成功观测到了 15 颗恒星。这些恒星的光谱涵盖了 B、A、K、F、G、M 型，验证了自制恒星光谱装置的有效性。

为了更深入地探究该装置的观测效果，我从网上找到了这些恒星对应的光谱进行对比。如图 8 所示，可以看出两者都非常清晰地展示了恒星的谱线。这进一步证明了自制恒星光谱装置在观测恒星光谱方面的有效性。

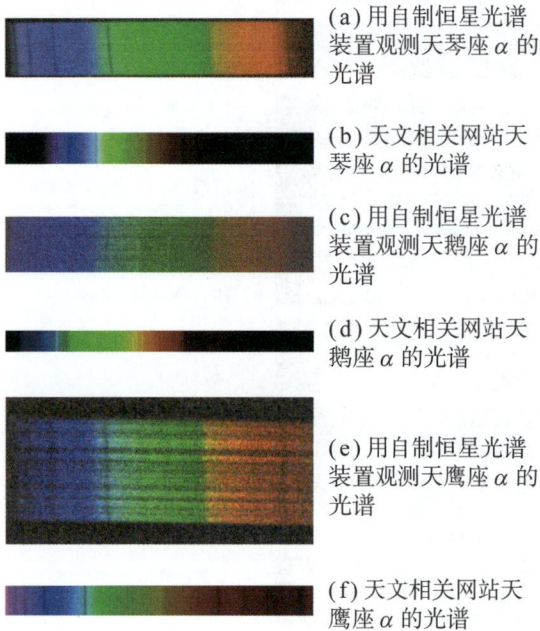

(a) 用自制恒星光谱装置观测天琴座 α 的光谱

(b) 天文相关网站天琴座 α 的光谱

(c) 用自制恒星光谱装置观测天鹅座 α 的光谱

(d) 天文相关网站天鹅座 α 的光谱

(e) 用自制恒星光谱装置观测天鹰座 α 的光谱

(f) 天文相关网站天鹰座 α 的光谱

图 8　光谱对比

2. 恒星中常见元素分析

通过深入学习，我了解到不同元素的原子具有独特的内部结构，这种结构决定它们在被光线照射时，可以吸收特定波长的光线，从而形成不同特征的谱线。而且恒星中某种元素的原子数量越多，其吸收谱线的颜色就越深。

基于这一知识，我使用专业的天文软件 RSpec 对观测到的谱线较清晰的光谱进行恒星常见元素分析。分析结果如图 9~图 11 所示，天琴座 α、天鹰座 α 和天鹅座 α 光谱中均显示含有氢元素，而且从光谱曲线图中可以明显看出，这些恒星中的氢元素含量最为丰富。此结论与我在书本中学到的知识相吻合。这进一步验证了我自制的恒星光谱装置的有效性和准确性。

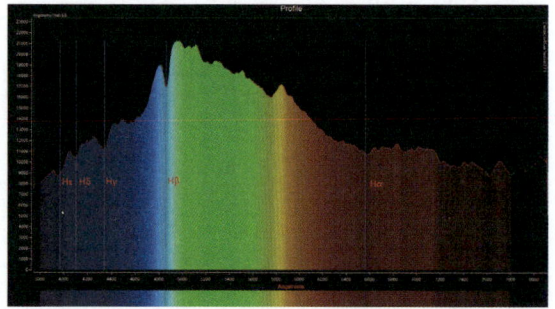

图 9　天琴座 α 光谱曲线图

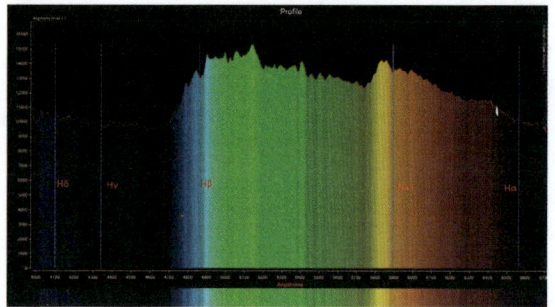

图 10　天鹰座 α 光谱曲线图

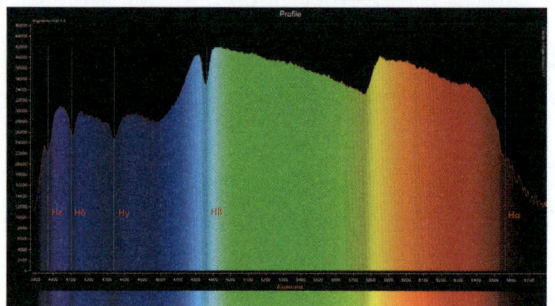

图 11　天鹰座 α 光谱曲线图

四、创新点与研究意义

我自制的恒星光谱装置具有结构简单、易于制作、方便实用、价格低廉等优点。制作该装置只需要购买光栅，并使用3D打印技术制作一个固定在天顶镜的光栅固定器，如图12所示。光栅的成本是25元，光栅固定器的成本是40元，因此整个恒星光谱装置的基础成本仅为65元。经过多次使用和测试，该装置稳定可靠，维护成本低，实验效果良好。

图12 光栅固定器

此外，该装置对使用环境的要求较低。我使用该装置在北京光污染严重的市区观测光谱，成功观测到了波江座γ。其视星等为+2.95，以此视星等预估，在北京地区全年可以拍摄到大约120颗恒星的光谱。因此，利用恒星光谱装置观测光谱可以成为一项在城市中开展的天文活动。

综上，恒星光谱装置具有较大的推广潜力，有助于推动天文科普教育的进行，可以让青少年轻松观测恒星光谱，加深对天文知识的理解。这不仅解决了以往恒星光谱观测对天时、地利等环境要求较高的问题，也使天文科普教育更加普及和亲民。

五、总 结

通过制作和调试恒星光谱装置，我不仅系统地学习了光谱及光谱仪的基础知识，还了解了恒星的光谱型和演化过程，同时提升了动手实践能力和科学探究精神。虽然目前使用装置观测到的光谱对比度还不够高，但我计划在未来的实验中使用带制冷功能的天文相机以减少噪点并提高对比度。同时，我计划在更多不同型号的望远镜上进行实验并根据实验结果改进现有的恒星光谱装置。此外，我还将尝试叠加大气消光装置等优化恒星光谱装置并获得特定恒星的光谱。总之，我相信通过优化，恒星光谱装置会更加完善，会吸引更多的天文爱好者进行恒星光谱观测与研究，未来一定会有更多有趣的发现和收获。

一款适合天文观测的新型"指星笔"

北京市怀柔区长哨营满族乡中心小学 / 张宇彤 / 指导老师：李嘉欣 毛禹

分类：地球环境与宇宙科学

一、项目背景

在天文观测中，初学者常常面临使用寻星镜寻星比较耗时且在夜间进行寻星镜光轴校准比较困难的问题。虽然将使用寻星镜改为使用指星笔是个很好的解决办法，

但现有指星笔存在与天文望远镜目镜筒不适配和激光使用存在一定危险性的问题。因此我想基于"光的可逆性"原理，设计一款适配于多类天文望远镜，如反射式望远镜、折反射式望远镜、折射式望远镜，并且还能

降低激光使用危险性的指星笔。

二、项目方案

① 设计一个能把指星笔固定在天文望远镜目镜筒的连接件，并确保激光能够从物镜射出。

② 设计一个当自动识别到障碍物就关闭指星笔的功能，以减少使用指星笔的危险性。

三、连接件设计

连接件的设计需求为可使指星笔稳固置于目镜筒中，并能使指星笔中的激光沿目镜射出，实现指星功能。

为了使设计出的连接件满足设计需求，我开展了 3 次探究性实验。

1. 第一次探究性实验

基于"光的可逆性"原理，我设计了一个类似"螺丝"形状的连接件（第一代连接件），如图 1 所示。其直径小的一端放置目镜筒中，直径大的一端用于放入指星笔，使指星笔的激光头和目镜筒的圆心在一条水平线上。

图 1　第一代连接件

我使用折射式望远镜、反射式望远镜、折反射式望远镜对此连接件的可用性进行实验。实验结果见表 1，除了折射式望远镜可以射出激光，其他 2 类望远镜无法射出激光。

表 1　第一代连接件在 3 类望远镜上的实验结果

望远镜类型	折射式望远镜	反射式望远镜	折反射式望远镜
实验结果	可以射出激光	无法射出激光	无法射出激光

在排除激光笔损坏的可能后，分析反射式望远镜和折反射式望远镜不能射出激光的原因，我猜测这与望远镜内部的光路有关。经仔细观察和查找资料，我发现反射式望远镜和折反射式望远镜的内部都存在一个副镜，副镜会影响激光的光路，导致激光不能从望远镜中射出。

2. 第二次探究性实验

基于第一代连接件进行改进，以消除副镜带来的影响，使激光可以从望远镜中射出。改进的方式有两种。

① 设计使激光从偏离目镜筒圆心位置射入的连接件（以下简称偏心连接件）。设计时需要测量指星笔（含外壳）的直径，在确保激光可以平行于光轴射入目镜的前提下，使指星笔尽可能靠近目镜筒边缘。经测量此设计可以使射入的激光偏离目镜筒圆心5mm。使用 3D 打印机打印的偏心连接件如图 2 所示。使用折射式望远镜、反射式望远镜、折反射式望远镜对此连接件的可用性进行实验。实验结果为 3 类望远镜均可以射出激光，见表 2。

图 2　偏心连接件

表2　偏心连接件在3类望远镜上的实验结果

望远镜类型	折射式望远镜	反射式望远镜	折反射式望远镜
实验结果	可以射出激光	可以射出激光	可以射出激光

② 设计使激光斜射入望远镜的连接件（以下简称斜射连接件）。设计时先尝试满足激光与光轴夹角为5°，测试此方式是否可行。使用3D打印机打印的斜射连接件如图3所示。使用折射式望远镜、反射式望远镜、折反射式望远镜对此连接件的可用性进行实验。实验结果见表3，除了折射式望远镜可以一直射出激光，其他2类望远镜，需要转动连接件的位置才能射出激光。

图3　斜射连接件

表3　斜射连接件在3类望远镜上的实验结果

望远镜类型	折射式望远镜	反射式望远镜	折反射式望远镜
实验结果	可以射出激光	需要转动连接件才能射出激光	需要转动连接件才能射出激光

经探究，斜射连接件使激光不能稳定从反射式望远镜和折反射式望远镜中射出的原因可能是不同望远镜目镜筒的筒口与第一光学镜面的距离不同，5°的斜射角度不能满足激光从不同望远镜中射出的要求，此类连接件适用性较差，因此我决定不再对其进行深入探究。

3. 第三次探究性实验

前两次探究性实验使用的指星笔是购买的成品，其外壳比较厚。为探究更普适的

射入位置，我在第三次探究性实验中，使用激光发射模组进行实验，并以此改进偏心连接件。

我先定制了有一个与目镜筒直径一致的透明亚克力圆片，然后将其固定在目镜筒，再使用激光发射模组在圆片上进行实验，确定使不同类型望远镜可射出激光的射入范围。实验结果见表4。

表4　射入范围的实验结果

望远镜类型	折射式望远镜	反射式望远镜	折反射式望远镜
实验结果	从圆片上任一位置射入激光，望远镜均可射出激光	除了圆心，从圆片上的其他位置射入激光，望远镜可射出激光	在距圆片圆心5~11mm的位置射入激光，望远镜可以射出激光

折反射式望远镜对射入位置要求较高，为了使设计的指星笔可以适用于3类望远镜，我选择距离圆片圆心7mm处为激光射入位置。

四、障碍物识别功能设计

障碍物识别功能的设计需求为当检测到规定范围内有障碍物时，自动关闭激光。

为实现此功能，我应用了激光发射模组、超声波传感器和Arduino控制板，编写了测距程序和控制激光打开与关闭的程序，并开展了2次探究性实验。

1. 障碍物识别距离确定实验

① 将超声波传感器连接至Arduino控制板，导入测距程序，通过串口监控平台监测不同距离障碍物的返回数据。结果为当障碍物距离小于等于20cm时，返回数据为200；当障碍物距离大于等于320cm时，返回数据为8044；当障碍物距离在20cm和320cm之间时，返回数据在200和8044之间随着距离递增。此实验证明超声波传感器

可检测距离为 20~320cm 的障碍物。

② 经查阅资料，我们得知人在距离激光发射处 250cm 以上时，可以避免激光的伤害。

③ 使用气球和激光发射模组开展实验，以 50cm、100cm、150cm、250cm、300cm 为测试距离，验证激光强度随距离增大而减弱，且当距离大于等于 250cm 时，激光不会对气球造成伤害。经探究，激光强度确实随距离增大而减弱，并且当距离小于 250cm 时，激光可以击破气球；当距离大于等于 250cm 时，激光无法击破气球。障碍物识别距离可确定为 250cm。

2. 障碍物识别角度确定实验

以超声波测距传感器为圆心，250cm 为半径画圆，沿圆的周长移动障碍物，通过串口监控平台监测返回数据。经实验确定，以超声波传感器的感应方向为基准，其障碍物识别角度为 ±20°。

综上，障碍物识别功能的检测范围确定为距离激光发射处 250cm 以内且角度为 ±20°。

五、组装与测试

指星笔由连接件、激光发射模组、超声波测距传感器、Arduino 控制板、电池等组成，按照正确的引脚关系连接电路。其中连接件由 3D 打印机打印，如图 4 所示，满足激光从偏离目镜筒圆心 7mm 处射入且可以放置超声波测距传感器的需求；电路有两个开关，激光开关控制激光发射模组的开与关，识别开关在激光开关闭合的情况下，控制超声波测距传感器的开与关。

图 4　组装时所用连接件

组装好电路后，直接打开激光开关和识别开关，当超声波测距传感器识别到检测范围内有障碍物时，指星笔自动关闭激光发射模组；将装有激光发射模组、超声波测距传感器的连接件放入目镜筒，打开激光开关，使用者可以快速定位想要观测的区域。

六、总　结

新型指星笔通过 3D 打印连接件解决了固定问题，借助超声波测距传感器提高了使用指星笔的安全性。该指星笔操作简单，适用于多种类型的望远镜，并且相较于市面上的指星笔成本低廉，实为观星爱好者的必备佳品。

通过制作新型指星笔，我不仅加深了对望远镜内部结构和设计原理的理解，还对科学探究的过程有了更深刻的认识。这个过程让我深刻体会到科学精神的严谨性，它要求我们不仅要了解事物的表面现象，更要探究其背后的深层原因。这种探究精神对于我们的学习和生活具有不可或缺的重要意义。

无塑冰袋的配方与效果初探

北京市西城区奋斗小学 / 刘亦宸 / 指导老师：赵溪 刘婕

分类：物质科学

一、研究背景

科技为我们的生活带来了便利。人们不想去超市买菜了，可以直接手机下单。但我发现每单生鲜配备的冰袋非常多，有时候会配备 9~10 个冰袋，甚至有一次为了保鲜 200g 生鱼片，商家配备了总计质量为 1650g 的 3 个冰袋。冰袋的"外骨骼"是不可降解的塑料，虽然不破损可以循环使用，但冰袋过多后，仍然会面临危害环境的情况。我查找了相关资料，为落实北京市政府出台的《北京市塑料污染治理行动计划（2020—2025 年）》，相关部门制定了工作要点，其限塑效果明显，但未在材料中找到对于冰袋这一特定物品的解决措施。扩大查找范围，我看到了 2021 年的报道——韩国尝试推广对于冰袋的专属回收设施，以及有的企业使用可降解树脂作为冰袋"外骨骼"的材料。结合"钟薛高事件"，我发散思维，产生了应用雪糕中常见配料卡拉胶、琼脂研发一种可降解的"无塑冰袋"的想法，以解决塑料冰袋存量大、回收难、危害环境的问题。

二、研究方法

1. 查阅资料法

通过查阅《北京市塑料污染治理行动计划（2020—2025 年）》《电子商务冷链物流配送服务管理规范》《北京市冷链物流报告（2016—2020 年）》等，了解国家政策和生鲜物流的基本现状及提高绿色冷链运输的重要性。通过查阅新闻，了解国内外冰袋的使用情况和处理情况。通过查阅中国科普博览网，了解现有冰袋的种类、成分、保鲜原理。通过查阅科普中国网站，了解卡拉胶、琼脂等亲水性胶体的降解性和使用方法。

2. 访谈法

为了解冰袋在实际应用中的保温效果、使用数量、成本、回收的可操作性等问题，对代表性电商的客服进行电话访谈等。

3. 实验法

为验证使用卡拉胶和琼脂制作的"无塑冰袋"的实用性，对其耐用性和保温性进行实验。

（1）耐用性实验

通过耐用性实验确定"无塑冰袋"可在常温和冷藏两种情况下保持一定的结构完整性。具体操作为，分别配置 4 种不同浓度的卡拉胶和琼脂，冷冻后得到"无塑冰袋"，将其分别称重后放入冷藏箱，并通过搬运冷藏箱等操作，模拟实际运输场景。然后再次称重并观察完整性，记录实验数据。

（2）保温性实验

对比耐用性实验结果，选择耐用性较好的卡拉胶"无塑冰袋"、琼脂"无塑冰袋"与普通冰袋进行保温性实验，确定其相较普通冰袋的保温效果。具体实验方法是，将 3 种冰袋分别与冻肉、生鲜肉放在冷藏箱内，使用红外测温仪和探针式测温仪测量冷藏

0.5h、3h、36h 后冻肉的表面温度与内部温度，以及冷藏 0.5h 和 3h 后生鲜肉的表面温度与内部温度，并记录实验数据。

注：因生鲜肉不进行长途运输，所以不用测量冷藏 36h 后肉的表面温度与内部温度。

三、研究结果

1. 访谈结果

以盒马鲜生（门店）客服人员、本来生活客服人员、福建东山岛海鲜商户孙先生为电话咨询对象进行访谈，并将配送时长、配送范围与保鲜方式的结果以表格呈现，见表1。

表 1　不同商家的配送时长、配送范围及保鲜方式

调查对象	配送时长	配送范围	保鲜方式
盒马鲜生（门店）	30min（半小时达）	同城距离门店 3km 内	冰袋、快递员自带的可循环使用的保温箱
	20h（次日达）		冰袋、一次性保温箱
本来生活	14h（今夜达）	北京市、上海市	冰袋、一次性保温箱
	24h（次日达）	除北京市、上海市、偏远城市外的其他一、二线城市	大量冰袋、一次性保温箱
福建东山岛海鲜商户	3h	漳州市、厦门市	散冰
	36h	一线城市与二线城市	冰袋、保温膜、一次性保温箱

通过访谈我得到以下信息。

• 不同商家或同一商家的不同门店，对于冰袋的使用量并没有进行统一规范。对于不同质量、不同配送距离、不同生鲜种类的货物，商家均以经验配备冰袋，随意性较大。

• 通常夏天配送时使用的冰袋比冬天配送时使用的冰袋多。

• 从实际使用效果上看，干冰的保鲜效果最好，但其不能上飞机，因此异地配送时无法使用干冰。

• 没有冰袋回收业务，因为回收成本高，回收价值低。

2. 耐用性实验结果

根据表 2 分别配置 4 种不同浓度的卡拉胶和琼脂，制作"无塑冰袋"并开展耐用性实验，实验过程如图 1 所示，实验结果见表 3。

表 2　浓度表

	浓度 1（%）	浓度 2（%）	浓度 3（%）	浓度 4（%）
卡拉胶	0.3	0.6	1.2	2.4
琼脂	1.5	3.0	4.5	6.0

表 3　耐用性实验结果

	初始质量（g）	最终质量（g）	感官观察
卡拉胶浓度 1	294.8	289.8	主体未破损
卡拉胶浓度 2	317.0	265.7	主体有明显破损
卡拉胶浓度 3	406.0	252.4	主体碎成两半

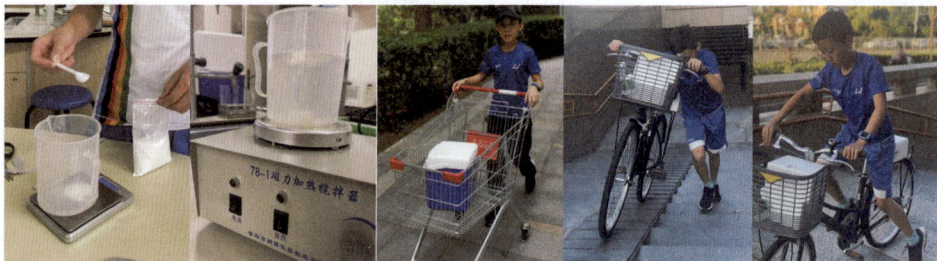

图 1　耐用性实验过程

续表3

	初始质量(g)	最终质量(g)	感官观察
卡拉胶浓度4	367.6	269.5	主体严重破损，但比卡拉胶浓度3的好一些
琼脂浓度1	327.1	327.1	主体几乎无损坏
琼脂浓度2	306.8	303.4	只有小块破损
琼脂浓度3	因浓度过高无法制作		
琼脂浓度4	因浓度过高无法制作		

由结果可知，浓度为0.3%的卡拉胶"无塑冰袋"和浓度为1.5%的琼脂"无塑冰袋"耐用性较好。

3. 保温性实验

使用浓度为0.3%的卡拉胶"无塑冰袋"和浓度为1.5%的琼脂"无塑冰袋"进行保温性实验。实验过程如图2所示，实验结果如图3所示。在使用卡拉胶"无塑冰袋"、琼脂"无塑冰袋"、普通冰袋的情况下，冷藏0.5h后的冻肉表面温度分别增加了2.2℃、3.5℃、1.7℃，内部温度分别增加了-0.8℃、0.2℃、0.6℃；冷藏3h后的冻肉表面温度分别增加了6.4℃、6.6℃、7.0℃，内部温度分别增加了2.0℃、2.1℃、2.3℃；冷藏36h后的冻肉表面温度分别增加了32.6℃、34.3℃、34.5℃，内部温度分别增加了30.2℃、30.0℃、29.9℃。

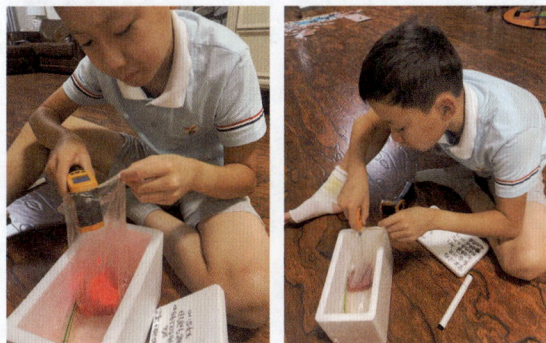

图2　保温性实验过程

在使用卡拉胶"无塑冰袋"、琼脂"无塑冰袋"、普通冰袋的情况下，冷藏0.5h后的生鲜肉表面温度分别增加了-3.1℃、0.3℃、-2.6℃，内部温度分别增加了0℃、3.1℃、2.2℃；冷藏3h后的生鲜肉表面温度分别增加了13.1℃、10.3℃、9.6℃，内部温度分别增加了12.2℃、5.9℃、7.8℃。

经过实验对比发现。在使用卡拉胶"无塑冰袋"、琼脂"无塑冰袋"、普通冰袋的情况下，除冷藏3h后的生鲜肉内部温度差别较大外，其余情况温度差别不大。

四、分析与思考

耐用性实验证明，浓度为0.3%的卡拉胶"无塑冰袋"和浓度为1.5%的琼脂"无塑冰袋"质量损失较低，可以满足运输的使用需求；保温性实验证明，浓度为0.3%的卡拉胶"无塑冰袋"和浓度为1.5%的琼脂"无塑冰袋"保温效果和普通冰袋相当。浓度为0.3%、质量为360g的卡拉胶"无塑冰袋"的成本约为0.12元，浓度为1.5%、质量为360g的琼脂"无塑冰袋"的成本约为0.65元，普通冰袋的成本约0.1元，"无塑冰袋"的成本略高于普通冰袋的成本，但也在可接受的范围内。因此使用浓度为0.3%的卡拉胶"无塑冰袋"和浓度为1.5%的琼脂"无塑冰袋"代替普通冰袋是可行的。

五、收获与感想

我曾经用网购的一份黄花鱼及其塑料包装制作了一幅美术作品，如图4所示，表达对塑料污染造成海洋危机的思考。现在，我很高兴经过一年的学习，可以通过科学探究来解决实际问题。

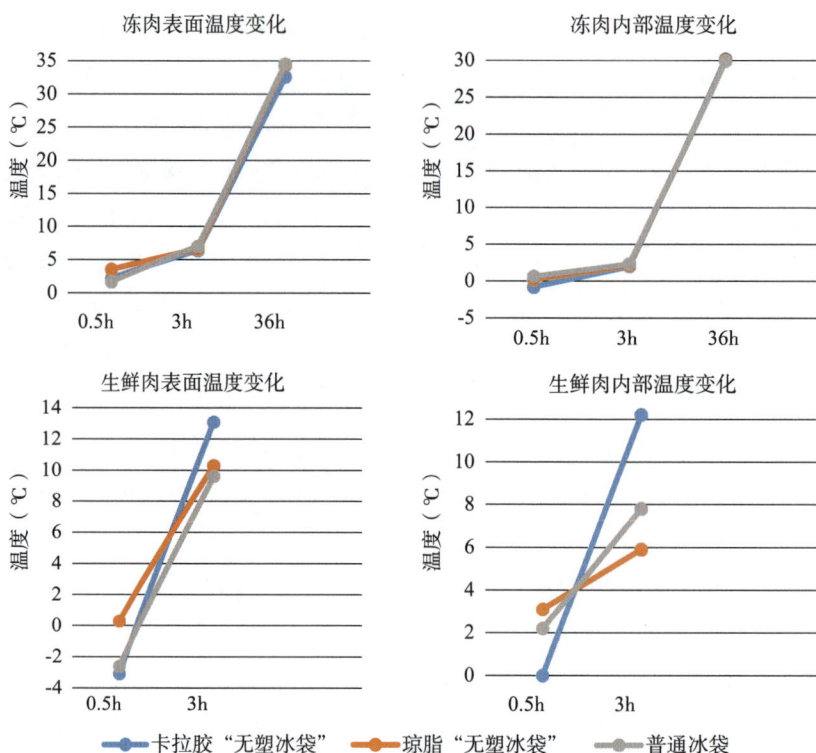

冻肉表面温度变化

冻肉内部温度变化

生鲜肉表面温度变化

生鲜肉内部温度变化

━●━ 卡拉胶"无塑冰袋" ━●━ 琼脂"无塑冰袋" ━●━ 普通冰袋

图 3　保温性实验结果

通过探究"无塑冰袋"的配方与效果，我第一次体验到科学探究是如何进行的，并感受到使用科学方法进行创新发现的快乐。同时，我深刻认识到科学探究需要严谨、耐心，以及面对实验失败时的勇气。这些经历都是我从未有过的，也是无法从课本中学习到的。科技创新的魅力在于让人类的生活变得更好。通过这次探究，我对科学探究充满了敬畏之心，并意识到科学的大门已经向我敞开。虽然我还年轻，但我想做的事情突然变得很多。我意识到科学探究并不是非要等成为科学家才有"资格"参与，只要勇于尝试、善于思考，就会有所收获。

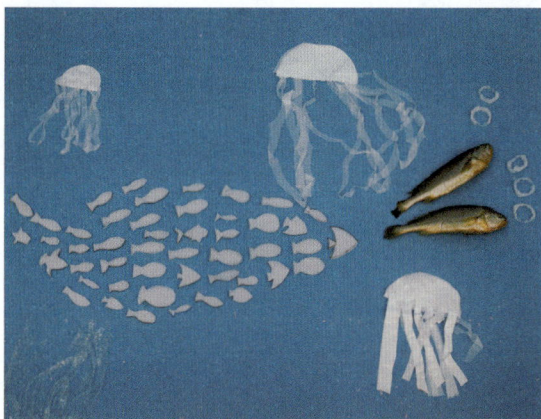

图 4　美术作品

专家点评 创新的难点往往不是寻找问题的答案，而是发现问题本身。作者在探究过程中，展现了其具备的科学素养，整个探究过程严谨且完整。

防雾眼镜液的探究

北京师范大学奥林匹克花园小学 / 李尚达 / 指导老师：赵强
分类：物质科学

一、研究背景

我观察到，当佩戴眼镜的人从寒冷的室外步入温暖的室内时，由于温度的急剧变化，眼镜片上会立刻形成一层白茫茫的雾气，阻碍人的视线。我查找资料，了解到镜片起雾是由水蒸气在温度较低的镜片上冷凝形成的，无数小水滴聚集在一起形成雾气，这些不规则的小水滴使光发生不规则折射，导致人的视线受阻。如果能将这些不规则的小水滴转化成一层无碍视线的均匀透明水膜，就能达到防雾效果。那么，如何实现这一效果呢？我记得在冬天，看到我姥姥擦玻璃时使用了洗衣液，即便室外大雪纷飞，被洗衣液擦拭过的玻璃都不会起雾。由此我猜想，洗衣液也可使眼镜片防雾。那其他清洁剂是否也可以使眼镜片防雾呢？带着这个疑问，我开展了实验，想要自制一款防雾眼镜液。

二、研究过程

1. 实验一：防雾效果实验

实验材料：洗衣液、洗发水、洗洁精、牙膏、水、筷子、吸管、纸巾、眼镜。

实验过程 1：使用 10g 水稀释 20g 洗衣液，在稀释的过程中，使用筷子不停搅拌；然后使用吸管将稀释后的洗衣液滴在一个眼镜片的两侧，擦匀后再用纸巾擦干；最后将眼镜放在刚烧开的水上方进行熏蒸。

实验结果如图 1 所示。不做处理的镜片会起白雾，而擦了稀释后的洗衣液的镜片略微起雾。实验证明，稀释后的洗衣液可以起到一定的防雾作用。

图 1 不做任何处理（左）和使用稀释后的洗衣液处理（右）的眼镜片的起雾情况对比

实验过程 2：分别使用 10g 水稀释洗发水 20g、洗洁精 20g、牙膏 20g，在稀释的过程中，使用筷子不停搅拌；然后使用吸管将稀释后的溶液分别滴在一个眼镜片的两面，擦匀后再用纸巾擦干；最后将眼镜放在刚烧开的水上进行熏蒸。

实验结果如图 2~图 4 所示。稀释后的洗发水、洗洁精、牙膏均可以起到一定的防雾作用。综合实验过程 1 的结果，防雾效果最好的是稀释后的洗衣液。

图 2 使用稀释后的洗发水处理（左）和不做任何处理（右）的眼镜片的起雾情况对比

图3　使用稀释后的洗洁精处理（左）和不做任何处理（右）的眼镜片的起雾情况对比

图4　使用稀释后的牙膏处理（左）和不做任何处理（右）的眼镜片的起雾情况对比

实验过程 3：分别使用 10g 水稀释洗发水 20g、牙膏 20g，在稀释的过程中，使用筷子不停搅拌；然后将稀释好的两种溶液倒在一起，并进行二次搅拌；接着使用吸管将稀释后的溶液滴在两个眼镜片的两面，擦匀后再用纸巾擦干；最后将眼镜放在刚烧开的水上方进行熏蒸。

实验结果如图 5 所示。稀释后的洗发水和牙膏的混合液可以起到一定的防雾作用。综合实验过程 1 和实验过程 2 的结果，此混合液的防雾效果最好。

图5　使用稀释后的洗发水和牙膏的混合液处理眼镜片的结果

2. 实验二：清晰度对比实验

实验材料：透明杯子、写有"现代汉语词典"的纸条、透明保鲜膜（用于模拟眼镜片）、秒表、烧开的水、各种稀释好的防雾眼镜液（稀释后的各种清洁剂及混合液）。

实验过程：将 8 张纸条分别贴在 8 个透明杯子的底部；将各种稀释好的防雾眼镜液涂抹在保鲜膜上并擦干；将涂好防雾眼镜液的保鲜膜套在透明杯子的杯口；倒置杯子将保鲜膜侧放在刚烧开的水上方熏蒸 30s。

实验结果如图 6 所示。为尽可能保证结果的准确性，我以"能看出有几个字""请读出你看到的字"为问题向家人征集答案。

结果为未经处理的起雾情况最严重，观察者隐约可以看到有字，但看不出有几个字；稀释后的肥皂水、沐浴露、牙膏可以起到轻微防雾作用，观察者能看出有几个字，但看不清是什么字；稀释后的洗发水和洗衣液可以起到一定的防雾作用，观察者能看出有几个字，隐约可以看出是什么字；稀释后的洗发水和牙膏的混合液可以起到较好的防雾作用，透明程度和空白样的近似，观察者能清晰看到是哪几个字。

三、研究结论

通过防雾效果实验和清晰度对比实验可以看出稀释后的洗发水、洗衣液、牙膏等都可以起到防雾作用。其中，稀释后的洗发水和牙膏的混合液的防雾效果最好。我推测这是因为含硅和含氟的物质具有降低水表面张力的功能，而牙膏含氟，洗发水中有聚二甲基硅氧烷，将两者混合在一起，可以起到更好的防雾作用。

使用稀释后的洗发水和牙膏的混合液作为防雾眼镜液的这种方法简单易行且防雾效果好，除可以应用于眼镜外，还可以应用于汽车后视镜等。

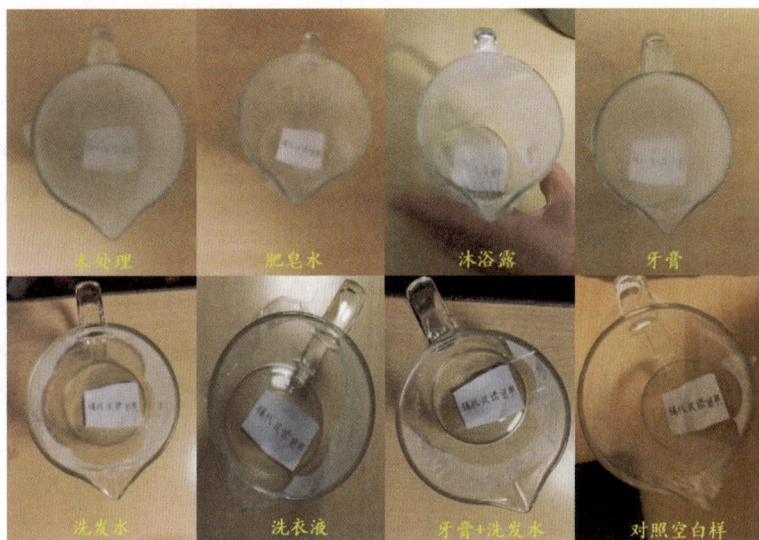

图6　清晰度对比实验的实验结果

四、研究心得

通过细心观察和积极尝试，我成功地利用常见的清洁剂探究出了一种可以防雾的眼镜液。这个过程不仅锻炼了我的动手能力，更拓宽了我的知识视野，我对科学产生了更为浓厚的兴趣。特别是对于这个探究，我始终有一个疑问：是否含硅和含氟的物质越多，防雾效果就越佳呢？为了解答这个问题，我计划在未来的日子里，进行更多的实验。我深信只有通过反复的实验和严谨的数据分析，才能揭示这个问题的真相。我期待在未来的科学探索中，能够不断提升自己的实验技能和理论知识，为解决更多生活中的问题贡献自己的力量。同时，我也希望我的实验经历和成果，可以激发更多人对科学的兴趣和热爱，让更多的人感受到科学的魅力。

影响热力风车转动快慢的因素探究

中国农业科学院附属小学／王钧熠／指导老师：谭丞

分类：物质科学

一、研究背景

风车是一种以风为动力的机械装置。我们可以在不同场景见到各种各样的风车。每当看到这些转动的风车，我都会想，"风是从哪里来的？""怎么样才能让风车转得更快一些？""用于风力发电的大风车又是怎么一回事？"风是由空气流动产生的，太阳辐射使地表温度升高，地表空气受热上升，周围的冷空气不断补充进来，就形成了源源不断的风。风力发电的原理是利用风带动风车叶片旋转，再通过增速机提升旋转速度，进而促使发电机发电。大约3m/s的微风速度，便可以用来发电。风力发电机组包括风轮（包括尾舵）、发电机和塔筒。风轮是把风的动能转变为机械能的重要部件，它由若干叶片组成，叶片的设计直接影响风能的转化效率。基于此，我想利用手边常见的材料，探究影响热力风车转动快慢的因素。

二、研究目的

① 探究扇叶大小、数量、倾斜角度对风车转动快慢的影响。

② 探究热源高度、热源数量、热源位置对风车转动快慢的影响。

三、研究准备

我计划在探究中使用两种材质的风车，一种是铝制风车，一种是纸质风车。两种风车具有易于制作、成本低的特点。我计划使用蜡烛作为热源，使空气流动产生风。

根据计划准备实验所用器材，如易拉罐、A4 纸、剪刀、工字钉、热熔胶枪（含胶条）、磁铁、铁丝、雪糕棒、小木板、圆棍、勾线笔、蜡烛、红外线热成像测温仪、圆规、量角器、橡皮、直尺、铁皮剪刀、耐磨手套、电子秤、秒表等。

1. 制作不同扇叶大小的风车

用直尺和铅笔在 A4 纸上画出边长为 6cm、8cm、10cm、12cm 的大正方形，然后画出大正方形的对角线，再以对角线的相交点（大正方形的重心）为重心画一个边长为 1cm 的小正方形，使用剪刀沿大正方形的对角线裁剪，裁剪至小正方形的顶点（见图 1），接着将剪好后的顶点间隔 1 个地向正方形的重心聚拢，并用工字钉和热熔胶固定这些顶点（见图 2）。

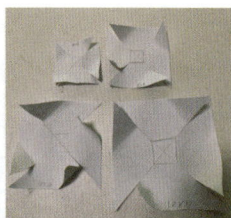

图 1 沿对角线裁剪　　图 2 用工字钉和热熔胶固定

2. 制作不同扇叶倾斜角度的风车

使用易拉罐制作不同扇叶倾斜角度的风车。戴好耐磨手套，使用铁皮剪刀剪开易拉罐得到铝片；使用圆规在铝片上画半径为 4cm 的大圆和半径为 5mm 的小圆；使用量角器、勾线笔等工具以圆心为顶点将大圆等分为 6 个同弧度的扇形（见图 3）；使用铁皮剪刀沿线剪出 3 个扇叶（见图 4）；以铝片初始角度为 0°，使用量角器和直尺确定弯折角度 15°，并弯折扇叶至 15°。参考此方法，共制作 13 个风车，扇叶倾斜角

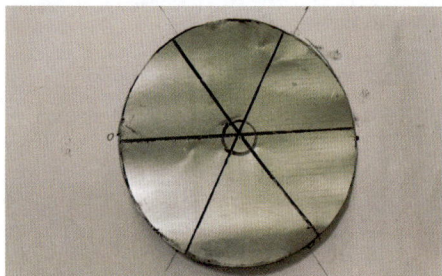

图 3 等分铝片

图 4 剪出 3 个扇叶

度分别为 0°、15°、30°、45°、60°、75°、90°、105°、120°、135°、150°、165°、180°。

3. 制作不同扇叶数量的风车

使用易拉罐制作不同扇叶数量的风车。戴好耐磨手套，使用铁皮剪刀剪开易拉罐得到铝片；使用圆规在铝片上画 6 个半径为 4cm 的大圆和半径为 5mm 的小圆；使用量角器、勾线笔、铁皮剪刀等工具分别剪出 2~7 个扇叶；以 30° 为 6 个风车扇叶的统一倾斜角度制作风车，如图 5 所示。

4. 制作风车支架

使用热熔胶、雪糕棒、小木板、圆棍制作风车支架。使用工字钉穿过风车的重心，然后使用磁铁将工字钉固定在风车支架上，如图 6 所示。当风车静止时，将风车重心正对木板上的点作为坐标系的原点绘制长度单位为 1cm 的坐标系，如图 7 所示。

四、研究过程与研究结果

风车对环境中的空气流动较为敏感，

图 6　将风车固定在风车支架上

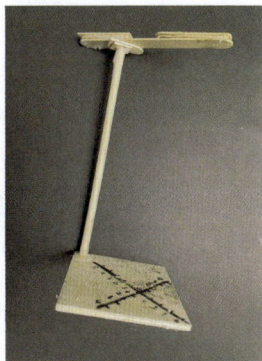

图 7　绘制坐标系

因此在门窗皆关闭的环境中进行研究。

1. 扇叶大小对风车转动快慢的影响

分别将以正方形边长为 6cm、8cm、10cm、12cm 制作的纸风车（依次简称为风车 1、风车 2、风车 3、风车 4）固定在风车支架上，在木板上的坐标系原点点燃相同长度的蜡烛，待风车稳定旋转后，使用秒表以 30s 为一个周期记录不同大小的风车转动的圈数，每个风车记录 3 次，然后取平均值（取整）；记录风车质量。

图 5　不同扇叶数量的风车

实验结果见表 1。

随着正方形边长的增加，风车的尺寸也随之增大。观察风车在 30s 内的转动圈数，可以发现随着风车尺寸的增大，风车转动的圈数减少。我推断这是因为风车尺寸越大，质量越大，转动时需要克服的阻力越大。

表 1　不同扇叶大小的风车在 30s 内转动的圈数及质量

	风车 1	风车 2	风车 3	风车 4
周期 1 所转圈数	37	22	17	12
周期 2 所转圈数	35	33	17	14
周期 3 所转圈数	43	20	16	16
平均圈数	38	25	16	14
质　量	0.67g	0.91g	1.13g	2.16g

2. 扇叶倾斜角度对风车转动快慢的影响

分别将不同扇叶倾斜角度的铝风车固定在风车支架上，在木板上的坐标系原点点燃相同长度的蜡烛，待风车稳定旋转后，使用秒表以 30s 为一个周期记录不同扇叶倾斜角度的风车转动的圈数，每个风车记录 3 次，然后取平均值（取整）。

实验结果见表 2。其中倾斜角度为 15°～75° 的风车顺时针旋转，105°～165° 的风车逆时针旋转。

风车扇叶倾斜角度自 0° 起，以 15° 递增，至 180° 止。风车旋转圈数随风车扇叶倾斜角度的增大，先增多再减少，再增多再减少，以 90° 为分界，大于 0° 且小于 90° 的顺时针旋转，大于 90° 且小于

180° 的逆时针旋转。其中，扇叶倾斜角度为 15°、30°、165° 的风车，在一个周期内的平均旋转圈数均超过了 30。我推断造成这个结果的原因是当扇叶倾斜角度为 15°、30°、165° 时，扇叶可阻挡一部分上升的热气流并以此旋转；当扇叶倾斜角度为 90° 时，扇叶无法阻挡上升的热气流，因此无法旋转；当扇叶倾斜 0° 和 180° 时，扇叶阻挡所有上升的热气流，只能出现轻微上下移动的效果，无法旋转。

综上，当其他条件固定，扇叶倾斜角度为 30° 时，风车旋转速度最快（旋转速度＝旋转圈数÷时间）。

3. 扇叶数量对风车转动快慢的影响

分别将不同扇叶数量的风车固定在风车支架上，木板上的坐标系原点点燃相同长度的蜡烛，待风车稳定旋转后，使用秒表以 30s 为一个周期记录不同扇叶数量的风车转动的圈数，每个风车记录 3 次，然后取平均值（取整）；记录风车质量。

实验结果见表 3。

表 3　不同扇叶数量的风车在 30s 内转动的圈数及质量

	2 叶风车	3 叶风车	4 叶风车	5 叶风车	6 叶风车	7 叶风车
周期 1 所转圈数	11	28	44	57	69	82
周期 2 所转圈数	10	30	45	53	65	76
周期 3 所转圈数	0	29	43	50	65	84
平均圈数	7	29	44	53.3	66.3	80.7
质　量	0.73g	0.79g	0.73g	0.73g	0.76g	0.77g

表 2　不同扇叶倾斜角度的风车在 30s 内转动的圈数

扇叶倾斜角度	0°	15°	30°	45°	60°	75°	90°	105°	120°	135°	150°	165°	180°
周期 1 所转圈数	0	30	34	26	19	12	0	8	15	24	29	30	0
周期 2 所转圈数	0	32	36	27	16	9	0	5	15	20	21	31	0
周期 3 所转圈数	0	34	33	25	15	7	0	7	18	27	31	28	0
平均圈数	0	32	34	26	16	9	0	6	16	23	27	29	0

风车扇叶越多,在一个周期内所转的圈数越多。我推断这是因为当扇叶倾斜角度相同时,扇叶越多,对热气流的利用越充分。

4. 热源高度对风车转动快慢的影响

使用扇叶倾斜角度为 30° 的 5 叶风车探究热源高度对风车转动快慢的影响。探究时,将风车固定在风车支架上,然后分别在木板上的坐标系原点点燃高度为 2.3cm、3.5cm、5cm、6cm、8.3cm 的蜡烛(热源),待风车稳定旋转后,使用秒表以 30s 为一个周期记录风车转动的圈数,每种热源情况记录 3 次,然后取平均值(值取整数部分);记录火焰高度、焰心温度、火焰与风车的距离、风车稳定旋转所需时间。其中火焰高度借助红外线热成像测温仪进行测量。

实验结果见表 4。

表 4 不同热源高度对风车转动快慢的影响

蜡烛高度(cm)	2.3	3.5	5	6	8.3
火焰高度(cm)	4	6	9	8	11
焰心温度(℃)	118	139	145	157	165
火焰距离风车的高度(cm)	15	13	10	11	8
风车稳定旋转所需时间(s)	150	24	19	15	8
周期 1 所转圈数	49	26	35	46	40
周期 2 所转圈数	40	30	32	39	40
周期 3 所转圈数	34	29	38	35	39
平均圈数	41	28	35	40	39

随着热源高度的增加,风车达到稳定旋转所需时间缩短;在风车稳定旋转时,蜡烛长的焰心温度高;风车在 30s 内的旋转圈数和热源高度无明显对应关系。我推断这是因为风车的结构未发生变化,不同热源高度更多的是影响热气流作用到风车的时间,而不影响热气流对扇叶产生的作用。

5. 热源数量对风车转动快慢的影响

使用扇叶倾斜角度为 30° 的 5 叶风车探究热源数量对风车转动快慢的影响。探究时,将风车固定在风车支架上,然后分别将 1 根蜡烛、2 根蜡烛、3 根蜡烛在木板上的坐标系原点点燃,待风车稳定旋转后,使用秒表以 30s 为一个周期记录风车转动的圈数,每种热源情况记录 3 次,然后取平均值(值取整数部分)。

实验结果如见表 5。

表 5 不同热源数量对风车转动快慢的影响

蜡烛数量	1 根	2 根	3 根	4 根
周期 1 所转圈数	53	57	67	66
周期 2 所转圈数	39	60	74	74
周期 3 所转圈数	37	42	78	82
平均圈数	43	53	73	74

随着热源数量的增加,风车在 30s 内所转的圈数增多。我推断这是因为热源数量的增加使上升热气流增多,从而使风车在 30s 内旋转的圈数增多。

6. 热源位置对风车转动快慢的影响

使用扇叶倾斜角度为 30° 的 5 叶风车探究热源位置对风车转动快慢的影响。探究时,将风车固定在风车支架上,将相同长度的蜡烛分别在坐标轴的四个方向距离原点 1cm、2cm、3cm 处点燃,待风车稳定旋转后,使用秒表以 30s 为一个周期记录风车转动的圈数,然后对方向不同但距离原点相同的风车的数据取平均值(取整)。

实验结果见表 6。

当蜡烛距离原点 1cm 时,无论是在哪个方向,都可以推动风车旋转;当蜡烛距离

表6　不同热源位置对风车转动快慢的影响

距　离	1cm	2cm	3cm
方向 1 在 30s 内所转圈数	53	0	0
方向 2 在 30s 内所转圈数	47	0	0
方向 3 在 30s 内所转圈数	34	0	0
方向 4 在 30s 内所转圈数	36	0	0
平均圈数	42	0	0

原点 2cm、3cm 时，风车不转动。我推断这是因为在无外界干扰时，蜡烛所产生的上升气流是竖直向上的，如果热源偏离原点太多，则热气流将无法对风车产生作用。

五、总　结

通过使用控制变量法探究影响热力风车转速的因素，我得出了扇叶大小、扇叶数量、倾斜角度、热源高度、热源数量、热源位置对风车转速影响的结论，如果想让风车快速转动，需要风车满足质量轻、扇叶多、扇叶倾斜角度为 30° 的条件，需要将更多的热源放在风扇重心的下方。

我通过这个探究体会到了科学猜想在实践过程中的挑战性，也意识到了科学探究的严谨性。在未来的学习和探索道路上，我将坚定地秉持严谨的钻研态度，努力发现更多的科学真理。

健康、洁净且环保的洗衣机洗衣方案

北京市丰台区东高地第三小学 / 刘宏波 蒋礼同 / 指导老师：刘洋 王君飞 王晶晶

分类：行为与社会科学

一、研究背景

参与家务劳动并掌握生活技能已成为新时代对青少年的基本要求。家长们积极引导我们学习各种实用技能，例如扫地、拖地、洗碗、烹饪和洗衣等。这些技能不仅有助于我们更好地独立生活，还培养了我们的责任感和自律性。

以洗衣为例，现在洗衣机已经非常普及，这使得我们的生活便利了很多，并且市场上也有很多洗涤产品供我们选择，如洗衣粉、皂粉、洗衣液和洗衣凝珠等。其中，洗衣液因为其出色的洗涤效果、对皮肤友好的特性及相对环保的属性，受到了广大消费者的青睐。

然而，在使用洗衣液的过程中我们发现了一些问题。首先，洗衣液包装上推荐的用量通常比较模糊，往往只标注了衣物件数而没有考虑衣服的厚度和材质等因素，导致我们在实际使用时很难准确把握用量。其次，大部分家长更关注衣物上的污渍是否能够被彻底清除，而忽略了过度使用洗衣液可能导致的漂洗不干净及对健康和环境产生的影响。

此外，我们家有两种不同类型的洗衣机，一种是波轮式洗衣机，容量为 2.5kg，另一种是滚筒式洗衣机，容量为 7kg。在衣物较少时，我们通常会使用波轮洗衣机洗或者手洗，因为家长认为大容量的洗衣机更加耗水。然而，在冬天手洗衣服是一项比较辛苦的工作。因此，如何科学合理地使用洗衣机和洗衣液，在节约用水的同时保证洗涤效果，成了一个值得探讨的问题。

综合考虑以上因素，我们决定探究一种健康、洁净且环保的洗衣方案。我们将通过实验和数据分析，探索最佳的洗衣液用量、洗衣机选择等关键因素，以期找到一种既能保证洗涤效果又能减少对环境负面影响的洗衣方法。同时，我们也希望能够引导大家更加关注洗涤用品对环境的影响，促进大家形成绿色消费的观念。

二、研究目的

探究健康、洁净且环保的洗衣方案，为正在学习洗衣的同学们提供明确的指导，同时为家人提供实用的参考建议。

三、研究内容

1. 健　康

使用波轮式洗衣机和滚筒式洗衣机，蓝月亮和威士露两种洗衣液，观察并比较使用洗衣后洗衣液的残留情况。

2. 洁　净

使用最低量洗衣液清洗衣服，观察洗衣后衣服的洁净情况，探究洗衣液中是否含有荧光增白剂，以及洗衣液的去污能力。

3. 环　保

探究波轮式洗衣机和滚筒式洗衣机的耗水量。

四、研究器材与研究方法

准备研究所用器材：蓝月亮和威士露两种洗衣液（电商综合销量较高的两种洗衣液）、JB-00系列标准白布、0.1mol/L盐酸标准溶液、蒸馏水、量杯、矿泉水瓶、洗瓶、2.5kg波轮式洗衣机、7kg滚筒式洗衣机、荧光白度计、雷磁自动电位滴定仪等。

参考GB/T 13174-2021《衣料用洗涤剂去污力及循环洗涤性能的测定》和GB/T 4288-2018《家用和类似用途电动洗衣机》确定研究所用的测定方法和数据处理方法。

（1）漂洗性能测定

使用雷磁自动电位滴定仪对实验用水、主洗涤溶液、残留漂洗溶液进行酸碱滴定。其中，实验用水取样为直接从洗衣机供水口取900mL液体，分装3瓶；主洗涤溶液取样为在主洗涤过程结束后，洗衣机自然排水过程取样，除第1升水弃用外，排水的前、中、后期分别取300mL，装3瓶；残留漂洗溶液取样为在最后一次洗涤后，脱水的前、中、后期分别取300mL，装3瓶。

进行酸碱滴定时，取实验用水100mL、主洗涤溶液100mL、残留漂洗溶液100mL，使用0.1mol/L盐酸标准溶液进行滴定，以pH4.5为滴定终点，当pH达到或低于4.5且10s内变化小于0.01时，即认为滴定结束，分别记录3种液体所用盐酸的体积。为确保实验结果的准确性，每种液体进行3次酸碱滴定。漂洗液去除率及洗涤剂残留量计算如下。

漂洗液去除率计算：

$$P_r = [1-(U_{HCL}-v_{HCL})/(V_{HCL}-v_{HCL})] \times 100\%$$

其中，P_r为漂洗液去除率，用于表征洗衣机去除洗涤剂的能力；U_{HCL}为滴定残留漂洗溶液的盐酸用量的平均值，单位为毫升；v_{HCL}为滴定实验用水的盐酸用量的平均值，单位为毫升；V_{HCL}为滴定主洗涤溶液的盐酸用量的平均值，单位为毫升。

洗涤剂残留量计算：

$$Q=nH(1-P_r)/(\rho V_c)$$

Q 为每千克干燥实验负载的洗涤剂残留量，单位为克每千克；n 为洗涤时，洗涤剂总添加量，单位为克；H 为含水量，即 $H=$（湿负载质量—干负载质量）$\times 100\%/$ 干负载质量；ρ 为残留漂洗溶液浓度，通常取 $\rho=1.0kg/L$；V_c 为主洗涤水量，单位为升。

（2）去污能力测定

将 JB-00 系列标准白布裁成 6 块 12cm×6cm 的待测布料。将 6 块待测布料叠在一起，用荧光白度计在 457nm 下逐一测量每块布的蓝光白度值。为降低误差，每块布以中线划分，测量白布正反两面、中线两侧的蓝光白度值再取平均，作为该布的蓝光白度值，记作 R_o。

将待测布料依次缝在上衣的袖口、前襟、后襟处，裤子的大腿处。穿着缝好待测布料的衣服 5 天后，取下待测布料（污布），测量蓝光白度值，记作 R_s。

将污布缝回对应位置，放入洗衣机洗涤，洗涤后晾晒 15h，测量蓝光白度值，记作 R_w。

去污值（R）计算：$R=R_w-R_s$。

洗净率（D）计算：$D=(R_w-R_s)/(R_o-R_s)\times 100\%$。

（3）荧光增白情况测定

在测量 R_o 时测量初始荧光白度值，在测量 R_w 时测量洗涤后的荧光白度值。

五、研究结果

（1）洗衣液残留情况

参考洗衣液包装上的建议使用量，使用波轮式洗衣机和滚筒式洗衣机、威士露洗衣液和蓝月亮洗衣液洗衣服后，洗衣液残留结果见表1，洗衣液残留量均较少。

表1 洗衣液残留结果

	波轮式洗衣机洗涤纯棉衣物	滚筒式洗衣机洗涤纯棉衣物	波轮洗衣机洗涤加绒衣物	滚筒洗衣机洗涤加绒衣物
洗衣液品牌	威士露	威士露	蓝月亮	蓝月亮
洗衣液质量（g）	10	10	14	15
衣物件数	10	4	5	4
建议使用量	2~3kg衣服，约30g洗衣液	2~3kg衣服，约15g洗衣液	4~6件衣服，20g洗衣液	8~10件衣服，30g洗衣液
衣物质量（kg）	1	1	1	1.5
洗衣液残留量（g）	0.09	0.04	0.11	0.06

（2）洁净情况

将洗衣液涂抹在衣服较脏的地方，不涂抹污布，等待 5min 后，使用两种洗衣机洗衣，去污能力及荧光增白的测定结果见表2~表5。

观察洗后的衣服，发现脏的地方明显被洗干净。观察数据，发现大多污布在洗后的荧光白度值高于初始荧光白度值，确定洗衣液中含有荧光增白剂；发现虽然使用的洗

表2 滚筒式洗衣机洗纯棉衣物的结果

	袖口污布	大腿污布	前襟污布	后襟污布
R_s	73.22	66.95	72.48	76.64
R_w	76.02	75.50	75.96	77.40
R	2.80	8.55	3.48	0.75
D	51.00%	72.70%	55.90%	36.60%
洗涤后的荧光白度值	78.77	77.71	78.45	78.72
洗涤后的荧光白度值 - 初始荧光白度值	2.05	-3.17	2.04	0.57

衣液较少，但去污能力还算理想；R 越大代表污布越脏，越脏的污布洗净率越高。

表3　滚筒式洗衣机洗加绒外衣的结果

	袖口污布	大腿污布	前襟污布
R_s	76.77	73.51	75.97
R_w	76.90	75.63	75.98
R	0.13	2.12	0.01
D	6.70%	40.80%	0.40%
洗涤后的荧光白度值	78.83	77.77	78.56
洗涤后的荧光白度值－初始荧光白度值	1.37	1.64	1.87

表4　波轮式洗衣机洗纯棉衣物的结果

	袖口污布	大腿污布	前襟污布	后襟污布
R_s	75.61	70.42	76.81	75.84
R_w	76.92	75.51	77.29	77.4
R	1.31	5.09	0.48	1.56
D	42.26%	61.40%	25.26%	54.36%
洗涤后的荧光白度值	78.57	77.14	81.01	80.70
洗涤后的荧光白度值－初始荧光白度值	1.00	0.95	3.10	2.63

表5　波轮洗衣机加绒衣物洗涤效果

	袖口污布	大腿污布	前襟污布
R_s	58.44	70.25	63.28
R_w	73.80	76.12	75.34
R	15.36	5.87	12.06
D	75.77 %	69.38%	78.16%
洗涤后的荧光白度值	74.00	77.87	76.90
洗涤后的荧光白度值－初始荧光白度值	−0.21	1.07	−2.20

（3）耗水量情况

我们使用的波轮式洗衣机有 3 个水位挡，其中 1 挡可洗 3~4 件衣服，耗水量固定为 39L；2 挡可洗 5~8 件衣服，耗水量固定为 48L；3 挡可洗 9~11 件衣服，耗水量固定为 57L。滚筒式洗衣机耗水量和洗衣量相关，洗 8 件衣服耗水量为 37L，洗 10 件衣服耗水量为 50L。

从数据中可以看出波轮式洗衣机 1 挡的耗水量和滚筒式洗衣机洗 8 件衣服的耗水量差不多，但洗衣量不如滚筒式洗衣机。因此波轮式洗衣机相较滚筒式洗衣机，在洗相同量衣服时更为耗水。

六、研究结论

使用建议洗衣液量洗衣服，洗衣后洗衣液残留较少；将洗衣液涂在污处，等待 5min 再洗，可以有效去污；较少量的洗衣液也有理想的去污能力；洗衣液含有荧光增白剂；洗相同量的衣服时滚筒式洗衣机更省水。

七、后续研究

本研究是定性研究，后续会购买标准污布，对去污能力进行更科学且严谨的定量研究。

关于生态驾驶对机动车排放影响的机理研究

北京市育英学校 / 马承一 / 指导老师：徐娟 孙庆

分类：行为与社会科学

一、引　言

我是一名小车迷，也是一名热衷于环保的志愿者。尽管汽车给我们的生活带来了诸多便利，但我们绝不能忽视汽车尾气排放给环境带来的伤害。根据公开数据，机动车尾气已经成为影响北京市空气质量的主要因素，对空气中气态污染物的贡献率占到了惊人的 50%。而哪些因素会影响机动车尾气的排放？又该如何减少尾气排放？我决定以此开展探究，通过查阅相关文献、推理分析、实验验证等方法得到答案。

二、影响机动车尾气排放的因素分析

在分析影响机动车尾气排放的因素时，我使用搜索引擎查找资料。我发现网上大多数文章要么从发动机结构、电喷系统运作状态、混合气浓度、尾气处理装置等微观层面进行分析；要么从城市规划、路网结构、交通组织、管理策略等宏观层面进行分析。而我决定从便于小学生理解的层面进行分析，即聚焦每一次驾车出行。图 1 是我梳理的驾驶过程中影响机动车尾气排放的因素。

在具体的驾驶过程中，车辆、道路和环境因素是相对固定的。相比之下，人的因素——特别是驾驶者的驾驶操作行为，是易变且可调整的。因此，将人作为探究减少机动车尾气排放的主要因素。那么，如何通过调整驾驶者的驾驶操作行为来减少尾气排放呢？"生态驾驶"一词闯入了我的视线，我决定对它展开探究。

三、生态驾驶初探

生态驾驶，也被称为节能驾驶或绿色驾驶，是指通过改变驾驶员的驾驶操作和提高驾驶技能，以实现车辆的节能减排。在 20 世纪末，荷兰政府率先提出了这一概念。欧洲有"五大黄金法则"的生态驾驶准则，日本则有"生态驾驶 10 法"，这些准则和建议包括平稳起步、保持稳定的行驶速度、缓慢加速、合理换挡、保持发动机在经济转速下运行，减少急加速和急减速，减少车辆附属部件的使用，及时检查和维护车辆，提前预测交通流并选择最佳行驶路径，以及在长时间怠速时熄火等日常驾驶操作。

为了验证生态驾驶对减少机动车排放的实际效果，我决定进行实验。

四、生态驾驶实验设计

① 为了简化研究并聚焦于生态驾驶对机动车排放的影响，燃油品质、燃烧充分情况等因素忽略不计。因此，我们可以通过测量油耗来间接衡量尾气排放量。即行驶相同

图 1　驾驶过程中影响机动车尾气排放的因素

的公里数，消耗的燃油越多，尾气排放也越多。这样，我们就能更容易地通过测量油耗来评估尾气排放的减少程度。

② 在选择实验路段方面，我们优先考虑城市道路中的平峰期交通场景。这是由于平峰期交通具有代表性，能更好地反映日常驾驶情况。此外，我们选择单向多车道的路段，并排除了快速路，因为车辆在快速路上往往匀速行驶，加减速不频繁，所以无法充分实施生态驾驶；选择有红绿灯的路段，以增加可以实施生态驾驶的场景；排除了早晚高峰时段，以确保实验顺利进行。

③ 在选择实验车辆方面，我选用自家的"大白"汽车，该车具备计算单位里程平均油耗的功能，可以更方便地记录实验数据。我将单位里程设定为50km，作为每次实验的固定里程。因此，在每次实验后，可以直接记录仪表盘上显示的50km的平均油耗作为实验数据。

④ 在实验操作方面，由我的父母担任驾驶员1和驾驶员2。他们将分别进行生态驾驶和激进驾驶。

⑤ 在实验数据处理方面，虽然已有排放因子法、质量平衡法、实验法可以计算机动车尾气排放量，但因此次实验简化了很多影响因素，所以我们使用下面的公式处理实验数据，计算减排率。

$$减排率 = \frac{F_1 - F_0}{F_1} \times 100\%$$

其中，F_0 为生态驾驶油耗，F_1 为激进驾驶油耗。

五、实验结果及分析

实验结果如图2所示。

经过对实验数据的整理，我们得到了驾驶员1和驾驶员2在采取生态驾驶和激进驾驶两种驾驶方式下的百公里平均油耗，见附表。

将附表数据代入上述公式，分别计算驾驶员1和驾驶员2的减排率。

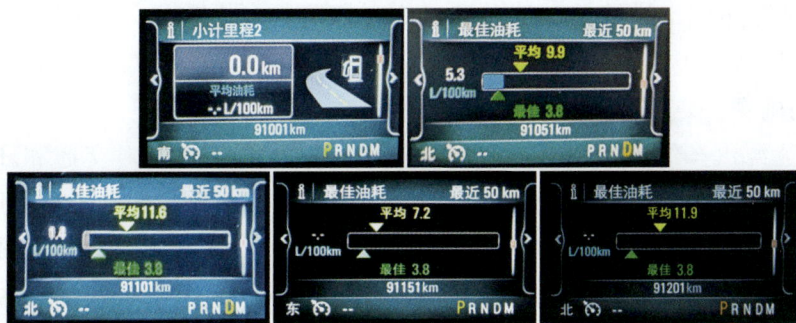

图2 实验结果

附表 生态驾驶与激进驾驶的油耗

	生态驾驶		激进驾驶	
	里程记录（km）	油耗（L/100km）	里程记录（km）	油耗（L/100km）
驾驶员1	91101~91151	7.2	91051~91101	11.6
驾驶员2	91001~91051	9.9	91151~91201	11.9

驾驶员 1：

$$减排率 = \frac{11.6-7.2}{11.6} \times 100\% = 37.9\%$$

驾驶员 2：

$$减排率 = \frac{11.9-9.9}{11.9} \times 100\% = 16.8\%$$

$$平均减排率 = \frac{37.9\%+16.8\%}{2} = 27.35\%$$

数据表明，驾驶员 1 和驾驶员 2 在采用生态驾驶后，相同里程的平均油耗都有不同程度的下降。生态驾驶可使机动车尾气排放量减少。

六、研究结论

本研究发现，驾驶者的操作行为对机动车尾气的排放具有显著影响。在相同的驾驶场景下，采用生态驾驶方式可以降低约 27% 的机动车尾气排放。

七、未来研究方向

① 在未来的研究中，我们可以进一步细分交通场景，如城市道路、高速公路、拥堵路段等，以增加实验次数和样本数量，提高数据的精确度。

② 将新能源汽车纳入研究范围，探讨生态驾驶对新能源汽车能源消耗的影响。

③ 注意到目前导航地图已具备红绿灯倒计时读秒功能，我们认为这将对促进生态驾驶产生积极作用。因此，可以在此基础上进一步研究在交通诱导条件下生态驾驶的影响。

八、收获与成长

本研究始于我的好奇心，我希望探索一种简便可行的方法来减少交通尾气污染。在研究过程中，我阅读了大量文献，期间遇到了很多困难和挑战。有些文献观点复杂，难以理解；有些文章深奥难懂，我一度感到困惑。但父母一直鼓励我坚持下去，告诉我随着时间的推移，我自然会有所领悟。经过一段时间的阅读和思考，我开始能够归纳总结各种观点。

在分析了各种因素后，我决定将研究聚焦于驾驶行为上。我选择生态驾驶作为研究方向。在实验过程中，我适时提醒父母按照对应的方式进行驾驶；严格监控每段测试的公里数，确保数据准确无误。

在此，我要衷心感谢我的父母，他们始终无条件地支持和鼓励我进行探索和研究；感谢我的科学老师，他即使繁忙不休也会抽出时间指导我。

通过这次研究，我不仅学会了如何针对现实问题，通过查阅文献、推理分析、实验等途径寻找答案，还学会了论文的基本写作方法，并了解了实验设计、数据分析等相关内容。

这次研究使我对交通和环保方面的知识有了更深入的学习和了解。我深知生态驾驶对于减少尾气污染和优化城市交通的重要性。因此，我将积极宣传生态驾驶的作用，呼吁在优化城市交通管理政策、完善驾驶者考试培训等方面推广生态驾驶，为首都天更蓝贡献自己的力量。

中学组科技创新成果

涵道无人机仿鱼鳃鳃盖侧窗调节器的设计与实现

北京师范大学附属中学 / 刘子豪 / 指导老师：张霄 张亚 尚章华

分类：工程学

一、研究背景

截止到 2022 年 6 月底，我国城市综合管廊总长已达 5902 公里。其中，电力隧道内部空间狭小，人工巡检面临诸多困难，采用无人巡检是大势所趋。

目前，无人巡检主要有小车巡检、轨道机器人巡检[1]、在线检测系统和无人机巡检 4 种方案。小车巡检续航能力强，但难以应对地面障碍（如腐蚀性水坑）和竖井。轨道机器人效率高，但需要铺设轨道，工程造价高。在线检测系统可实时监控视频和其他数据，但难以大范围应用[2]。相比之下，无人机巡检具有机动性强、成本低等特点，应用潜力巨大。

二、无人机发展现状

1. 四旋翼无人机

四旋翼无人机是目前广泛应用的无人机构型，其结构简单，依靠不同螺旋桨转速控制无人机飞行。

2015 年，美国宾夕法尼亚大学 GRASP 实验室以 AscTec Pelican 四旋翼无人机为基础开发了大坝压力管道检查系统[3]。

2017 年，加拿大的 Ahmed 等人利用 TILT Ranger 四旋翼无人机对洞穴进行了 3D 建模研究[4]。该无人机具有车轮结构，能够进行陆空两栖活动，应用于隧道、岩洞中的扫描。

2018 年，瑞士的 Flyability 公司针对封闭狭窄空间研制了一款小型四旋翼无人机 ELIOS2。它具有碳纤维保护网，搭载了 7 组激光定位传感器，已经具备无 GPS 自主飞行的能力。

2. 涵道无人机

涵道无人机以涵道风扇为主要飞行动力源，结构紧凑，推进效率高，噪声低，适合在狭小空间使用。

霍尼韦尔公司为美国陆军设计的无人机 T-Hawk[5]，其摄影系统能存储 10min 的视频资料，主要用于通信不畅与无法回传图像的地区的监控。

比利时创业团队开发的无人机 Fleye，装有 Linux 系统，支持计算机视觉库 OpenCV，能实现自动避障。

瑞士 ASIOFLYBOTIX 公司设计的无人机 ASIO，体积小，飞行时长可达 24min，适用于地下隧道、桥梁的巡检。

2021 年，美国 Cleo Robotics 公司推出的 Dronut X1，采用矢量推进技术，专用于室内等狭小空间的飞行，且不依赖 GPS 信号。

三、仿鱼鳃盖设计构想

1. 鳃盖流场压力分析

鳃盖的结构如图 1 所示。鳃盖周围水

流示意如图 2 所示。

鳃盖在水中受水压的影响。当鱼呼吸时，鳃盖内侧水流流速高，而鳃盖外侧水流流速低，进而在鳃盖上产生一个垂直于鳃盖的压力[6]，如图 3 所示。可知，控制鳃盖的开合及鳃盖内侧水流的流速，即可控制鳃盖受到的压力，而该力基本垂直于鱼身前进方向。

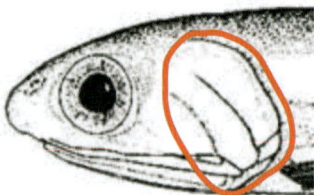

图 1　鳃　盖

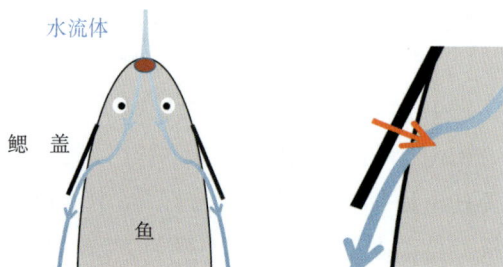

图 2　鳃盖周围水流示意　　图 3　鳃盖压力分析

2. 侧窗调节器的构想

涵道无人机的涵道内部为高速气流，而外部为低速气流。若在涵道外壳与重心同平面的位置设置模仿鳃盖的侧窗结构，如图 4 所示，则会产生作用于重心的横向力，进而操控无人机水平运动。

打开侧窗时，涵道内外部流速差产生的压力差驱使外部气体进入涵道，而流入的气体由于康达效应，会贴附侧窗表面流动，进而在侧窗上

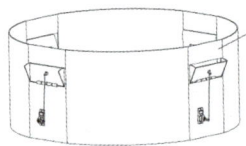

图 4　涵道上设置侧窗

产生升力，如图 5 所示。又由于侧窗与重心同平面，升力会驱动无人机水平运动。

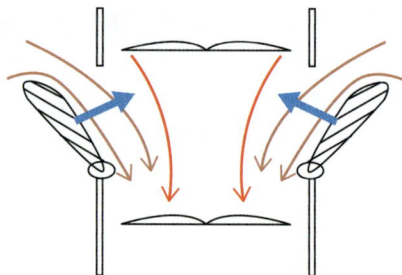

图 5　侧窗原理

四、设计与制作

1. 整体设计

确定整体结构方案后，使用 3D 建模软件建模，最终制作成品。无人机侧壁采用 0.5mm 厚碳纤维板，主体涵道采用正八边形设计，如图 6 所示。侧窗调节器由舵机、舵机支架、连杆、侧窗、铰链等构成，多为 3D 打印制作。侧窗由舵机通过连杆控制开合角度。

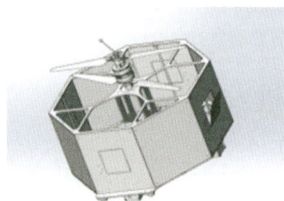

图 6　整机 3D 建模

2. 侧窗设计与制作

侧窗本质上类似于机翼，依靠压力差产生升力，而不同的弧度会产生不同的效果。于是，笔者在原始平板侧窗的基础上设计了 5 种弧高的侧窗，如图 7 所示，其中侧窗 1 弧高 5mm，弧顶位于中垂线，3D 打印后实测质量为 28.595g；侧窗 2 弧

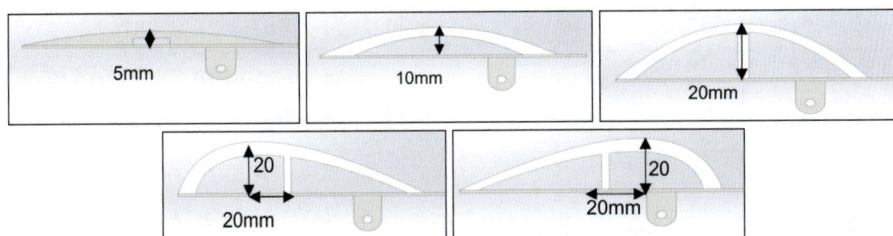

图 7 不同弧高的侧窗

高 10mm，弧顶位于中垂线，3D 打印后实测质量为 30.764g；侧窗 3 弧高 20mm，弧顶位于中垂线，3D 打印后实测质量为 27.787g；侧窗 4 弧高 20mm，弧顶位于中垂线偏前 20mm 处，3D 打印后实测质量为 37.949g；侧窗 5 弧高 20mm，弧顶位于中垂线偏后 20mm 处，3D 打印后实测质量为 39.086g。

五、风洞实验

1. 实验目的

测量不同弧度的侧窗产生的升力及线性区间。

2. 实验器材

风洞实验所需器材如下。

① 侧窗调节器：由侧窗、舵机及连杆组成。其中，侧窗为碳纤维材质，厚 0.5mm。

② 涵道：由 3mm 厚的亚克力板组装而成，尺寸为 250mm × 200mm × 200mm，质量约 300g。顶面中间挖空，以便安装侧窗调节器。

③ 稳压电源。

④ 舵机控制器：通过舵机控制侧窗开合角度。

⑤ 风速仪：用于风速检测。

⑥ 高精度电子天平：精度 0.001g，量程 500g。

⑦ 轴流风机：直径 220mm，最高风速 10m/s，侧窗所在位置风速约为 6m/s。

3. 实验平台

实验平台如图 8 所示，由轴流风机、高精度电子天平、侧窗调节器与涵道组成。轴流风机的出风口紧贴涵道入口，侧窗调节器安装在涵道顶面，涵道放置在高精度电子天平上。舵机控制器由稳压电源供电，输出指定脉宽的 PWM 波，精准控制侧窗开合角度。风速计用来测量实时风速。

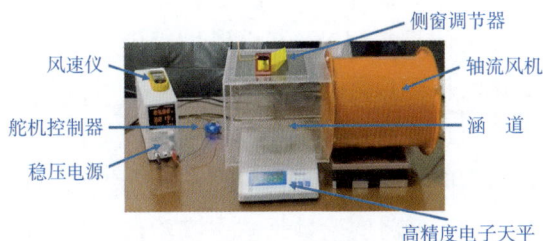

图 8 风洞实验平台

4. 实验过程

（1）准 备

将侧窗安装到涵道上，并把涵道放在高精度电子天平上，连接舵机控制器。由于连杆机构的关系，舵机控制器的脉宽与侧窗开合角度呈非线性关系。为此，测量高电平脉宽对应的侧窗开合角度，见附表，之后的实验都以开合角度为变量。

附表　脉宽与侧窗开合角度对照

脉宽（μs）	开合角度（°）
950	41
1050	36
1150	33
1250	26
1350	20
1450	14
1550	9
1650	2
1750	0

（2）实　验

调整好侧窗开合角度后，将涵道置于高精度电子天平上。接着，归零电子天平，开启轴流风机，待电子天平示数稳定后记录；关闭风机，调整侧窗开合角度，重新归零电子天平，再次测量。每个角度测量 3 次，取平均值。更换不同弧度的侧窗，重复实验并记录数据。轴流风机的平均风速为 6.1m/s。

然后，将平板侧窗实验作为空白对照组。关闭平板侧窗，开启风机后仍可见压力变化，认定这是当前系统误差——可能是出风涡流或涵道结构不平整造成的。考虑到误差会实时变化，每组实验前后进行空白对照组实验，并将实验数据减去实验前后测定的误差平均值，得到最终的结果。

（3）误差分析

轴流风机产生的涡流会在涵道内形成涡升力，涵道口与轴流风机配合不当会造成小部分空气未进入涵道，实验过程中涵道在风力、重力等作用下振动，都会造成电子天平测量数据误差。

5. 实验结果

侧窗 1：5mm 弧高侧窗产生的最大水

平推力为 2.3gf[1]，线性区间为 0°~9°。

侧窗 2：10mm 弧高侧窗产生的最大水平推力为 1.9gf，线性区间为 0°~20°。

侧窗 3：20mm 弧高侧窗产生的最大水平推力为 5.8gf，线性区间为 0°~26°。

侧窗 4：20mm 弧高顶点前移侧窗产生的最大水平推力为 3.5gf，线性区间为 0°~26°。

侧窗 5：20mm 弧高顶点后移侧窗产生的最大水平推力为 2.7gf，线性区间为 0°~20°。

平板侧窗的最大水平推力为 2.5gf，线性区间为 0°~20°。

经过多组实验，记录 6 种侧窗在不同开合角度下的受力数据，如图 9 所示。整合分析发现，20mm 弧高侧窗产生的最大水平推力最大，且线性区间最大，线性拟合度高，如图 10 所示。

6. 分析与讨论

（1）流体仿真分析

用 Fluent 软件对侧窗 3（20mm 弧高）进行流体分析，如图 11、图 12 所示。侧窗上表面气流由于康达效应，贴附在上表面流动，形成局部低压区，进而产生了指向涵道内部的推力。

（2）不同阶段的受力情况

闭合阶段：如图 13 所示，侧窗关闭，涵道内侧窗弧形表面形成文丘里通道，气流流经此区域时截面积变小，流速升高，在侧窗内部形成局部低压。由此，侧窗受力方向指向涵道内部，推力最大。

线性阶段：如图 14 所示，侧窗开启较

---

1)　1gf=9.8067 × 10⁻³N

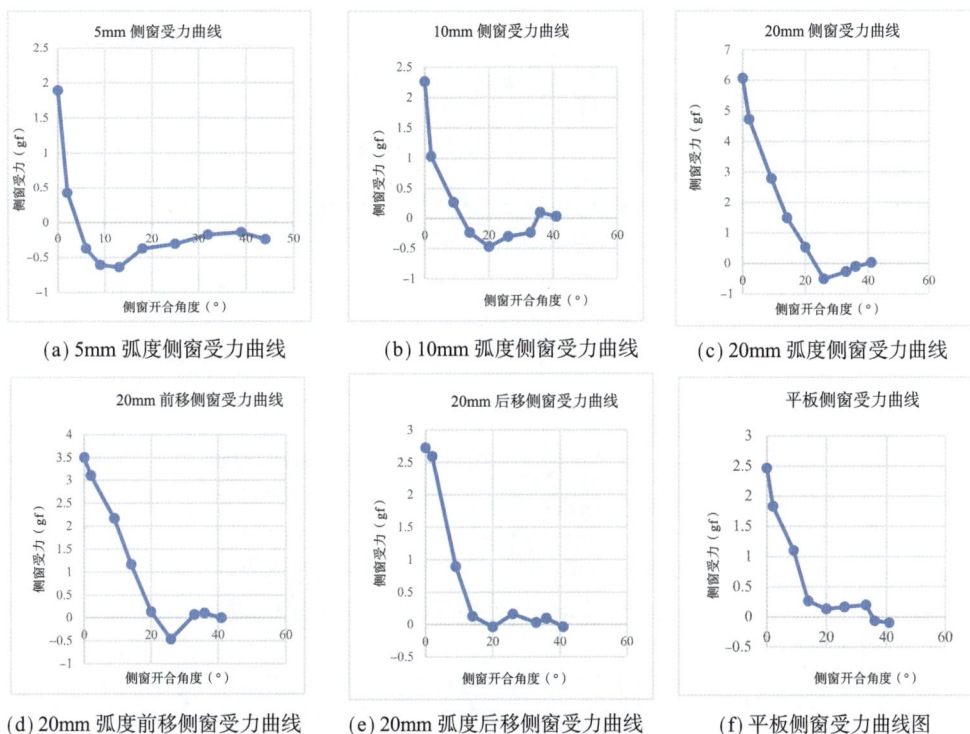

(a) 5mm 弧度侧窗受力曲线　　(b) 10mm 弧度侧窗受力曲线　　(c) 20mm 弧度侧窗受力曲线

(d) 20mm 弧度前移侧窗受力曲线　(e) 20mm 弧度后移侧窗受力曲线　(f) 平板侧窗受力曲线图

图 9　不同弧度侧窗角度变化产生的压力实验结果

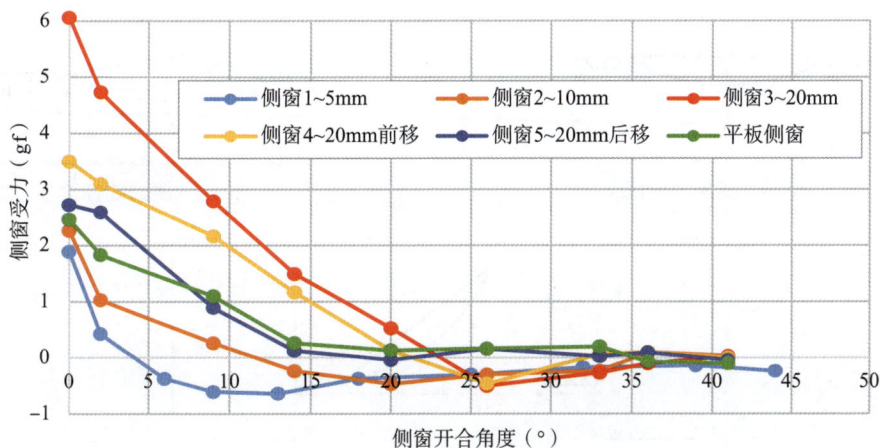

图 10　5 种侧窗的受力数据对比

小角度,内部低压区吸引外部气流进入涵道,气流在康达效应作用下沿侧窗流动。随着内部气流量增大,流速降低,推力逐渐减小。在线性范围内,随着侧窗开合角度的增大,附壁气流接触点不断后移,气体流速不断降低,推力不断减小。

稳定阶段:如图 15 所示,侧窗打开较大角度,气流不再附壁流动,康达效应几乎不影响气流,侧窗表面不再有气流,因此不会产生侧向推力。

图 11　侧窗在流场中的气流迹线

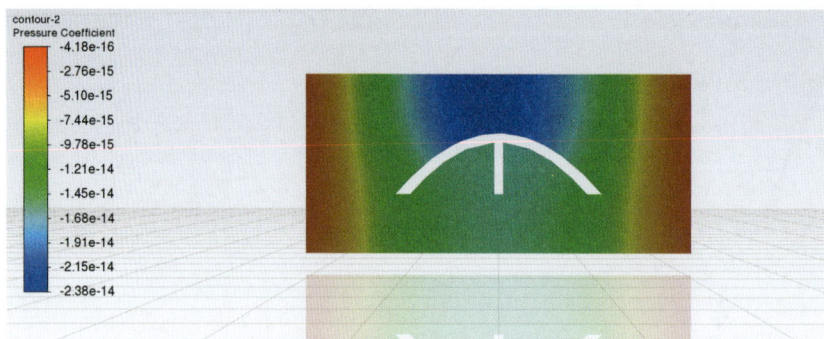

图 12　侧窗在流场中的受压

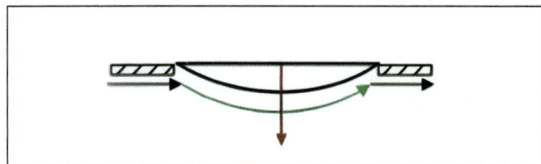

图 13　侧窗闭合段

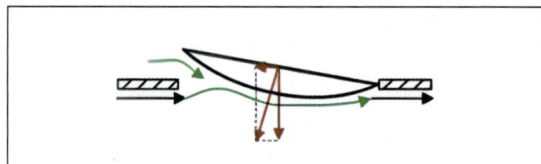

图 14　侧窗线性段

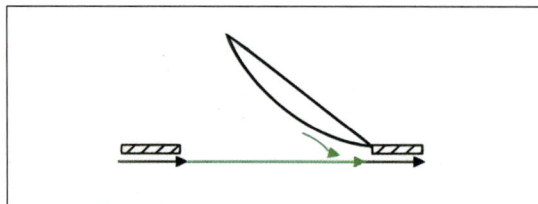

图 15　侧窗稳定段

综上所述，在一定区间内，侧窗受力会随着开合角度增大而线性减小，可以作为无人机控制力。

（3）可行性分析

在侧窗受力实验中，侧窗处风速为6m/s，受力约为6.06gf，而实际无人机螺旋桨产生气流的流速约为20m/s。根据空气动力学，受力与速度的平方成正比，整体实际受力参数应乘以系数11.11，推算出侧窗在无人机上产生的侧向推力约为67.33gf。对于3kg无人机，可以产生0.22m/s²的加速度。

六、飞行实验

1.涵道无人机构型

实验平台为北京航空航天大学自动化学院团队研发的涵道无人机。

涵道无人机整机为对称结构，两个螺旋桨反向旋转，4个导流舵位于无人机对称面。重心位于结构几何中心的 z 轴上。

（1）电　源

单次续航时间为 10min。电源采用两块 2600mA·h 格氏 6S LiPo 锂电池并联。涵道无人机的动力系统工作电压为 22.4V，由锂电池直接供电，其余子系统（执行器系统、GNC 系统和数据传输系统）所需的 5V 恒压电源由好盈 5V/20A 稳压器提供。

（2）起飞质量

涵道无人机主要结构材料为不同厚度的碳纤维板和碳纤维管，空载质量约为 2kg，起飞质量约为 3.5kg。

（3）螺旋桨

螺旋桨采用共轴反桨设计，两桨扭矩自动抵消。螺旋桨选用 T-MOTOR 公司的 MF1604 型。电机选用 MN501S，改装成中心轴反向连接的共轴电机。同时，电机控制器选用 T-MOTOR 公司的 FLAME60A 型。

（4）导流舵

导流舵位于涵道底部，由舵机操控。舵机选用银燕 ES08MDII 型。

（5）操纵器

操纵器选用北京航空航天大学自动化学院团队研发的自驾仪。

2.实验过程

（1）实验准备

如图 16 所示，将仿鱼鳃侧窗调节器安装在涵道无人机上，连接舵机数据接口，用

图 16　安装仿鱼鳃侧窗调节器

布基胶带密封侧边。

（2）实验过程

稳定性实验：涵道无人机起飞后，通过导流舵控制机身姿态稳定和位置稳定，实现定点悬停。10s 后启用侧窗控制程序进行位置稳定控制，导流舵仅用来保持姿态稳定，依靠侧窗产生的推力实现定点悬停。记录飞行姿态数据。

侧窗受力实验：驱动无人机起飞、悬停，导流舵仅用来保持无人机垂直。此时，将 $y+$ 轴侧窗开到最大角度 26°，记录俯仰/滚转角度、y 轴速度及加速度。

3.实验结果

稳定性实验：飞行数据结果显示，前 10s 的导流舵控制阶段，俯仰/滚转角度在 –3°~6° 波动；而 10s 后，侧窗控制程序启动，俯仰/滚转在 –1°~2° 波动。两者的水平偏移量相似，无人机偏离悬停定点的水平距离均在 5cm 之内，如图 17 所示。

侧窗受力实验：$y+$ 轴侧窗开启到最大角度 26°，无人机的 y 轴加速度随之升高，达到约 $0.3m/s^2$，且随着侧窗开合角度变化而变化，如图 18 所示。这说明侧窗开启能独立提供横向加速度。

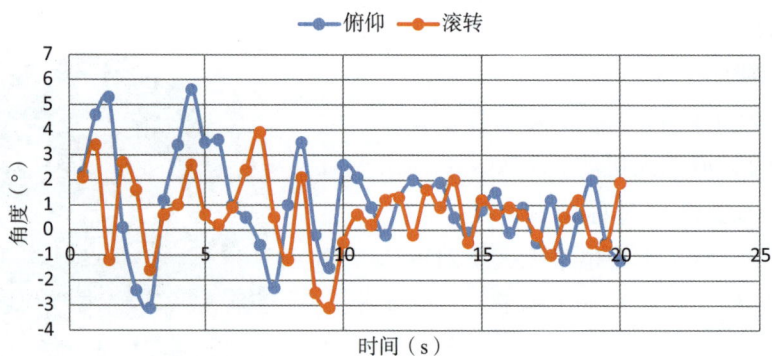

图 17　俯仰 / 滚转姿态

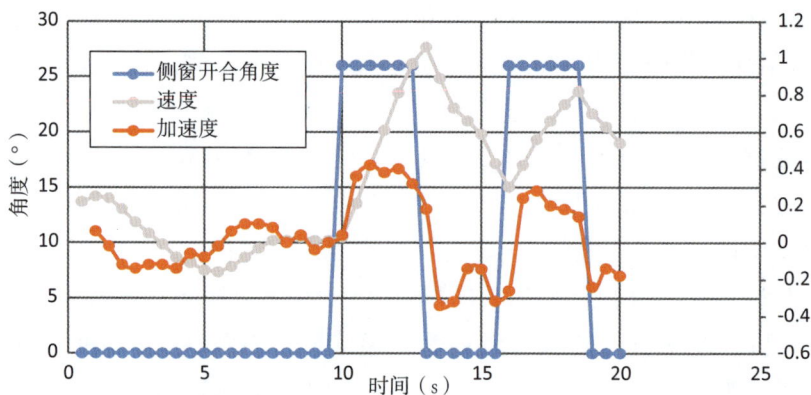

图 18　侧窗开合角度与加速度的关系

参考文献

[1] 吴炳晖，庞哲. 电力隧道环境中的智能巡检机器人发展现状 [J]. 工业控制计算机，2021，34(07):20-22.

[2] 刘凯. 大连地区电缆隧道在线检测系统的设计与实现 [D]. 大连：大连理工大学，2016.

[3] ÖZASLAN T, SHEN S, MULGAONKAR Y, et al.Inspection of penstocks and featureless tunnel-like environments using micro UAVs[C]. Field and Service Robotics. Springer, Cham, 2015:123-136.

[4] AHMED S N, GAGNON J D, MAKHDOOM M N, et al. New methods and equipment for three-dimensional laser scanning,mapping and profiling underground mine cavities[C]. UMT 2017:Proceedings of the First International Conference on Underground Mining Technology. Australian Centre for Geomechanics, 2017:467-473.

[5] PRIOR S D, SHEN S T, Karamanoglu M, et al. The future of battlefield micro air vehicle systems[C] International Conference on Manufacturing and Engineering Systems. Proceedings. International Conference on Manufacturing and Engineering Systems, 2009:374-379.

[6] 李芳. 仿鲨鱼鳃呼吸过程的流场控制及减阻性能研究 [D]. 哈尔滨：哈尔滨工程大学, 2016.

基于单片机控制智能试管清洗机的研究

北京市西城外国语学校 / 陆嘉楠 郭思源 田皓宇 / 指导老师：潘之浩 窦洛海

分类：工程学

一、研究背景

化学实验在中学化学教学中占据着举足轻重的地位，它不仅符合中学的培养目标，更是化学教学大纲的核心环节。化学实验不仅为教师提供了一种有效的教学方法，同时也为学生提供了一种形象、直观的学习化学的手段。然而，化学实验过程中，经常需要使用各种化学试剂，试管作为最常用的反应容器，其清洗、护养是教师面临的一大难题。

目前现有的洗涤试管的步骤是先用试管刷蘸洗涤剂刷洗，再用水冲洗，最后用蒸馏水清洗。若试管内部的蒸馏水既不聚成水滴，也不成股流下，即清理干净。对于洗涤剂的选取，试管中如是水溶性残留物可用清水直接洗涤；如是碱性物质，则需要选取用稀盐酸或稀硫酸配置的洗涤剂进行清洗；如是酸性物质，则需要选取用氢氧化钠溶液配置的洗涤剂进行清洗；如残留物难溶于酸或碱但易溶于有机溶剂，则可以尝试用有机溶剂等配置的洗涤剂进行清洗。及时清洗试管有助于选择适当的洗涤剂，因为残留物还未挥发，更容易判断其性质。

在学校，未及时清理试管、进行高温反应实验的试管难清洗、试管清洗不干净、强酸强碱残留物伤害皮肤等情况时常发生。为确保化学实验的准确性和安全性，我们想设计一款智能试管清洗机，使其能自动清洗试管。

二、研究步骤

（1）调查及讨论

小组成员针对问题展开讨论，并制定调查问卷，收集清洗试管时遇到的问题，以及对智能试管清洗机的建议。

（2）制定初步设计方案

归纳调查问卷中的信息，结合小组成员通过自动冲刷式洗碗机和人们应用刷子增强清洗效果的传统得到的灵感，即应用高温洗涤剂和机械摩擦的方式清洗试管，制定初步设计方案。

（3）完善设计方案

咨询指导老师，完善设计方案，绘制图纸，购买材料。设计方案为使用者将待清洗的试管放在左侧的待清洗区，按下启动按钮，抓夹从待清洗区夹取试管移至中间区域，抓夹旋转使试管倾斜（试管口朝上），储水箱加热洗涤剂并通过水管将洗涤剂注入试管，试管刷伸入试管自动清洗试管 3 次后移出，抓夹旋转使试管倾斜（试管口朝下），倒出废水，抓夹旋转使试管倾斜（试管口朝上），注入清水，抓夹旋转使试管倾斜（试管口朝下），倒出废水，抓夹旋转将试管以试管口朝下的角度放入右侧试管存放架。同时，为方便观察水温，增添显示水温的显示屏。

（4）制作智能清洗机

根据设计方案和图纸开始制作智能清洗机。首先制作储水箱，储水箱采用 PVC 材质，容量为 500mL，以满足加入一次清洗剂可清洗 5~6 根试管的需求，如图 1 所示。其次制作待清洗区，待清洗区采用透明亚克力板制作，两端固定有金属弹片，以固定试管用，如图 2 所示。再次制作试管存放架，试管存放架采用透明亚克力板制作，底部设有漏水结构，中部设有带角度的存放架，如图 3 所示。然后制作试管刷伸缩装置，如图 4 所示。最后制作抓夹部分，抓夹要能夹住且不会夹碎试管，我们使用电磁铁吸合的方式制作抓夹，如图 5 所示。

（5）编写程序

根据功能选择单片机并编写程序。单片机选用 ATMEL 公司生产的 AT89c52，其采用了 MC51 单片机指令集。电路包括时钟电路、复位电路、传感器电路、开关电路。为了和上位机进行串行通信实现远程控制，时钟电路采用 11.0592M 晶振，并将两个 22pF 的独石电容分别接到单片机振荡脉冲输入接口 XTAL1 和 XTAL2。程序主要包含主程序、传感器扫描程序、中断程序、中断处理程序和延时程序。其中，传感器扫描程序用于检测抓夹夹取试管的位置等。编写好程序后，连接电路，并将电路放置于白色的木盒中，如图 6 所示。

三、研究中遇到的问题与解决方式

① 传感器在单片机上电时存在误动作的情况，我们通过两种方式解决这个问题，一个是在电路中增加 0.15μF 的滤波电容，稳定信号；另一个是通过程序反复测量和对比数据输出稳定的信号。

② 抓夹出现偶发性故障，例如抓取洗净的试管放于置物架时，抓夹不松手。我们通过使用电磁铁控制抓夹的方式解决这个问题。通过反复实验，确定合适的电磁线圈匝数，不仅可以保障抓夹稳定工作，还可以优化取放的响应速度。

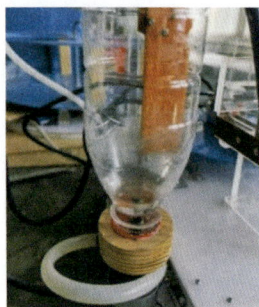

图 1　储水箱

图 2　待清洗区

图 3　试管存放架

图 4　试管刷伸缩装置

图 5　抓　夹

图 6　存放电路

四、总　结

当前，智能试管清洗机已具备清洗单根试管和不同粗细试管的能力。但是，放入试管和取出试管仍需人工操作，无法实现批量清洗多个试管。因此，仍需进一步研究以发掘其潜力。

对于改良方案，我们计划借鉴弹夹结构来优化待清洗区，使其可以同时存放5~10根试管，并在抓夹夹取1根试管后，自动弹出下一根试管，直至弹出所有试管；采用分体式自动输送盒实现试管洗净、晾干后自动依次放入存放盒的功能。

通过完成本研究，我们不仅对物理、通用技术、计算机、数学、化学等学科的知识有了更深入的理解，还知道了如何将知识应用于实践。我们将继续深入研究，努力学习，制作出更完善、实用且可靠的作品，使我们的生活更便捷。

基于脑电信号控制的智能意念机械臂

北京市第十三中学 / 李亚霖 郭怡嘉 / 指导老师：马萍萍 李蔚
分类：工程学

一、研究背景

在了解肌萎缩侧索硬化症患者张定宇的坚韧意志和爱国情怀后，我们深感震撼。因此，我们进一步查找了关于肌萎缩侧索硬化症的资料，想要更深入地了解这种疾病。肌萎缩侧索硬化症，也叫运动神经元病，俗称渐冻症，是一种罕见的神经系统疾病。虽然其确切病因尚不清楚，但患者通常会出现肌肉无力、肉跳、容易疲劳等症状。随着病情的恶化，肌萎缩侧索硬化症患者可能会面临语言和行动上的障碍，导致日常生活的不便。于是我们产生了制作一种工具帮助肌萎缩侧索硬化症患者表达简单意思的想法。我们觉得手势可以表达多种意思，所以就想制作一个智能意念机械臂。

我们在调研了市面上的机械臂后发现，大多机械臂是患者通过手臂肌肉抽动控制的，还有的机械臂是探测人体神经元发出的信号再执行相应动作的。然而这些机械臂价格高、难控制，并且都是侵入式的。结合肌萎缩侧索硬化症患者的特征，我们想制作一款基于脑电信号控制的非侵入式智能意念机械臂。

二、研究方法

① 查找文献法：通过查找资料了解脑电信号控制相关的原理、脑电图相关的技术、脑电图产品的使用方法等。

② 调查法：通过问卷调查丧失语言和行动能力后，人们最想表达或完成的动作是什么及人们对智能意念机械臂的建议等。

③ 实验法：依据研究方案的需要，对不同的硬件、程序、技术进行比较筛选，记录并分析实验数据，最终以实际数据作为候选方案的主要考量依据。

三、研究方案

根据调查问卷归纳所要实现的功能

为使用者可以通过意念控制机械臂表达"是""否"。设计需要考虑简化控制方式、降低机械臂成本、减轻机械臂质量。

根据考虑机械臂的设计需求，我们进行产品性能对比和多平台比价，最终决定使用以下主要硬件。

① MindWave 脑电波耳机。其体积小巧，性能可满足需要，可作为脑电信号的采集器。

② Arduino 控制板及其扩展板。Arduino 控制板设计简洁、轻便、具有多个接口，可实现多种功能。Arduino 扩展板可拓展使用 Arduino 控制板的引脚。

③ DS31135MG 数字金属舵机。其可以带动手指和手腕部分活动。

确定好后，进行系统设计。

首先进行脑电信号采集部分的设计。大脑中的神经元会进行自发、节律、综合的电活动，这些活动与意识存在一定的关联。通过获取和分析这些信号，可以实现更多的应用扩展。本研究使用图 1 所示的脑电波耳机进行信号采集，使用时需要将参考电极的电势设置为 0，脑电波耳机中的传感器就可以获取脑电信号了。采集到的信号会以脑电图的形式呈现。我们通过佩戴脑电波耳机采集到图 2 所示的信息。图 2 的上半部分是原始脑电信号，包括 δ 脑波、θ 脑波、低 α 脑波、高 α 脑波、低 β 脑波、高 β 脑波、γ 脑波等；下半部分是用原始脑电信号通过 eSense 算法计算的"专注度"指数和"放松度"指数。其中，专注度指数表示使用者的"精神集中度"或"精神专注度"水平，取值范围为 0 到 100，使用者通过盯住物体或集中思考问题等方式来控制专注度指数，如心烦意乱、精神恍惚、注意力不集中、焦虑等会降低

专注度指数；放松度指数表示使用者的"精神平静度"或"精神放松度"水平，取值范围也是 0 到 100，使用者闭上眼睛可提高放松度指数，如焦虑、激动、感官被刺激等会降低放松度指数。在脑电信号采集部分，需要使用者控制自己的情绪和意念，配合脑电波耳机采集对应的信号，为后续达成用意念控制机械臂提供数据基础。

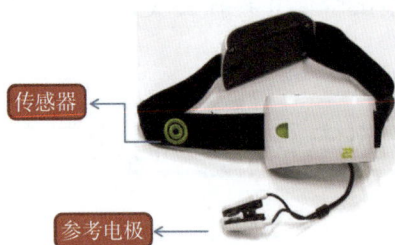

图 1　脑电波耳机

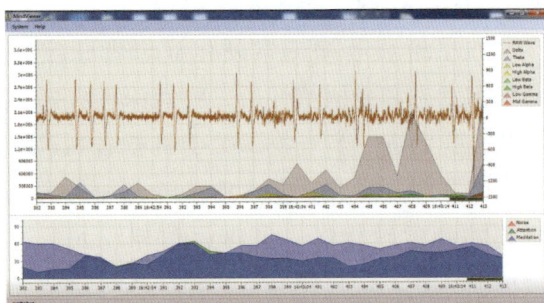

图 2　脑电图

然后进行输出部分的设计。脑电信号通过蓝牙传输至 Arduino 控制板，Arduino 控制板控制舵机旋转，从而使机械臂完成相应指令。控制舵机旋转的程序如程序 1 所示。

程序 1

```
int action1[SERVO_NUM] = {0,0,0,0,0};
int action2[SERVO_NUM] =
    {120,120,150,120,150};
int action3[SERVO_NUM] =
    {0,120,150,120,120};
```

```
int action4[SERVO_NUM] =
  {120,0,0,120,150};
```

最后进行辅助电路的设计。由于脑电信号非常微弱，同时还夹杂体内和体外的多种噪声干扰，因此为了能更好地使用这些信号，需要先对信号进行放大处理，然后对放大的信号进行滤波，滤波后使用 A/D 转换器将信号转换为可用的控制信号，控制信号通过蓝牙传输至 Arduino 控制板。

系统设计好后，使用 3D 建模软件按照一般成人手臂进行等大设计并使用 3D 打印机打印得到机械臂的各个部件。其中手指部分的每个指节使用尼龙线连接，并用 1 个舵机控制；手腕部分使用 1 个舵机控制。控制手指和手腕的舵机被安装在机械臂内部。组装得到机械臂成品，如图 3 所示。

图 3　机械臂

四、成品测试

首先配置脑电波耳机和 Arduino 控制板间的蓝牙通信，配置好后 Arduino 控制板会通过串口通信向计算机发送调试信息，我们可以在计算机的串口监视界面监测到数据，数据中的 poorQuality 代表噪声，在未正确佩戴脑电波耳机时，其值在 200 左右；在正确佩戴脑电波耳机且脑电波耳机稳定动作时，其值会降到 0；Meditation 代表放松度，经过练习此值可以控制在 50~100；Attention 代表专注度，在专心做某事时，其值可以控制在 50~100。

其次测试 Arduino 控制板是否会根据 Meditation 和 Attention 的值控制舵机旋转相应角度，从而使得机械臂完成相应指令。我们发现在噪声较小的环境下，机械臂根据脑电信号完成相应指令的成功率较高；但 Meditation 和 Attention 的值存在同时降低的情况，此情况会导致机械臂反复切换手势。

最后归纳测试中所遇到的问题，并尝试进行改进。

五、总　结

基于脑电信号控制的智能意念机械臂可实现表达是和否的意思，同时因为使用的舵机可满足抓握小型物体握力需求，通过控制手指向手心弯曲可以实现抓握物体的功能，如图 4 所示。

图 4　抓握毛巾

本项目只完成了基础功能的实现，对于测试中遇到的问题，如 Meditation 和 Attention 的值会同时降低导致手势频繁切换；周围环境噪声和人体内部复杂的信号干扰，导致不易控制机械臂等，都会在未来的研究中逐一改进。

通过完成此项目，我们深感人工智能技术为人们生活带来的巨大影响。我们会不断学习，以便能够更好地应对未来的挑战。

小型道路无避让立体车库

人大附中北京经济技术开发区学校 / 王梓润 / 指导老师：王佳婧 刘娇娜 李稳

分类：工程学

一、研究背景

随着城市化进程加快，城市土地资源日益紧缺，停车场地严重不足，乱停车的情况越来越严重。乱停车不仅会导致道路拥堵、车辆阻塞，还会影响应急车辆的通行，造成人员伤亡和财产损失。因此，如何解决乱停车的情况，提高城市交通的通畅度和安全性，已经成为城市管理的重要任务。

当前，各地正在采用立体停车场以更好利用离地空间解决停车场地不足的问题。然而当前的立体停车场不适用于道路狭窄，一般只能单侧停车的老旧小区。基于此，我想设计一个可建设于小型道路的无避让立体车库，在满足停车需求的同时，做到不影响车辆通行。

二、设计思路

我受摩天轮启发，考虑车辆重心，采用双排旋转臂式结构，应用阻尼器、位置传感器、Arduino 控制板、警示灯等，设计立体车库模型（以下简称"车库"）。车库含6个载车板（车位），载车板下方留有空间可供车辆通行。当需要停车或取车时，警示杆落下，车库旋转，将载车板转至地面，警示杆抬起，待停好或开走车辆后，将载车板转离地面。阻尼器的使用是为了保证载车板始终处于水平，消除风和车库旋转引起的晃动。

设计立体车库模型而不是直接设计产品，是因为模型具有成本低、可快速验证方案可行性的特点，我们可以通过模型测试和演示各种情景，从而完善设计。

三、材料选择

在设计和制作微缩模型时，材料的选择是至关重要的。经过仔细筛选和实验，我最终选择使用 2020 铝型材作为主体机构的材料。2020 铝型材是一种 T 形槽型材，具有强度高、耐腐蚀性好、易于加工等特点。同时，由于其宽度和高度都是 20mm，适用于小型和微型结构的制作。

除此之外，为确保型材的平整度和尺寸的精度，需要选择专业的工具和设备；为确保主体结构的稳定性，需要选择或制作合适的连接件，如角码、脚轮、轴承、不同型号的螺丝等。

四、模型设计与组装

使用 3D 建模软件设计立体车库模型的图纸，如图 1 所示。其中，载车板是根据路面上常见的停车位的尺寸等比例缩小设计的，成品通过 3D 打印得到；支撑结构是根据载车板成品的质量和尺寸设计的，并且因为立体车库模型无法使用地基，所以我设计了一体式"地基"结构，确保整个模型的稳定性。

设计好图纸后，根据图纸切割 2020 铝型材，切割时使用台钳固定铝型材，并采

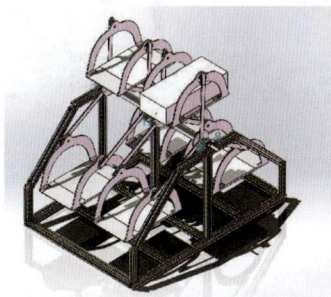

图1　立体车库模型图纸

用斜切锯进行切割。在这个过程需要保持耐心，因为铝型材的尺寸会对立体车库模型的质量和性能产生重要影响。切割好后，使用打磨工具打磨铝型材，以避免划伤其他结构件。

制作立体车库模型，除了要使用3D打印的载车板、用铝型材制作的一体式地基结构，还要使用一些激光切割的结构件。使用激光切割机加工一些简单的结构件，是一种高效的选择。

准备好材料后，进行组装。为确保立体车库模型的稳定性，组装时严格按照图纸进行拼装，并使用专业工具将各个部分拧紧。

五、电路设计

立体车库模型由Arduino控制板控制，使用编码器获取车库的旋转角度，通过舵机带动警示杆抬起和落下及载车板的转动。根据立体车库的功能，编写程序，程序的核心部分如程序1所示，然后将程序导入Arduino控制板，最后根据对应的引脚关系和图纸所设计的位置，连接电路并将电路的各个部分放置在合适的位置。

程序1

```
void loop(){
  if (digitalRead(52)==LOW)
  {
      digitalWrite(49,HIGH);
      delay(2000);
      myservo_1.write(90);
      myservo_2.write(90);
      delay(500);
      s05md.unlock_stall(1);
      delay(1);
      s05md.step_angle(1,60,5);
      delay(3000);
      digitalWrite(49,LOW);
      myservo_1.write(179);
      myservo_2.write(179);
  }
  else if(digitalRead(53)==LOW)
  {
      digitalWrite(49,HIGH);
      delay(2000);
      myservo_1.write(90);
      myservo_2.write(90);
      delay(500);
      s05md.unlock_stall(2);
      delay(1);
      s05md.stop_angle(2,60,5);
      delay(3000);
      digitalWrite(49,LOW);
      myservo_1.write(179);
      myservo_2.write(179);
  }
}
```

六、模型测试

按下停车按钮（见图2），警示杆落下（见图3），车库旋转60°，待旋转完毕，载车板贴于地面（见图4），警示杆抬起。因无车辆模型，所以此处通过手动控制模拟车辆停在载车板后的操作，即再次按下停车按钮，车库旋转60°，使车库下方恢复可以通行的状态（见图5）。

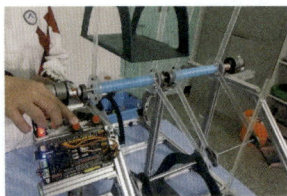

| 图 2　按下停车按钮 | 图 3　警示杆落下 | 图 4　车库旋转 60° | 图 5　恢复通行状态 |

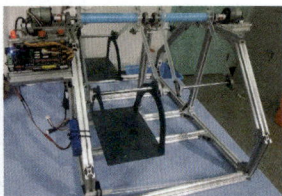

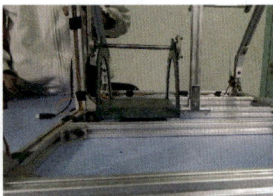

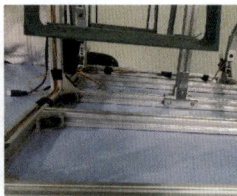

七、总　结

　　我设计的小型道路无避让立体车库拥有以下特点。

　　① 在不影响通行的情况下，提升小型道路空间利用率。

　　② 设计考虑了风和车库旋转带来的晃动，使用阻尼器等解决了这个问题。

　　③ 设计考虑了安全性，在车库旋转时，会有警示杆落下。

　　④ 此设计可以根据小型道路实际情况，灵活增减旋转臂的数量，解决小型道路难停车的问题。

　　后续，我计划为此立体车库添加智能识别车牌、太阳能充电、收集雨水等功能。这些功能不仅能优化停车体验，还能体现环境保护理念。

基于太阳能烧结成型技术建设月球基地的可行性研究

北师大二附中西城实验学校 / 陈心蕾 / 指导老师：胡红信 阚莹莹

分类：物理与天文学

一、研究综述

1. 研究背景

　　建立太空站一直是太空探索的主要方式，但现在各国越来越关注在地外建造永久工作场所，特别是在月球上，以支持科学研究。美国的阿尔忒弥斯计划和中国与俄罗斯的国际月球科研站合作伙伴计划都是这一趋势的体现。

　　月球环境与地球存在显著差异，包括超真空、微重力、强辐射、温差大和陨石碰撞风险等。因此，研究如何在月球上建立永久基地成为一项重要课题，涉及多种建筑技术。然而由于运输原材料的成本较高且建筑材料容易老化，利用月壤原地建设成了主要研究方向。

　　月球表面覆盖着厚度在 3~10m 不等的月壤，但由于运输成本昂贵，地球上的真实月壤有限，因此使用模拟月壤进行建筑材料研究是有必要的，可以实现低成本、低能耗、适应月球环境、现场资源利用率高的目标。这包括制备模拟月壤并进行实验，以找到在月球上建设基地的方式。

2. 研究目的

　　由于地球和月球之间的距离遥远，目前难以实现大规模材料的运输。同时，月球表面的建造需要克服极端恶劣的环境条件。本文的目的是通过研究月壤的工程性能，探究月壤原地加工技术，使用太阳能烧结方法在外太空中烧结月壤以制造建筑构件，借助智能机器人实现智能建造，寻找更便捷、更低成本、更节能的月球建造方式。本研究旨在证明利用太阳能烧结成型技术在月球上进行原材料制备的可行性。

3. 研究方法

（1）技术路线

本项目的研究通过实物考察月壤、查阅网络和图书馆中的相关资料，以及与知名专家学者的交流，结合模拟月壤进行实际方案实验验证。研究方法包括方案讨论、理论计算分析、方案实施及方案完善，最终完成实验工作。

（2）原地夯土模拟实验设备

本研究采用北京首仪兴科实验仪器有限公司生产的 NLD-3 型电动振动台进行原地夯土模拟实验。NLD-3 型电动振动台的振动部分总质量为 4.35±0.15kg，振动部分的落差为 10±0.2mm，振动频率为 1Hz，振动次数为 25 次，圆盘桌面直径为 300±1mm。

（3）混凝土搅拌实验设备

本研究采用北京路达伟业实验仪器有限公司生产的 HJW60 型单卧轴式混凝土搅拌机进行混凝土搅拌。搅拌混凝土的目的是确保混凝土各组分在搅拌机中都产生运动且运动轨迹相互交叉。交叉次数越多，混凝土越混合得均匀。

（4）太阳能烧结模拟月壤设备

本研究采用深圳市美英科技有限公司生产的亚克力材质点聚焦菲涅尔透镜，尺寸为 30cm×40cm，纹距为 0.5mm，厚度为 2mm，透光性为 93%，焦距为 600mm。

（5）测量设备

本研究采用宁波得力工具有限公司生产的电子数显游标卡尺作为测量设备，其量程为 0~300mm，精度为 0.01mm。

二、考察调研

1. 实物考察感受神秘月壤

2020 年 12 月 17 日，嫦娥五号返回舱安全着陆，带回 1731g 的月球样品，实现我国航天史上首次月面采样、带样返回的重大突破。2021 年 2 月 27 日，月球样品 001 号入藏国家博物馆，正式对公众展出，现仍可通过云展播参观。通过查阅文献资料，我了解到月球表面被风化层覆盖，该风化层主要化学成分为二氧化硅[1]，由美国和我国取回的月壤可知，各组分占比见表 1。

2. 走访专家探讨研究路径

目前，月壤被视为极为珍贵的资源，因此其管理制度相当严格。2021 年 10 月 8 日，经专家审议，清华大学土木系获批借用了中国探月与航天工程中心（月球样品管理办公室）的 36.9mg 月球样品，以开展研究。

通过专家的介绍，我了解到月壤的主要矿物成分包括斜长石、辉石、橄榄石、钛铁矿等，并且月壤中还包含大量的玻璃质物质，以及微陨石撞击熔融形成的黏结集块岩。由于月壤珍贵，目前主要采用模拟月壤进行实验[2]，使用这种方法可以进行大量的模拟实验，随后通过与真实月壤的对比，得出真实实验结果，以供实际工程参考。研究人员已经开发了多种模拟月壤[3-8]，这些模拟物模拟了实际月壤的特性，成为地球上的月壤复制品。

表1　月壤组分占比

样品 （以航天器名称代）	组分占比（%）									
	SiO$_2$	FeOT	Al$_2$O$_3$	CaO	MgO	Na$_2$O	K$_2$O	TiO$_2$	P$_2$O$_5$	MnO
嫦娥五号	42.2	22.5	10.8	11.0	6.48	0.26	0.19	5	0.23	0.28
阿波罗11号	42.2	15.3	13.6	11.9	7.8	0.47	0.16	7.8	0.05	0.2
阿波罗12号	46.3	15.1	12.9	10.7	9.3	0.54	0.31	3	0.4	0.22
阿波罗14号	48.1	10.4	17.4	10.7	9.4	0.7	0.55	1.7	0.51	0.14
阿波罗15号	46.8	14.3	14.6	10.8	11.5	0.39	0.21	1.4	0.18	0.19
阿波罗16号	45.0	5.1	27.3	15.7	5.7	0.46	0.17	0.54	0.11	0.3
阿波罗17号	43.2	12.2	17.1	11.8	10.4	0.4	0.13	4.2	0.12	0.17

3. 模拟月壤的调研

通过查阅文献资料，了解到目前制备模拟月壤采用以下方法。

在地球上寻找与月壤类似的岩石，将这些岩石粉碎并添加特定矿物，然后按照一定的比例混合以制备与月壤相似的样品。由于月壤中含有大量玻璃质物质，全岩样品通常选自地球上火山活跃地区的新鲜火山沉积物。此外，也可以通过加热熔融与月壤相似的地球岩石样品，从而形成大量玻璃质成分。

本次实验，我采用了SimulTek（加拿大思泰科公司）的模拟月壤，如图1所示。此模拟物不由单一的陆地岩石组成，而是通过将多种矿物和岩石碎片按照精确的比例组合而成的，可以准确模拟月球的风化层纹理。

此模拟物的粒径分布与典型阿波罗土壤的粒径分布相匹配，是一种高保真的、基于矿物的模拟物，订货号为SC-080A。

模拟月壤与月壤主要性能对比见表2。

表2　模拟月壤与月壤主要性能对比表

	密度 （kg/m^3）	孔隙率 （%）	内聚力 （kPa）	内摩擦角 （°）
月壤	1500~1600	0.96 ± 0.07	0.74~1.1	44~47
模拟月壤	1560	0.99	8.9	46

三、建设方案模拟实验及讨论分析

月球基地的建设对于为科学工作者提供永久工作场所及进一步实现深空探测和外太空开发具有重要意义。目前，有关月球基地建设的研究主要处于概念设计和方案论证阶段。本部分将对几种建设方案进行模拟实验，并进行讨论分析。

1. 基于原位夯土的建设方案

夯土建设是将模板竖立在建筑位置，然后将湿度适当的土壤倒入并压实，以逐层积压的方式进行建设的。一旦模板所用空间被填满且顶部土壤也被压实，可以拆卸模板，并继续建造其他部分的墙体。夯土是一种取材方便、制作工艺简单、具有较高强度

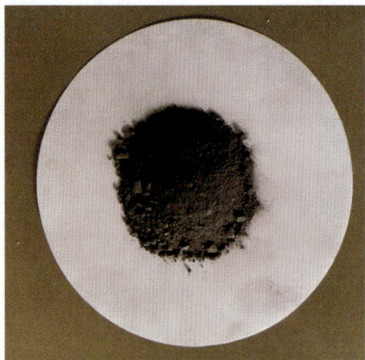

图1　模拟月壤

的建筑材料。在中国历史上，夯土曾广泛用于修建长城。

使用模拟月壤进行模拟实验，将模拟月壤装入模具并在振动台上进行模拟振动夯实。然而，经过多次振动和夯实后，模拟月壤崩塌，无法成形，如图2所示。

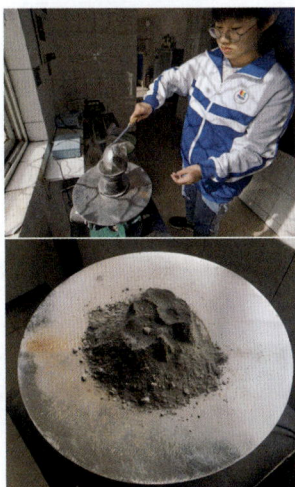

图2　模拟月壤夯实实验

月壤缺乏氧气、水和微生物成分，并且经年累月受宇宙射线的辐射，因此成分多呈多角形状。由于水分含量较低，夯实后无法成形，原位夯土建设方案无法应用。

2. 基于混凝土的建设方案

普通硅酸盐水泥混凝土是地球上用量最大的建筑材料。地聚物混凝土是用碱性活化剂溶液代替水泥，通过化学反应形成胶凝剂将骨料黏结起来而制得的混凝土材料[7]。

普通混凝土的配合比见表3。

表3　普通混凝土配合比（单位：kg/m³）

水	水泥	砂	石	掺合料	外加剂
170	224	841	987	138	7.24

地聚物混凝土配合比见表4。

表4　地聚物混凝土配合比（单位：kg/m³）

水	碱活化剂	砂	石	掺合料
150	125	794	931	360

普通混凝土和地聚物混凝土强度及单位能耗量见表5。

表5　普通混凝土和地聚物混凝土关键指标对比

成型技术	抗压强度（MPa）	单位耗能量（kW·h/t）	单位发射质量（kg/t）
普通混凝土	10~75	370~430	75
地聚物混凝土	10~55	30	95

通过比较，相对于普通混凝土，地聚物混凝土的单位耗能量较低，只有普通混凝土的7%~8%。然而，在月球的特殊环境下，制备普通混凝土每吨需要75kg的材料，制备地聚物混凝土每吨需要95kg的材料，并且在制备过程中需要使用大量的水。因此，在月球上应用混凝土建设方案面临巨大挑战。

3. 基于太阳能烧结建设方案

月球表面温度变化区间大，升温速度快，赤道区域温度变化范围可达35~197℃，太阳直射1h可升温65℃，极地附近温度为10~93℃[9,10]。高温时，基本可以满足太阳能烧结的要求。

现有烧结的方式大致有3种。具体见表6。

表6　不同烧结方式成品性能对比

成型技术	抗压强度（MPa）	单位耗能量（kW·h/t）
微波烧结	0.4~26	6700~55000
激光烧结	7.6	360~8600
太阳能烧结	0.4~8	30

由表6可知，太阳能烧结单位耗能量较低，烧结物抗压强度满足使用要求。

原位波烧结技术的发展，让温度更均匀。采用菲涅尔透镜原理，设计出不同的太阳能收集系统[11]，并进行现场烧结实验，通过高温熔化月壤，使月壤固化，制备出建筑材料，是可行的原位加工方法。

四、实验及结果分析

1. 菲涅尔透镜聚光烧结可行性实验

将尺寸为30cm×40cm的菲涅尔透镜置于阳光下聚光，对40~60目石英砂进行聚光烧结，验证菲涅尔透镜聚光烧结的能力并总结烧结经验，为下一步烧结模拟月壤做准备。

实验步骤：把石英砂在地面铺平，将菲涅尔透镜置于石英砂上方，利用菲涅尔透镜将太阳光聚集成高温光束投射到石英砂表面上，进行高温烧结，石英砂熔融后，冷却形成石英砂烧结物。实验过程及结果见表7。

石英砂的主要成分为SiO_2，另有少量Fe_2O_3及杂质，石英砂的熔点为1750℃，石英砂在聚光后1~3s后开始熔融，这时候石英砂中的SiO_2呈熔融态，熔融态的SiO_2在冷却过程中将石英砂中的杂质胶结在一起形成表面呈玻璃质感的烧结物——质地坚硬，实验结果表明菲涅尔透镜聚光高温烧结模拟月壤成型是可行的。

2. 模拟月壤经菲涅尔透镜聚光烧结可行性实验

实验步骤：把模拟月壤装在一个容器内；通过支架将菲涅尔透镜固定在模拟月壤上方；调整支架角度及高度，通过菲涅尔透镜将太阳光聚集成高温光束投射到模拟月壤表面上，进行高温烧结；模拟月壤熔融20s后，缓慢移动模拟月壤，烧结下一个点，再移动再烧结循环往复；烧结一层后重新覆盖一层薄薄的模拟月壤继续烧结，循环往复，形成模拟月壤的烧结物。

实验过程如图3所示。

实验结果见表8。

模拟月壤的主要成分是SiO_2，其中含有大量的玻璃质成分。在菲涅尔透镜聚光烧结后，模拟月壤的高温熔化将月壤中的其他物质结合在一起，同时发生一些物理和化学反应，冷却后形成了新的玻璃质烧结物。

在实验中，模拟月壤经过菲涅尔透镜聚光烧结后，形成了长度约为23.98mm，宽度约为14.89mm，厚度约为6mm的烧结物，烧结物均匀，质地坚硬，抗压强度达到了6.3MPa。烧结成品如图4所示。

表7　不同方式实验结果对比

序号	移动方式	烧时间	烧结物描述	烧结过程描述	产生的思考
1	静止	15s	表面成玻璃质感，质地坚硬	通过手持菲涅尔透镜，调整高度及角度在石英砂表面聚焦，2s左右开始产生轻微烟，石英砂变黑，熔融，15s左右停止	菲涅尔透镜聚光高温烧结是可行的
2	聚焦后缓慢移动透镜	5min	表面成玻璃质感，有气孔，质地坚硬	通过手持菲涅尔透镜，聚焦后停顿15s然后缓慢移动到下一个点继续停留，成形一层后再铺薄薄一层石英砂继续烧结	通过手持透镜方式烧结不稳定，不均匀，对模拟月壤烧结实验可以固定透镜移动模拟月壤

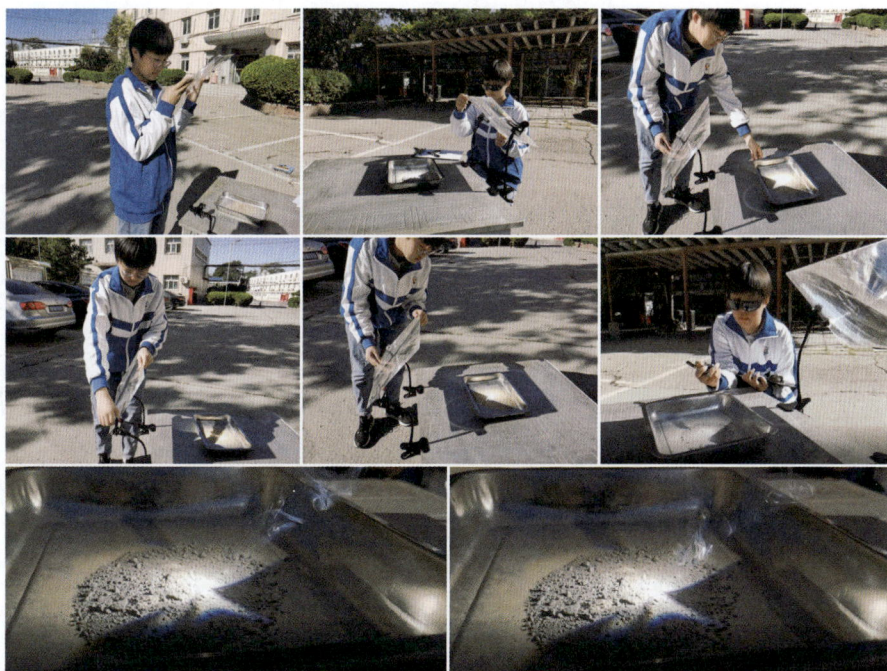

图3 烧结体烧结过程

表8 烧结实验结果

移动方式	烧时间	烧结物尺寸	烧结物描述	烧结过程描述	产生的思考
固定透镜移动模拟月壤	单点20s	23.98mm × 14.89mm × 6mm	烧结物均匀，质地坚硬，表面硬度很高	通过固定菲涅尔透镜，聚焦后停顿20s然后缓慢移动模拟月壤到下一个点继续停留，成形一层后再铺薄薄一层模拟月壤继续烧结	实验用菲涅尔透镜小，烧结面积小，月球上可采用大尺寸菲涅尔透镜进行烧结

图4 烧结成品

3. 实验结果计算分析

（1）烧结速率计算

烧结速率可以用下式计算。

$$V = \frac{S}{t \times n} \times h$$

$$t = \frac{S}{V \times n} \times h$$

其中，V 为单位时间单个透镜烧结的体积；S 为总烧结面积；n 为菲涅尔透镜个数；t 为总用时；h 为烧结物厚度。

本实验采用尺寸为 30cm × 40cm 的菲涅尔透镜聚光烧结模拟月壤，形成 23.98mm × 14.89mm × 6mm 的条形模拟月壤烧结物，总用时为5min。

依据以上实验结果计算，当烧结厚度为 6mm 时，S 为 23.98mm × 14.89mm，t 为 300s，n 为 1，

所以烧结速率为

$$V/h = (23.98mm × 14.89mm)/$$
$$300s × 1 ≈ 1.2mm^2/s$$

增大菲涅尔透镜的尺寸，菲涅尔透镜聚光的焦点面积将会增大，烧结过程中上下层热传导效率不变，烧结速率也会随面积增大而线性增大。

当成型一个面积为 10m² 的房间时，假设建筑有效厚度为 60mm，采用 10 个 3m × 4m 的菲涅尔透镜成型的时间为 $t = s/(V/h × n) = 10m^2/(1.2mm^2/s × 1000) × 10 ≈ 23.15h$，可实现 24h 内在月球建造 10m² 建筑。

（2）强度换算对比

模拟月壤烧结物抗压强度见表 9。

表 9　普通黏土砖和模拟月壤烧结物抗压强度对比

材料名称	抗压强度
MU10 普通黏土砖	10MPa
模拟月壤烧结物	6.3MPa（月球重力下的抗压强度约为 37.8MPa）

理论上，烧结物的抗压强度与材料的成分和烧结工艺密切相关。如果烧结足够均匀，月壤烧结物的抗压强度应与岩石的抗压强度相当。然而，在实验中，由于烧结工具相对简单，导致局部烧结物分布不均匀，通过改进烧结工艺可以显著提高抗压强度。需要注意的是，月球上的重力是地球重力的 1/6 左右，因此，经过菲涅尔透镜聚光烧结后的模拟月壤抗压强度为 6.3MPa × 6 ≈ 37.8MPa，可以用作建筑材料。

五、建设方案的实施设计

经过对各种方案的实验、讨论分析及对太阳能烧结模拟月壤的可行性研究，提出的月球基地建设方案设计为采用菲涅尔透镜作为 3D 打印的热源，配合可四维移动的机器人，采用布料与照射成型同步工艺，通过菲涅尔透镜对月壤进行高温烧结，逐层烧结月壤以制造建筑结构。然后，使用机器人对打印完成的建筑结构进行外部填充、平整和装饰，以完成地外建筑。

第一步，使用聚光器烧结月壤。聚光器通常由有机玻璃制成，具有特殊透镜，可以吸收太阳光中与荧光吸收波长一致的部分，然后以较长波长的发射波长发出荧光。通过全反射方式将发出的荧光引导到平板的边缘面，使太阳能聚光比达到 100%。菲涅尔透镜具有较低的价格和轻量化特点，是便于太空运输的平面聚光器。

第二步，固化月壤烧结。太阳能烧结装置（见图 5）具有自由度较高的移动性，可以在上下左右四个方向移动，并以不同角度调整，通过菲涅尔透镜对月壤进行逐层高温烧结。月壤经过烧结后，逐层固化，

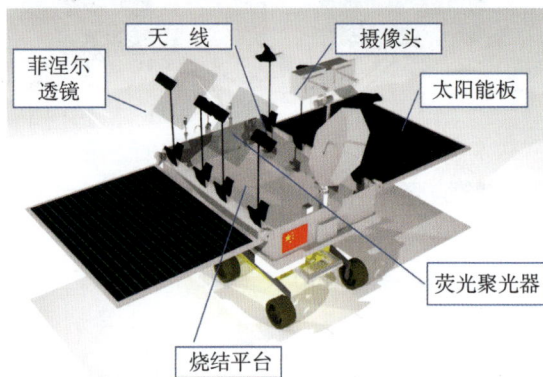

图 5　太阳能烧结装置示意图

形成月壤物烧结物，可以用于构建建筑结构或作为建筑材料。

第三步，通过智能机器人建造建筑。使用 3D 建造技术，以月壤烧结物作为原材料，逐层构建建筑结构，如图 6 所示。采用桁架结构设计，顶部使用网格型框架，最终构建完成建筑。

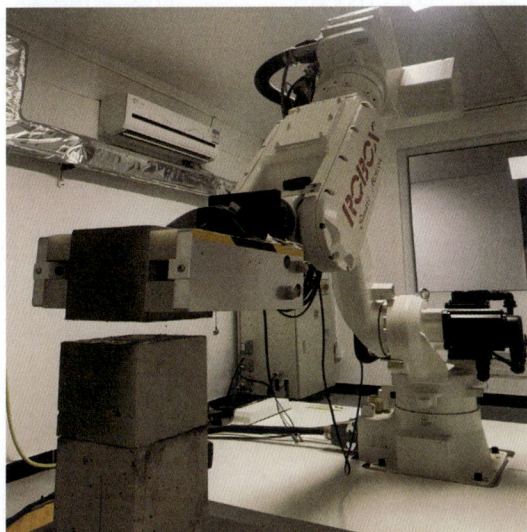

图 6　机器人自动建造示意图

六、结论与展望

通过实验研究、设计分析和讨论，得出以下结论。

① 针对月球独特的环境，基于原位建造的概念，通过调研、理论计算和实验验证，充分利用太阳能，通过工艺设计使布料与烧结成型协调，采用高温烧结工艺并以 3D 打印的方式进行建筑，证明了利用太阳能烧结月壤进行原位建筑的可行性。

② 通过自主设计的太阳能烧结设备，能够实现能源自主供应，远程操作运行，物料抓取、分选和喂料（将原料加入设备中）一体化运作。

③ 基于喂料强度与照射强度主动协调的工作机制，以月壤为原材料，采用太阳能烧结的方式，提出了适合机器人施工的智能建造体系。这使在 24h 内建造 10m² 建筑成为可能。

地外建造是一个复杂的系统工程，依赖迅速获取建筑材料的能力。本研究旨在探讨利用太阳能烧结成型技术来构建月球基地的可行性。进一步的研究关注在月球上采用多种技术手段以提高太阳能的利用效率、改进月壤烧结工艺并提高烧结速率。此外，本文侧重于对高温烧结月壤的探究，对以高温烧结月壤作为原材料进行智能建筑构建的结构设计思考尚不充分，需要进行更深入、系统的研究。

参考文献

[1] Sudip Subedi, Nipesh Pradhananga.Innovation in Construction Techniques on Earth versus Space: Similarities and Differences[C]//17th Biennial International Conference on Engineering, Science, Construction, and Operations in Challenging Environments, Earth and Space, 2021.

[2] 肖龙, 贺新星, 吴涛, 等. 月壤的性质与模拟月壤[C]// 中国空间科学学会第七次学术年会, 中国辽宁大连, 2009.

[3] T.Newson, A.Ahmed, D.Joshi, X.Zhang, G.Osinski. Assessment of the Geomechanical Properties of Lunar Simulant Soils[C]//17th Biennial International Conference on Engineering, Science, Construction, and Operations in Challenging Environments, 2021.

[4] 谷渊涛, 杨瑞洪, 耿焕, 等. 月壤样品研究进展 [J]. 科学通报, 2022, 67(14):18.

[5] 刘新宇, 李昺, 林彤. 测定模拟月壤物理和力学性质的室内实验方法研究 [J]. 安全与环境工程, 2017, 24(2).

[6] 钟世英, 凌道盛, 丛波日等. 模拟月壤的抗剪强度

特性研究 [J]. 山东建筑大学学报 , 2016, 31(5):6.

[7] 周兆曦, 马芹永. 模拟月壤地聚合物的力学特性及固化机理 [J]. 安徽理工大学学报 : 自然科学版 , 2021, 41(5):42-48.

[8] Naveen K.Muthumanickam,J.Duarte, S.Nazarian,S. Bilén, A.Memari.BIM for Design Generation, Analysis, Optimization,and Construction Simulation of a Martian Habitat[C]//17th Biennial International Conference on Engineering, Science, Construction, and Operations in Challenging Environments, Earth and Space, 2021.

[9] J.-P.Williams, D.A.Paige, B.T.Greenhagen,E. Sefton-Nash.The global surface temperatures of the Moon as measured by the Diviner Lunar Radiometer Experiment[J]. Icarus, 2017, (283):300-325.

[10] Sohrob Mottaghi, Haym Benaroya. Design of a Lunar Surface Structure. I: Design Configuration and Thermal Analysis[J]. Journal of Aerospace Engineering, 2014, 28(1).

[11] 欧阳自远. 月球科学概论 [M]. 北京 : 中国宇航出版社, 2005.

相接双星的截止周期研究

北京市第二中学 / 李向北 / 指导老师：王晓锋 林杰 夏琪琪

分类：物理与天文学

一、引 言

在庞大的银河系中，超过一半的恒星存在于双星系统中。虽然随着天文观测技术的不断进步，天文学家观测到许多双星系统，但双星演化的过程仍存在众多未解之谜。

食双星在研究基本恒星参数、恒星演化和恒星结构理论方面发挥着至关重要的作用。在食双星系统中，两颗恒星彼此环绕，发生周期性的食变现象，导致整个双星系统的光度呈现定期变化。通过处理光度数据，可以获得食双星系统的光变曲线，其中包含子星亮度比、轨道倾角、相对恒星大小、质量比和偏心率等宝贵信息。而且光变曲线中的极小时刻还可用于研究双星的演化及寻找伴星天体 [1]。因此，对双星光变曲线的研究具有重要意义。

相接双星是食双星中一个特殊的分类，对于短周期的相接双星系统，恒星的半径及质量越小，双星充满洛希瓣所需要的时间越长，相接双星的截止周期越短，数量越少。对相接双星的光变周期统计表明，相接双星存在短周期截止现象，周期在 0.22 天以下的相接双星数量很少，即在 0.22 天附近存在一个截止周期。

本研究利用清华大学 – 马化腾巡天望远镜（TMTS）的测光数据，对短周期相接双星进行筛选，识别相接双星样本，并使用 MATLAB 软件对其周期数据进行可视化处理，生成相接双星的光变周期分布统计图。这一研究验证了相接双星的截止周期存在，并进行了对短周期截止现象的初步分析和讨论，为双星演化理论提供了有价值的数据参考。

二、研究综述

1. 食双星的分类

根据理论分析，科帕尔在 20 世纪 50 年代将食双星分为 3 个类型。

分离型（分离双星）：两颗恒星完全分离，两者均未充满洛希瓣，即体积小于洛希临界体积。

半分离型（半接双星）：其中一颗恒星已充满洛希瓣，如天琴座 β，两颗恒星能够进行物质交换。

相接型（相接双星）：两颗恒星均充满洛希瓣，例如大熊座 W，它们具有共同的包层，能够进行物质交流。

根据观测到的光变曲线特征，食双星可分为以下 3 个类型。

EA 型：EA 型双星通常为分离双星或半接双星，特点是在食外几乎呈连续不变的光变曲线，在深度的极小值处出现急剧下降和上升，掩食时刻占总光变曲线的比例通常少于 15%，光变周期一般为数天至数周或更长。

EB 型：EB 型双星通常属于半接双星。特点是光度变化连续，在食外也有显著变化，两个深度不同的极小值光变周期一般为几天。

EW 型双星：EW 型双星通常为相接双星。特点是光度变化连续，在食外变化显著，两个深度几乎相等的极小值光变周期为 0.2 至 0.5 天。

本文所提到的相接双星为 EW 型。

2. 国内外研究概况

相接双星的截止周期最早由波兰天文学家鲁金斯基在 1992 年发现，他通过对《变星总表》（GCVS）中的相接双星进行统计，发现相接双星在光变周期约 0.22 天附近存在明显的截止现象（见图 1）。

中国科学院云南天文台的研究人员通过分析相接双星的各种物理参数的关系，

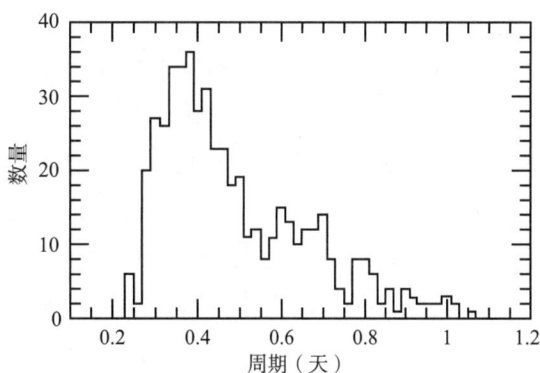

图 1 鲁金斯基的相接双星周期分布统计图

推导出周期与质量比的关系，将相接双星的截止周期从 0.22 天下调至 0.15 天 [2]。这一成果发表在英国《皇家天文学会月刊》（MNRAS）上，但国际上仍普遍将 0.22 天作为相接双星的周期截止下限。

从第四版《变星总表》中相接双星（EW 型双星）的周期分布曲线中不难看出，长周期相接双星的分布可能受多种因素影响（以对目标的观察性选择发现为主），短周期相接双星的分布则反映了相接双星的轨道周期存在一个约为 5h 的短周期截止。

3. 观测设备简介

TMTS 是一个独特设计的多镜筒光学巡天设备，是由 4 个 40cm 镜筒组成的总共 18 平方度视场的巡天望远镜。TMTS 系统配备 4096 像素 ×4096 像素 CMOS 相机，具有较短的读出时间（<1s），并允许对大范围的天空目标进行高时间分辨率的测光观测。

TMTS 每晚仅对一到两个天区进行长时间的分钟节奏的"凝视"观测，这一观测模式能够在一个观测夜内获得视场中各目标的高密度观测数据，尤其是那些具有短周期的变星。这对于研究相接双星的短周期截止现象至关重要。

从 TMTS 的观测数据中可发现大量短周期变星，其数量具有竞争力。通过分析 TMTS 的巡天观测数据，TMTS 团队已经发现了超过 3700 个周期短于 7.5h 的短周期变星。这些短周期变星的发现对理解恒星（双星）演化理论及空间引力波源等研究具有重要意义。在为期 5 年的巡天计划中，TMTS 预计将发现超过 2 万颗周期短于 8h 的周期性变星[3]。由于"凝视"观测带来的独特时域巡天模式，TMTS 为相接双星的截止周期研究提供了宝贵的巡天数据支持。

三、相接双星的周期数据整理

1. 相接双星的光变曲线特征

在天文学领域，相接双星是一种特殊的双星系统，两颗恒星距离非常近，以至于它们彼此共享和流通对方的质量和热量。在相接双星中，两颗恒星都充满了各自的洛希瓣，使得质量较大的主星将质量和光度转移给较小的子星。相接双星通常具有相似的有效温度和光度，无论它们各自的质量如何。

因此，相接双星的光变曲线的主极小和次极小深度通常相似，只在特殊情况光度稍有变化。相接双星的光度变化是连续的，在食外变化显著。光变周期通常 0.2 至

0.5 天，存在一小部分相接双星的光变周期小于 0.2 天或大于 0.5 天。相接双星的光变幅度通常在 0.8 星等以下，其光谱型主要为 F-G 型或更晚型。图 2 显示了 TMTS 观测到的一个典型相接双星的光变曲线。

2. 相接双星的鉴定

目前，国际天文学研究通常使用神经网络算法或傅里叶拟合方法来识别和分类周期性变星。也可以通过人工筛查光变曲线来鉴定和分类这些变星。受限于本研究所使用的 TMTS 网站测光数据的公开程度，筛选和鉴定相接双星采用了人工筛查的方法。

在最终的筛选过程中，从 TMTS 近两年的测光数据中选择了约 1200 条候选周期性变星的光变曲线，根据相接双星的光变曲线特征筛选并鉴定了 430 个相接双星，并记录了每一个变星样本的光变周期数据。需要注意的是，所有选定的周期性变星样本都经过了与国际变星索引（VSX：variable star index）的验证交叉匹配，结果是其中的 300 多个相接双星与 VSX 中的记录相符，这些相接双星的光变周期数据取自 VSX。

相接双星的光变周期数据以 TMTS ID+变星类型 / 光变周期（小时）+VSX ID 的格式记录，如下页所示。如果 VSX 中没有对应记录，则显示为 N/A。

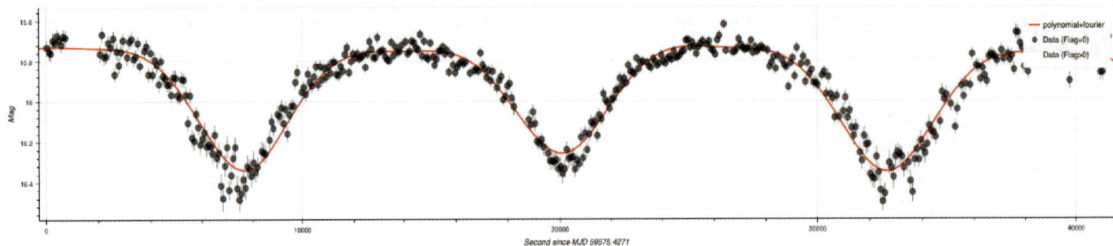

图 2　TMTS J06221345+3747374 的光变曲线

TMTS J16070904+0307237 EW / 7.735   CSS_J160709.0+030724
TMTS J15355302+1516300 EW / 8.397   LINEAR 14520413
TMTS J15582614+0245544 EW / 6.184   LINEAR 15615518
TMTS J16042351+0413049 EW / 7.798   CSS_J160423.4+041305
TMTS J16020161+0154505 EW / 7.350   CSS_J160201.5+015449

四、相接双星的周期分布统计

1. MATLAB 数据可视化

MATLAB 是由美国 MathWorks 公司开发的商业数学软件，它在数据可视化方面提供了强大的功能。MATLAB 可以将数据以二维、三维甚至四维图形的方式呈现出来。通过对图形的线型、表面、颜色、渲染、光照和视角进行调整，可以完整地展示数据的特性。

受限于计算机技术水平，我在高中信息技术老师和北京市第二中学信息技术社团团员的帮助下，学习了互联网社区中的公开教程，完成了相接双星的周期分布统计程序的 MATLAB 代码编写，程序可以自动处理和分析光变周期数据。

2. TMTS 数据光变周期分布统计

使用周期分布统计程序对整理出来的相接双星的原始周期数据（$n=430$）进行进一步处理。最终得到相接双星光变周期分布统计图如图 3 所示，可以看到在 0.22 天的位置仍然存在明显截止。然而，与鲁金斯基对《变星总表》进行的相接双星光变周期分布统计（见图 1）不同的是，TMTS 项目的观测数据中存在光变周期小于 0.22 天的相接双星，即在虚线（0.22 天）的左侧仍然有一小部分相接双星样本，这可能与光学巡天技术的进步有关。

3. VSX 光变周期分布统计

VSX 是由业余天文学家克里斯托弗·沃森创建的，以满足美国变星观测者协会图

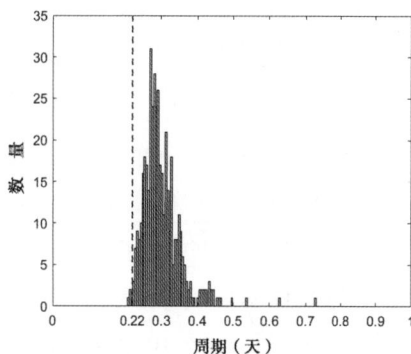

图 3 相接双星的光变周期分布统计图（$n=430$）

表小组和比较星体数据库工作组成员的需求。我下载了 VSX 中所有周期性变星的光变周期数据，并筛选了其中的相接双星样本，获得共计 397540 个相接双星的光变周期数据。

使用周期分布统计程序对 VSX 中记录的所有相接双星光变周期数据（$n=397540$）进行进一步处理，最终得到相接双星光变周期分布统计图，如图 4 所示，可以清晰地看到在 0.22 天左右存在明显的截止。拟合后的曲线与鲁金斯基和 TMTS 项目的周期分布统计图大致一致，进一步验证了截止周期的存在。

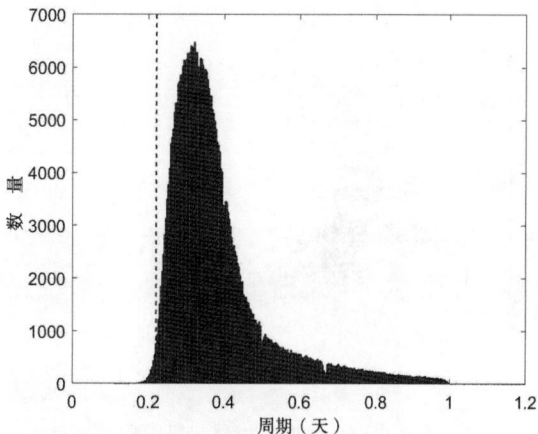

图 4 相接双星的光变周期分布统计图（$n=397540$）

4. 相接双星的周期 – 颜色统计

鲁金斯基于 1992 年提出全对流极限导致相接双星出现短周期截止现象，认为当子星的表面温度低于全对流的临界温度时，将不存在动力学稳定的相接双星，因此不会产生位于截止周期以下的相接双星。为了探讨相接双星的截止周期成因，我对周期 – 颜色进行了统计分析（n=430 和 n=2893），结果如图 5、图 6 所示。

色指数是天文学中用来表示恒星表面颜色的标量。远距离的天体色指数通常受星际消光的影响，即星际红化现象对远距离天体的影响较为明显。本研究所使用的

BP-RP 色指数已经排除了来自星际消光的影响。BP-RP 色指数数值越小，恒星颜色越接近蓝色，表面温度越高；相反，BP-RP 色指数数值越大，恒星颜色越偏红，表面温度越低。从散点图中可以明显看出，相接双星的光变周期越短，其 BP-RP 色指数越大，表面温度越低。我推测相接双星的光变周期与表面温度存在正相关关系，这一观察结果与国际上主流的相接双星演化路径相吻合。

全对流极限位于 B-V 色指数 1.5 附近，对应的表面温度约为 3550K。B-V 色指数 1.495~1.505 对应的 BP-RP 色指数范围为 2.13~2.23。根据观测，大多数位于截止周期附近的相接双星系统的 BP-RP 色指数高于全对流极限温度，只有极少数相接双星系统的恒星表面温度低于鲁金斯基计算的全对流极限温度。

为了进一步探讨相接双星的截止周期成因，从 TMTS 观测到的相接双星系统中选择 5 个光变周期位于截止周期（0.22 天）附近的目标。它们的 TMTS ID 和光变周期（精确到 0.00001）如下。

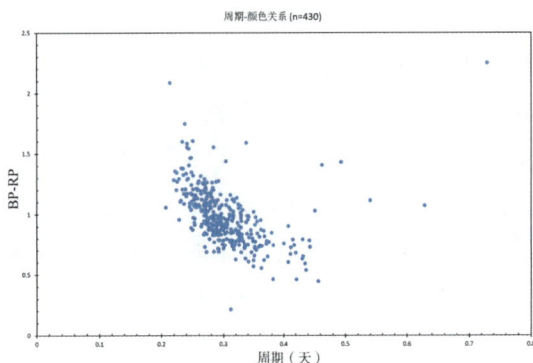

图 5　采用 TMTS 数据的相接双星周期 – 颜色统计图（n=430）

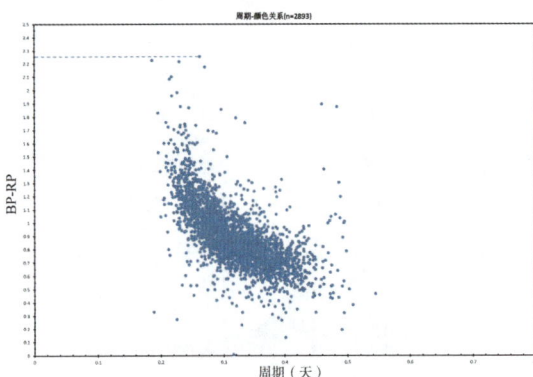

图 6　采用 TMTS 数据的相接双星周期 – 颜色统计图（n=2893）

TMTS J18120992+0338354	Period (days): 0.20592
TMTS J11461727+5206225	Period (days): 0.21453
TMTS J09141838+0744291	Period (days): 0.22282
TMTS J08250032+1220273	Period (days): 0.21347
TMTS J07575690+0831565	Period (days): 0.20788

图 7 是 TMTS 观测的 5 个目标的光变曲线，从上至下依次为 TMTS J18120992+0338354、TMTS J11461727+5206225、TMTS J09141838+0744291、TMTS J08250032+1220273、TMTS J07575690+0831565。

下面依次给出它们的 BP-RP 色指数。

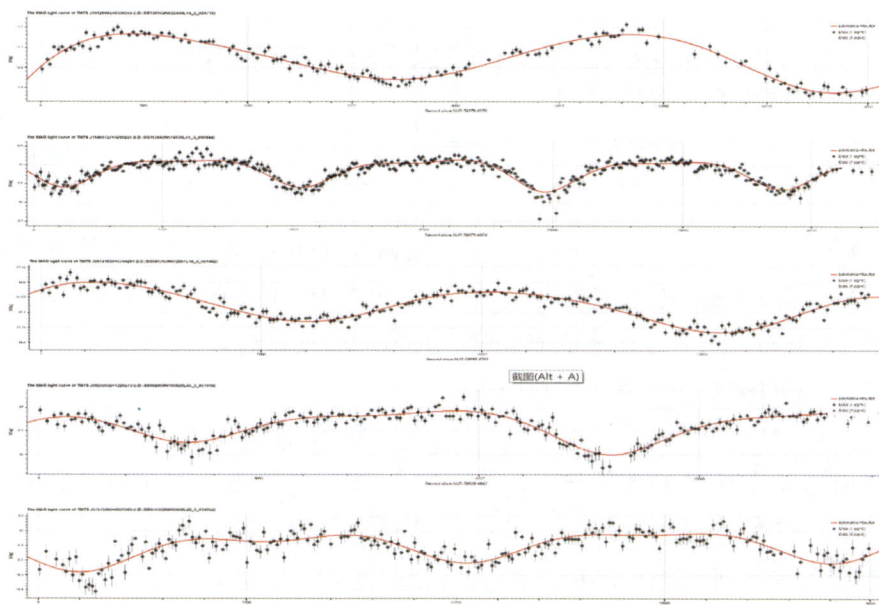

图 7　光变曲线

TMTS J18120992+0338354	BP-RP(rm. ex.):	2.257+/-0.040
TMTS J11461727+5206225	BP-RP(rm. ex.):	2.082+/-0.045
TMTS J09141838+0744291	BP-RP(rm. ex.):	1.351+/-0.046
TMTS J08250032+1220273	BP-RP(rm. ex.):	1.707+/-0.069
TMTS J07575690+0831565	BP-RP(rm. ex.):	1.053+/-0.019

五、结　论

通过对相接双星的光变曲线和测光数据进行分析与比较，国际天文学研究已经发现，位于截止周期附近的相接双星的相接度存在一定范围的差异，主星与子星的表面温度与光变周期之间可能存在某种定量关系。由于研究者的知识水平和科研经验有限，本文无法提供准确的光变周期 - 表面温度定量关系公式。

根据鲁金斯基的理论，全对流极限理论很有可能是导致相接双星的光变周期出现截止现象的物理原因之一。这个理论表明，当子星演化到全对流极限状态时，子星将处于动力学不稳定的状态，全对流结构将对相接双星的轨道参数施加限制。根据这一理论，当子星的表面温度低于全对流的临界温度时，将不存在动力学稳定的相接双星，从而不会产生位于截止周期以下的相接双星。这意味着双星系统在演化到全对流极限状态时，恒星内部的化学反应速率会急剧加快，导致一颗恒星由于剧烈的物质丧失而膨胀，并走向恒星生命周期的晚期。

参考文献

[1] 郭迪福. 食双星的搜寻及研究 [D]. 济南: 山东大学, 2019.

[2] Xu-Dong Zhang, Sheng-Bang Qian.Orbital period cut-off of W UMa-type contact binaries[J].Monthly Notices of the Royal Astronomical Society, 2020, 479(3):3493-3503.

[3] Jie Lin, Xiaofeng Wang, Jun Mo, et al.Minute-cadence observations of the LAMOST fields with the TMTS: I. Methodology of detecting short-period variables and results from the first-year survey[J]. Monthly Notices of the Royal Astronomical Society, 2022, 509(2):2362-2376.

北京城区居民住宅区珠颈斑鸠繁殖生态研究

北京市第五十中学／白筱雨／指导老师：岳颖 吴璟宜
类别：生命科学

一、研究背景

相对自然生态，城市化造成的环境改变对鸟的种类、分布、生活习性等造成了多方面影响，鸟类通过繁殖进化以适应新的生态环境。

珠颈斑鸠是北京地区的常见留鸟，近年来在城区的种群数量逐渐增多。但过去 10 年来，国内各地区对珠颈斑鸠的繁殖生态研究，特别是在城市环境下的研究相对较少，针对北京城区的专项研究暂时还是空白，尚无公开报道。

为深入了解珠颈斑鸠在北京城区环境下的繁殖习性，我于 2021 年 1 月—2022 年 10 月开展了一年零十个月的研究，对珠颈斑鸠从营巢到孵化全过程进行了长期观察和系统研究，旨在为城市生物多样性保护提供更多的物种数据和生态学资料，对建设人鸟和谐的生态文明城市具有重要意义。

二、研究区域

北京地处华北平原北部，位于东经 115.7°~117.4°、北纬 39.4°~41.6°。地势西北高、东南低，地区内河流多发源于西北部山地，向东南流经平原地区后汇入渤海。北京气候为暖温带半湿润半干旱季风气候，夏季高温多雨，冬季寒冷干燥，春、秋短促。年平均气温 11℃ ~13℃，1 月平均最低气温 –14℃，7 月平均最高气温 26℃，夏季降水量最多，年降水量 400~450mm。全年无霜期 180~200 天。本文所有被观察的珠颈斑鸠均位于北京主城区（或郊县城区）居民家阳台或窗台。

三、研究对象

珠颈斑鸠如图 1 所示，属于鸽形目鸠鸽科，广泛分布于东亚、东南亚和南亚，是华北地区常见留鸟，俗称"野鸽子"。体长约 32cm，上体以褐色为主，下体粉红色；颈侧及后颈有宽阔的黑色领圈，缀以白色的珠状细斑，像许许多多的"珍珠"散落在颈部，因而得名"珠颈"斑鸠。其外侧尾羽黑褐色，末端白色，飞行时十分明显。栖息于有稀疏树木生长的平原、草地、低山丘陵和农田地带，也常出现于村庄附近的杂木林或住家附近。近年来在城区公园及居民区能经常看到其身影。珠颈斑鸠常以小群活动，以植物种子为主食，亦食昆虫等。

图 1 珠颈斑鸠

四、研究方法

（1）文献法

通过查阅、收集相关文献资料，初步

了解珠颈斑鸠的繁殖习性和国内研究现状，为论文研究工作的开展建立基本思路框架。主要文献资料来源包括知网、万方数据库、维普网、国家科技图书文献中心、超星期刊。

（2）定点观察法

征得"北京市阳台'咕咕'调查"活动志愿者同意后，我选取特定观测点的珠颈斑鸠巢址，利用智能监控摄像头进行24h不间断监控，观察和记录繁殖期全周期行为。

选定的巢址分别位于北礼士路某居民区和首都师范大学教师住宅。

观测时间自2021年4月至2021年10月，共历时7个月。

（3）"咕咕"群访谈法

为进一步扩大观测样本数，验证定点观察结论，组建"U阳台咕咕观测"微信群（简称"咕咕"群），根据群成员每天观察到的自家珠颈斑鸠繁殖情况和讨论结果，对相关信息进行提取和收集。

（4）数据分析法

主要采用Excel办公软件对原始数据进行整理、筛选、统计和分析。

五、分析研究结果

1. 繁殖时间与影响因素

（1）繁殖时间

查阅文献发现，珠颈斑鸠的繁殖时间主要集中在每年的3月—9月。但从定点观察及"咕咕"群观察结果发现，在北京城区，珠颈斑鸠一年四季均可繁殖，见表1。雌雄求偶交配、产卵、孵卵、育雏等繁殖行为没有明显的季节性。寒冷的冬季和炎热的夏季，珠颈斑鸠繁殖的个体数减少，但繁殖行为与春秋两季无明显差异。

居民楼阳台或窗户为珠颈斑鸠提供了较为适宜的栖息环境，珠颈斑鸠逐渐适应与人为伴，甚至会接受居民的投喂，在有充足的食物来源的情况下，冬季也能够进行繁殖。

（2）影响因素分析

气温是影响生物繁殖的重要因素之一。自然环境下，珠颈斑鸠会趋向在3月—9月暖热环境下繁殖生育，但城市环境的特殊性可能造成局部的"热岛效应"或积温区，使得珠颈斑鸠在居民楼的阳台或窗台可以全年繁殖，即使是最冷的12月—次年2月，依然有个体繁殖。这与2014年高道飞和方立通过多年拍摄观察，发现9月—12月珠颈斑鸠一样可以产卵孵雏的两篇报道表现一致。

2. 求偶与交配

珠颈斑鸠求偶主要在城市建筑的房顶或阳台等高处。求偶期间，雄性珠颈斑鸠行为丰富，雄鸟以雌鸟为中心，在雌鸟周围行走或原地回旋、点头、鞠躬、鸣叫。求偶的雄鸟会将身体极度倾斜，在围绕雌鸟飞行时会舒展自己的双翅和尾巴以吸引雌鸟。当雄鸟求偶成功接近雌鸟时，雌鸟蹲伏，雄鸟从侧面踩背，两翅有轻微的抖动，尾羽歪向一侧进行交配。

3. 营 巢

（1）巢材与巢址选择

珠颈斑鸠筑巢粗糙，巢材简单，通常以树枝为主，杂以树叶、泥土、羽毛等，在观察中甚至发现了铁丝。巢径大多在10~20cm，筑巢高度在4~20m较多，巢向以南向居多。

（2）旧巢利用

除了营建新巢，珠颈斑鸠亦有利用旧

表 1 珠颈斑鸠产卵期（2021 年 1 月—2022 年 10 月）

	1# 巢址	2# 巢址	3# 巢址	4# 巢址	5# 巢址	6# 巢址	7# 巢址	8# 巢址	9# 巢址	10# 巢址
2021 年 1 月		●								
2021 年 2 月										
2021 年 3 月		●		●	●		●			
2021 年 4 月	●	●	●	●●	●	●				
2021 年 5 月		●					●	●		
2021 年 6 月	●			●		●				
2021 年 7 月		●		●				●		
2021 年 8 月		●	●					●		
2021 年 9 月		●		●						
2021 年 10 月			●							
2021 年 11 月			●							
2021 年 12 月		●								
2022 年 1 月		●	●							
2022 年 2 月				●						
2022 年 3 月			●	●					●	●
2022 年 4 月			●						●	
2022 年 5 月		●		●					●	●
2022 年 6 月			●						●	●
2022 年 7 月				●						●
2022 年 8 月										●
2022 年 9 月			●	●						
2022 年 10 月										●

注：●为产卵。

巢的习惯。旧巢利用是一种优化的巢址选择策略，具有被捕食率低、抗自然灾害能力强、人为干扰少等综合优势，有助于提高幼鸟离巢率。

观察发现，在利用旧巢时，珠颈斑鸠有产卵前加固鸟巢的行为，雌雄斑鸠会共同完成衔回树枝和调整巢内树枝的任务；产卵后，不再衔回树枝，但仍会调整巢内树枝。

（3）营巢行为分析讨论

观察发现，珠颈斑鸠在营巢阶段表现出很高的警觉性。

若发现鸟巢有变化，如居民清理鸟巢周围粪便或协助加固鸟巢，珠颈斑鸠会多日观察、试探，甚至会弃巢。

在选定巢址后，珠颈斑鸠会表现出较

强的领地意识，拒绝其他同类的进入。鸟巢的本质是鸟的产房，一般情况下，珠颈斑鸠只在繁殖期间筑巢和居住，幼鸟长成离巢时亲鸟同时离开。

4. 产 卵

（1）产卵数

定点观察和"咕咕"群观察珠颈斑鸠产卵情况的统计结果见表 2、表 3。

珠颈斑鸠每窝产卵数量通常为 2 枚，产卵间隔时间为 1 天，只观察到 4# 巢址的珠颈斑鸠在 2021 年第 1 窝仅产卵 1 枚的情况。

（2）巢址利用次数

定点观察和"咕咕"群观察发现，同一巢址被利用的次数存在较大差异，不同巢址的利用次数为 2~9 次 / 年。

表2 珠颈斑鸠产卵统计（2021年1月—12月）

	1#巢址	2#巢址	3#巢址	4#巢址	5#巢址	6#巢址	7#巢址	8#巢址
每窝产卵数	2	2	2	2*	2	2	2	2
巢址利用次数	2	9	4	6	2	2	2	3
总产卵数	4	18	8	11	4	4	4	6

*注：2021年第1窝仅产卵1枚。

表3 珠颈斑鸠产卵统计（2022年1月—10月）

	2#巢址	3#巢址	4#巢址	9#巢址	10#巢址
每窝产卵数	2	2	2	2	2
巢址利用次数	5	5	5	4	6
总产卵数	10	10	10	8	12

对于多次产卵的例子，如产卵5次（2022年2#巢址、2022年3#巢址、2022年4#巢址）、6次（2021年4#巢址、2022年10#巢址）、9次（2021年2#巢址），因观测条件有限，无法判断是否为同一对亲鸟多次产卵，只能证明在观察期间该巢址被重复利用了5次、6次甚至9次。

（3）分析讨论

如前所述，北京城区的珠颈斑鸠可在一年四季繁殖，包括寒冷的冬季（11月—次年2月）和炎热的夏季（7月—8月），雌雄求偶交配、产卵、孵卵、育雏等繁殖行为没有明显的季节性。

分析实际各月份（冷暖季）产卵数的趋势线（见图2、图3）发现，曲线呈正态

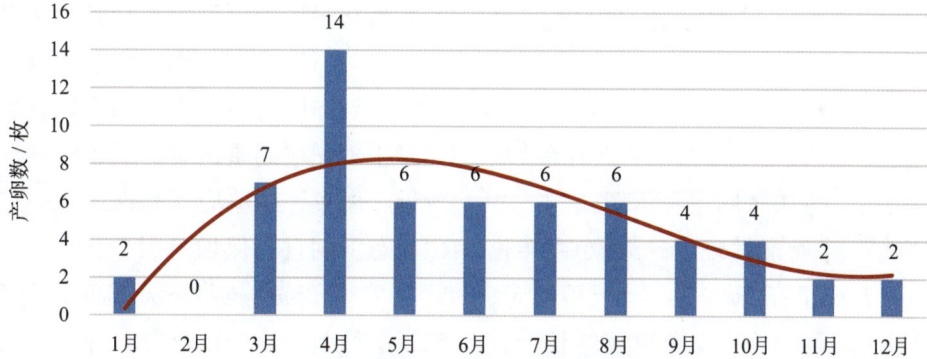

图2 产卵数–月份关系图（2021年）

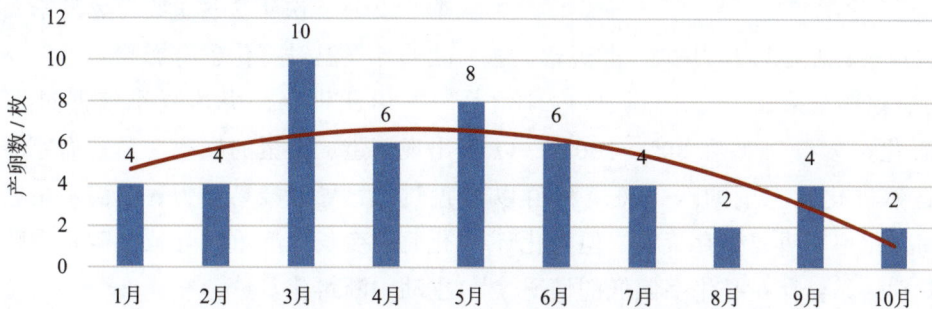

图3 产卵数–月份关系图（截至2022年10月）

分布，与文献调查结果趋势相像。处于暖热期的3月—9月明显是珠颈斑鸠产卵的高峰期，在寒冷的冬季（12月—次年2月）以及渐冷的秋季（10月—11月），珠颈斑鸠的繁殖活动呈变缓或降低趋势。另外，过于炎热的夏季（8月）对于产卵有抑制作用。

5. 孵卵

（1）孵化期

定点观察发现，珠颈斑鸠产出第1枚卵后即开始孵化过程，雌雄斑鸠共同参与，且孵化期间很少离巢，会不定期翻卵。孵化期为13~14天，孵化期珠颈斑鸠的在巢率为99.95%，见表4。

表4　定点观察（巢址1）珠颈斑鸠孵化期

巢	窝	卵　数	孵化率	在巢率
巢址1	第1窝	2	100%	开始观察时已孵卵
巢址1	第2窝	2	100%	99.95%

孵化期间，珠颈斑鸠雌雄每天换班2次，换班时间为上午、下午各1次；换班时有"咕咕"叫的行为，雌雄斑鸠点头示意。

"咕咕"群观察发现，珠颈斑鸠孵化期多为14~15天，即雏鸟在14~15天后出壳，最长不超过19天（1月—2月可能略长），若时间过长则意味孵化失败。孵化期间，雌雄共同轮流孵化，在巢率均超过99%。

（2）孵化率

定点观察（见表5）和"咕咕"群观察（见表6）的孵化率结果显示，北京城区内珠颈斑鸠的孵化率多数维持在80%~100%，以此猜测自然进化状态下的珠颈斑鸠种群以稳定的高孵化率为重要生存策略。但孵化环境千差万别，亦会存在孵化率偏低的情况。

表5　"咕咕"群孵化率统计（2021年1月—12月）

	1#巢址	2#巢址	3#巢址	4#巢址	5#巢址	6#巢址	7#巢址	8#巢址
总产卵数	4	18	8	11	4	4	4	6
出壳数	4	15	6	11	4	4	4	6
孵化率	100%	83%	75%	100%	100%	100%	100%	100%

表6　"咕咕"群孵化率统计（2021年1月—12月）

	2#巢址	3#巢址	4#巢址	9#巢址	10#巢址
总产卵数	10	10	10	8	12
出壳数	2	8	9	5	12
孵化率	20%	80%	90%	62%	100%

譬如2#巢址在2021年和2022年的产卵数都较多，但孵化率却由83%（2021年）突降至20%（2022年）。

（3）影响因素分析

孵化失败的因素主要包括以下几部分。

① 亲鸟中断孵化。孵化过程中，当亲鸟察觉到周围危险因素（如乌鸦盘旋）时，会停止孵化或踢蛋出巢，严重时甚至会主动毁巢、离巢，这些应该是珠颈斑鸠在自然进化状态下的自我保护机制。

② 鸟蛋被偷或跌落。通过观察可以发现喜鹊偷蛋、鸟蛋跌落等会导致孵化失败。

③ 气温。除喜鹊偷蛋、亲鸟毁巢和踢蛋出巢外，绝大多数孵化失败发生在寒冷冬季（12月—次年2月）或炎热夏季（7月），故外界气温对孵化也有影响。

由此推测，炎热夏季气温过高，使得出现坏蛋、臭蛋的概率变高；而寒冷冬季气温过低，导致亲鸟体力、体温不足，使得孵化时间变长，严重时会致使孵化失败或亲鸟主动中断孵化。

6.育　雏

（1）育雏喂食

定点观察发现，珠颈斑鸠的育雏期约为 18 天，前期有一只亲鸟全天在巢，保护幼鸟，随着幼鸟长大，亲鸟在巢时间逐渐缩短。亲鸟会将吃下的食物在嗉囊里磨碎，并以"鸽乳"的形式反刍喂给幼鸟。在喂食初期，雏鸟较小，亲鸟喂食频繁，随后喂食次数略降并趋于平缓；在喂食末期，随着雏鸟生长加快，喂食次数有所增加。

"咕咕"群观察发现，珠颈斑鸠的育雏期为 15~20 天。雌雄珠颈斑鸠共同哺育雏鸟，育雏没有明显的季节性。珠颈斑鸠在 1 月和 7 月的育雏行为与其他月份的并无差异。

（2）育雏阶段

定点观察发现，珠颈斑鸠的育雏期可大致人为分为 3 个阶段：暖雏期、守护期、巢周活动期，各阶段特点见表 7。

（3）离巢率

"咕咕"群统计表明，2021 年 1 月—12 月，共产卵 30 窝 59 枚，离巢雏鸟 49 只，雏鸟平均离巢率 83%。各个巢址的离巢率见表 8。

2022 年 1 月—10 月，共产卵 25 窝 50 枚，离巢雏鸟 30 只，雏鸟平均离巢率 60%。各个巢穴的离巢率见表 9。

表 8　"咕咕"群离巢率统计（2021 年 1 月—2022 年 12 月）

	1#巢址	2#巢址	3#巢址	4#巢址	5#巢址	6#巢址	7#巢址	8#巢址
总产卵数	4	18	8	11	4	4	4	6
孵化率	100%	83%	75%	100%	100%	100%	100%	100%
离巢率	100%	66%	75%	90%	100%	100%	75%	100%

表 9　"咕咕"群离巢率统计（2022 年 1 月—10 月）

	2#巢址	3#巢址	4#巢址	9#巢址	10#巢址
总产卵数	10	10	10	8	12
孵化率	20%	80%	90%	62%	100%
离巢率	20%	60%	70%	37%	100%

（4）离巢率影响因素

① 巢址安全性。研究发现，巢址周边的鸟类对珠颈斑鸠雏鸟或幼鸟的安全有一定影响。结合调查问卷、实地观察及"咕咕"群交流结果，与珠颈斑鸠具有重叠生活环境的鸟类共计 16 种。具体为小嘴乌鸦、大嘴乌鸦、红隼、乌鸫、灰喜鹊、麻雀、大斑啄木鸟、戴胜、北京雨燕、家燕、白头鹎、金腰燕、灰椋鸟、金翅雀、北红尾鸲、喜鹊。这 16 种鸟分属 3 个生态群，其中攀禽 3 种，猛禽 1 种，鸣禽 12 种。对珠颈斑鸠繁殖有较大影响的鸟类主要为红隼和乌鸦。其他野生兽类，如野猫、黄鼠狼等，也是影响巢址

表 7　珠颈斑鸠育雏期行为特点

阶　段	时　间	行为特征
暖雏期	第 1~5 天	亲鸟在巢率达 100%。该阶段喂食次数呈逐渐增多趋势，直至最高（12~13 次 / 天）。雏鸟出生约 2h 后，亲鸟开始喂食，每次约为 10s，重复多次。1~2h 后亲鸟继续喂食，喂食时间和频次同上
守护期	第 6~13 天	亲鸟在巢率降低至 40%。该阶段，亲鸟喂食频率略降，基本维持在 7~9 次 / 天。雌性珠颈斑鸠不再夜宿巢穴；雏鸟活动能力增强，在巢穴扇动翅膀，偶或出巢，在近巢穴周围活动
巢周活动期	第 14~18 天	亲鸟极少在巢。该阶段的喂食次数有回弹再降趋势，先回弹至 8~9 次 / 天后，在最后 2 天猛降至 3 次 / 天。雏鸟走出巢穴，在巢区周边活动，此时雏鸟即将离巢

安全性的不利因素。

②其他因素。调查中还发现恶劣天气、亲鸟弃巢、食物不足、幼鸟自己从高处跌落等情况会导致珠颈斑鸠离巢率下降。

（5）孵化率 – 离巢率关系

分析发现，珠颈斑鸠孵化率相对稳定且处于高位，多为80%~100%，离巢率相对偏低且起伏较大，与孵化率的差值最大可达25%。结合在自然界观察到的珠颈斑鸠种群数量推测，高孵化率低离巢率应该是常态。

据此判断，珠颈斑鸠在自然生态中以繁殖次数多、繁殖数量多的方式来克服离巢率较低的不利影响，从而保持了种群在自然生态系统内的整体数量稳定。

六、结　论

珠颈斑鸠在北京城区一年四季均可繁殖，雌雄求偶交配、产卵、孵卵、育雏等繁殖行为没有明显的季节性。这可能是城市环境的特殊性造成的局部"热岛效应"或积温区导致的。

珠颈斑鸠会利用城区建筑，譬如在有护栏窗台、空调外机与窗台之间的缝隙等营巢，巢材以树枝为主；珠颈斑鸠有利用旧巢的习性。

2021 年、2022 年各月产卵数的趋势线呈正态分布，3 月—9 月明显是珠颈斑鸠产卵的高峰期。

珠颈斑鸠雏鸟多在 14~15 天后出壳，最长不超过 19 天。孵化期间，雌雄共同轮流孵化，在巢率均超过 99%。

孵化率多数维持在 80%~100%，高孵化率应为自然进化状态下珠颈斑鸠种群的重要生存策略。

珠颈斑鸠的育雏期为 15~20 天，分为雏期、守护期、巢周活动期 3 个阶段。雄雌珠颈斑鸠共同哺育雏鸟，育雏没有明显的季节性。

珠颈斑鸠离巢率相对偏低且起伏较大，与孵化率差值最大可达 25%。高孵化率低离巢率应该是常态。

巢址安全性是影响珠颈斑鸠离巢率的重要因素，捕食性鸟类、流浪猫、黄鼠狼是珠颈斑鸠雏鸟的主要天敌。

基于深度学习的蛋白质 β 折叠结构快速预测算法

北京市第三十五中学 / 李万方 / 指导老师：叶盛 詹争艳 杜春燕

分类：生命科学

一、引　言

我很小的时候就经常跟着爸爸去中国古动物馆参观，并听在那里工作的叔叔们讲解各种古脊椎动物化石的知识，对生命进化产生了浓厚的兴趣。初中时，我非常喜欢上生物课。通过学习，我对生命活动规律、生命的本质，以及各种生物之间和生物与环境之间的相互关系有了深刻理解。为了探究生命科学的奥秘，我在 2021 年入选了北京市拔尖人才计划，跟着北京航空航天大学的叶盛教授进行生命科学知识的学习和探究。

叶盛教授长期从事分子生物学研究，在他的鼓励下，我决定以基于深度学习的蛋白质 β 折叠结构快速预测算法为研究方向，以卷积神经网络为工具开展蛋白质 β 折叠结构预测研究。

二、研究背景

蛋白质是生物体中的必要组成成分，参与个性反应，是生命活动的主要承担者，目前在自然界已知氨基酸序列的蛋白质大概有 10^{12} 种[1]，但是截至 2021 年 11 月，国际蛋白质结构数据库上收录的被实验解析的蛋白质三维结构仅有 183793 个。

组成蛋白质的氨基酸的序列多样性和其盘曲折叠形成的立体结构的多样性构成了蛋白质结构的多样性，丹麦蛋白科学家 Kaj Linderstrøm-Lang 早在 1952 年就将蛋白质结构分为一级、二级、三级，如图 1 所示，其中三级结构是单一蛋白质链（用箭头表示的是 β 折叠结构）中所有结构元素的排列。

天然存在的蛋白质所占据的蛋白质序列空间是相当有限的，一个序列长度为 200 个氨基酸的蛋白质，有 20200 种氨基酸序列的排列可能性，自然进化仅仅探索了蛋白质可以进入的序列空间的一小部分。

即使 AlphaFold（用于解决复杂蛋白质结构预测的人工智能模型）可以进行三级结构预测，但是对于序列成 β 折叠结构的可能性问题还未有详细研究论述。β 结构是二级结构中的一类重要结构，对蛋白质折叠识别及稳定性起重要作用[2]，所以我们基于深度学习，展开探索序列成 β 折叠结构可能性的研究，通过用于蛋白质 β 折叠结构快速预测算法的训练数据，提出并实现一种新的 β 折叠结构对应序列的预测算法；研究氨基酸各种理化特性对于序列成折叠性的影响，揭示 β 折叠的折叠规律，在此基础上为开展蛋白质设计提供结构预测。本研究成果可以在开展分子结构研究过程中加以应用。

三、研究方法与过程
1. 数据筛选

在 Jupyter 环境里打开并读取文件 2018-06-06-pdb-intersect-pisces.csv，如图 2 所示。

选用 XRAY 的实验方式，筛除含有非常见氨基酸的序列，如图 3 所示。

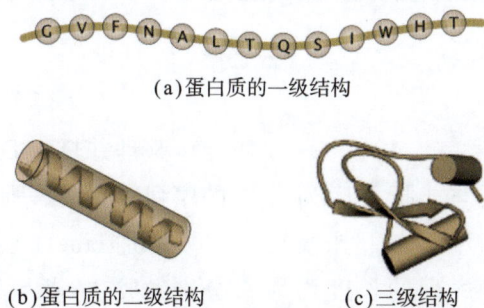

(a)蛋白质的一级结构

(b)蛋白质的二级结构　　(c)三级结构

图 1　蛋白质的三级结构

```
In [17]: import pandas as pd

In [18]: Dataframe = pd.read_csv('2018-06-06-pdb-intersect-pisces.csv')

In [19]: Dataframe
```
Out[19]:

	sst3	len	has_nonstd_aa	Exptl.	resolution	R-factor	FreeRvalue
CCCCCECCCCCCCCCCCCCC	20	False	XRAY	1.90	0.23	0.27
CCCCCCCCCECCCCCCEECC	20	False	XRAY	1.85	0.20	0.24
CCCHHHHHHHHHHHHHHHCC	20	False	XRAY	1.45	0.19	0.22
CCCCCCCCCCCCCCCCCCCC	20	True	XRAY	1.06	0.14	1.00
CHHHHHCCCCCCCCCCCEEC	20	False	XRAY	1.26	0.13	0.16
...	...	...	...	...	...	...
CCEEEEECCEEEEEEEEECCCHHHHHHHHHHHHHCCCCCCEEEEE...	1305	False	XRAY	1.48	0.14	0.17
CCCCCCHHHCECCCCCEEEEEEEEEECCCHHHHHHHCHHHHHHHH...	1310	False	XRAY	2.00	0.18	0.21
CCCCCCCCCEEEEECCCEEEEEEECCCCCCCEEEEEEEEECCCCE...	1372	False	XRAY	2.00	0.20	0.23
CCCCCCCCCCCCCCCCCCEEEEEECCCEEEEEEECCCCCCC...	1440	False	XRAY	1.80	0.19	0.22
CCCCCEEECCEEEEECCCEEEEEEECEECCEEHHHCCEEEEEEE...	1632	False	XRAY	1.70	0.18	0.20

图 2　打开文件

```
In [20]: Dataframe.rename(columns={'Exptl.':'method'},inplace=True)

In [21]: Df2=Dataframe.query('method ==\'XRAY\'& has_nonstd_aa == False')

In [22]: Df2
```
Out[22]:

	sst3	len	has_nonstd_aa	method	resolution	R-factor	FreeRvalue
CCCCCECCCCCCCCCCCCCC	20	False	XRAY	1.90	0.23	0.27
CCCCCCCCCECCCCCCEECC	20	False	XRAY	1.85	0.20	0.24
CCCHHHHHHHHHHHHHHHCC	20	False	XRAY	1.45	0.19	0.22
CHHHHHCCCCCCCCCCCEEC	20	False	XRAY	1.26	0.13	0.16
CHHHHHHHHHHHHHHHCCC	20	False	XRAY	2.00	0.23	0.28
...	...	...	...	...	...	...
CCEEEEECCEEEEEEEEECCCHHHHHHHHHHHHHCCCCCCEEEEE...	1305	False	XRAY	1.48	0.14	0.17
CCCCCCHHHCECCCCCEEEEEEEEEECCCHHHHHHHCHHHHHHHH...	1310	False	XRAY	2.00	0.18	0.21
CCCCCCCCCEEEEECCCEEEEEEECCCCCCCEEEEEEEEECCCCE...	1372	False	XRAY	2.00	0.20	0.23
CCCCCCCCCCCCCCCCCCEEEEEECCCEEEEEEECCCCCCC...	1440	False	XRAY	1.80	0.19	0.22
CCCCCEEECCEEEEECCCEEEEEEECEECCEEHHHCCEEEEEEE...	1632	False	XRAY	1.70	0.18	0.20

图 3　筛除序列

2. 数据处理

对收集到的折叠序列与非折叠序列进行定长处理，以一定长度的滑动窗口来滑动截取每一条序列，使所有序列的长度均为15，如图 4 所示。

整理并打碎 DataFrame，使其成为独立的序列，如图 5 所示。

添加 label，并且按照 label 进行分类，分别做成"β 折叠"和"非 β 折叠"两个数据库，如图 6 所示。

```
In [24]:  Df2['seq'].apply(lambda x:[x[i:i+15] for i in range(len(x)-14)])
Out[24]:  0     [NPVVHFFKNIVTPRT, PVVHFFKNIVTPRTP, VVHFFKNIVTP...
          1     [DLDLEMLAPYIPMDD, LDLEMLAPYIPMDDD, DLEMLAPYIPM...
          2     [EEDPDLKAAIQESLR, EDPDLKAAIQESLRE, DPDLKAAIQES...
          4     [TTYADFIASGRTGRR, TYADFIASGRTGRRN, YADFIASGRTG...
          5     [QDSRRSADALLRLQA, DSRRSADALLRLQAM, SRRSADALLRL...
                                       ...
          9073  [GDGLVPRGSHMMEIL, DGLVPRGSHMMEILR, GLVPRGSHMME...
          9074  [GSHMTQFEGFTNLYQ, SHMTQFEGFTNLYQV, HMTQFEGFTNL...
          9075  [GSGHMDKKYSIGLAI, SGHMDKKYSIGLAIG, GHMDKKYSIGL...
          9076  [SNAMKISKVREENRG, NAMKISKVREENRGA, AMKISKVREEN...
          9077  [GSHMNFKILPIAIDL, SHMNFKILPIAIDLG, HMNFKILPIAI...
          Name: seq, Length: 8994, dtype: object

In [26]:  Df2['seq15']= Df2['seq'].apply(lambda x:[x[i:i+15] for i in range(len(x)-14)])

In [28]:  Df2['sst15']= Df2['sst3'].apply(lambda x:[x[i:i+15] for i in range(len(x)-14)])
          /var/folders/xt/394rn2ls6_3crzyx_q_dljk00000gn/T/ipykernel_44972/405088355.py:1: SettingWit
          hCopyWarning:
          A value is trying to be set on a copy of a slice from a DataFrame.
          Try using .loc[row_indexer,col_indexer] = value instead

          See the caveats in the documentation: https://pandas.pydata.org/pandas-docs/stable/user_gui
          de/indexing.html#returning-a-view-versus-a-copy
            Df2['sst15']= Df2['sst3'].apply(lambda x:[x[i:i+15] for i in range(len(x)-14)])

In [29]:  Df2['sst15']
Out[29]:  0     [CCCCCECCCCCCCCC, CCCCECCCCCCCCCC, CCCECCCCCCC...
          1     [CCCCCECCCCCCCCC, CCCCCCCECCCCCCC, CCCCCCCECCC...
          2     [CCCHHHHHHHHHHHH, CCHHHHHHHHHHHHH, CHHHHHHHHHH...
          4     [CHHHHHCCCCCCCCC, HHHHHHCCCCCCCCC, HHHHHCCCCCC...
          5     [CHHHHHHHHHHHHHH, HHHHHHHHHHHHHHH, HHHHHHHHHHH...
                                       ...
          9073  [CCEEEEECCEEEEEE, CEEEEECCEEEEEEE, EEEEECCEEEE...
          9074  [CCCCCCHHHCECCCC, CCCCCHHHCECCCCE, CCCCHHHCECC...
          9075  [CCCCCCCCCEEEEEE, CCCCCCCCEEEEEEC, CCCCCCCEEEE...
          9076  [CCCCCCCCCCCCCCC, CCCCCCCCCCCCCCC, CCCCCCCCCCC...
          9077  [CCCCCEEECCEEEEE, CCCCEEECCEEEEEC, CCCEEECCEEE...
          Name: sst15, Length: 8994, dtype: object
```

图 4　定长处理

```
In [37]:  sequence1 = sum(seq15l,[])

In [38]:  sequence1
          'LVKAMGHRKRFGNPF',
          'VKAMGHRKRFGNPFR',
          'GYIPEAPRDAQAYVR',
          'YIPEAPRDAQAYVRK',
          'IPEAPRDAQAYVRKF',
          'PEAPRDAQAYVRKFG',
          'EAPRDAQAYVRKFGE',
          'APRDAQAYVRKFGEW',
          'PRDAQAYVRKFGEWV',
          'RDAQAYVRKFGEWVL',
          'DAQAYVRKFGEWVLL',
          'AQAYVRKFGEWVLLS',
          'QAYVRKFGEWVLLST',
          'AYVRKFGEWVLLSTF',
          'YVRKFGEWVLLSTFL',
          'SKYRKKHKSEFQLLV',
          'KYRKKHKSEFQLLVD',
          'YRKKHKSEFQLLVDQ',
          'RKKHKSEFQLLVDQA',
          'KKHKSEFQLLVDQAR',

In [39]:  len(sequence1)
Out[39]:  2069471
```

图 5　独立序列

利用 Python 中列表的特性对所有序列进行删除重复序列的处理，如图 7 所示。

3.数据采样

对分类的数据文件进行采样，训练、验证和测试的比例约为 7∶1∶2，如图 8 所示。

矩阵的每层由该条蛋白序列中氨基酸的特性参数组成，矩阵的层数由实验参考氨基酸的理化特性种类数决定。本研究直接使用 NCBI（美国国立生物技术信息中心）中的 BLOSUM62 矩阵，该矩阵是一个"25×25"大小的沿对角线对称的矩阵，矩阵中的数值可以体现其所在行、列对应的氨基酸残基在序列中的相似性。该矩阵不仅考虑了常见的 20 种氨基酸的缩写，还

```
In [49]: betadata=pd.DataFrame({'sequence':sequence1,'sst3':sequence2})
```

```
In [50]: betadata
```

Out[50]:

	sequence	sst3
0	NPVVHFFKNIVTPRT	CCCCCECCCCCCCCC
1	PVVHFFKNIVTPRTP	CCCCECCCCCCCCCC
2	VVHFFKNIVTPRTPP	CCCECCCCCCCCCCC
3	VHFFKNIVTPRTPPP	CCECCCCCCCCCCCC
4	HFFKNIVTPRTPPPS	CECCCCCCCCCCCCC
...	...	...
2069466	IKEMLGMKLAGIYNE	HHHHHHHHHHHCCCC
2069467	KEMLGMKLAGIYNET	HHHHHHHHHHCCCCC
2069468	EMLGMKLAGIYNETS	HHHHHHHHHCCCCCC
2069469	MLGMKLAGIYNETSN	HHHHHHHHCCCCCCC
2069470	LGMKLAGIYNETSNN	HHHHHHHCCCCCCCC

2069471 rows × 2 columns

```
In [57]: betadata['label'] = betadata['sst3'].apply(lambda x:1 if x.count('E')>7 else 0)
```

```
In [58]: betadata['label']
```

```
Out[58]: 0          0
         1          0
         2          0
         3          0
         4          0
                   ..
         2069466    0
         2069467    0
         2069468    0
         2069469    0
         2069470    0
         Name: label, Length: 2069471, dtype: int64
```

图 6　两个数据库

```
In [60]: betadata.drop_duplicates(subset='sequence',keep=False,inplace=True)
```

```
In [61]: betadata
```

Out[61]:

	sequence	sst3	label
0	NPVVHFFKNIVTPRT	CCCCCECCCCCCCCC	0
1	PVVHFFKNIVTPRTP	CCCCECCCCCCCCCC	0
2	VVHFFKNIVTPRTPP	CCCECCCCCCCCCCC	0
3	VHFFKNIVTPRTPPP	CCECCCCCCCCCCCC	0
4	HFFKNIVTPRTPPPS	CECCCCCCCCCCCCC	0
...	...	...	...
2069466	IKEMLGMKLAGIYNE	HHHHHHHHHHHCCCC	0
2069467	KEMLGMKLAGIYNET	HHHHHHHHHHCCCCC	0
2069468	EMLGMKLAGIYNETS	HHHHHHHHHCCCCCC	0
2069469	MLGMKLAGIYNETSN	HHHHHHHHCCCCCCC	0
2069470	LGMKLAGIYNETSNN	HHHHHHHCCCCCCCC	0

2054073 rows × 3 columns

```
In [64]: betadata.to_csv('去重之后beta数据.xlsx',index=None)
```

图 7　删除重复序列

```
In [74]: data0.to_csv('data0非β数据.xlsx',index=False)
         data1.to_csv('data1β数据.xlsx',index=False)

In [75]: train_nonsheet = data0.sample(frac=0.7)
         train_sheet = data1.sample(frac=0.7)
         len(train_nonsheet),len(train_sheet)
Out[75]: (1200691, 237160)

In [76]: data0_rest=data0[~data0.index.isin(train_nonsheet.index)]
         data1_rest=data1[~data1.index.isin(train_sheet.index)]
         len(data0_rest),len(data1_rest)
Out[76]: (514582, 101640)

In [77]: valid_nonsheet = data0_rest.sample(frac=0.4)
         valid_sheet = data1_rest.sample(frac=0.4)
         len(valid_nonsheet),len(valid_sheet)
Out[77]: (205833, 40656)

In [78]: test_nonsheet = data0_rest[~data0_rest.index.isin(valid_nonsheet.index)]
         test_sheet = data1_rest[~data1_rest.index.isin(valid_sheet.index)]
         len(test_nonsheet),len(test_sheet)
Out[78]: (308749, 60984)
```

图 8　进行采样

有 5 种在蛋白质一级结构序列中存在，但不常出现的缩写字符：代表天冬酰胺或天冬氨酸的“B”；代表亮氨酸或异亮氨酸的“J”；代表谷氨酸或谷氨酰胺的“Z”；代表任意氨基酸或者未知氨基酸的“X”；表示其他的“*”。在数据处理中，本研究已经排除了除 20 种常见氨基酸单字母缩写外的符号，所以，只使用 BLOSUM62 矩阵的前“20 × 20”组数据即可。

4. 网络算法

使用实验室已有算法配置进行数据转换，将 Jupyter 环境中打碎整理并随机进行选择得到的氨基酸序列中的氨基酸转换为向量的形式，向量来源于 BLOSUM62 矩阵中的数据值，如图 9 所示。

完成氨基酸序列到矩阵的转换，将每条氨基酸序列转换为“label+data”的形式，方便后续进行训练、验证和测试，如图 10 所示。

```
feature_matrix = np.array([
    [0, -2, 0, -1, -3, -2, -2, 6, -2, -4, -4, -2, -3, -3, -2, 0, -2, -2, -3, -3, -1, -2, -1], # G
    [-1, -2, -2, -1, -3, -1, -1, -2, -2, -3, -3, -1, -2, -4, 7, -1, -1, -4, -3, -2, -2, -1, -2], # P
    [0, -1, 0, -1, -1, -1, -1, -2, -2, -1, -1, -1, -1, -2, -1, 1, 5, -2, -2, 0, -1, -1, 0], # T
    [-1, 0, 0, 2, -4, 2, 5, -2, 0, -3, -3, 1, -2, -3, -1, 0, -1, -3, -2, -2, 1, 4, -1], # E
    [1, -1, 1, 0, -1, 0, 0, 0, -1, -2, -2, 0, -1, -2, -1, 4, 1, -3, -2, -2, 0, 0, 0], # S
    [-1, 2, 0, -1, -3, 1, 1, -2, -1, -3, -2, 5, -1, -3, -1, 0, -1, -3, -2, -2, 0, 1, -1], # K
    [0, -3, -3, -3, 9, -3, -4, -3, -3, -1, -1, -3, -1, -2, -3, -1, -1, -2, -2, -1, -3, -3, -2], # C
    [-1, -2, -3, -4, -1, -2, -3, -4, -3, 2, 4, -2, 2, 0, -3, -2, -1, -2, -1, 1, -4, -3, -1], # L
    [-1, -1, -2, -3, -1, 0, -2, -3, -2, 1, 2, -1, 5, 0, -2, -1, -1, -1, -1, 1, -3, -1, -1], # M
    [0, -3, -3, -3, -1, -2, -2, -3, -3, 3, 1, -2, 1, -1, -2, -2, 0, -3, -1, 4, -3, -2, -1], # V
    [-2, -2, 1, 6, -3, 0, 2, -1, -1, -3, -4, -1, -3, -3, -1, 0, -1, -4, -3, -3, 4, 1, -1], # D
    [4, -1, -2, -2, 0, -1, -1, 0, -2, -1, -1, -1, -1, -2, -1, 1, 0, -3, -2, 0, -2, -1, 0], # A
    [-1, 5, 0, -2, -3, 1, 0, -2, 0, -3, -2, 2, -1, -3, -2, -1, -1, -3, -2, -3, -1, 0, -1], # "R",
    [-1, -3, -3, -3, -1, -3, -3, -4, -3, 4, 2, -3, 1, 0, -3, -2, -1, -3, -1, 3, -3, -3, -1], # "I",
    [-2, 0, 6, 1, -3, 0, 0, 0, 1, -3, -3, 0, -2, -3, -2, 1, 0, -4, -2, -3, 3, 0, -1], # "N",
    [-2, 0, 1, -1, -3, 0, 0, -2, 8, -3, -3, -1, -2, -1, -2, -1, -2, -2, 2, -3, 0, 0, -1], # "H",
    [-2, -3, -3, -3, -2, -3, -3, -3, -1, 0, 0, -3, 0, 6, -4, -2, -2, 1, 3, -1, -3, -3, -1], # "F",
    [-3, -3, -4, -4, -2, -2, -3, -2, -2, -3, -2, -3, -1, 1, -4, -3, -2, 11, 2, -3, -4, -3, -2], # "W",
    [-2, -2, -2, -3, -2, -1, -2, -3, 2, -1, -1, -2, -1, 3, -3, -2, -2, 2, 7, -1, -3, -2, -1], # "Y",
    [-1, 1, 0, 0, -3, 5, 2, -2, 0, -3, -2, 1, 0, -3, -1, 0, -1, -2, -1, -2, 0, 3, -1], # "Q"
```

图 9　转换为向量形式

```
import numpy as np
import torch
from torch.utils.data import Dataset
from FeatureDict_blosum62 import feature_matrix
amino_acid_item = ["G","P","T","E","S","K","C","L","M","V","D","A","R","I","N","H","F","W","Y","Q"]


class dataclass(Dataset):
    def __init__(self, data_path,):
        self.file_path = data_path
        self.data, self.label, self.seq = self.get_data_label()

    def __len__(self):
        return len(self.data)

    def __getitem__(self, idx: int):
        return self.data[idx], self.label[idx], self.seq[idx]

    def get_data_label(self):...
```

图 10　转换为"label+data"形式

搭建卷积神经网络时，要严格计算网络的输入和输出矩阵的大小和层数，如图 11 所示。

主函数中的训练函数部分的截图如图 12 所示，其通过运行主函数，就能进行算法的训练、验证和测试。工程在服务器上的位置如图 13 所示。

算法在训练过程中自动计算准确率，生成准确率曲线图以做参考。测试结果的准确率需要自己进行计算。具体计算过程：对比预测结果和真实结果，如果一样则返回 1，不一样则返回 0。求其和的结果就是预测正确的数量，之后将求和结果除以总数就得到准确率。

四、实验结果和分析

第一次训练结果的准确率曲线如图 14 所示，准确率虽然很高，但这可能是数据有一定的问题，经过讨论认为：β 数据和非 β 数据的比例为 1:5，在训练过程中，算法极有可能将需要判断的序列向非 β 数据方向判断，以此提高算法的准确性。因此训练所

```
import torch.nn as nn
import torch


class Net(nn.Module):

    def __init__(self):
        super(Net, self).__init__()
        self.features = nn.Sequential(
            nn.Conv2d(in_channels=1, out_channels=64, kernel_size=(5,9), stride=(1,1), padding=(1,1)),  #input=[1,15,23]
            nn.ReLU(inplace=True),
            nn.MaxPool2d(kernel_size=3, stride=1), #input=[64,13,17] output=64 11 15
            nn.Conv2d(64, 128, kernel_size=(3,5), padding=(1,1), stride=(1,1)),  #output=128 11 13
            nn.ReLU(inplace=True),
            nn.MaxPool2d(kernel_size=3, stride=1), #output= 128 9 11
            nn.Conv2d(128, 256, kernel_size=(3, 5), padding=(1, 1), stride=(1, 1)),  # output=256 9 9
            nn.ReLU(inplace=True),
            nn.Conv2d(256, 512, kernel_size=3, stride=(1, 1)),  # output=256 7 7
            nn.ReLU(inplace=True),
            nn.Conv2d(512, 256, kernel_size=3, stride=(1, 1)),  # output=128 5 5
            nn.ReLU(inplace=True),
        )
```

图 11　搭建卷积神经网络

图 12　训练函数

图 13　工程在服务器的位置

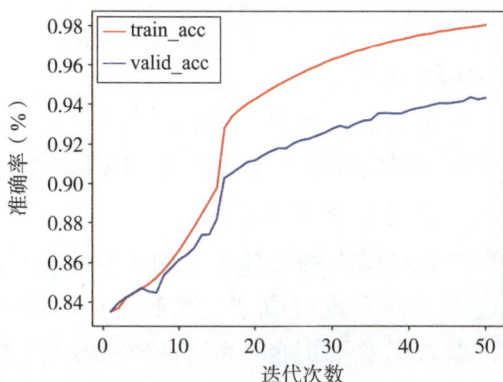

图 14　第一次训练的准确率曲线

所示。不改动验证集和测试集中的数据比例，再进行网络的训练，由图 16 可知，算法的准确率并没有之前那么高，接下来需要调整算法中的超参数再训练算法。

在第三次训练时，修改算法的学习率参数，将算法的迭代次数提升到 150 再进行训练。训练结果的准确率曲线如图 17 所示。可以发现，验证集上的准确率整体处于攀升状态，在最后阶段攀升状态不再明显，说明算法可能训练到了当前的最优状态。最终选择迭代 141 次的算法模型为最优模型，该模型在训练集上的准确率为 94.77%，验证集上的准确率为 86.08%。

在最优模型上运行测试训练集，将结果输出为 CSV 文件，分析算法在验证集上

得到的算法可能是失准的，需要对训练数据集中 β 数据和非 β 数据的比例进行调整再重新训练网络。

于是第二次训练将训练集中的 β 和非 β 的数据比例调整为 1∶1，具体操作如图 15

151

```
In [1]:  ▶  with open('train.txt','r')as f:
                 lines=[i for i in f.readlines()]

In [2]:  ▶  beta_lines=[i[2:-1] for i in lines if i.startswith('1')]
             nonbeta_lines=[i[2:-1] for i in lines if i.startswith('0')]

In [3]:  ▶  len(beta_lines),len(nonbeta_lines)

   Out[3]:  (237160, 1200691)

In [8]:  ▶  import random
             less_nonbeta_lines = random.sample(nonbeta_lines,len(beta_lines))

In [9]:  ▶  with open('train_less.txt','w+')as f:
                 for seq in beta_lines:
                     f.writelines(['1 '+seq+'\n'])
                 for seq in less_nonbeta_lines:
                     f.writelines(['0 '+seq+'\n'])
```

图 15 调整数据比例

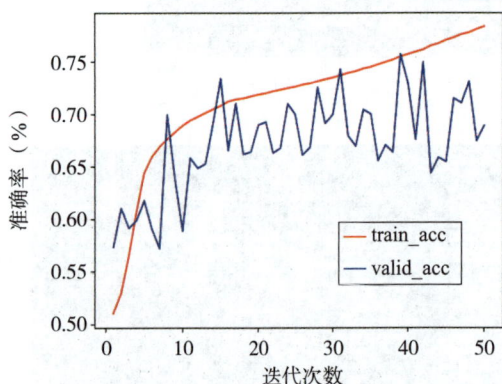

图 16 第二次训练的准确率曲线

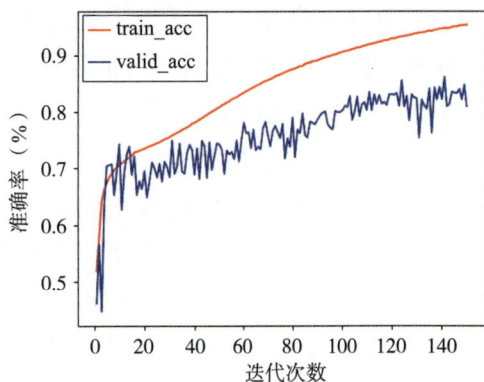

图 17 第三次训练的准确率曲线

的准确率的过程如图 18 所示，最后计算分类对比结果的整体准确率，整体准确率为 86.01%。训练数据集中共有 369733 条数据，算法只用了 32.4s 就完成加载模型、预测和输出结果的操作。

```
In [2]:  df = pd.read_csv('New_Beta3_result.csv')

In [3]:  df

   Out[3]:        label      sequence  probability  pred
           0         1  YLGTINWACPGVFSINVn     96.42%     1
           1         1  HTVRHEYTVIGQKVNVn     82.84%     1
           2         1  VVSFKGOKIRTPSPGVn      54.48%     1
           3         1  KGINASATVVNAKTGVn      73.94%     1
           4         1  GINASATVVNAKTGV/n      51.2%      1
           ...     ...          ...          ...    ...
           369728    0  GYSTLQRYLKDEWP/n     100.0%      0
           369729    0  YDKAQVINADGDTCI/n    61.03%      1
           369730    0  NYADSVENLRKMFKV\n    100.0%      0
           369731    0  LLVRWQNKTLESLJE\n    100.0%      0
           369732    0  AVCIGAFPHGDFFEE\n    100.0%      0

           369733 rows × 4 columns

In [7]:  df['is_true']=df[['label','pred']].apply(lambda x:1 if x['label']==x['pred'] else 0,axis=1)

In [8]:  is_true = df['is_true'].sum()

In [9]:  is_true

   Out[9]:  317998

In [10]:  acc=is_true/369733

In [11]:  acc

   Out[11]:  0.860074702555628
```

图 18 分析算法在验证集上的准确率

五、结　论

通过对收集到的数据进行分析，得到了满足实验需求的 β 数据集和非 β 数据集。

完成了 β 折叠结构对应序列的预测算法，该算法的准确率为 86.01%，且运算速度快，对于含有 369733 条数据的训练数据集，仅需 32.4s 就能输出结果。

六、展　望

对于蛋白质结构预测的研究方兴未艾，随着对氨基酸基准数据的扩展、网络算法的优化，通过调整训练数据比例和算法的学习率参数可以得到更加丰富的实验数据集，在进一步提高蛋白质结构预测准确率的同时，缩短运算的时间。因为研究的时间有限，今后可以进一步与其他二级结构预测算法进行平行对比，使研究结果更加完善；此外，还可以基于目前的算法，展开预测长度不限定序列成 β 折叠结构的可能性研究，以及开展对非天然的蛋白质序列进行预测，为蛋白质设计提供更多思路。

参考文献

[1] Po-Ssu Huang, Scott E Boyken, David Baker.The coming of age of de novo protein design[J].Nature, 2016, 537(7620):320-327.

[2] 高苏娟, 胡秀珍. 蛋白质中 strand-loop-strand 模体的分类 [J]. 内蒙古工业大学学报, 2009, 28(1).

探究不同植物叶绿素电池及叶绿素溶液浓度对电压电流的影响

北京市第一零一中学怀柔分校 / 田雨润 / 指导老师：苗琼

分类：生命科学

一、研究背景

叶绿素是高等植物和其他所有能进行光合作用的生物体含有的一类绿色色素。叶绿素有很多种，包括叶绿素 a、叶绿素 b、叶绿素 c、叶绿素 d、原叶绿素。

高等植物叶绿体中的叶绿素主要有叶绿素 a 和叶绿素 b 两种。叶绿素不溶于水，可溶于丙酮、乙醇和石油醚等有机溶剂，在颜色上，叶绿素 a 呈蓝绿色，叶绿素 b 呈黄绿色，它们的含量之比约为 3:1。

绿色植物在进行光合作用时，叶绿素不但能把水分解为氢和氧，而且还能把氢分解为带正电荷的氢离子和带负电荷的电子，因此植物体内有电流产生。叶绿素电池正是利用这个原理，即叶绿素吸光、遇水变成离子态，再与水进行氧化还原反应，最终产生电流。

叶绿素电池应用情景广泛，具有广阔的发展前景，但是目前处于研发初期阶段，关键环节的材料和工艺远未成熟，进入实际商业应用还有很长的路要走。

通过观察发现，校园中种植了一些竹子、柿子树和银杏。竹叶的叶绿素含量高，每百克鲜竹叶含叶绿素 400~500mg，可以

考虑从竹叶中提取叶绿素，作为叶绿素电池的生产原料。而研究柿子树、银杏的叶绿素电池也有一定的参考价值。因此，本课题将比较校园中竹子、柿子、银杏的叶绿素电池性能，筛选出最合适制作叶绿素电池的植物，进一步改变其叶绿素溶液浓度，测定电流、电压，探究其发电效率，从而找到制备叶绿素电池的最优叶绿素溶液浓度，为今后投入实际生产提供一定的理论指导。

二、实验材料
1.实验植物

竹叶、柿子树叶、银杏树叶，2021 年 10 月 20 日于校园摘取。

2.实验器材

剪刀、研钵、电能表（型号：DT-9205A）、电子秤、石英砂、100mL 量筒、250mL 烧杯、100mL 烧杯、原电池实验器。

3.实验试剂

乙醇溶液（95%）、蒸馏水。

三、研究过程
1.不同植物叶绿素电池对比

① 采样：采集同一种类植物相同生长

期的叶片，用去离子水清洗并用纱布擦干。

② 称量：用电子称称取 6g 叶片（除去叶片的叶脉），称取 3 份。

③ 取一份 6g 叶片用剪刀剪碎，放进研钵中，加入 1 药匙石英砂研磨叶片；研磨过程中少量多次向研钵中加入 95% 乙醇溶液 60mL，充分研磨 5min 后，静置 10min，使叶绿素充分溶解在乙醇中。

④ 过滤：将上述叶绿素原液用纱布过滤，收集在 100mL 烧杯中。

⑤ 将原电池实验器组装好（见图 1），正极安装碳棒，负极连接鳄鱼夹导线。取 30mL 清水倒入原电池实验器，读取电流和电压，作为对照数据。

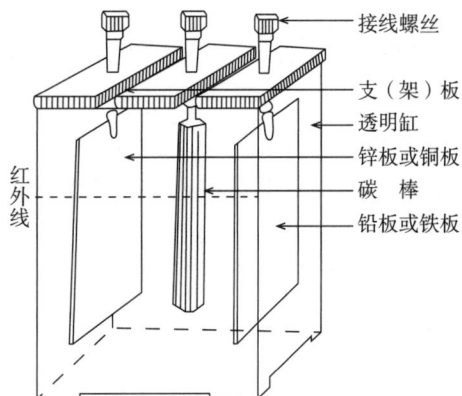

图 1 原电池实验器示意图

接线螺丝
支（架）板
透明缸
锌板或铜板
碳　棒
铅板或铁板
红外线

⑥ 量取 30mL 叶绿素原液倒入原电池实验器中，调节两个电极，插入原液相同深度。用万用表测量此时的电压和电流，电压读取稳定值，电流读取插入后的最大值，记录在表格中。

⑦ 对 3 种植物分别进行实验，每种植物重复实验 3 次。

2. 不同叶绿素溶液浓度对电流、电压的影响

① 选取发电性能最好的植物，用量筒量取 30mL 叶绿素原液置于干净的烧杯中，加入 30mL 蒸馏水稀释，均匀混合，量取 30mL 稀释溶液倒入原电池实验器。

② 用万用表测量此时的电压和电流，电压读取稳定值，电流读取插入后的最大值，记录测量数据。

③ 将原电池实验器中的叶绿素稀释溶液倒回烧杯中，加入 30mL 蒸馏水再次稀释，均匀混合，量取 30mL 稀释溶液倒入原电池实验器。

④ 用万用表测量此时的电压和电流，记录测量数据。

⑤ 以此类推，配置不同浓度的叶绿素溶液，并记录测量数据，具体配制方法见表 1。

⑥ 每种浓度重复测量 3 次，记录测量数据。

表 1　不同浓度的叶绿素溶液配制方法

组别	原液：蒸馏水（1:1）	原液：蒸馏水（1:2）	原液：蒸馏水（1:3）	原液：蒸馏水（1:4）	原液：蒸馏水（1:5）	原液：蒸馏水（1:6）	原液：蒸馏水（1:7）
配制方法	30mL 原液+30mL 蒸馏水	30mL 原液+60mL 蒸馏水	30mL 原液+90mL 蒸馏水	30mL 原液+120mL 蒸馏水	30mL 原液+150mL 蒸馏水	30mL 原液+180mL 蒸馏水	30mL 原液+210mL 蒸馏水

四、结果及分析

1. 不同植物叶绿素电池对比结果及分析

通过上述实验，我发现不同植物的叶绿素含量不同，叶绿素原液产生的电压和电流也不同。从图 2 可以看出，3 种植物叶片根据叶绿素原液产生的电压从大到小排序为柿子树叶、竹叶和银杏树叶。从图 3 可以看出，3 种植物叶片根据叶绿素原液产生的电流从大到小排序为竹叶、银杏树叶和柿子树叶。具体实验数据见表 2，综合以上结果，

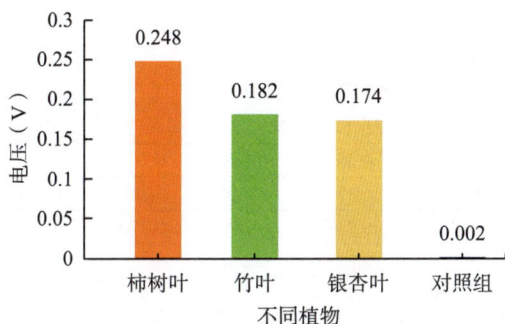

图 2　不同植物叶绿素电池的电压

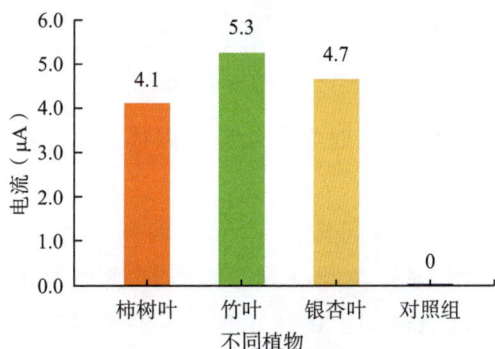

图 3　不同植物叶绿素电池的电流

表 2　不同植物叶绿素对电流电压的影响

叶片种类	产生电压（V）				产生电流（μA）			
	1	2	3	平均值	1	2	3	平均值
柿树叶	0.248	0.248	0.248	0.248	4.0	4.1	4.2	4.1
竹叶	0.178	0.183	0.186	0.182	5.8	5.9	4.1	5.3
银杏叶	0.173	0.173	0.175	0.174	4.4	4.8	4.8	4.7
对照组	0.200				0.1			

竹叶的发电能力最强。因此后续实验选择竹叶作为研究对象。

2. 不同叶绿素溶液浓度对电流、电压的影响结果及分析

从图 4 可以看出，在测试范围内，随着叶绿素溶液浓度的下降，除原液与蒸馏水比值为 1:2 时有较小的下降外，电压在原液与蒸馏水的比例为 1:1~1:5 时总体呈上升趋势，在原液与蒸馏水的比例超过 1:5 后呈现

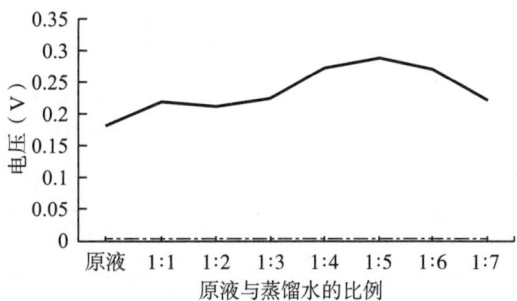

图 4　不同叶绿素溶液浓度对电压的影响

下降趋势。表明在二者比例为 1:1~1:5 时，叶绿素溶液浓度与电压呈负相关；二者比例为 1:5~1:7 时，叶绿素溶液浓度与电压呈正相关。

从图 5 可以看出，在测试范围内，随着叶绿素溶液浓度的下降，电流呈现先上升后下降的趋势，在二者比例为 1:5 时达到峰值。表明在叶绿素原液与蒸馏水的比例为 1:1~1:5 时，叶绿素浓度的下降促进电流的增加。

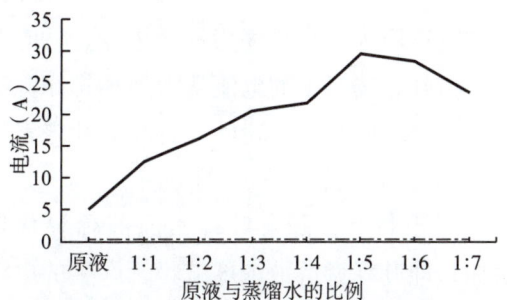

图 5　不同叶绿素浓度溶液对电流的影响

具体实验数据见表 3，通过对比可以发现，当叶绿素原液与蒸馏水的比例为 1:1~1:5 时，电压、电流都随着叶绿素溶液浓度的下降呈上升趋势。因此，从整体考虑，在测试范围内，叶绿素原液与蒸馏水

表 3　不同浓度叶绿素对电流电压的影响

叶片类型	指标		原液	原液：蒸馏水（1:1）	原液：蒸馏水（1:2）	原液：蒸馏水（1:3）	原液：蒸馏水（1:4）	原液：蒸馏水（1:5）	原液：蒸馏水（1:6）	原液：蒸馏水（1:7）
						不同稀释倍数				
竹叶	电压（V）	1	0.178	0.215	0.206	0.22	0.266	0.288	0.268	0.223
		2	0.183	0.22	0.208	0.226	0.275	0.288	0.269	0.223
		3	0.186	0.219	0.212	0.230	0.278	0.288	0.270	0.218
		平均电压	0.182	0.218	0.209	0.225	0.273	0.288	0.269	0.221
	电流（uA）	1	5.8	13.3	17.3	18.5	22.8	30.5	30.6	20.8
		2	5.9	14.2	15.2	22.4	23.2	29.7	26.9	28.2
		3	4.1	10.5	15.7	20.8	19.5	28.2	27.6	21.3
		平均电流	5.3	12.7	16.1	20.6	21.8	29.5	28.4	23.4
对照	平均电压（V）		0.002							
	平均电流（uA）		0							

的比例为 1:5 时发电效果最好。推测原因是该浓度可能更接近叶绿素在叶片中的占比，因为光合作用是一种能量转换效率非常高的反应，自然选择决定了植物的叶绿素含量可以使叶绿素细胞尽可能充分接受阳光，进行光合作用，产生能量。

五、结　论

对于 3 种实验植物，按叶绿素原液产生的电压由大到小排序为柿子树叶、竹叶和银杏树叶，按产生的电流从大到小排序为竹叶、银杏树叶和柿子树叶，竹叶的叶绿素原液发电能力最强。

对于竹叶，随着叶绿素原液稀释倍数增加，即叶绿素溶液浓度减小，产生的电流和电压均呈现先上升后下降的趋势，在叶绿素原液和蒸馏水的比值为 1:5 时达到最大值，导电性最好。

六、讨论与展望

通过实验得出在叶绿素原液与蒸馏水的比例为 1:5 时，叶绿素电池的电流和电压最大，下一步可以在叶绿素原液与蒸馏水比例为 1:4~1:6 时细化实验，以提高实验数据的精确度。

研究不同浓度叶绿素溶液电压的变化时发现，在叶绿素原液与蒸馏水的比例为 1:1~1:3 时，电压出现先上升后下降的现象。推测原因是实验操作误差和实验样本量不足，后期将进一步规范实验操作，增加实验组数，扩大样本量，提高数据的准确性和说服力。

本实验仅针对校园中的 3 种植物进行研究，后期可以针对其他常见植物进行叶绿素电池发电能力的相关研究，从而找出一种更具有地域特色的发电能力更优的植物。

研究叶绿素电池的发电能力，除了探究植物种类、叶绿素溶液浓度，还可以探究不同植物生长期、不同光照强度等因素对叶绿素电池发电能力的影响。

本研究得出竹叶的叶绿素原液发电能力较强，但叶绿素在离体后保存时间较短，因此，可以研究延长叶绿素保存时间的防腐剂和储存方式，降低叶绿素原液的损耗，进一步提高叶绿素电池的实用价值和商业价值。

七、创新点

本课题的创新之处在于，详细解析了不同植物以及不同浓度叶绿素溶液与叶绿素电池发电能力的关联，探究了植物叶绿素的发电能力，为进一步开拓绿色发电方式做出了自己的努力。

基于高峰期上下车效率的地铁车厢结构参数优化

北京市陈经纶中学／刘师宇／指导老师：黄臣、杨秋静
分类：数学

符号表

符　号	含　义	单　位	全国平均值或常见值
L_x	当下地铁的各项数据指标	m	—
L	一节标准化车厢模型车长	m	待优化
d	一节标准化车厢模型车宽	m	2.8
h	地铁门高	m	2.0
j	地铁门宽	m	待优化
p	车门边缘到座位中部的距离	m	待优化
g	座位宽度	m	0.56
c	两侧座位边缘间距	m	1.76
a	标准化人体上半身模型的肩宽	mm	363
b	标准化人体上半身模型的胸厚	mm	205.5
h	标准化人体上半身模型的高	mm	558
λ_1	普通衣服表面的平均摩擦系数	—	0.3
λ_2	普通鞋底的平均摩擦系数	—	0.4
m	乘客的质量	kg	55.5
F_N	乘客挤地铁时施加的最大动力	N	310
v	高峰期封闭地铁车厢内乘客的移动速度	m/s	0.08
φ	高峰期地铁上下车乘客的移动速度	m/s	0.1
μ	液体黏稠度	Pa·s	1200
k	流体对乘客造成的正面阻力	N	180
S_A	乘客前胸／后背的面积	m²	0.27
S_B	乘客左／右侧面积	m²	0.18
τ_x	单位面积上的流体摩擦力	N	—
Z	标准化矩阵	—	—
d	距离尺度	—	—
S	摩擦力	—	—

一、引　言

地铁是城市中快速、大运量、电力牵引的轨道交通系统，以快速、准点、稳定的特点备受人们喜爱，是一种绿色、低碳的交通方式。我国城市地铁的日均客运量高达约300万人次，其中北京和上海的地铁日均客运量可达约1300万人次。在如此高的客运量下，地铁在高峰时期必然会出现超负荷运行的情况，引发多种问题，例如：准备下车时，车内乘客难以从车厢内部移动到

车门附近，导致地铁到站时乘客无法下车；上下车时，车外乘客急于上车，导致已下车的乘客再次被外部人流挤进车厢。这些常见现象直接影响了乘客上下车的效率，而目前的缓解方案只能治标不治本，因此需要从根本上解决这些问题。

为了提高高峰时期乘客上下车的效率，本研究致力于解决上述两个问题，并提出了两个相应的解决方案。

① 缩小车门之间的间距。即在总车长不变的情况下增加地铁车门数量，以减小单个车门的人流量，减轻上下车压力，使车内乘客更容易从车厢内部移动到车门附近，从而缓解车内乘客下车难的问题。

② 增加地铁车门的宽度。这可以降低人与人之间的挤压和摩擦，使上下车更为便捷，解决了乘客在地铁门口反被外部人流挤进的问题。

由于车厢长度和车门宽度均为研究对象，因此需要找到这两个变量的最佳组合，这引出了本研究的核心问题：基于高峰时期上下车效率的地铁车厢结构参数优化。

为了研究这一问题，本文首先收集现实生活中的地铁结构参数和乘客的身体参数等基础数据以建立模型，建模时将下车乘客及车厢分别简化为长方体，而不下车的乘客和车内空隙则被简化为高黏度流体。

在分析过程中，将下车乘客模型和高黏度流体模型放入车厢模型中，研究乘客从车厢内部移动到车门附近，以及下车的过程，通过流体力学的理念计算和分析，建立车厢结构参数之间的关联函数。随后，利用模拟退火算法来逼近全局最优解，得出多个优化方案，最终通过 TOPSIS 算法确定最佳的结构参数组合。

二、地铁结构参数

经查阅相关文献[1-4]及实际考察发现，我国不同地区地铁的车型多种多样，规格也互不相同，为了研究结论的普遍性，本研究以简化的常见地铁车厢结构（见图 1）为研究对象，即每侧设置 4 个车门，以座椅的中部为基准，将整列地铁车厢长度分为 4 个部分：L_1、$2 \times L_2$、L_3；车厢宽为固定值 L_4，取不同地区地铁结构参数的平均值，作为待优化的地铁车厢尺寸，见表 1。

表 1 待优化的地铁车厢尺寸

名 称	长度（m）	名 称	长度（m）
L_1	2.10	L_3	2.18
L_2	4.88	L_4	2.80

同理，我国不同地区的地铁车门规格也不相同，为了研究结论的普遍性，取不同地区地铁车门的平均值作为分析基准，对

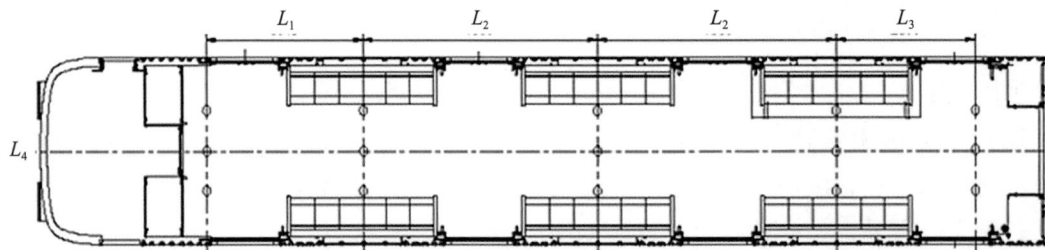

图 1 地铁车厢俯视图

车门的参数进行优化，使优化结果切合实际。地铁车门结构如图 2 所示，车门高度为 L_7，长度为 L_8，取值分别为 2m 和 1.9m。

L_8

图 2　地铁车门正视图

三、基本假设

由于本研究中许多待优化的参数不是定值且不同城市的各项数据差别较大。为解决地铁高峰期存在的问题，需要先对相关数据进行确定，才能进行后续的研究和分析。

1. 乘客形体参数确定

在研究中，由于乘客的性别、年龄、身高、体重、三围等数据不同，为使研究结果具有普适性，将乘客按照标准化人体形状进行处理，即取全国人物形体参数的平均值，数据见表 2。

表 2　标准化人体结构数据

	全国男性平均	全国女性平均	全国男女平均
肩　高	1367mm	1271mm	1319mm
上半身高	577mm	539mm	558mm
身　高	1678mm	1570mm	1624mm
体　重	59kg	52kg	55.5kg
胸　厚	212mm	199mm	205.5mm
肩　宽	375mm	351mm	363mm

在研究中，高峰期地铁内乘客要从车内移动到地铁门口，需要分析下车乘客与不下车乘客之间的摩擦力等数据。绝大多数情况下，乘客之间只有上半身会发生相互摩擦，因此在分析中只需考虑人物上半身的各项数据即可，即为表 2 中全国男女上半身平均肩宽、胸厚、上半身高 3 项指标。在此定义肩宽为 a_1=363mm，胸厚为 b_1=205.5mm，上半身高度为 h_1=558mm。

2. 地铁车厢优化范围确定

（1）标准化车厢模型

易知，各城市地铁均由多节"单节车厢"组成，将重复的"单节车厢"提取出来作为标准化车厢模型，如图 3 中的红框所示。故标准化车厢的长度 L_2 变化时，标准化车厢的数量将会随之变化，又已知地铁的总车长是固定的，故车门数量亦会随之变化，间接影响上下车效率，因此单节车厢长度为本文待优化参数之一。将待优化的标准化车厢长度定义为变量 L，对应的车厢宽度记为 d。实际运行列车 L 的平均长度为 L_2=4.88m。由上述分析知车厢长度要尽可能小才可提高上下车效率，因此取 L 最小值为车厢宽度加上两个人肩宽，即 2.88m+0.363m×2=3.606m，由此取 L 最小值约为 3.5m，同理得 L 最大值约 5.0m，故 $L \in [3.5，5.0]$（单位：m）。现实中 d 的平均长度为 L_4=2.88m 且为固定值，因此本文取 d=2.88m。

进一步将待优化的长度 L 分为 3 部分，即车门宽度 j 及其向两侧延伸距离 p，如图 4 中红框所示。车厢宽度由 3 部分组成，两排座椅宽度 g 及过道宽度 c。经查阅文献，座椅宽度 g 是定值，g=0.56m[1-3]，又由于车

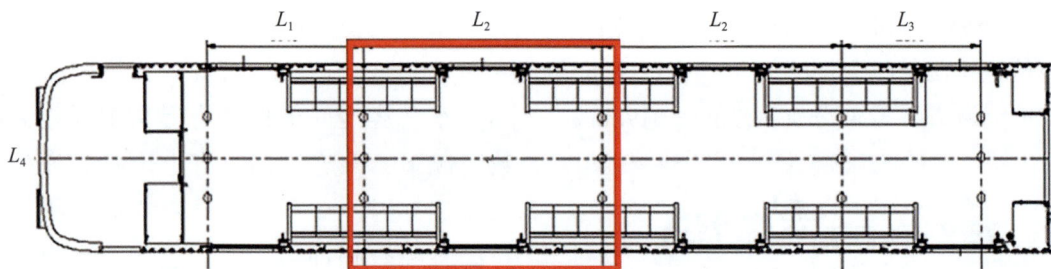

图 3　标准化列车模型俯视图

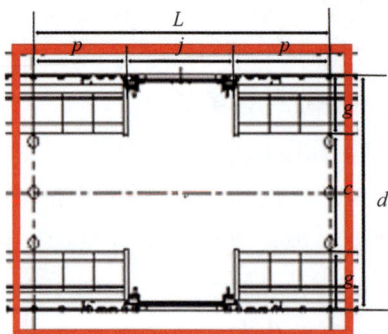

图 4　一节标准化车厢模型俯视图

厢宽度 d 为定值，因此过道宽度 c 也为定值，$c=1.76$m。

在本研究中，待下车乘客在移动的过程中，标准化车厢模型外的人物对乘客造成的影响很小，可忽略不计，因此可将标准化车厢模型视为封闭的长方体模型。

（2）半节标准化车厢模型

求解过程中将一节标准化车厢模型沿平行于过道长度的方向按照对称取一半，视为半节标准化车厢模型，如图 5 中蓝框所示，因此半节标准化车厢模型长 L，宽 $\dfrac{d}{2}$，标准同上。

（3）约　定

现实中，绝大多数地铁采取单侧门上下车，本文使用一节标准化车厢模型研究基于这种情况的优化。若为双侧门开门上下车，可采取半节标准化车厢模型进行研究。

用"人体施加的最大动力"与"阻力"差值的大小来评判上下车的易难程度。

地铁开门时，车门由中间分开，向两侧平移，在现有开门方式的基础上，可将地铁列车门改装成重叠式开门[5,6]，如图 5 所示，开门后 1 号车门的右半侧车门和 2 号车门的左半侧车门在两车门中部重叠停置，故只需满足 1 号车门右侧车门开车时不会影响 2 号车门处乘客上下车，即 $2p > \dfrac{j}{2}$。又因为

$2p = L - j$，故需满足 $L > \dfrac{3j}{2}$。

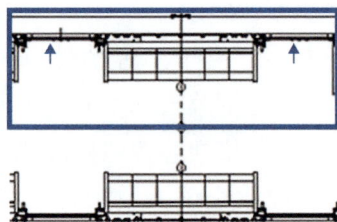

图 5　地铁车厢开门示意图

3. 乘客移动速度的确定

经调查，下车时乘客从地铁内部移向车门的过程中，乘客之间相互挤压形成的拥挤力 F_N 约为 310N。查阅文献可知，一般衣服的平均摩擦系数约为 $\lambda_1=0.3$，普通鞋底的平均摩擦系数约为 $\lambda_2=0.4$[7,8]。

乘客挤地铁的过程中，视为缓慢匀速

移动，并且因过程中人体保持竖直状态，每次的移动步幅较小，故不考虑力矩、角动量、机械能与化学能转化时的损失等因素。由相互作用力可知，下车的乘客施力挤出人流的力等于地面作用给乘客的摩擦力，当乘客可施加的最大力大于下车的乘客与其他乘客之间的接触摩擦力时，下车的乘客才可挤出人群。下车的乘客可施加的最大力 S（此处考虑最大静摩擦力等于滑动摩擦力）：

$$S=\lambda_2 \times m \times g（引力常量）\approx 218N$$

而乘客之间的摩擦力（此处考虑最大静摩擦力等于滑动摩擦力）：

$$S_1=2 \times \lambda_1 \times F_N \approx 186N$$

由上述粗略计算可得，在运行过程中下车的乘客可施加的最大力大于乘客之间的摩擦力 S_1，乘客可以挤出人流，故各项数据设定较为合理。

经相关调查及作者亲自测量计算，乘客在早晚高峰时段的封闭地铁车厢内的移动速度大约为常数 $v=0.083m/s$，上下车的乘客的速度约为常数 $\varphi=0.1m/s$。

4. 列车车门优化范围确定

设地铁门的高为 h，宽为 j，在本研究中车门高度不影响乘客上下车，视为定量，因此 $h=2.0m$。j 作为研究变量，对于实际运行的地铁，$j=L_8=1.9m$，在车门宽度优化研究中，由于车门不得过窄，因此令 j 的最小值约为四个人的肩宽，即 $0.363m \times 4=1.452m$，则取 j 的最小值为 $1.4m$，同理推算出 j 的最大值约为 $2.4m$，因此 $j \in [1.4, 2.4]$（单位：m）。

5. 模型计算假设

在早晚高峰时段人流量庞大，乘客之间的摩擦力会导致下车的乘客身体稍许偏移，

但他们会迅速调整位置。考虑到乘客之间相互作用的情况，不宜将其视为多个独立的刚体模型进行研究。因此，在研究过程中，将不下车的乘客视为均匀分布在地铁车厢内的高黏度流体。乘客在封闭车厢内的运动可以视为在充满高黏度流体的长方体内运动。

基于文献调查，对于北京、上海等高峰期人流量较大的城市来讲，一节标准化车厢模型的人数在 300 人左右，根据判断液体黏度的思路与方法，可将早晚高峰时期地铁车厢内人流黏度设为 $\mu=1200Pa \cdot s$。由于乘客在下车时是在人与人之间的空隙穿行，其正面所受阻力小于侧面所受阻力，故将正面所受阻力视为常数 $k=180N$；乘客在移动过程带动周围流体移动，故贴近乘客表面的流体速度与乘客速度相同，因此简化乘客表面流体在未开车门时速度为 $0.083m/s$，在打开车门后的速度为 $0.1m/s$。

四、模型建立、求解与评价择优

1. 模型建立

（1）研究标准化人体上半身模型

分析表 2 中人体上半身数据，可将标准化人体上半身模型视为一个椭圆体，椭圆体的长轴为标准化人体上半身模型的肩宽，即 $a_1=363mm$，椭圆体的短轴为标准化人体上半身模型的胸厚，即 $b_1=205.5mm$，椭圆体的高为标准化人体上半身模型的高，即 $h_1=558mm$，如图 6 所示。

现实中，人们习惯侧身向外挤地铁，在挤压过程中，人体任意一面均受到挤压，因此将椭圆体的人体模型简化为长方体的人体模型，长方体的长为标准化人体上半身模型的肩宽，即 $a_1=363mm$，长方体

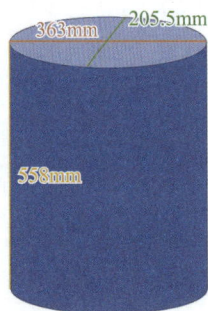

图 6　标准化人体上半身模型

的宽为标准化人体上半身模型的胸厚，即 b_1=205.5mm，长方体的高为标准化人体上半身模型的高，即 h_1=558mm，如图 7 所示。

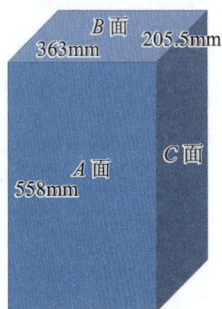

图 7　挤压时标准化人体上半身模型

基于论文 [9]，假定 A 面为人的前胸，其对立面为后背；C 面为人的左侧面，其对立面为人的右侧面。相应的面积分别为 $S_A=a_1 \times h_1=0.202554\text{m}^2$、$S_B=b_1 \times h_1=0.114669\text{m}^2$。经调整，取 $S_A=0.27\text{m}^2$，$S_B=0.16\text{m}^2$。

（2）乘客下车模型

下地铁时，乘客一般从图 8 所示黄色区域移动到上下车区域（绿色框区域），因此，本文以此过程为乘客下车模型。

2. 方案及求解

本研究针对"调整地铁车门间距方案"和"调整地铁车门宽度方案"进行了研究

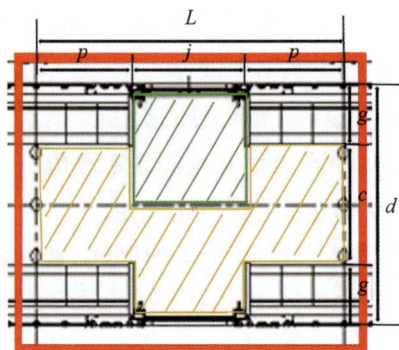

图 8　一节标准化车厢模型俯视图

和求解。在计算过程中，仅考虑乘客能够下车的情况，而没有考虑下车的难易程度。在后续的函数优化和最佳方案求解中，将考虑如何更容易地下车，以最终得出车厢长度和车门宽度的最佳组合。为确保优化结论的广泛适用性和严谨性，本文在求解过程中考虑了最复杂的情况。

（1）调整地铁车门间距求解方案

在上下班高峰时段，乘客在地铁中有两种复杂的下车情况：①站在车厢边缘处的乘客需要下车，首先移动到车厢的中心区域（见图 9 中黑色方块的移动路径），然后移动到上下车区域（见图 9 中绿色方块的移动路径），准备下车；②站在非下车车门附近

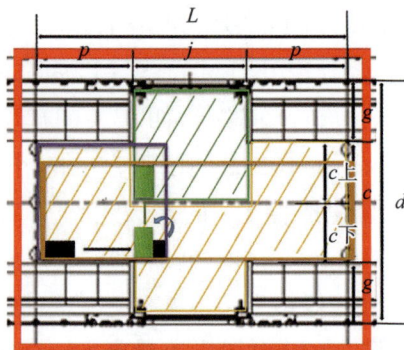

图 9　乘客由车厢边缘处换到车厢上下车区域情况

的乘客需要下车，首先移动到车厢的中心区域（见图 10 中黑色方块的移动路径），然后直接移动到上下车区域（见图 10 中绿色方块的移动路径），准备下车。这两种情况涵盖了车内乘客下车的常见情况。接下来分情况求解调整地铁门间距的方案。

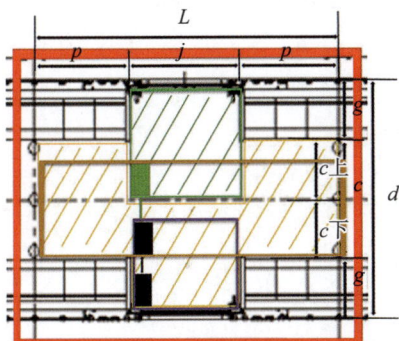

图 10　由地铁对门换到车厢上下车区域情况

• **第一种情况：乘客由车厢边缘处换到车厢上下车区域**

第一步移动：乘客从车厢边缘处移动到车厢中心区域

假设人站在座位前面，乘客从车厢边缘处移动到车厢中心区域时，图 9 中紫色框中的流体受到乘客移动的影响最大，将紫色框代表移动时的封闭管道，乘客受到的总阻力（F）为左侧面（C 面）阻力与后背（A 面的对立面）阻力的和，此时右侧面视为无阻力，前胸与座位上人不接触，不考虑前胸阻力。

$$F = f_C + f_A$$

下车乘客在移动过程中，带动与其接触的流体运动，使周围流体变形。只有贴近人体表面的流体流速为乘客运动速度，距后背最远端（图 9 紫色框上沿）的流体速度为

0，乘客在车厢内部的移动视为匀速运动，故人体表面流体和最远端流体间存在流体的速度梯度。

由流体力学黏性阻力计算方法得

$$f_A = \tau_A \times S_A = \mu \times \frac{d_u}{d_y} \times S_A = \mu \times \frac{v-0}{c-d} \times S_A$$

$$= 1200 \times \frac{0.083}{1.76 - 0.2055} \times 0.27 \approx 20.8 \text{N}$$

又因为 $f_C = k = 180 \text{N}$，故乘客从车厢边缘处移动到车厢中心区域时所受阻力为

$$F = f_C + f_A = 180 + 20.8 = 200.8 \text{N}$$

第二步移动：乘客从车厢中心区域移动到上下车区域

乘客从车厢中心区域移动到上下车区域时，图 9 中棕色框中的流体受到乘客移动的影响最大，将棕色框代表移动时的封闭管道，乘客受到的总阻力（F）为侧面（C 面）阻力与两个侧面（前胸 A 和后背 A_1）阻力的和。

$$F = f_C + f_A + f_{A1}$$

为了用流体力学求得乘客侧身下车人体前胸后背所受阻力，需考虑棕色框管道的两种情况：①假定棕色框管道两端完全封死，前胸后背所受阻力不同，②假定棕色框管道两端未封死，前胸后背所受阻力接近。

假定棕色框管道两端完全封死，则前胸后背所受流体阻力因其距封闭管道边缘的距离不同而不同，即 f_A 要远小于 f_{A1}，S_A 面距速度为 0 的界面（棕色框管道最右端）的间距为 $d_y = p + j - b$，S_{A1} 面距速度为 0 的界面（棕色框管道最左端）距离为 $d_y = p$。

由流体力学相关知识及 $p = \frac{1}{2}(L-j)$ 得

$$f_A = \tau_A \times S_A = \mu \times \frac{d_u}{d_y} \times S_A = \mu \times \frac{v-0}{p+j-b} \times S_A$$

$$= \mu \times \frac{v-0}{\frac{1}{2}(L+j)-b} \times S_A = \frac{54}{L+j-0.411}$$

$$f_{A1} = \tau_{A1} \times S_{A1} = \mu \times \frac{d_u}{d_y} \times S_{A1} = \mu \times \frac{v}{p} \times S_A$$

$$= \mu \times \frac{v}{\frac{1}{2}(L-j)} \times S_A = \frac{54}{L-j}$$

又 $\because f_C = k = 180N$

$$\therefore F = 180 + \frac{54}{L+j-0.411} + \frac{54}{L-j}$$

因人体施加的力大于阻力才可移动，故

$$218 = S \geqslant F = 180 + \frac{54}{L+j-0.411} + \frac{54}{L-j}$$

$$\because L+j-0.411 > 0 \text{ 且 } L-j > 0$$

$$\therefore 38 \times [L+j-0.411] \times [L-j] \geqslant$$
$$54[(L+j-0.411)+(L-j)]$$

$$\therefore [L+j-0.411] \times [L-j] \geqslant$$

$$\frac{54}{38}(2L-0.411)$$

又由基本不等式得

$$\left[\frac{(L+j-0.441)+(L-j)}{2}\right]^2 \geqslant$$

$$(L+j-0.411) \times (L-j)$$

有且仅有 $L+j-0.411 = L-j$，即 $j = 0.2055$ 时，等号成立。但因现实生活中 $j > 0.2055$ 一定成立，所以等号无法取得，因此：

$$\left(\frac{2L-0.411}{2}\right)^2 > (L+j-0.411) \times (L-j)$$

$$\geqslant \frac{54}{38}(2L-0.411)$$

即 $(L-0.2055)^2 \geqslant \frac{54}{19}(L-0.2055)$

$$L > \frac{54}{19} + 0.2055 = 3.04764$$

假定棕色框管道两端未封死，即人体前胸后背距离车厢两端距离不同但相近，故人体模型前胸后背受到的流体阻力也十分接近，即 f_A 接近于 f_{A1}，此时假定前胸 S_A 距离流速为 0 的界面（棕色框管道最右端）为 $d_y = p+j-b$，S_{A1} 距离流速为 0 的界面（棕色框管道最左端加一个人体宽度）为 $d_y = p+b$。

由流体力学相关知识及 $p = \frac{1}{2}(L-j)$ 得

$$f_A = \tau_A \times S_A = \mu \times \frac{d_u}{d_y} \times S_A = \mu \times \frac{v-0}{p+j-b} \times S_A$$

$$= \mu \times \frac{v-0}{\frac{1}{2}(L+j)-b} \times S_A = \frac{54}{L+j-0.411}$$

$$f_{A1} = \tau_{A1} \times S_{A1} = \mu \times \frac{d_u}{d_y} \times S_{A1} = \mu \times \frac{v-0}{p+b} \times S_A$$

$$= \mu \times \frac{v}{\frac{1}{2}(L-j)+b} \times S_A = \frac{54}{L-j+0.411}$$

$$\because f_C = k = 180N$$

$$\therefore F = 180 + \frac{54}{L+j-0.411} + \frac{54}{L-j+0.411}$$

因人体施加的力大于阻力才可移动，故得：

$$218 = S \geqslant F = 180 +$$

$$\frac{54}{L+j-0.411} + \frac{54}{L-j-0.411}$$

$$\because L+j-0.411 > 0 \text{ 和 } L-j+0.411 > 0$$

$$\therefore 38 \times [L+(j-0.411)] \times [L-(j-0.411)] \geqslant$$
$$54[L+(j-0.411)+L-(j-0.411)]$$

$$\therefore L^2-(j-0.411)^2 \geqslant \frac{54}{19}L$$

• 第二种情况：乘客由地铁非下车车门区域换到上下车区域

第一步移动： 乘客从非下车车门区域移动到车厢中心区域

乘客从非下车车门区域移动到车厢中心区域时，图10中紫色框中的流体受到乘客移动的影响最大，将紫色框代表移动时的封闭管道，乘客受到的总阻力（F）为左侧面（C面）阻力与前胸后背两个面（A面及其对立面）阻力的和，由于作用力等大反向，因此可视此时前胸后背摩擦力大小相同。

$$F = f_C + 2f_A$$

由流体力学相关黏性阻力计算方法得

$$f_A = \tau_A \times S_A = \mu \times \frac{d_u}{d_y} \times S_A = \mu \times \frac{v-0}{j-b} \times S_A$$

$$= \frac{27}{j-0.2055}$$

$$\because f_C = k = 180\text{N}$$

$$\therefore F = 180 + 2 \times \frac{27}{j-0.2055} = 180 + \frac{54}{j-0.2055}$$

因人体施的力大于阻力才可移动，故

$$218 = s \geq F = 180 + \frac{54}{j-0.2055}$$

$$\because j - 0.2055 > 0$$

$$\therefore 38 \times (j-0.2055) \geq 54$$

$$\therefore j \geq \frac{54}{38} + 0.2055 \approx 1.63\text{m}$$

第二步移动： 乘客从车厢中心区域移动到上下车区域

第二步移动情况与情况一的第二步移动情况相同，因此：

$$L > 3.04764, \quad L^2 - (j-0.411)^2 \geq \frac{54}{19}L$$

（2）调整地铁门宽度求解方案

在早晚高峰时段，人们并不会完全遵守"先下后上"这一原则，而是同时上下，这就再次构成了一个管道模型。如图11所示，黑色长方体代表乘客，黑色箭头表示移动方向。

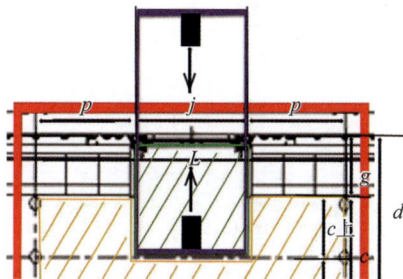

图11　由地铁对门换到车厢上下车区域情况

移动时，紫色框中的流体受到乘客移动的影响最大，将紫色框作为移动时的封闭管道，此时乘客受到的总阻力（F）为左侧面（C面）阻力与前胸后背阻力的和。

$$F = f_C + 2f_A$$

由流体力学相关黏性阻力计算方法得

$$f_A = \tau_A \times S_A = \mu \times \frac{d_u}{d_y} \times S_A = \mu \times \frac{\varphi - (-\varphi)}{\frac{1}{2}(j-b)} \times S_A$$

$$= \frac{39.6}{j-0.2055}$$

$$\because f_C = k = 180$$

$$\therefore F = 180 + 2 \times \frac{39.6}{j-0.2055} = 180 + \frac{39.6}{j-0.2055}$$

因人体施加的力大于阻力才可移动，故

$$218 \geq 180 + \frac{79.2}{j-0.2055}$$

$$\because j - 0.2055 > 0$$

$$\therefore 38 \times (j-0.2055) \geq 79.2$$

$$\therefore j \geqslant \frac{198}{95} + 0.2055 \approx 2.28\text{m}（取小值）$$

（3）求解结果

综上得到如下 4 个结果。

结果 1：$L > 3.04764\text{m}$

结果 2：$j \geqslant 2.28\text{m}$

结果 3：$L > \dfrac{3j}{2}$

结果 4：$L^2 - (j - 0.411)^2 \geqslant \dfrac{54}{19}L$

又因为 $L \in [3.5，5.0]$（单位：m），$j \in [1.4，2.4]$（单位：m），可得到如下 3 个有效结果：

结果 1：$L^2 - (j - 0.411)^2 \geqslant \dfrac{54}{19}L$

结果 2：$j \in [2.28，2.4]$（单位：m）

结果 3：$L > \dfrac{3j}{2}$

3. 车门间距及车门宽度评价寻优

（1）确定待优化的函数

通过上述计算可得 3 个较为确定的结果。将前两个结果带入到函数表达式中，并对函数进行研究，得到一个需要被优化的函数。第三个结果仅用于检验优化结论的合理性。

由结果 2 得

$$j \in [2.28，2.4]$$

可以通过 j 的大致范围和结果 1 推出 L 的大致范围，推导过程如下：

$$\because L^2 - (j - 0.411)^2 \geqslant \frac{54}{19}L$$

$$\therefore \left(L - \frac{27}{19}\right)^2 \geqslant \left(\frac{27}{19}\right)^2 + (j - 0.411)^2$$

$$\therefore L \geqslant \sqrt{\left(\frac{27}{19}\right)^2 + (j - 0.411)^2} + \frac{27}{19}$$

设置车门间距随车门宽度变化的函数 $\delta(j)$。

$$\delta(j) = \sqrt{\left(\frac{27}{19}\right)^2 + (j - 0.411)^2} + \frac{27}{19}，$$

$$j \in [2.28，2.4]$$

一节标准化车厢长度 $\delta(j)$ 随车门宽度 j 的变化规律如图 12 所示。

由图 12 可得 $L \in [\delta(j)，5]$，$\delta(j)_{\min} = 3.76$，$\delta(j)_{\max} = 3.86$。

由此设置函数 $\gamma(L)$。

$$\gamma(L) = L，L \in [\delta(j)，5]$$

如图 13 所示，拟定函数图像 $\gamma(L)$，紫色框的区域为 $\gamma(L)$ 起始值区域 3.76~3.86。由于 j 不同，$\delta(j)$ 的值不同，也就是 $\gamma(L)$ 的最小值不同。因为 L 的值为 $[\delta(j)，5]$ 中的任意值，因此 j 直接导致 L 取值范围的不同，即紫色框区域（起始值区域）的不同。

由此得到一个需要被优化的列车长度与车门宽度的函数表达式：

$$\begin{cases} \gamma(L) = L，L \in [\delta(j)，5]， \\ \delta(j) = \sqrt{\left(\dfrac{27}{19}\right)^2 + (j - 0.411)^2} + \dfrac{27}{19}， \\ L \in [2.28，2.4]. \end{cases}$$

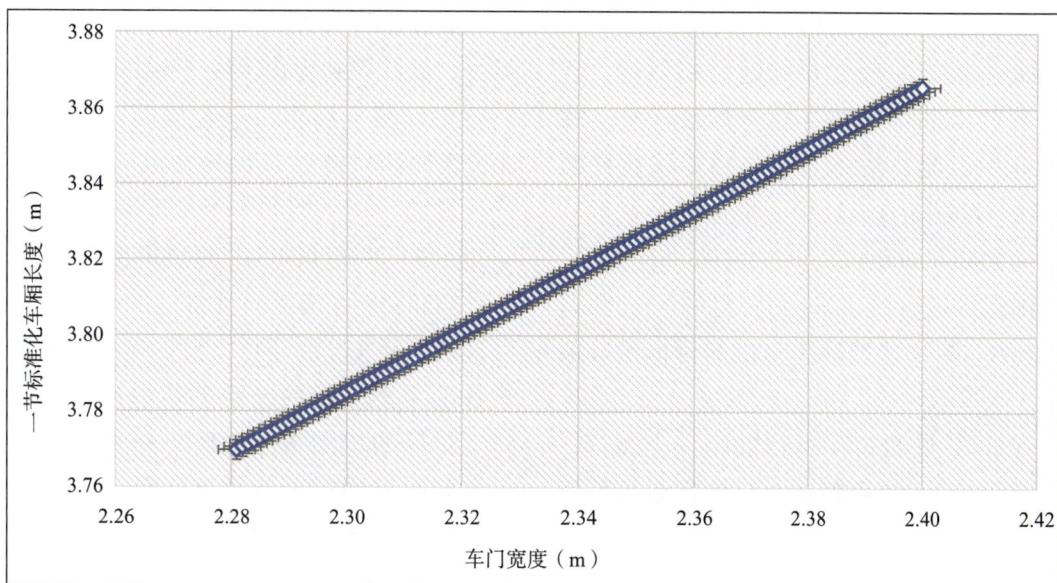

图 12　一节标准化车厢长度随车门宽度的变化

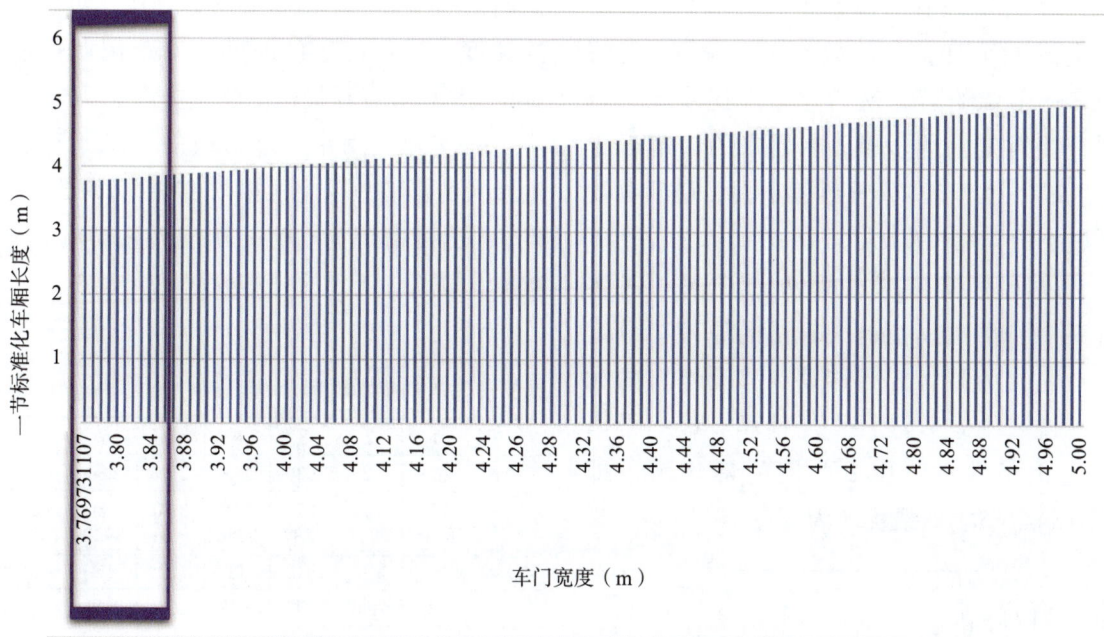

图 13　一节标准化车厢长度随车门宽度的变化

（2）模拟退火算法优化待优化函数

模拟退火算法源于固体退火原理，即将固体加温至充分高，再让其徐徐冷却，加温时，固体内部粒子随温度升高变为无序状态，内能增大，而徐徐冷却时粒子运动逐渐减慢而渐趋有序，最后在常温时达到基态，即最有序的状态，此时其内能减为最小，物质最稳定。

模拟退火算法利用了物理中固体物质的退火过程与一般优化问题的相似性，在整个解的空间中随机寻找全局最优解。在本研究中，此算法是为了得到待优化函数 $\gamma(L)=L$，$L\in[\delta(j)，5]$ 中 L 取值的最优解，进而优化函数 $\gamma(L)=L$，$L\in[\delta(j)，5]$。

随机生成 $\gamma(L)$，$L\in[\delta(j)，5]$ 的一个解 X，$X\in[\delta(j)，5]$，计算解 X 对应的目标函数值 $\gamma(X)$。

在 X 附近极小区域内取一个解 Z，$Z\in[\delta(j)，5]$，计算解 Z 对应的目标函数值 $\gamma(Z)$。

如果 $\gamma(Z)<\gamma(X)$，则将解 Z 的值赋给解 X，然后重复上述步骤；如果 $\gamma(Z)\geq\gamma(X)$，则计算接受 Z 值的概率 $P_t=e^{-|\gamma(Z)-\gamma(X)|\times C_t}$，然后生成一个 $[0，1]$ 的数 r。若 $r<p$，就将解 Z 的值赋给解 X 然后重复上述步骤，否则直接重复上述步骤，在原来的 X 附近重新生成一个新解 Z，再继续下去，最后寻找到最小的车厢长度 L。

以上为模拟退火算法的步骤。在本研究中，类比模拟退火算法的原理，设定 $C_t=1/t$，t 为乘客开始移动到移动停止的时间，代入上式并进行重复计算。最终得出待优化函数 $\gamma(L)$ 中 L 取值的最优解，即 $L=\gamma(L)_{min}=\delta(j)$。最优解为

$$\delta(j)=\sqrt{\left(\frac{27}{19}\right)^2+(j-0.411)^2}+\frac{27}{19}，$$

$$L\in[2.28，2.4]$$

式中 j 直接决定 L 的值，与函数 $\gamma(L)$ 无关，因此得到优化函数 $L=\delta(j)$。

在现实生活中，乘客偏向于更快地由非上下车区域换到上下车区域，因此 $L=\delta(j)$ 符合现实。

（3）使用 TOPSIS 算法得出结论

TOPSIS 算法是一种常用的组内综合评价算法，能充分利用原始数据信息，精确反映各个方案之间的差距。基本过程为基于归一化后的原始数据矩阵，采用余弦法找出有限方案中的最优方案和最劣方案，然后分别计算各评价对象与最优方案和最劣方案之间的距离，获得各评价对象与最优方案的相对接近程度，以此作为评价优劣的依据。在本项目中，由于要考虑到用尽可能快的速度、尽可能短的时间下车，因此借助 TOPSIS 算法得到最佳的优化方案。

在实际应用中，毫米级的变动不会产生过大的影响，因此根据图 12 所示的数据，将 j 的分度值定为 0.01，算出 L 相对应 j 的数据，并将 j 与 L 的基本数据填入表 3。

将表 3 中的数据纳入非标准化矩阵 z_0。

表 3　j 与 L 的基本数据

方　案	1	2	3	4	5	6	7
j	2.28	2.29	2.30	2.31	2.32	2.33	2.34
L	3.76 8935	3.77 6903	3.78 4887	3.79 2886	3.80 09	3.80 8929	3.81 6972
方　案	8	9	10	11	12	13	
j	2.35	2.36	2.37	2.38	2.39	2.40	
L	3.82 5031	3.833 104	3.841 191	3.84 9293	3.85 7409	3.86 5539	

$$z_0 = \begin{cases} 2.28 & 3.768935 \\ 2.29 & 3.776903 \\ 2.30 & 3.784887 \\ 2.31 & 3.784887 \\ 2.32 & 3.800900 \\ 2.33 & 3.808929 \\ 2.34 & 3.816972 \\ 2.35 & 3.825031 \\ 2.36 & 3.833104 \\ 2.37 & 3.841191 \\ 2.38 & 3.849293 \\ 2.39 & 3.857409 \\ 2.40 & 3.865539 \end{cases}$$

由上文可得，车门宽度 j 越大越好，车厢长度 L 越小越好。故需将 z_0 中第 2 列关于车厢长度 L 的数据进行正向化处理，使得较小的值可以拥有一个较高的评分。即将 $z_{0i,2}$ 进行正向化处理，其中 max 为 $z_{0i,2}$ 中最大值即 $z_{013,2}$，$\hat{z}_{i,2}$ 为矩阵 z_0 经过正向化处理的数值，得

$$\hat{z}_{i,2} = \max - z_{0i,2}$$

将进行正向化处理后的以上元素重新放入矩阵 z_0 中得到新的矩阵 x。

$$x = \begin{cases} 2.28 & 0.096604 \\ 2.29 & 0.088635 \\ 2.30 & 0.080652 \\ 2.31 & 0.072653 \\ 2.32 & 0.064639 \\ 2.33 & 0.056610 \\ 2.34 & 0.048566 \\ 2.35 & 0.040508 \\ 2.36 & 0.032435 \\ 2.37 & 0.024347 \\ 2.38 & 0.016246 \\ 2.39 & 0.008130 \\ 2.40 & 0 \end{cases}$$

为了消除不同数据量纲的影响，有必要对正向化的数据进行标准化归纳，记标准化矩阵为 z。其中 $z_{ij} = \dfrac{x_{ij}}{\sqrt{\sum_{i=1}^{13} x_{ij}^2}}$ 是矩阵中的元素。

现已对数据进行了相应的处理，可以计算方案的得分了。由于每一个方案具有多个指标，因此可以用向量 z_i 表达第 i 个方案，并将其放入标准化矩阵 z 中。

$$z = \begin{cases} 0.270204 & 0.469542 \\ 0.271389 & 0.430813 \\ 0.272574 & 0.392009 \\ 0.273759 & 0.353130 \\ 0.274944 & 0.314178 \\ 0.276130 & 0.275153 \\ 0.277315 & 0.236056 \\ 0.278500 & 0.196888 \\ 0.279685 & 0.157649 \\ 0.280870 & 0.118340 \\ 0.282055 & 0.078961 \\ 0.283240 & 0.039515 \\ 0.284425 & 0 \end{cases}$$

将矩阵每一列中最大的数值提取出来，构成理想最优解。

$$\begin{aligned} Z^+ &= \left\lfloor Z_1^+, Z_2^+ \right\rfloor = \left[\max\{z_{11}, z_{21}, \cdots, z_{131}\}, \right. \\ & \quad \left. \max\{z_{12}, z_{22}, \cdots, z_{132}\} \right] \\ &= [0.284425, 0.469542] \end{aligned}$$

同理得，理想最劣解。

$$\begin{aligned} Z^- &= \left\lfloor Z_1^-, Z_2^- \right\rfloor = \left[\min\{z_{11}, z_{21}, \cdots, z_{131}\} \right. \\ & \quad \left. \min\{z_{12}, z_{22}, \cdots, z_{132}\} \right] = [0.270204, 0] \end{aligned}$$

由此计算每个目标到理想最优解的欧氏距离如下：

$$D_i^+ = \sqrt{\sum_{j=1}^{2} \left(z_j^+ - z_{ij}\right)^2}$$

同理计算每个目标到理想最劣解的欧氏距离如下：

$$D_i^- = \sqrt{\sum_{j=1}^{2}\left(z_j^- - z_{ij}\right)^2}$$

由此得到各方案到理想最优解和理想最劣解的欧氏距离，见表 4。

根据 $S_i = \dfrac{D_i^-}{D_i^+ + D_i^-}$ 得出 13 种方案的期望选择值，见表 5。

由此得到方案 1 最优，即 j=2.28，L=3.768935 为最优解。因此，将车门从目前的 1.9m 增宽到 2.3m，将标准化车厢长度 L_2 从原来的 4.88m 减小到 3.77m，可以增大乘客的上下车速率，提高乘客上下车效率。

4. 结　论

综上，标准化车厢长度和车门宽度需满足结果 3：$L > \dfrac{3j}{2}$。经验证，优化结论成立。故车门宽度取 2.3m，标准化车厢长度 L_2 取 3.77m 为车厢最佳结构参数。

五、反思与改进

本研究对地铁车厢结构参数进行了优化研究，但仍存在一些不足。首先，采用全国各地常见数据无法准确反映各城市的独特性。其次，本研究中简化了人体模型、车厢模型，无法完全还原乘客在地铁车厢中的表现。再次，计算摩擦力时未考虑人体下半身、背包和箱子等因素，对精确度有一定影响。最后未考虑力矩、角动量等对摩擦力的影响及机械能与化学能之间的转化损失等因素。

改进建议：对于特定情况如双侧开门上下车或特定城市地铁的优化数据，需重新采集数据并使用新数据进行计算；精细化人体模型和车厢模型；量化经济、人文、社会等重要维度，将不同维度的量化数据应用于 TOPSIS 算法进行综合计算，得出更优解。

通过上述改进，有望提高地铁车厢结构参数优化的准确性和实用性。

参考文献

[1] 任天浩. B 型地铁列车车门等间距布置方案 [J]. 城轨技术, 2014, (4):72-75.

[2] 孙立权, 王忠杰. 国内 B 型地铁列车门间距的设计分析 [J]. 装备机械, 2015, (4):15-17.

[3] 聂文斌. B 型地铁列车客室车门非等间距布置方案研究 [J]. 技术与市场, 2012, 6(19):177-178.

表 4　各方案到理想最优解和理想最劣解的欧氏距离

方　案	1	2	3	4	5	6	7	8	9	10	11	12	13
D_i^+	0.014221	0.040864	0.078434	0.1169	0.155653	0.194566	0.233594	0.272719	0.31193	0.351221	0.390588	0.430029	0.469542
D_i^-	0.469542	0.430815	0.392016	0.353148	0.314214	0.275217	0.236163	0.197062	0.157934	0.118819	0.079846	0.041609	0.014221

表 5　各种方案的期望选择值

方　案	1	2	3	4	5	6	7	8	9	10	11	12	13
S_i	0.970603	0.913364	0.833279	0.751303	0.668729	0.585839	0.502734	0.419477	0.336127	0.252786	0.169728	0.088223	0.029397
排名	1	2	3	4	5	6	7	8	9	10	11	12	13

[4] 刘玉文. 地铁列车客室侧门间距与站台屏蔽门关系的探讨 [J]. 电力机车与城轨车辆, 2014, 6(28):50-51.

[5] 梁汝军, 陈志. 上海 13 号线地铁列车控制的冗余设计 [C]// 动车、客车学术交流会论文集, 南车南京浦镇车辆有限公司动车设计部, 2012.

[6] 许荣俊. 一种地铁内藏门系统承载驱动机构的分

析与研究 [J]. 装备应用与研究, 2019.

[7] 孙辰逸. 鞋底防滑性能影响因素研究 [J]. 轻工技术与工程, 2016.

[8] 顾钰华, 费国平, 张红, 等. 玻璃地面摩擦系数的测试分析 [J]. 玻璃, 2018, 45(3).

[9] 解伟光, 黎鳌, 汪仕良. 一种计算成人体表面积的简化公式 [J]. 技术与方法, 1992, 2(14):171.

北京市中学生身体意象现状调查研究

北京市第一七一中学 / 徐梦媛 / 指导老师：李昆　吴丽军

分类：行为和社会科学

一、研究背景

积极的身体意象（Body Image）是个人心理健康的重要标志之一，对青春期的青少年来说，身体意象的构建是青春期自我概念构建的重要环节。研究表明，青春期是身体意象最具可塑性的时期，身体意象对青少年的身心健康有着重要影响，甚至关系到青少年成年后的生活，青春期的青少年非常关注自身身体意象的构建。因此，了解青少年群体的身体意象现状并探究其原因，对于提高青少年的心理健康水平是十分重要的。本研究基于马如梦修订的《多维自我体像关系调查问卷（MBSRQ）中文修订版量表》，结合如今的青少年问题进行评价。

二、研究意义

1. 理论意义

身体意象的相关研究至今已有近百年历史，众多研究者从不同角度、针对不同群体开展众多研究并取得了一些成果。但我们发现，在关于青少年身体意象的研究中，针对北京市中学生进行的调查与研究较少。

2. 实践意义

本研究对北京市中学生展开调查，在深入了解北京市中学生身体意象满意度现状的基础上，向北京市初高中学校提出更有针对性的建议，改善北京市中学生的心理健康水平，帮助北京市中学生形成更加积极的身体认知，推动中学生以积极乐观的心态学习、生活。

三、研究问题

① 了解北京市中学生身体意象现状。

② 初步探究北京市中学生身体意象的影响因素。

③ 针对北京市中学生身体意象的现状和影响因素，结合中学生生活实际，为改善中学生身体意象满意度提供建议。

四、概念与方法

1. 身体意象的概念研究

人类对身体意象的相关研究始于生理学与神经病理学领域。起初，相关学者运用身体意象描述患者因脑部损伤引起的身体知觉扭曲现象，并对人类中枢神经系统的运行进行研究。

澳大利亚精神分析学家保尔·谢尔德在其著作《人体的意象与外貌》中首次提出身体意象的概念，并将身体意象引入心理学领域。他指出，身体意象是人类大脑中对自己身体产生的图像，也就是身体在我们自己眼中的样子。

1935 年，美国弗吉尼亚州老道明大学 Thomas F. Cash 教授认为身体意象是个体对自己身体的外表、体型、健康等特征的态度与评价，包含两个相互联系又相互独立的部分：感知觉（对身体的估计）和态度（对身体的评价与关注）[1]。

我国对身体意象的研究始于 20 世纪 90 年代。高笑、陈红（2006）在《消极身体意象者的注意偏向研究进展》中对身体意象的解释是"身体意象包括对身体生理、心理功能的认知、态度（如情感、评价）及对行为的影响。它是一个多维度的结构，是自我概念的基本成分[2]。"

张春兴（1992）在《张氏心理学辞典》中将身体意象定义为个人对自身身体特征的一种主观性的、综合性的、评价性的概念，包括对身体各方面特征的了解（如强弱等）与看法（如美丑等），也包括他感觉到的别人对他身体状貌的看法[3]。张春兴认为，身体意象积极是个人心理健康的标志，乐观接纳自己的身体并使其发挥应有的功能才是心理健康之道。

2. 身体意象的测量方法研究

随着身体意象理论的不断发展，为了满足多样化的研究需求，身体意象测量方式不断增加。其中，《多维自我体像关系调查问卷》是目前使用较为广泛的身体意象相关量表之一，包含相貌评估、相貌倾向、舒适评估、舒适倾向、健康评估、健康倾向、疾病倾向、身体部位满意、超重和自我分类共 10 个维度，能够较为准确地反映成人与 15 岁左右青少年的身体意象状况。

马如梦（2006）对《多维自我体像关系调查问卷》进行修订[4]，修订后的问卷分为 10 个维度、共 93 题，修订后的问卷更加符合中国的文化背景与语言习惯，推动了身体意象相关研究在中国的发展。

五、研究方法

1. 问卷调查法

对马如梦的《多维自我体像关系调查问卷（MBSRQ）中文修订版量表》进行部分调整，用作本研究的问卷。例如，考虑到中学校规禁止化妆，将"外出之前，我通常要化妆"修改为"外出之前，我通常想化妆"；结合中学生生活实际，将题目中"书刊杂志"修改为"博主"；将"我想通过整形美容手术改善自己的外观"改为"我想在未来通过整形美容手术改善自己的外观"等。同时将问卷题目按照不同维度重新排序，方便使用问卷星进行统计。

本研究采用网络问卷的方式对北京市初一年级至高三年级的学生进行问卷调查，共收回问卷 907 份，其中，有效问卷共 903 份。从性别来看，男性 425 人，女性 478 人；从年级来看，初一年级 289 人，初二年级 113 人，初三年级 126 人，高一年级 239 人，高二年级 98 人，高三年级 38 人。

2. 访谈法

本研究对参与问卷调查的部分同学进

行访谈（共 15 人），访谈提纲采取半结构式，其中，固定题目 9 道，随机开放性题目 3 道。

六、研究数据分析

1. 北京市中学生身体意象总体情况

从表 1 可知，北京市中学生身体意象平均得分为 3.25，对身体意象的满意程度总体上在一般到满意之间。在参与问卷调查的学生中，对自己身体意象评价为满意（4 分及以上）的同学约占 0.8%，评价为一般（3 到 4 分）的同学约占 80.3%，评价为较为不满意（3 分以下）的同学约占 18.9%。可见，中学生对自身身体意象的评价以一般和不满意为主，大多数同学对自身身体意象存在较多不满意之处。

表 1 北京市中学生身体意象总体情况（总分 5 分）

	相貌评估	相貌倾向	舒适评估	舒适倾向	健康评估
平均得分	3.37	2.98	3.25	3.31	3.34
	健康倾向	疾病倾向	超重	身体部位满意	平均得分
平均得分	3.11	2.96	2.43	3.72	3.25

各维度平均得分在 2.43 至 3.72，其中，超重平均得分最低，为不满意水平，说明大部分中学生对自身体重不满意；身体部位满意平均得分最高，接近满意水平；相貌评估

部分低于身体部位满意得分，说明中学生对身体各部位总体较为满意，但对个别身体部位的不满会对自身外貌的总体满意程度产生较大影响。

2. 北京市中学生身体意象年龄差异

从图 1 和表 2 可以看出，六个年级中初一、初二平均得分均为 3.27，得分较高；高三年级平均得分为 3.20，在六个年级中得分最低。从六个年级的得分差异可以清晰看出，随着年级的增长，学生的身体意象得分总体上呈现下降趋势。

从图 2 相貌评估年龄差异折线图中可以看出，各年级学生相貌评估平均得分在 3.30~3.44，为一般到满意水平，情况较好。在图 3 相貌倾向年龄差异折线图中，各年级相貌倾向平均得分在 2.90~3.11，为不满意到一般水平；高三年级相貌倾向得分最高，为 3.11 分。

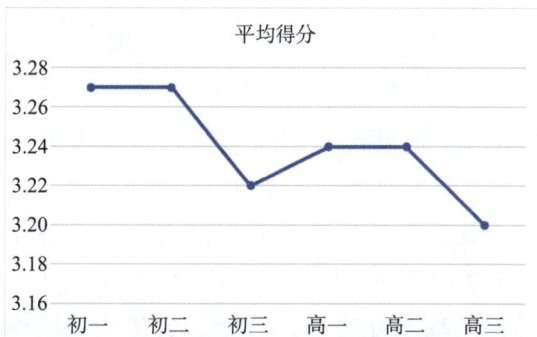

图 1 平均得分年龄差异折线图

表 2 北京市中学生身体意象年龄差异

年 级	相貌评估	相貌倾向	舒适评估	舒适倾向	健康评估	健康倾向	疾病倾向	超重	身体部位满意	平均得分
初一	3.44	2.90	3.21	3.34	3.30	3.17	2.90	2.37	3.86	3.27
初二	3.44	3.00	3.32	3.34	3.38	3.08	2.97	2.35	3.75	3.27
初三	3.32	2.94	3.30	3.29	3.28	3.11	2.93	2.48	3.66	3.22
高一	3.30	3.02	3.21	3.31	3.35	3.09	3.06	2.46	3.66	3.24
高二	3.30	3.07	3.33	3.29	3.42	3.02	2.94	2.53	3.62	3.24
高三	3.36	3.11	3.11	3.17	3.42	3.01	3.01	2.47	3.53	3.20

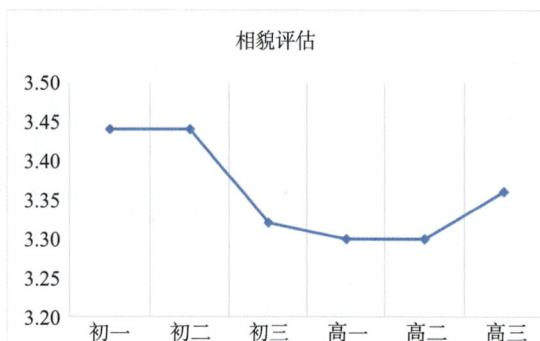

图 2　相貌评估年龄差异折线图

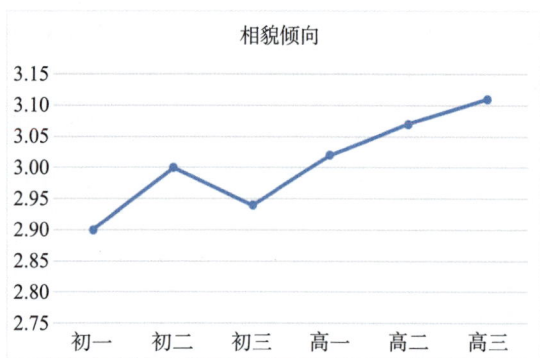

图 3　相貌倾向年龄差异折线图

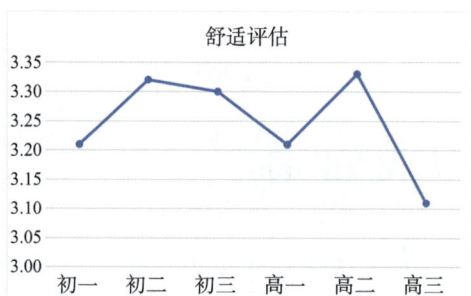

图 4　舒适评估年龄差异折线图

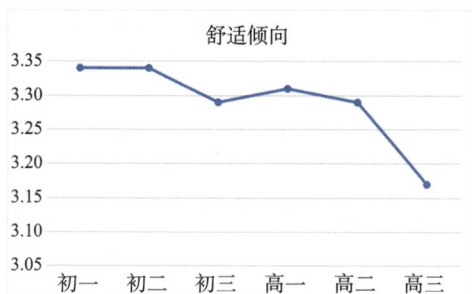

图 5　舒适倾向年龄差异折线图

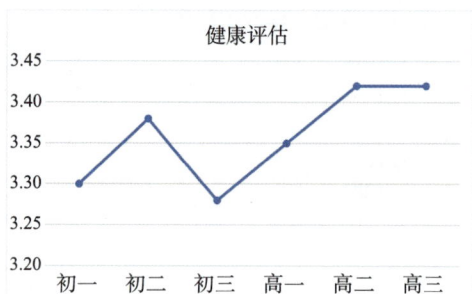

图 6　健康评估年龄差异折线图

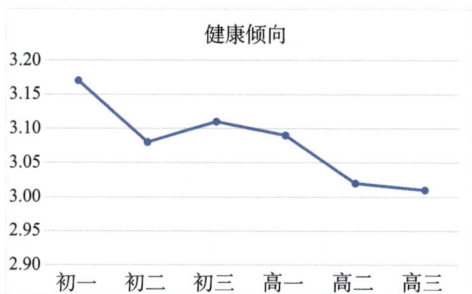

图 7　健康倾向年龄差异折线图

舒适评估年龄差异如图 4 所示，各年级得分均在 3.1 分以上，为一般至满意水平。舒适倾向年龄差异如图 5 所示，各年级得分均位于一般至满意水平，自初一年级至高三年级，得分总体呈下降趋势。

健康评估年龄差异如图 6 所示，各年级学生健康评估得分均较高，总体上随年龄增长呈现上升趋势，但初二至初三年级得分下降。如图 7 所示，各年级学生健康倾向得分均在 3 分以上，对自身身体状况的关注情况为一般至较好水平，整体随年龄增长呈现下降趋势。如图 8 所示，中各年级疾病倾向得分在 2.90~3.05，且高中各年级得分普遍略高于初中各年级。可以看出，各年级学生均对自身身体健康有一定了解，并认为自己较为健康，但对自身身体状况

的关注程度会随着学业压力的增大而下降。相对于初中，高中各年级学生对于自身身体

疾病倾向

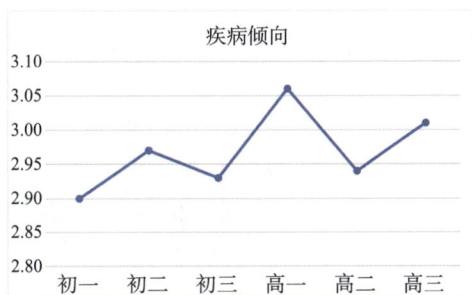

图 8　疾病倾向年龄差异折线图

状况更加了解，能够更加及时地关注自身是否患病，并作出一定的应对措施。

体重方面，从图 9 可以看出，各年级超重得分均在 3 分以下，得分较低，为不满意水平，但整体呈现上升趋势，即随着心理的成熟，中学生逐渐能够更加乐观地看待自身身体的变化，但仍会受到对自身体重不自信等因素带来的负面影响。

超重

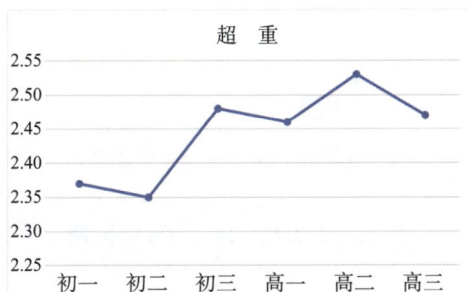

图 9　超重年龄差异折线图

身体部位满意年龄差异如图 10 所示，各年级得分均较高，其中初一年级得分最高，为 3.86 分；高三年级得分最低，为 3.53 分，整体随年龄增长呈现下降趋势。

身体部位满意

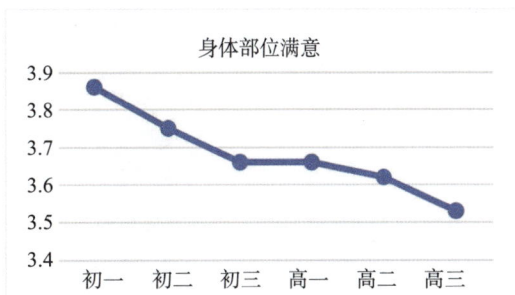

图 10　身体部位满意年龄差异折线图

3. 北京市中学生身体意象性别差异

由表 3 中可知，北京市男女中学生身体意象平均得分相同，均为 3.25 分，但各维度得分有一定差异，即男女生在观察与评价自身身体时侧重点有所不同。

如图 11 所示，在相貌评估方面，男女生得分都在一般与满意之间，得分较高且差别不大，男生得分略高于女生。图 12 所示男生相貌倾向得分明显低于女生，即在中学阶段，男生对于自身外貌的关注少于女生。

如图 13 所示，在舒适评估方面，男女生舒适评估均为 3.25，在一般至满意之间，

相貌评估

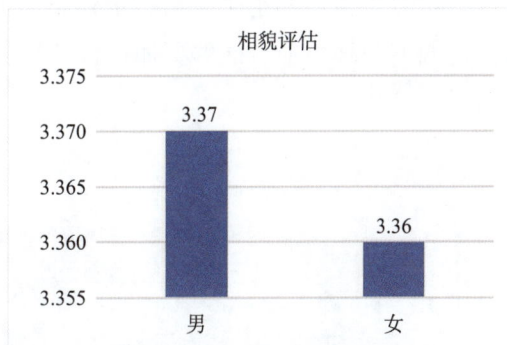

图 11　相貌评估性别差异柱状图

表 3　北京市中学生身体意象性别差异

性别	相貌评估	相貌倾向	舒适评估	舒适倾向	健康评估	健康倾向	疾病倾向	超重	身体部位满意	平均得分
男	3.37	2.85	3.25	3.34	3.33	3.12	2.93	2.48	3.79	3.25
女	3.36	3.09	3.25	3.28	3.35	3.10	2.98	2.39	3.66	3.25

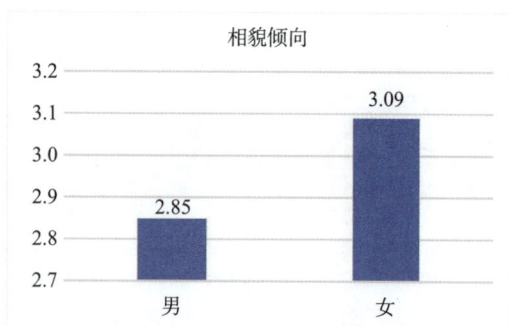

图 12　相貌倾向性别差异柱状图

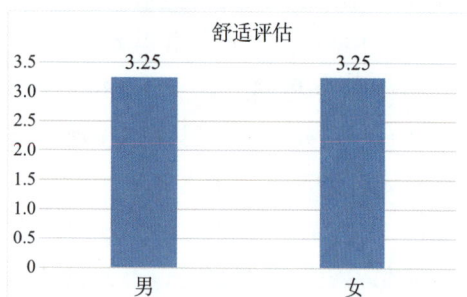

图 13　舒适评估性别差异柱状图

即男女生在中学阶段对自己体育能力的评价相近，能够达到通过各项体育考试的水平。如图 14 所示，男生舒适倾向得分高于女生，可见男生在初中阶段相对于外貌，更加关注自身身体素质，能够更加积极地投身体育训练之中。

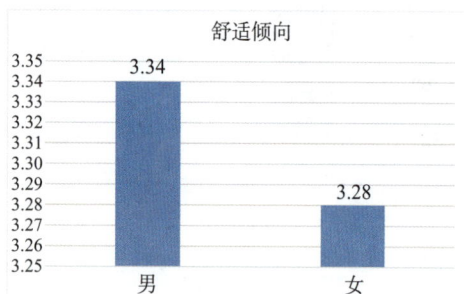

图 14　舒适倾向性别差异柱状图

如图 15 所示，在健康评估方面，男女生得分均在 3.33 分以上，差别不大，对自

己的身体健康状况较为满意。如图 16 所示，在健康倾向方面，男女生平均得分仅相差 0.02。如图 17 所示，在疾病倾向方面，男女生得分也较为接近，靠近一般水平，即中学阶段男女生对身体健康的重视程度无明显差别，但都有一定欠缺。

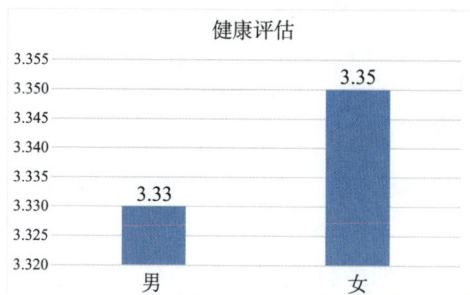

图 15　健康评估性别差异柱状图

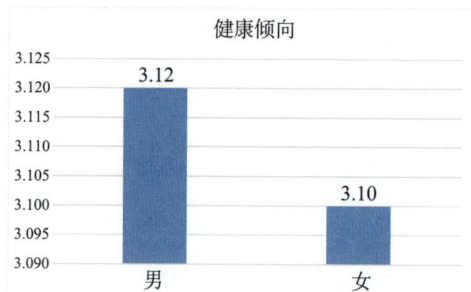

图 16　健康倾向性别差异柱状图

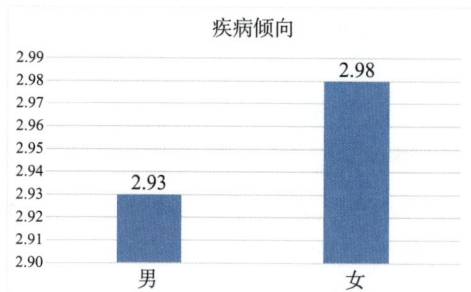

图 17　疾病倾向性别差异柱状图

如图 18 所示，在超重方面，男女生得分均较低，即中学阶段男女生对自身体重均存在不满意现象，其中女生相对男生得分更

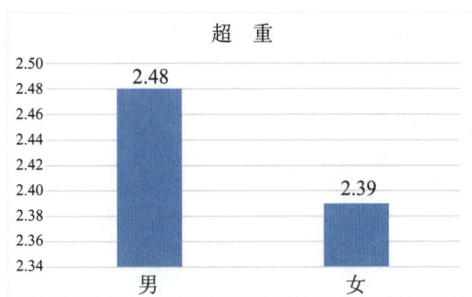

图 18 超重性别差异柱状图

低,可见女生对于自身体重的关注多于男生且对自身体重存在更多不满。

如图 19 所示,在身体部位满意方面,男女生得分均较高,即中学阶段男女生对身体大多数部位较为满意。

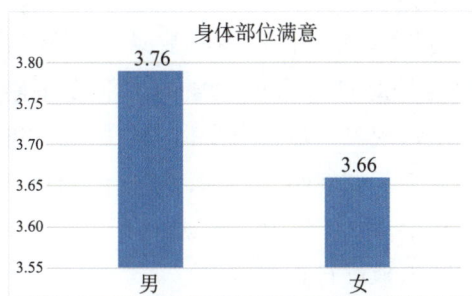

图 19 身体部位满意性别差异柱状图

七、影响因素分析

1. 个人成长

在中学阶段,身体意象得分随年龄的增长呈现下降趋势。结合相貌评估与相貌倾向得分情况可知,初一、初二学生对自己的外貌较为满意、关注较少,但随着年龄的增长,以及青春期身体、心理的发育,中学生对自身身体的变化及各部位特征的关注度增加,更容易注意到身体各部位的不足,因此对相貌的评价出现降低的现象。随着身心发育逐渐成熟,学生对于相貌的关注不断加强,学生会加强对外貌的管理,

使得相貌评估得分在高三年级出现增长。

因此,在中学阶段,学生在成长过程中的身心变化能够改变学生对自身身体状况的关注,并对学生身体意象满意程度产生一定影响。

2. 学校影响

（1）学业对身体意象的影响

从初一年级至高三年级,舒适评估得分波动较大,舒适评估得分上升的初二年级,学生需加紧八百米、一千米等各体育项目的训练,以应对初二年级的体育测试及体育中考,在训练的过程中不断提升身体素质及运动能力,学生对自身运动技能的评价有所提升。体育中考结束后,学生对体育的关注程度降低,部分同学忽视了坚持体育锻炼的重要性,导致身体素质与运动能力下降。高一开学后,学生的运动能力在学校体育课的各项锻炼中得到提升,高三时,由于高考带来的压力,学生日常体育活动减少,对体育的关注减少,舒适评估得分随之下降。

综上,在学校生活中,体育课与学业压力会对学生的身体意象产生影响。适量的体育活动能够改善学生的身体素质,提高学生舒适评估得分,从而对提高身体意象满意度产生促进作用;而过大的学业压力会降低学生参与体育锻炼的积极性,不利于身体意象满意度的提升。

（2）周围同学对身体意象的影响

"我被同学说皮肤黑,唇毛也不好看。"

"我面部有缺陷,去过医院,面对好看的同学时会不自觉地想自己为什么不能长成这样,也会感到自卑。别人评价我的外貌时,我也不够自信,总觉得他们说的都是对的,影响自己的心情,不过至少我的体育

还是比较不错的。"

"我觉得每个同学都有自己的闪光点，所以我不太嫉妒别人的外表，但别人对我的评价偶尔也会引起我的容貌焦虑。"

"当我听到身材苗条的同学说起周末又喝了几大杯奶茶，长胖了多少时，我就会对自己的身材感到不满意。"

以上是部分同学在访谈中提到的周围同学对自身身体意象产生的影响，不难看出，周围同学对中学生身体意象的影响主要分为同学对自己的评价和同学之间的比较两方面。

中学生在与同学交往的过程中比较重视同学对自身的看法，因此，同学对中学生身体的正面评价有利于提高中学生的身体意象，而负面评价可能会导致身体意象满意度降低。

在访谈中，许多同学表示会将自己与其他同学的外貌进行比较，一部分同学看到比自己更好看的同学时，会产生自卑的心理，也有的同学会选择欣赏其他同学，并向其他同学学习维持良好身体状态的方法。由此可见，正确看待同学之间的相互比较，能够改善中学生的身体意象满意度。

3. 家庭影响

许多同学提到，家长对于自己的外貌和体重没有要求，但会为自己报名跆拳道、乒乓球等体育兴趣班，目的是提升身体素质。也有部分同学表示，自己并不喜欢家长安排的课程，却必须要去学习，因此与家长产生了矛盾。

综上，家庭对于身体意象的影响主要在身体素质方面，家长通过体育兴趣班提升学生身体素质的同时重视学生的爱好，能够

更好地提升学生参与运动的积极性，从而改善学生的身体意象。

4. 社会影响

很多同学在访谈中提到，自己的审美主要受互联网的影响，上网时会将自己与明星、网红作比较，并在比较中产生不自信的心理。同时，当今社会存在一些不健康的审美，网络中也存在对他人的外貌、身材进行恶意评价的不良风气，这种现象导致学生对自身体重及样貌的不自信，降低学生的身体意象满意度。

八、建 议

1. 对个人的建议

对个人而言，青少年要认识到随着年龄的增长对自身身体意象的关注度不断增加是正常现象，对自身身体意象的满意度会影响青少年的情绪、心理，甚至影响正常的学习和生活，了解这一客观事实，青少年可以有意识地进行正向调整。

对于身体意象中不可轻易改变的部分，要学会坦然接受，可以将更多精力放在提升自我的内在修养方面，通过学识或者人品获得他人的认可以及自我的肯定。这种情况下，青少年要自觉降低对身体意象的关注度，将关注点更多地放在其他方面。

对于身体意象中经过努力可以改变的部分，比如体重等，青少年则可以了解相关知识，安排系统的训练，同学之间互相鼓励和督促，通过锻炼进行自我修复，从而提升对自身意象的满意度，同时可以对自身经验进行总结推广，从而对更多同学产生影响。

对于来自网络或社会的一些审美观，青少年要有自己的理性判断，正确的观点可

以采纳，错误的观点要自觉抵制，不要让错误的观点或者言论对自身产生不良影响。

2. 对家长的建议

青少年还处于成长阶段，思想观念不是很成熟，家长对孩子的影响是最重要的。家长应该以身作则构建积极的身体意象，同时要明确青少年构建积极身体意象的重要性，了解不良的自身身体意象会对学生产生诸多负面影响。

在平时的言谈举止中家长要注意给孩子正向引导。如果孩子已经出现了对自己身体意象不满意的问题，家长要适时疏解孩子的不良情绪，引导他们正确看待自我身体意象，将兴趣点放在其他领域，或者通过自身的努力改变身体状况。

家长要多和孩子交流沟通，在孩子愿意通过努力改变自身身体意象时，家长要多听孩子的意见，在选择体育课程时重视个人兴趣，为孩子选择喜欢的运动，不能单凭家长的意愿，避免不必要的矛盾。

3. 对学校的建议

学校对青少年形成积极的身体意象也发挥着非常重要的作用。

在各年级的心理课程教学中，针对不同年级，心理教师应该增加相应的对自我身体意象进行认知和出现问题如何调试的内容，对青少年进行专业系统的教育。对已经出现问题的学生，心理教师可以进行单独的心理辅导，给予青少年适时的帮助。在不同年级针对学生中存在的问题开展相关内容的主题班会，摆出问题和现象，引导学生交流、讨论，进而形成正确的认识。在有序的引导中最大程度地消灭问题，避免同学间因不正确的观点和言论造成的伤害。必要的时候，学校可以开办家长课堂，对家长进行相关培训，从而取得家校合力的效果。

从调查研究中能了解到体育运动可以帮助学生构建积极的身体意象，提升学生对自己的身体意象满意度。学校应该充分利用体育课，适度增加体育课的安排，针对学生存在的问题，体育教师可以安排针对性的训练。例如，让学生自由选择运动器材，设计更有新意的游戏活动，让学生在提高身体素质的同时，增加参与体育运动的积极性，进而改变自己的身体状况，提高对自身身体意象的满意度。

4. 对社会的建议

政府应该加强对广播和电视节目的审批和监管，宣传多元审美，引导青少年降低对外表的过度关注，帮助青少年形成积极向上的自我身体意象。

如今是网络时代，政府应该加强对网络的监管，特别是网络中存在的人身攻击现象。同时减少产生了不良影响的营销号等的推送，必要时对其进行封禁。公众人物应该以身作则，发挥正向引导的作用，推动审美的多元化发展。

参考文献

[1] Cash F T. The Image and Appearance of the Human Body: Studies in the Constructive Energies of the Psyche[J]. JAMA: The Journal of the American Medical Association, 1935, 105(13):1066.

[2] 高笑, 陈红 . 消极身体意象者的注意偏向研究进展 [J]. 中国临床心理学杂志, 2006(03):272-274.

[3] 张春兴. 张氏心理学辞典 [M]. 上海: 上海辞书出版社, 1992.

[4] 马如梦. 多维自我体像关系调查问卷（MBSRQ）的初步修订及其与人格类型的相关性研究 [D]. 西安: 中国人民解放军空军军医大学, 2006.

远离焦虑现象，聚焦高中生心理发展

——高中生为何焦虑及解决和预防焦虑

北京市大峪中学 / 高佳音 / 陶术研 田頔 王金杰

分类：行为和社会科学

一、研究背景

前段时间，一个名为《二舅治好了我的精神内耗》的作品在各大网络平台上被疯狂转发。作品通过讲述"二舅"这样一个普通农民的故事，向观众传递了一种"即使面对生活的苦难也要淡定且坦然地生活下去"的正能量，精神内耗和精神焦虑的话题再次进入大众视线。

根据 2022 年《中国新闻周刊》发布的数据，我国青少年罹患焦虑症、抑郁症的数量高达 25%。随着时代的进步，科技快速发展，社会变化速度加快，需要的人才水平也越来越高，青少年被迫进入"内卷"，在"内卷"中变得更加焦虑。虽然适当的焦虑和压力能够促进青少年主动发展，但是过度焦虑对青少年来说百害而无一利。

过度焦虑会导致失眠、注意力不集中，高中生正处在学习的关键阶段，失眠、注意力不集中会导致学习效率下降，学习成绩下降。学习成绩下降又带给学生更多焦虑，加重失眠和注意力不集中，形成恶性循环。部分学生甚至会患上神经官能症，出现头疼、多汗、心跳加速等生理问题。焦虑会导致学生情绪暴躁，严重的还会导致焦虑症和抑郁症。

因此，迫切需要研究高中生产生焦虑情绪的原因，分析原因的本质，帮助高中生减少焦虑情绪。

二、研究方法

1. 文献法

确定开展本研究所依据的相关理论，以图书馆、互联网作为主要搜集、查阅范围，组织学习、研究相关理论及适用范围，在实践中检验和丰富相关理论。

2. 调查法

确定调查目的和调查对象的取样范围，制定调查提纲和调查计划，通过口头访问、问卷调查、测验评定等手段展开实际调查，搜集并整理调查资料，撰写调查报告。

3. 统计归纳法

基于文献法和调查法的研究结果，对所搜集的数据资料进行整理、计算、分析、统计、检验和归纳。

三、研究过程

1. 开题阶段

① 搜集国内外资料，了解焦虑症和抑郁症的定义，查阅官方关于高中生焦虑情绪的报告。

② 理清思路，确定选题框架，整理研究的问题结构。

2. 调查阶段

① 制定调查问卷，在学校内随机向高年级同学发放调查问卷。

② 分析调查结果，研究个案，形成有效的预防或减轻高中生焦虑情绪的对策。

3. 结题阶段

对调查结果进行数据统计和分析，查阅相关资料，最后汇总成调查报告。

4. 文献研究

文献 [1] 采用"家庭亲密度和适应性量表""焦虑自评量表""抑郁自评量表"进行集体测评，结果表明家庭亲密度和家庭适应性与焦虑、抑郁有明显负相关，家庭亲密度和家庭适应性对抑郁的预测比对焦虑的预测更重要。家庭环境是影响高中生心理健康的重要原因之一。

文献 [2] 采用"显性焦虑测验问卷"对随机选取的 1130 名高中生进行测试，结果发现，有近 20% 的高中生存在轻度的考试焦虑，有 25% 左右的高中生存在中度考试焦虑，而存在重度考试焦虑的高中生比较少。毕业班学生显性焦虑和考试焦虑的人数占比显著高于非毕业班学生，女高中生显性焦虑和考试焦虑的人数占比显著高于男高中生。

文献 [3] 利用参数检验中的独立样本 t 检验和单因素方差分析等方法对数据进行分析。分析结果表明，焦虑与抑郁之间有明显的高相关性（$r=01754$，$P<0101$）。对抑郁和焦虑的检出率进行比较，结果发现，二者的检出率具有较高的一致性。

四、调查结果分析

1. 数据分析

本次调查问卷（见图 1）总计 1000 份，主要面向本校高中学生，调查采取随机抽样法。调查结果（见图 2、图 3）显示，257 人认为经常焦虑，621 人认为自己偶尔焦虑，122 人觉得自己几乎不怎么焦虑。因此在 1000 名高中生中，焦虑频率中等和焦虑频率较高的人数占总人数的 88% 左右，由此可见，大部分学生有一定的焦虑情绪。

结果中，因焦虑引起心跳加速、头晕头疼，以及呕吐等生理症状的学生人数相比于因焦虑引起情绪波动、注意力不集中及

高中生焦虑产生原因及解决方案调查

1. 你是否会感到焦虑？
经常感到焦虑□ 偶尔感到焦虑□ 基本不会感到焦虑□

2. 你是否因为焦虑出现过生理反应？
失眠□ 上课无法集中精力□ 自残行为□
其他生理反应（请补充）＿＿＿＿＿＿＿＿

3. 你是否因为焦虑出现心理异常？
是□ 否□

4. 你认为焦虑产生于何处？（可多选）
父母不理解□ 老师的责骂□
成绩不理想□ 自我目标□
其他（请补充）＿＿＿＿＿＿＿

5. 你是否会时刻关注他人的评价？
是□ 否□

6. 当达不到预期的时候是否会对自己失望？
是□ 否□

7. 你平时怎样缓解压力？
听歌□ 阅读□ 倾诉□ 运动□ 适当的游戏□
其他（请补充）＿＿＿＿＿＿＿

8. 你会主动去心理咨询吗？
会□ 不会□

9. 你认为去心理咨询是一件尴尬的事情吗？
是□ 否□

10. 你为什么会觉得心理咨询尴尬呢？
＿＿＿＿＿＿＿

11. 你会对拖延和逃避问题吗？
经常□ 偶尔□ 不会□

12. 你会感到自卑吗？
经常□ 偶尔□ 不会□

图 1　调查问卷

中学生感到焦虑的情况

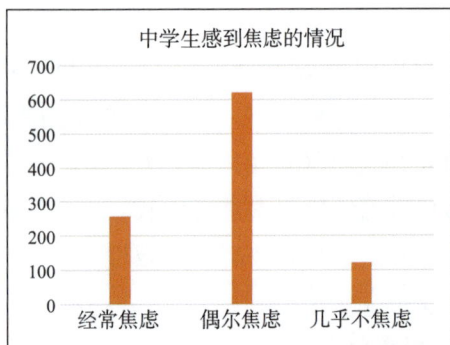

图 2　调查数据统计（1）

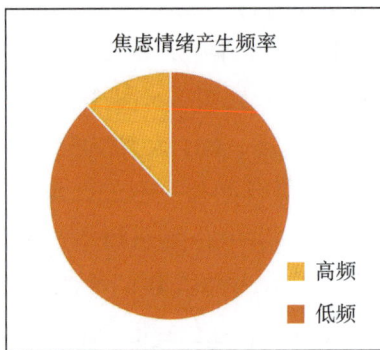

焦虑情绪产生频率

　　高频
　　低频

图 3　调查数据统计（2）

失眠症状的人少一些。其中，因焦虑引起心跳加速、头晕头疼，以及呕吐等生理症状的学生有 114 人，因焦虑引起情绪波动、注意力不集中及失眠症状的学生有 886 人。这表明在解决焦虑情绪时，应侧重于学生的心理情绪控制及心理建设问题。

　　在关于焦虑产生原因的调查数据中，认为是学习原因和自我目标问题的占比减少，大部分学生认为是家庭问题和人际关系问题给自己带来了焦虑情绪。因此，在解决学生的焦虑问题时，应重点关注学生对于家庭问题和人际关系的处理方法。

　　学生产生焦虑情绪后，大部分学生选择通过听歌、运动等方式进行排解，选择诉说的比较少。选择进行心理咨询的人远远少于选择用其他方式排解焦虑情绪的人。

　　关于"为什么不去做心理咨询"，调查问卷设置了开放式问题，答案可以归类为以下几个，有的学生觉得有心理疾病的人才会去做心理咨询，自己没有心理疾病不需要去心理咨询；有的学生受到传统观念的影响不愿意去心理咨询室，有些老师和家长不了解焦虑和抑郁，他们将焦虑情绪简单归咎于学生的心理承受能力不行，学生会在这种压力下放弃心理咨询的想法；有的学生潜意识里觉得心理咨询玄之又玄，更倾向于通过自我消化来解决问题。

2. 个案分析

　　在调查中，面对心理咨询等问题，很多同学会选择逃避，他们觉得心理咨询是一件很尴尬的事情，会感到自卑。但我关注到有个别同学则持相反观点，他们的问卷呈现积极乐观的心态，不会感到自卑。我仔细分析他们的问卷，并对他们做了简单的采访，发现老师、家长对他们的教育比较开放，这让他们有更好的认知水平和更健康的心理。同时他们有良好的生活习惯，比较自律，这些习惯也让他们能更好地化解焦虑情绪。

五、产生焦虑情绪的原因

　　学生产生焦虑情绪的原因是多种多样的，其中，家长、老师、学习成绩，以及同学之间的人际关系是主要原因。

1. 学习成绩的压力使得学生产生焦虑

　　高中生即将面临高考，很多学生会产生"考不好我就完了""高考落榜我就没有希望了"的感觉。他们不断追求好成绩，不断和优秀的人比成绩，在一次又一次的自我批评中消耗心理资源，从而产生焦虑情绪。

2. 自我期望值太高

当期望值与自身实际能力不符时会形成巨大的落差，这种落差会使得学生不断否定自己，觉得自己要达到期望值是一件很难的事情，压力随之增大，产生焦虑情绪。

最明显的案例就是制定计划，很多学生希望在极短的时间内完成一项巨大的任务，但目标过高，很难完成。计划不能完成或者反复失败会使学生形成巨大的心理落差和焦躁感，继而产生焦虑情绪。

3. 缺少自信

缺少自信的学生往往更容易产生焦虑情绪。他们对自我的评价大多基于外界的评论，他们的信心也大多通过外界来塑造。他们过度关注他人对自己的评价，稍微出现不好的评价就会让他们陷入不断的自我反思当中。这样的自我反思更多会形成一种精神内耗，继而产生焦虑情绪。

4. 人际关系处理不好

高中生处于情感高度敏感时期，情感波动比较大。有些时候，会因为随口说的话伤害了同学，但是又不知道怎样道歉，或被人排挤等产生焦虑情绪。

5. 家长和老师的批评

有些家长和老师在教育孩子时会谩骂和贬低孩子，其情绪会潜移默化地影响孩子，尤其是共情能力强的孩子，会对老师和家长的话更加敏感。久而久之，孩子会因自己无法达到老师和家长的要求，丧失对学习或者生活的信心，最终产生焦虑情绪。

六、缓解焦虑的方法

焦虑情绪的产生有多方面的原因，一般可以分为外因和内因。要想缓解焦虑情绪和预防焦虑情绪的产生，也需要"内外结合"

1. 外部方面

① 家长方面。家长要及时关注孩子的心理变化，有些家长会因工作繁忙，而忽视了孩子的心理变化。家长要做到合理关注，很多家长会通过翻阅孩子日记、偷看手机、检查私人物品等行为对孩子进行关注，这样反而会激发孩子的逆反心理。家长可以定期和孩子进行谈话，不需要正襟危坐，尽量创造一个轻松的氛围，与孩子进行平等交流，了解孩子的想法，而非控制孩子的想法。

② 教师方面。教师要坚决贯彻素质教育方针，平等对待每一个学生。在注重成绩的同时，更要关注学生的身心健康，对学生加以引导。对于学习成绩不那么好的学生，要用发展的眼光看待他们。不能简单地批评和责骂，应引导学生发现自己的问题，并帮助他们改正。对于厌学的学生，应先给予充分的关心和理解，再利用教学手段激发学生的学习兴趣。

③ 学校方面。很多学校虽然设置了心理咨询室，也配备了心理健康教师，但并没有得到充分利用。学校应组织学生学习如何减轻压力，可用心理咨询室进行一些趣味活动，让学生了解心理咨询，放下对心理咨询的偏见，学会合理利用心理咨询。

2. 内部方面

① 学生应学会根据自己的实际情况，合理制定目标和计划。清晰的目标和计划能帮助学生建立清晰的思维，将学习和生活安排理顺。每天学习结束后，先总结自己做得好的地方，然后给自己一点小小的奖励，通过点滴积累，能够获得一种成就感，从而建立自信。

② 每个人都有自己的独立意识，作为最了解自己的人，学生应当树立肯定自我的意识。每天早晨起来对着镜子笑一笑，告诉镜子里的自己，你很棒，你不要在意别人的目光，在潜移默化中形成一种自信。

③ 参与一项运动或发展一项爱好。爱好可以开拓视野，促进学生全面发展，并且会让学生的大脑处于一种轻松愉悦的状态。运动能够促进大脑的多巴胺分泌，即产生所谓的快乐因子，可以在一定程度上预防焦虑。

④ 正视心理咨询。心理咨询并非灵丹妙药但也绝非洪水猛兽，它能够起到一定的辅助作用，在自己无法处理心理障碍或者有焦虑情绪却无处排解时，心理咨询是一个很好的选择。

七、结　论

一言以蔽之，减少高中生焦虑任重而道远，但无论前路多么困难，都应该正视焦虑是一种正常的负面情绪，积极从内外两方面缓解焦虑，预防产生焦虑情绪。当我们面对焦虑的高中生时，应当给予充分的关心和理解，多和他们交流，放松他们的心情，帮助这些焦虑的同学渡过难关。

参考文献

[1] 魏俊彪 . 家庭环境与高中生焦虑、抑郁的关系研究 [J]. 中国学校卫生 , 2003, 24(4):2.

[2] 戴斌荣 , 任亮 . 高中生焦虑心态的调查研究 [J]. 河北师范大学学报：教育科学版 , 2003, 5(1):4.

[3] 魏俊彪 . 高中生焦虑抑郁症状及相关因素的研究 [J]. 中国公共卫生 , 2003, 19(4):2.

以昌平区为例的市民"互联网 + 生活垃圾回收"现状调查

北京市昌平区第二中学 / 刘婷玉 / 指导老师：张淑春 刘颖 石雪飞

分类：行为和社会科学

一、研究背景

2022 年 10 月 16 日召开的中国共产党第二十次全国代表大会明确提出推动绿色发展，促进人与自然和谐共生。基于这一思想理念，结合北京市自 2020 年 5 月 1 日起正式实施的新版《北京市生活垃圾管理条例》，确立了"以昌平区为例的市民'互联网 + 生活垃圾回收'现状调查"的研究项目。

昌平区是北京市的郊区，具有以下特点。

① 昌平区总面积 1343.5 平方公里，其中，山地面积约占总面积的 60%，其垃圾分类与回收的状况可以作为郊区的典型代表，这一点区别于城区。

② 昌平区是北京重要的高等教育和科研机构聚集区之一，也是国家级科技园区——中关村国家自主创新示范区核心区的重要组成部分。

③ 截至 2022 年 10 月，昌平区下辖 8 个街道、4 个地区、10 个镇，覆盖不同类型的居民居住环境，调查昌平区"互联网 + 生活垃圾回收"现状可以充分反映百姓对于"互联网 + 生活垃圾回收"模式的看法。

④ 昌平区拥有亚洲最大的社区——回天社区，人员聚集更容易造成环境污染。研究昌平区"互联网 + 生活垃圾回收"现状有利于保护环境、减少污染，使居民拥有更

优美的居住环境。

⑤ 昌平区拥有 2 个国家级森林公园，是北京"母亲河"——温榆河的发源地。研究昌平区"互联网 + 生活垃圾回收"现状有利于生态环境保护，促进人与自然和谐共生。

二、研究目的和意义

1. 研究目的

① 了解昌平区"互联网 + 生活垃圾回收"模式给社区居民带来了哪些便利。

② 了解昌平区"互联网 + 生活垃圾回收"模式存在哪些问题。

③ 根据调查结果，提出对于"互联网 + 生活垃圾回收"模式的改进建议。

2. 研究意义

① 通过调查使"互联网 + 生活垃圾回收"模式更加完善，提高生活垃圾回收效率。

② 通过调查增强百姓的垃圾分类回收意识，使人们的生活质量及幸福指数不断增长。

三、研究内容和方法

1. 研究内容

① 调研公司 A 服务的社区居民对于"互联网 + 生活垃圾回收"模式服务过程中有关环保金奖励金额的相关问题。

② 调研公司 B 服务的社区居民对于"互联网 + 生活垃圾回收"模式服务过程中有关环保金奖励金额的相关问题。

③ 调研公司 A 和公司 B 服务的不同年龄段社区居民对于"互联网 + 生活垃圾回收"模式的使用情况及建议。

④ 调研公司 A 和公司 B 对于"互联网 + 生活垃圾回收"模式的服务情况。

2. 研究对象

① 公司 A 服务的昌平区温泉花园小区、冠雅苑小区、王府温馨公寓、宏福苑小区居民。

② 公司 B 服务的宁馨苑小区、建安里小区居民。

③ 公司 A 和公司 B 服务的社区中不同年龄段的居民。

④ 公司 A 和公司 B。

四、研究过程与实例分析

1. 环保金奖励金额

① 对公司 A 服务的温泉花园小区、冠雅苑小区、王府温馨公寓、宏福苑小区的 36 位居民进行访谈，了解公司 A 服务过程中有关环保金奖励金额的相关问题。调查问题是"您所在的公司 A 服务的小区环保金奖励金额是多少？"居民回答："上门回收书籍纸板类一般为 1.2 元 / 公斤，混合类一般为 0.5 元 / 公斤。"

② 对公司 B 服务的宁馨苑小区、建安里小区的 29 位居民进行访谈，了解公司 B 服务过程中有关环保金奖励金额的相关问题。调查问题是"您所在的公司 B 服务的小区环保金奖励金额是多少？"居民回答："书纸类、可回收物一般为 0.8 元 / 公斤，小件玻璃容器类单独收集一般为 0.1 元 / 公斤。"

③ 查找资料。关注昌平区"互联网 + 生活垃圾回收"公司 A 和公司 B 的公众号及微信视频号，分析两家回收公司的环保金奖励金额。

④ 情况分析：通过对居民进行访谈，可知昌平区两家回收公司存在环保金奖励金额不统一的问题。根据两家公司的公众号

或微信视频号的介绍，发现两家公司确实存在环保金奖励金额不统一的问题。由于环保金奖励金额不统一，居民经常会因为自己所在的小区环保金奖励金额比另一公司低而决定将可回收垃圾卖给楼下收废品的人，而不是交给由政府管理的"互联网＋生活垃圾回收"公司，这影响了居民参与垃圾回收的积极性。

⑤ 解决方法：针对环保金奖励金额不统一的问题，垃圾回收公司应通过商讨形成本地区统一的标价，计算出一套合理的奖励方案，并在公司公众号上进行公示，保证垃圾回收的公平性。

2. 不同年龄段群体的适应程度

① 对宁馨苑小区和宏福苑小区的 15 位社区老年居民进行访谈，了解老年人群体对于"互联网＋生活垃圾回收"模式的适应程度。调查问题包括，您是否使用社区内的"互联网＋生活垃圾回收"模式进行生活垃圾回收？您觉得"互联网＋生活垃圾回收"模式怎么样？

得出结论：昌平区"互联网＋生活垃圾回收"服务模式在老年人群体中并未广泛流行，老年人经常把生活垃圾扔进楼下的垃圾桶或卖给小区收废品的人，这导致老年人家中产生的生活垃圾并未得到有效回收。许多老年人想要使用"互联网＋生活垃圾回收"模式进行垃圾回收，但因为不会使用手机而无法了解具体回收过程，最终只能扔进楼下垃圾桶。

② 对宁馨苑小区和宏福苑小区的 22 位中青年居民进行访谈，了解中青年群体对于"互联网＋生活垃圾回收"模式的适应程度。调查问题包括，您是否使用社区内的"互联

网＋生活垃圾回收"模式进行生活垃圾回收？您觉得"互联网＋生活垃圾回收"模式怎么样？

得出结论：昌平区"互联网＋生活垃圾回收"模式在中青年人群体中广泛流行，中青年群体喜欢这种生活垃圾回收方式，因为中青年人比较容易适应大数据时代，"互联网＋生活垃圾回收"模式给中青年人群体提供了许多便利，居民足不出户便可以方便快捷地完成生活垃圾的回收。

3. 分析服务流程

关注昌平区"互联网＋生活垃圾回收"公司的公众号及微信视频号，通过公众号或微信视频号的介绍对服务流程进行分析。服务全程操作需要手机配合完成，全流程如下。

① 出示二维码，扫码开门。

② 扫码领取溯源码＋回收袋。

③ 粘贴溯源码。

④ 将回收袋投放至指定区域。

⑤ 按键开门，离开。

情况分析："互联网＋生活垃圾回收"模式给中青年群体带来便利，但老年人因不会使用手机而无法进行"互联网＋生活垃圾回收"，导致老年群体对生活垃圾回收的参与热情降低，影响生活垃圾回收率。

4. 解决方法

针对需要使用手机才能进行"互联网＋生活垃圾回收"这一问题，建议推出"老年特色化回收体系"，并在社区进行"互联网＋生活垃圾回收"软件普及活动，提升居民的生活垃圾分类回收意识。对于独居老人不会使用手机这一问题，建议在楼下设置"可回收物"的线下回收站点，老年人只需将垃圾拿到楼下放在智能回收柜中即可，智能回

收柜可先进行垃圾分拣，再根据回收标准进行环保金奖励的现金返现。

五、居民反映的其他问题

1. 问题一

在调查过程中，有 7 位居民反映："互联网＋生活垃圾回收"平台奖励的环保金主要用于生活垃圾回收公司线上的环保金商城和线下合作的便利店，而线下合作便利店必须是平台指定的商店，存在距离较远的问题。

（1）情况分析

线下合作的便利店距离居民小区较远，导致居民使用环保金非常不方便。此问题会降低居民使用"互联网＋生活垃圾回收"平台进行垃圾回收的积极性。

（2）解决建议

针对此问题，建议"互联网＋生活垃圾回收"公司根据人口密度增加线下合作便利店的数量，尽可能实现小区周围线下合作便利店全覆盖，方便居民使用环保金进行消费，增强居民参与生活垃圾回收的积极性，营造更加美丽的社会环境。

2. 问题二

在调查过程中，有 15 位居民反映经常出现因误将垃圾分错类，被扣除奖励的环保金的情况。

（1）情况分析

究其根源，主要原因在于现实生活中生活垃圾种类太多，难以鉴别属于什么类别。

（2）解决建议

建议"互联网＋生活垃圾回收"公司在公众号增加一个名为"扫一扫"功能。当居民不确定该将垃圾分到什么类别时可以用手机扫一扫垃圾，屏幕上便会显示该物品属于什么垃圾。这种方式可以有效减少垃圾分错类的情况，同时能够提高回收公司的工作效率。

六、研究结论与建议

1. 结 论

通过调研"互联网＋生活垃圾回收"方案的落实度，发现自从 2020 年 5 月 1 日实施新版《北京市生活垃圾管理条例》后，北京市的社区环境有了很大改善，出现了很多垃圾回收公司，"互联网＋生活垃圾回收"模式给居民的垃圾回收带来很大便利。同时，这种模式也存在一些问题，例如，不同公司环保金奖励金额标准不统一、服务模式不适合不会使用手机的独居老人、尚未覆盖偏远乡镇、环保金扣除等问题。对此，应不断完善"互联网＋生活垃圾回收"模式，对存在的问题进行广泛的群众调研并提出解决方案，以更好地推进生活垃圾分类回收工作，营造更美丽的社会环境。

2. 建 议

① 针对环保金奖励金额标准不统一的问题，垃圾回收公司应通过商讨形成本地区统一的标价，计算出一套合理的奖励方案，并在公司公众号上进行公示，保证垃圾回收的公平性。

② 针对需要使用手机才能使用"互联网＋生活垃圾回收"系统这一问题，应推出"老年特色化回收体系"，并在社区进行"互联网＋生活垃圾回收"软件普及活动。

③ 针对可使用环保金的线下合作便利店距离居民小区较远的问题，"互联网＋生活垃圾回收"公司应该根据人口密度，增加

线下合作便利店数量，满足居民消费需求。

④ 针对垃圾错误分类扣除环保金这一问题，可以在公众号增加"扫一扫"功能，帮助居民确定垃圾所属类别，提高垃圾回收的工作效率。同时，也可以通过研发"智能回收袋""垃圾分类指导小程序"等方式解决这一问题。

七、创新与体会

1.创　新

本调查研究首次从北京市家喻户晓的"互联网＋生活垃圾回收"系统入手，以昌平区为例，通过调研不同地区、不同年龄段居民对于该系统的看法，结合"互联网＋生活垃圾回收"公司公众号及微信视频号的相关介绍，对这种模式存在的问题进行深入研究并提出解决方案。有利于深入贯彻落实北京市生活垃圾分类回收条例，营造优美的居住环境；有利于广泛开展生活垃圾分类回收的宣传、教育和倡导工作，提升居民生活垃圾分类回收的环保意识；有利于完善"互联网＋生活垃圾回收"公司的回收体系，有效提升生活垃圾分类回收效率，提高服务质量，提升居民参与生活垃圾分类回收的积极性。

2.体　会

通过本次调研，我了解了有关垃圾分类环保体系的相关知识，亲身体验了北京市"互联网＋垃圾分类回收"模式，通过居民访谈、查找文献等方式从不同角度了解了北京市垃圾分类回收现状，坚定了我对于维护社会环境、为社会尽一份力量的决心。在未来的生活中，我将积极运用在此次调研中学到的知识，解决生活中遇到的问题。

利用现代信息技术助力北京胡同文化遗产传承

——"胡同门墩儿"小程序开发项目研究报告

北京市上地实验学校／王鸿瑞／指导老师：张玮

分类：计算机科学与信息技术

一、研究背景

在首都北京，有一种地方，既没有皇家建筑的红墙碧瓦，也没有寺院的禅音缭绕，有的是自由自在的劳动人民的市井生活气息，这就是北京胡同。北京胡同是城市的脉络，是京城历史文化发展演化的重要舞台。胡同中的每一块砖、一片瓦都有好几百年的历史，记载了时代的风貌，蕴含着浓郁的文化气息。而胡同里家家户户门前的门墩，凝结着古代人民对吉祥的渴望，融合着千百年来的老北京味。

在信息化、网络化的当今社会，我尝试用数字化的手段，构建北京胡同门墩的数字化档案，记录北京胡同的变迁，见证劳动人民的智慧，用现代技术传承和保护北京胡同文化遗产，让历史说话，让文化说话。为此，我走入胡同拍摄采样、分析整理门墩资料，并开发"胡同门墩儿"小程序，利用现代信息技术助力中华民族优秀传统文化的传承与发扬。

二、研究内容

"胡同门墩儿"小程序开发项目主要分为胡同门墩资料采集与整理、"胡同门墩儿"小程序开发两个阶段。

① 胡同门墩资料采集与整理。选择北京东四及周边地区胡同作为调研对象,对胡同门墩进行拍照,形成第一手北京胡同门墩的图片资料,为后续分析研究和软件开发积累素材。

② "胡同门墩儿"小程序开发。深入调研当前 Web 技术、人机交互技术、人工智能图像识别技术等,明确本项目软件的技术实现路径,在此基础上进行软件设计和编程开发,最终实现北京胡同门墩知识介绍、门墩定位浏览、门墩图片智能识别等功能。

三、资料采集与整理

1. 现场调研与资料采集

现存的北京胡同主要分布于东城区和西城区,我将研究范围锁定在位于北京市东城区中部的东四地区。东四地区共有 9 条主要胡同,以及交错纵横于其中的小街巷,本次研究的调研范围涉及东四头条至东四九条、月牙胡同、铁营胡同、流水巷、流水东巷、育芳胡同、德华里等,以门牌号为采集单位,对大门左右的一对门墩从不同角度各拍摄 1~3 张照片,现场采集照片共 1700 多张,基本将东四地区有价值的门墩数据采集齐全。

2. 资料整理与分析

在现场调研和资料采集的基础上,经过查阅资料,我对门墩历史、门墩分类、门墩纹样等知识进行了梳理总结。

(1)门墩历史

门墩是中国传统建筑中支撑门框、门轴的石质构件,又叫门枕石。门墩上一般绘有带吉祥寓意的图案,既有实用价值,又有美学价值,是胡同居民智慧的结晶和对美好生活向往的体现。

汉代时门墩的模样还比较原始,没有过多的修饰,与现在的门墩模样迥异。到了开放包容的唐代,随着佛教的兴盛,门墩开始出现须弥座的部分,门墩的位置与功能已经和现在没有大的区别。

北京门墩的发展极大程度地受到元大都兴建的影响,所以元明清时期是门墩发展的繁荣时期。那时,门墩在皇家宫殿和平民百姓的家门前都有出现,已经成为了家家门口必备的建筑装饰构件。

据目前的资料记载,北京现存历史最悠久的门墩是社稷坛门前的一对石墩,有人说它是隋唐时期遗物。

(2)门墩分类

北京门墩主要分为 3 类:箱形门墩、抱鼓门墩、异型门墩,如图 1 所示。

• 箱形门墩由箱形石、包袱脚及须弥座构成,这种门墩数量较多,箱形门墩上图案丰富,通常展示对美好生活的期待和向往。

• 抱鼓门墩主要由石鼓身、鼓座、包袱脚、须弥座及兽样的雕刻构成,是常见的一种门墩样式。按照北京传统的说法,抱鼓寓意着客来之鼓,往往显示这家热情好客、家业兴旺。

• 异型门墩长相奇特,通常以狮子样式为主,数量较少。在东四四条 81 号院有一个六边形的柱形门墩,是现存北京门墩中仅有的六棱柱形门墩,有较高的艺术和科研价值。

图 1　门墩分类

（3）门墩纹样

门墩纹样是门墩上雕刻的图案，通常蕴含着富贵、长寿、生活幸福美满的寓意。门墩纹样的类别包括典故类、谐音类、动植物类、象征事物类等。

· 典故类门墩纹样如图 2 所示。图 2（a）所示为"麒麟吐书"纹样，相传孔子降生之时有麒麟降临孔家，并吐出玉书。这种纹样寓意有杰出人士将要降生，后来泛指家里添丁增口。图 2（b）所示为"狮子滚绣球"纹样，寓意好事降临。

纹样，有一个插有麦穗的宝瓶和一只鹌鹑，麦穗的"穗"同"岁"、宝瓶的"瓶"同"平"、鹌鹑的"鹌"同"安"，组合起来便是"岁岁平安"。

· 动植物类门墩纹样如图 4 所示。图 4（a）所示为松树纹样，松树以顽强的

（a）"福在眼前"纹样　　　（b）"岁岁平安"纹样

图 3　谐音类门墩纹样

（a）"麒麟吐书"纹样　　　（b）"狮子滚绣球"纹样

图 2　典故类门墩纹样

· 谐音类门墩纹样如图 3 所示。图 3（a）所示为"福在眼前"纹样，蝙蝠的"蝠"同"福"，蝙蝠叼着穿过钱眼的带子，表示"福在眼前"。图 3（b）所示为"岁岁平安"

（a）松树纹样　　　（b）夔牛纹样

图 4　动植物类门墩纹样

生命力为人们熟知，它可以生长在陡峭的崖壁中，可以在寒风和暴雪中生存，自古松树寓意着长寿，有"松鹤延年"的说法。图4（b）所示为夔牛纹样，夔牛最早在《山海经》中就有记载，是一种外形如牛、只有一只脚的神兽，叫声极响亮，后来黄帝用夔牛皮制成战鼓，声音响亮，气势磅礴。夔牛象征着神力与权力，在门墩中比较罕见。

• 象征事物类门墩纹样如图5所示。图5（a）所示为葫芦纹样，代表铁拐李；图5（b）所示为扇子纹样，代表汉钟离；图5（c）所示为渔鼓纹样，代表张果老，这3种纹样都属于暗八仙纹样。

四、"胡同门墩儿"小程序开发

微信小程序（以下简称"小程序"）是一种不需要下载安装即可使用的轻量级应用程序，开发者可以利用小程序平台提供的原生功能和强大的外部接口能力，快速开发小程序。本项目利用"微信开发者"工具，设计开发"胡同门墩儿"小程序，全面展示北京胡同门墩的现代风貌。

"胡同门墩儿"小程序的功能组成如图6所示。小程序的开发综合使用了人工智能、地理信息、云计算、小程序编程等多种技术，技术架构逻辑上分为数据层、平台层、应用层，如图7所示。

1.门墩知识功能

门墩知识功能显示在小程序的入口界面，程序流程如图8所示。用户登录小程序后，直接进入门墩知识首页，点击页面中的"门墩历史""门墩分类""门墩纹样"3个按钮可跳转到对应的知识介绍页面，各个页面都可以返回门墩知识首页。该功能的

(a)葫芦纹样　　　　　(b)扇子纹样　　　　　(c)渔鼓纹样

图5　象征事物类门墩纹样

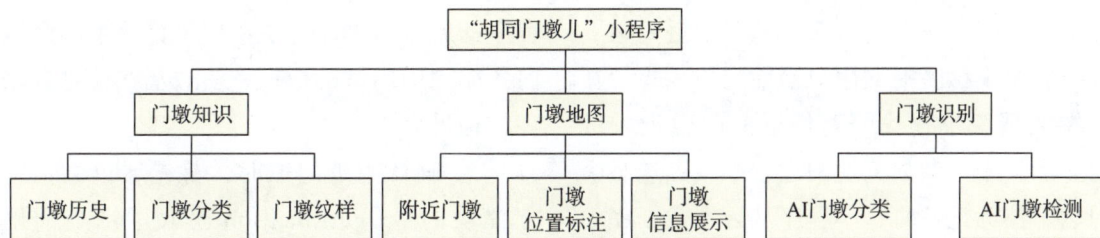

图6　"胡同门墩儿"小程序功能组成

图7 "胡同门墩儿"小程序技术架构

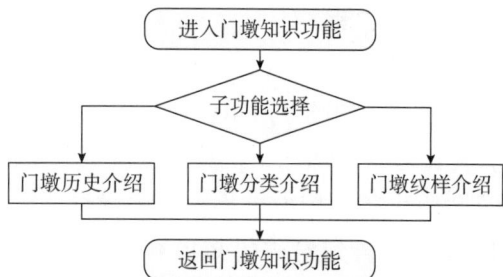

图8 门墩知识功能程序流程

实现主要采取静态信息展示的方式，利用3个按钮组件button，通过在各button上声明bindtap属性，来响应用户单击按钮组件后的操作。

2. 门墩地图功能

门墩地图功能基于地理信息系统，程序流程如图9所示。用户进入门墩地图页面后，小程序默认加载用户当前位置附近区域的电子地图，并根据云端数据库存储的门墩位置信息，以定位标记点的形式将其显示在电子地图上。点击页面中的"附近门墩"按钮后，小程序根据用户当前定位信息，在云端数据库中查找距离最近的门墩记录进行显示。用户在浏览地图过程中，点选某个门墩定位标记点时，小程序从云端数据库中查询该位置门墩记录，将关联的门墩图片资

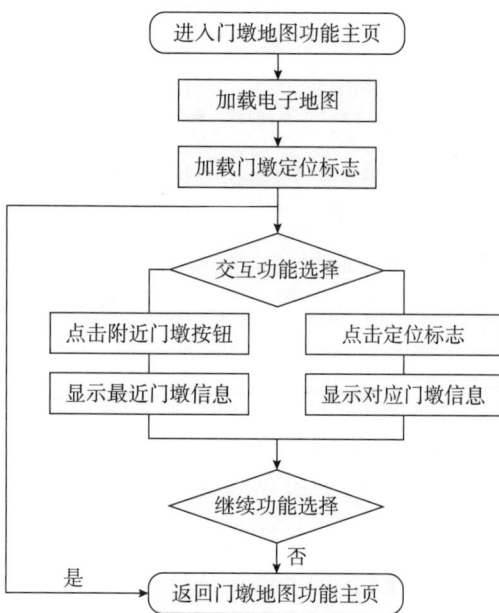

图9 门墩地图功能程序流程

料和文字信息显示在界面中。

该功能的实现主要使用了小程序的地图组件和云端数据库，地图组件用于调用腾讯地图服务，显示电子地图，并实现基于电子地图的交互功能；云端数据库用于存储该区域门墩的定位信息和门墩介绍等信息。

① 地图组件主要属性包括longitude、latitude、markers、bindtap、bindmarkertap等。其中，longitude、latitude属性表示加载地图的中心经度和纬度；markers属性为定位标记点；bindtap属性在用户点击地图时触发；bindmarkertap属性在用户点击标记点时触发。

② 云端数据库作为"胡同门墩儿"小程序的后台数据库，主要用于存储东四区域内各胡同中门墩的数据，门墩基本信息数据表结构见表1。

③ 确认附近门墩时，首先通过微信官方提供的wx.getLocation获取用户当前地理位置；其次使用云端数据库数据服务接口

表1　门墩基本信息数据表结构

字段名称	字段类型	最大长度	是否必填	字段说明
name	varchar	50	是	门墩名称
image	varchar	255	否	门墩图片 url
description	text	65535	是	门墩介绍信息（富文本格式）
type	varchar	20	是	类型
longitude	double		是	经度，如 116.419078
latitude	double		是	纬度，如 39.925197
address	varchar	255	是	详细地址

获取所有门墩的地理位置数据；最后计算当前位置和门墩位置的距离，当距离小于 5km（由 maxDistanceRange 指定）时，将相关门墩信息显示到用户界面。

3. 门墩识别功能

门墩识别功能是"胡同门墩儿"小程序的核心功能，涉及人工智能图像分类和物体检测两个技术领域。图像分类是根据图像信息中所反映的不同特征，把不同类别的目标区分开来的图像处理方法，适合图中主体相对单一的场景；物体检测是用标识框标出图像中物体的位置，并给出物体的类别，适合图片中有多个主体的场景。

本项目选用 EasyDL 零门槛 AI 开发平台（以下简称"EasyDL 开发平台"），制作门墩分类和门墩检测两个数据集，在此基础上进行模型训练，得到门墩分类模型和门墩检测模型，并通过公有云部署方式对外提供 API 接口调用服务，最终在小程序中使用百度 API 接口实现门墩识别功能，技术路线如图10所示。

图10　门墩识别功能的技术路线

（1）门墩数据集制作

• 利用 EasyDL 开发平台"图像分类模型"的"EasyData 数据服务"功能创建门墩分类数据集，上传箱形门墩、抱鼓门墩、异型门墩3类标签的门墩图片，如图11所示。

• 利用 EasyDL 开发平台"物体检测模型"的"EasyData 数据服务"功能，创建门墩检测数据集，同样包括箱形门墩、抱鼓门墩、异型门墩3类标签。与门墩分类数据集相比，门墩检测数据集除了要进行分类标签标注，还需要在图片中用标注框标识出各个门墩的位置，如图12所示。

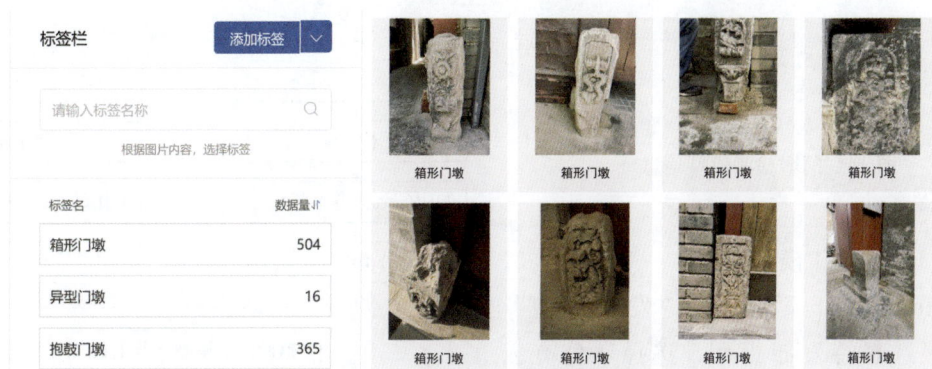

图11　创建门墩分类数据集

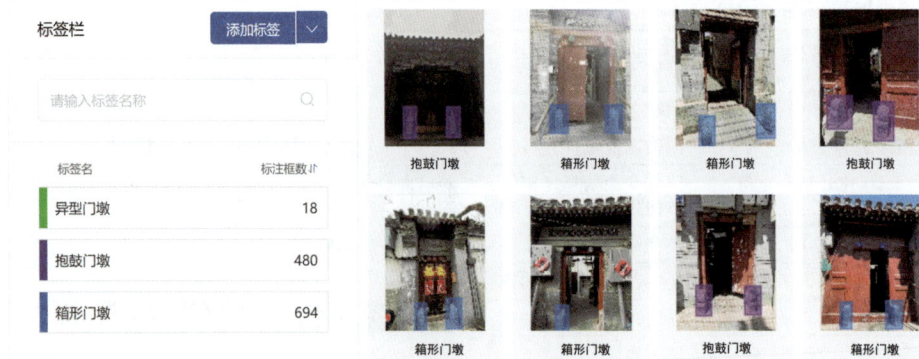

图 12　创建门墩检测数据集

（2）门墩 AI 模型训练

通过 EasyDL 开发平台"图像分类模型"和"物体检测模型"的"训练模型"功能，使用制作好的门墩分类数据集和门墩检测数据集进行模型训练，选择"公有云 API"部署方式，训练好的模型信息如图 13、图 14 所示。

图 13　门墩分类模型信息

图 14　门墩检测模型信息

（3）门墩 AI 模型部署

在 EasyDL 开发平台的"发布模型"功能中，选择待发布模型，选择"公有云 API"部署方式，填写"服务名称"和"接

口地址"，单击页面下方"提交申请"进行模型发布申请，管理员审核后，服务 API 正式发布。

门墩分类服务接口地址：

https://aip.baidubce.com/rpc/2.0/ai_custom/v1/classification/mdflapi

门墩检测服务接口地址：

https://aip.baidubce.com/rpc/2.0/ai_custom/v1/detection/mdjcapi

（4）门墩识别功能实现

门墩识别功能的程序流程如图 15 所示。

小程序通过接口地址调用百度云服务

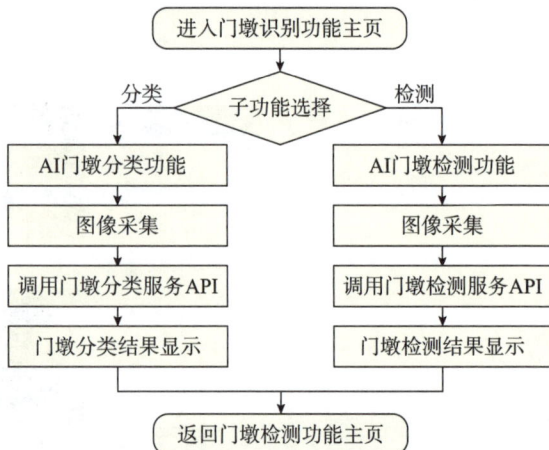

图 15　门墩检测功能流程

API，实现对图像的智能分类或检测。调用时，首先通过 wx.request 向授权服务地址发出 HTTP 请求，使用 APIKey、SecretKey 参数进行账号信息认证。认证成功后，再通过 wx.request 向门墩分类服务接口地址或门墩检测服务接口地址发送网络请求，上传待分类或检测的图片，调用 AI 模型进行智能识别。

门墩分类服务 API 调用成功后，小程序接收的返回结果如图 16 所示，name 为门墩分类，default 为其他不属于门墩的图片，score 为每种分类的置信度。

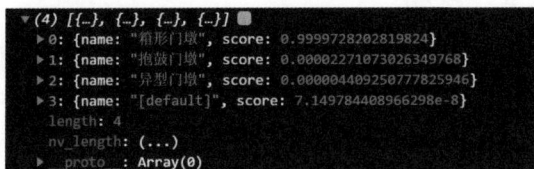

图 16　门墩分类服务 API 调用成功后的返回结果

门墩检测服务 API 调用成功后，小程序接收的返回结果如图 17 所示，location 为图像中检测出来的门墩位置。

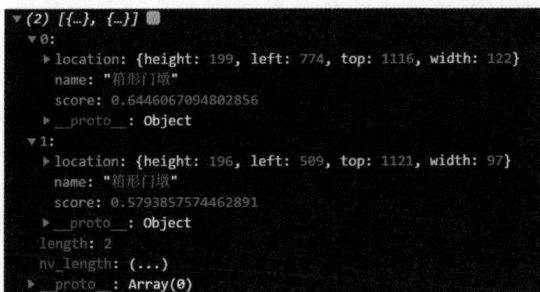

图 17　门墩检测服务 API 调用成功后的返回结果

4. 功能全景展示

"胡同门墩儿"小程序开发完成后，全部功能如下。

打开"胡同门墩儿"小程序，进入小程序入口界面（即"门墩知识"页面）。点击该界面上的"门墩历史""门墩分类""门墩纹样"等按钮，可以进入相应的门墩知识介绍功能，浏览相关知识。

返回小程序入口界面，点击程序导航栏中的"地图"按钮，进入门墩地图功能。点击界面下方的"附近门墩"按钮，程序自动计算用户当前位置和数据库中门墩位置的距离，并显示 5km 范围内的所有门墩信息；点击地图上显示的门墩定位标记点，程序弹出该位置处的门墩信息提示窗口，显示门墩的类型、地址等信息，点击提示窗口右下方"查看更多"，程序显示该位置处门墩的更多照片。

点击程序导航栏中的"识墩"按钮，进入门墩识别功能。点击界面左下方的"AI门墩分类"按钮，用手机拍摄待识别的物体并上传服务器进行图像分类，可以查看图中主体物体所属的门墩类型和置信度；点击界面右下方的"AI门墩检测"按钮，用手机拍摄照片并上传服务器进行图像检测，返回结果图像中用标识框标出所有被识别门墩的位置，并给出各个门墩的分类信息和置信度。

五、项目总结

本项目主要分为胡同门墩资料采集与整理、"胡同门墩儿"小程序开发两个阶段，在项目的设计实现过程中，我收获满满，不仅对门墩的知识有了更深的了解，而且学到了一些基本的人工智能知识，锻炼了编程能力。因为学业紧张，我产生过懈怠情绪，项目也经历过多次停滞，但在指导老师和家长的鼓励下，我克服了重重困难，较圆满地完成了项目。

本项目具有以下创新点。

① 探索实践了"传统文化＋现代技术"的文化传承与弘扬新模式、新手段、新方法。

② 制作了一套北京东四地区的胡同门墩电子数据集和数字地图。

③ 创建了门墩分类数据集和门墩检测数据集两套人工智能训练数据集，并在此基础上训练生成了门墩分类和门墩检测两套人工智能图像识别模型，后续可直接应用于其他类似的项目中。

④ 开发了首款北京门墩专题的小程序——"胡同门墩儿"小程序，相关实现技术可为北京胡同文化遗产的传承与宣传提供技术参考。

同时，我也将不断完善"胡同门墩儿"小程序，进一步解决门墩数据集不平衡的问题，争取使模型的训练精度更高。相信通过更加深入的研究，这个小程序的功能会更加丰富和完善。

基于 UWB 技术的游泳池溺水报警系统

北京医学院附属中学／周子涵／指导老师：李文莉
分类：计算机科学与信息技术

一、研究背景

根据世界卫生组织（WHO）发布的统计结果，溺水是世界各地非故意伤害死亡的第三大原因。在我国，溺水是 1~14 岁未成年人意外伤害死亡的首要原因。作为常见的游泳健身场所，游泳池的防溺水工作至关重要。其中，研制游泳池溺水报警系统是一种有效的举措。

目前游泳池溺水报警系统主要有 3 种类型：便携式传感器监测系统，由游泳者佩戴，通常包括一个传感器、一个信号收发器和一个微处理器，传感器主要用来监测游泳者的脉搏和入水深度等信息，这种设备的安装、使用、维护比较麻烦，且误报率高；基于视频的报警系统，在水底和游泳池上方安装大量摄像机，通过水下水上网络实时监测游泳者的活动，利用软件图像判断游泳者的运动轨迹、速度和位置，若符合溺水判定依据则发出警报，并在游泳池边的屏幕上标出溺水者的位置，这类系统的价格相当昂贵，难以普及推广；声呐探测报警系统，在水下安装一套声呐发射、接收装置，根据设定的溺水判定依据判定游泳者是否溺水，但由于游泳池壁不利于消除噪声信号，当人体离池壁非常近时，系统难以提取有用信号。这些现状表明，游泳池溺水报警系统有待改进。

近年来，由于超宽度（UWB）技术日渐成熟，被广泛应用于各个领域，如移动机器人定位、煤矿人员定位等。UWB 技术提供精确、安全、实时的定位功能，可实现人员与设备之间的定位，这是其他无线技术（如 Wi-Fi、蓝牙和 GPS）无法比拟的。UWB 技术抗干扰及抗多径能力更强，不存在累积误差，偏差小，精度更高。因此，本研究基于 UWB 技术设计一种游泳池溺水报警系统。

二、研究内容

具体研究内容包括以下方面：首先，设计 UWB 信源标签电路，通过计算机仿真分析电路的可行性和可靠性，在此基础上进行电路板的设计加工；其次，根据电路板的尺寸，设计设备的外壳；再次，设计 UWB 信号采集基站及数据传输显示系统；最后，进行水下实测，设定相关信号过滤阈值。

三、研究过程

1. 电路设计

本研究的信源标签电路设计和仿真通过 LTspice 仿真软件完成。

① 使用磁吸充电接头，接入锂电池后，电量监测部分判断电池电压是否为 4.1V，当电压低于 4.1V 时，充电管理芯片向锂电池提供充电电压；当电压达到 4.1V 时，充电管理芯片停止供电。为了保护锂电池，采用 DC-DC 稳压芯片进行充电电压控制。同时，设置 LED 指示灯表示充电状态，充电时 LED 亮红灯，充电完成后 LED 亮绿灯。

② 为实现 10m 防水要求，采用全封闭式结构。使用霍尔传感器，通过外置磁铁控制电路通断，当 S 级靠近时，设备开启，LED 亮绿灯；当 N 级靠近时，设备关机。

③ UWB 模块采用 95power 提供的模组，为围电路提供电源及开关控制。

图 1　信源标签电路

实现信源标签电路的设计、仿真后，进行电路板的加工，最终完成的信源标签电路如图 1 所示。

2. 外壳设计

UWB 信源标签的佩戴位置为头顶处，为方便佩戴，应尽可能减小它的体积。这里使用 3D 建模软件设计其外壳，如图 2 所示，外壳形状与泳帽匹配，戴在泳帽内不影响游泳，且下边有一圈硅胶材料，可减轻硌头感。

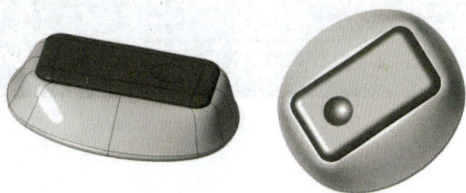

图 2　外壳设计

3. UWB 信号采集基站及数据传输显示系统设计

本研究采用 UWB 基站作为数据采集端，基站获取的标签数据通过交换机接入路由器。路由器用于数据回传，端口速率要大于 100Mbps，且具有 POE（以太网供电）功能，单端口输出功率需大于 3W。通过路由器给计算机和基站分配 IP，WAN（广域网）接口参数为百兆级别。本项目所选的路由器型号为 TP-LINK TL-WDR5620。

软件运行环境为 Windows 10 系统；硬件为互视达触控屏广告机电子白板，尺寸为 65 英寸（143.9cm×80.94cm）；搭载英特尔酷睿 i5 处理器。软件分为 3 个部分。

第 1 部分为 UWB 基站搭配的基站驱动，如图 3 所示，通过基站驱动可获取 4 个基站的 ID 及 IP 地址。

第 2 部分为分析软件 RTLSController，主要作用是计算基站原始数据，将基站收集到的标签信号转换为坐标数据。可在

RTLSController 上进行基站位置的配置及标签信号强度过滤配置，如图 4 所示。

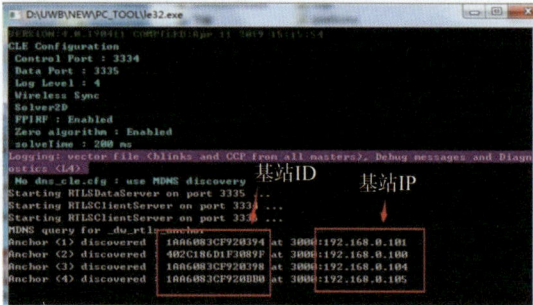

图 3 基站驱动控制界面

图 4 RTLSController 界面

第 3 部分为转接软件开发部分，将 RTLSController 计算出的坐标数据转接至显示端，该部分软件通过 Eclipse IDE 工具将代码打包成 .exe 运行，如图 5 所示。软件将坐标数据及信号强度数据转送至固定 IP 地址，显示端通过浏览器访问 IP 地址进行显示。

显示界面等比例还原泳池尺寸，利用 Adobe Illustrator 软件进行设计，如图 6 所示。当游泳者正常游泳时，其佩戴的标签在界面对应位置显示绿色圆点；当游泳者溺水时，其佩戴的标签在界面对应位置显示红色圆点并闪烁，同时设备发出警报声。

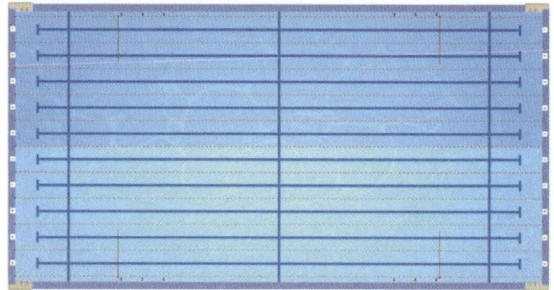

图 6 显示界面

4. 实验测试

① 将基站安装在泳池的 4 个角落，在 RTLSController 上进行基站位置的标定。

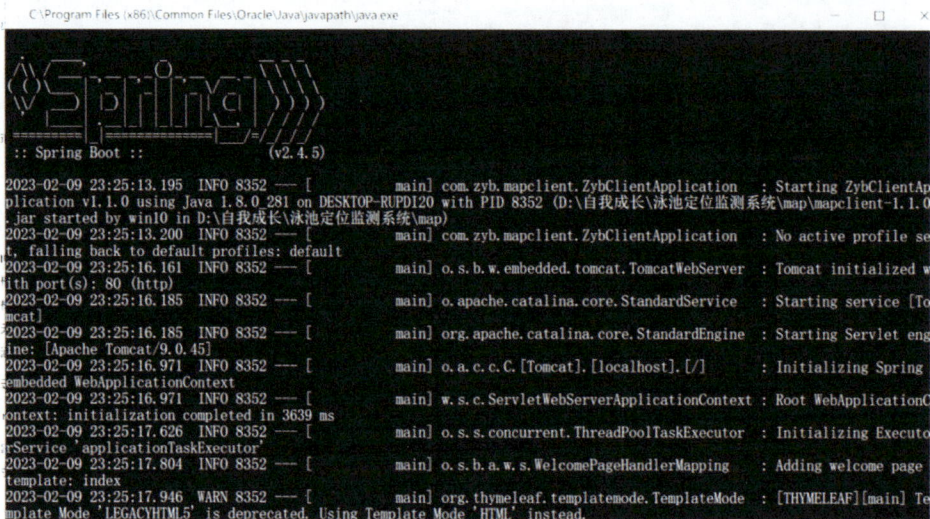

图 5 转接软件运行界面

② 测试者将 UWB 信源标签打开后佩戴于头顶前端的泳帽内固定，如图 7 所示，随后进入游泳池中测试。在固定位置停留 10s 以上，在显示界面显示对应的位置后，进行测试，通过对比标志位置的距离可估算定位精度。如图 8 所示，测试表明设备的定位精度在 1m 内，具有较高的定位精度，同时跟随性较好，延迟时间约为 2s。

图 7　佩戴 UWB 信源标签

图 8　定位精度测试

③ 当测试者正常游泳时，标签基本不会长时间入水，而标签入水后，发出的信号会减弱，我将信号测试点设定为水下 1cm 处；标签与基站的距离也会影响基站识别的信号强度，我选取的信号测试点为游泳池最边缘的 4 个点，如图 9 所示。将标签放置在游泳池 4 个角的水下 1cm 处，通过转接软

图 9　信号强度测试点示意

件读取对应的信号强度为 $a_1=15$、$a_2=17$、$a_3=15$、$a_4=14$，取最大值 $a=17$ 为溺水报警的信号强度阈值。系统进行报警需要满足两个条件：信号强度小于 a，信号强度小于 a 的时间超过 40s。满足这两个条件时，系统会在显示屏幕上标签对应位置显示红色圆点并闪烁，同时发出警报声。

④ 当测试者潜入池底时，设备信号强度降低，低于阈值 a；测试人员持续潜水时间超过 40s 后，设备立即报警，如图 10 所示，

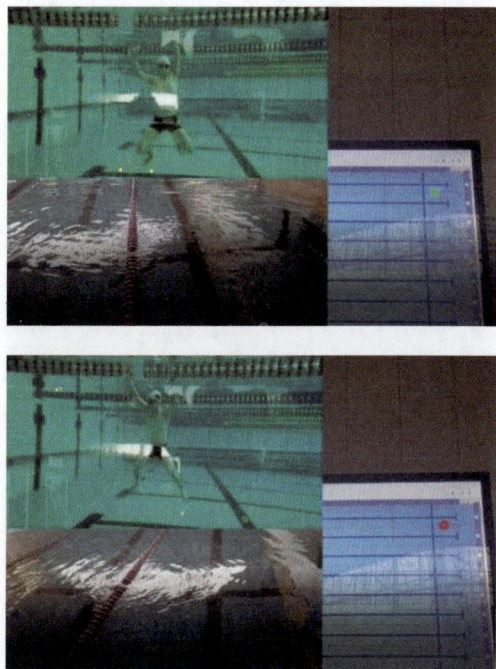

图 10　游泳池溺水报警系统测试

测试者出水后停止报警。重复 15 个点位进行测试，系统均成功报警。

四、研究总结

本研究设计的基于 UWB 技术的游泳池报警系统具有以下优点。

① 系统的定位精度及溺水识别精度较高，反应灵敏，无漏报、误报，能实现对游泳池溺水事件的报警功能。

② UWB 信源标签体积小，佩戴方便，灵敏度高，非常适合室内定位及行为分析，并使用霍尔传感器作为开关，可防止误触。

③ 采用全封闭结构设计，防水性能可达到 10m 级别。

希望在将来完成进一步集成设计后，本系统可应用与真实的游泳健身场所。

基于身体姿态的青少年坐姿监督方法研究

北京市文汇中学 / 张厚德 / 指导老师：于乃功 于靖 续森

分类：计算机科学与信息技术

一、引 言

据统计，我国小学生视力不良检出率为 28%、初中生为 60%、高中生为 85%，且有不断上升的趋势，同时也有一定比例的青少年出现驼背、脊柱侧弯等现象。青少年学习时的不良坐姿是出现身体问题的主要原因。

学习过程中要保持良好的坐姿，他人的提醒与监督是行之有效的办法。但提醒与监督对于他人来说十分劳累且烦琐，而基于图像识别技术的系统不仅可以全自动地监督并提醒青少年，减轻家长、监护人及老师的负担，还具备自主学习的拓展空间，可以逐步深入掌握每一个体态细节，提供更全面、更精准、更智能的帮助。

本文研究的是一种通过非强制物理接触进行坐姿矫正的系统，它可以通过视觉识别技术连续检测、识别坐姿，并明确给出对于坐姿正确性的判定提示，为坐姿提醒与监督提供另外一种可能。

二、坐姿监督算法

1.算法概述

本算法运用实时 2D 姿态估计算法，实时获取人体骨架图，得到图 1 所示的 25 个

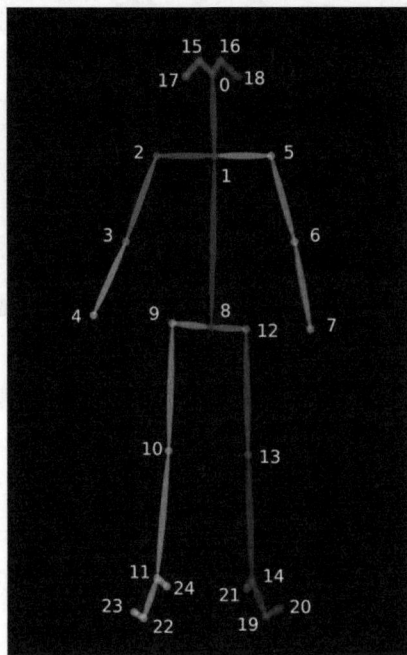

图 1　人体骨架图

人体骨架关键点。本研究需要使用的人体骨架关键点有 2（右肩）、5（左肩）、15（右眼）、16（左眼），获取其坐标，通过坐标与坐标之间的关系实现坐姿监督。

2. 算法流程

算法流程如图 2 所示。如果整个循环进行语音提醒操作，将耗时 30~40ms，循环完成后立即进行新一轮循环。

3. 判定条件

（1）判定是否侧头

判定此项需要用到 15（右眼）和 16（左眼）。如图 3 所示，侧头时，15 的纵坐标 a 和 16 的纵坐标 b 的差值会较大，当 abs（$a-b$）>20（a 与 b 的差的绝对值大于 20）时，判定为侧头；否则，判定为没有侧头。

（2）判定是否侧身

判定此项需要用到 2（右肩）和 5（左肩）。如图 4 所示，侧身时，5 的纵坐标 a 和 2 的纵坐标 b 的差值会较大，当 abs（$a-b$）>42 时，判定为侧身；否则，判定为没有侧身。

（3）判定是否低头过度或驼背

判定此项需要用到 15（右眼）。如图 5 所示，每次使用前，使用者需要保持正确坐姿，并测量 15 的纵坐标 a_1。当低头过度或驼背时，

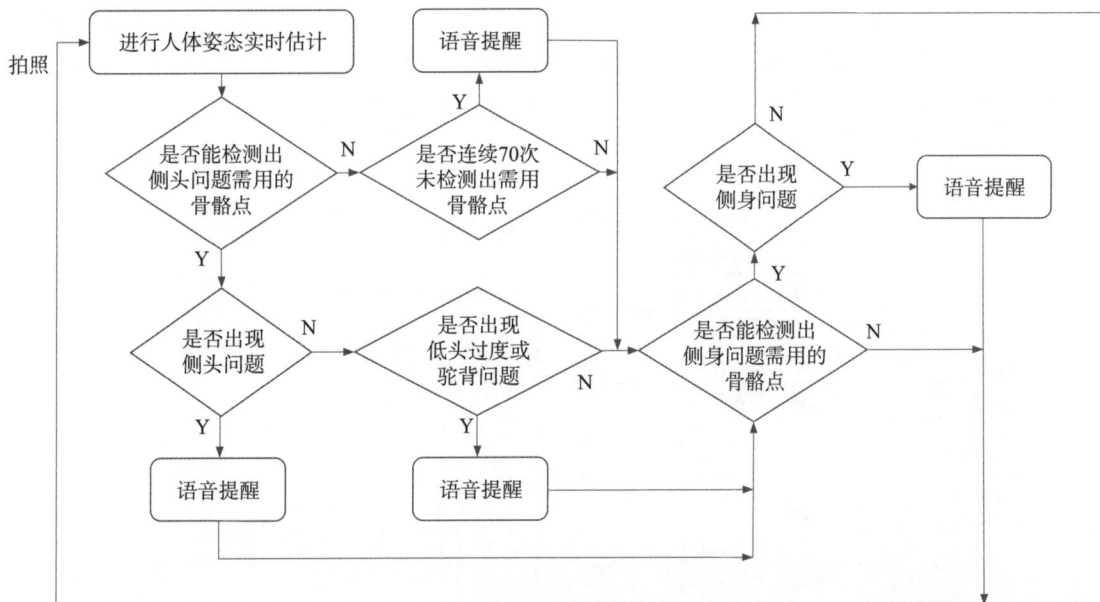

图 2　算法流程

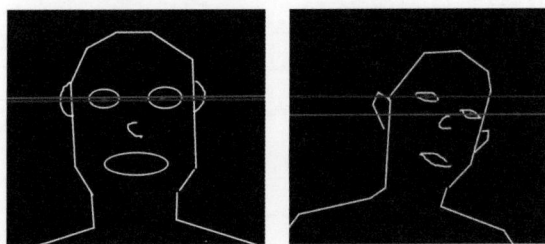

图 3　侧头检测示意图　　　　　图 4　侧身检测示意图

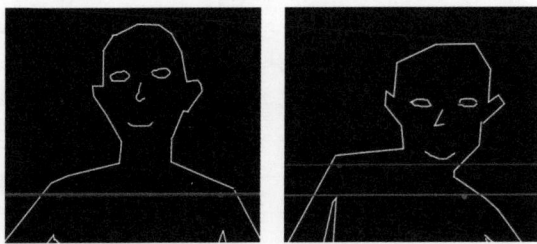

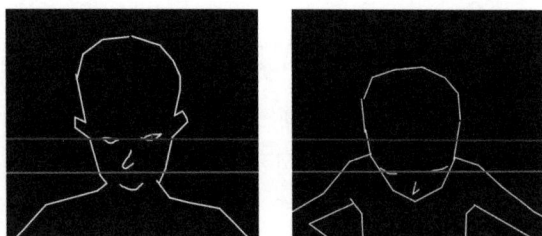

图 5　低头过度或驼背检测示意图

15 的纵坐标 a_2 小于 a_1，且与 a_1 的差值较大。当判定为未侧头且 abs（a_1-a_2）＞40 或连续 70 次未检测出右眼时，判定为低头过度或驼背；否则，判定为正常。连续 70 次检测耗时 2~3s。

4. 实验环境搭建

本实验采用 Windows 10 系统，设置摄像头分辨率为 640×360（16∶9），Python 版本为 2.7。

三、实验结果与分析

实验检测了 4 种错误坐姿，分别为侧头、侧身、低头过度和驼背。为了使实验结果更具有说服力，本实验选取 5 名青少年作为测试者，其身高及性别见表 1。

表 1　测试者身高及性别

测试者	身高 /cm	性　别
1	160	男
2	165	女
3	155	男
4	150	女
5	140	女

对于每种错误坐姿，每名测试者均对其进行 20 次实验，测试内容分别为 10 次错误坐姿是否报警和 10 次正确坐姿是否无报警。实验结果见表 2~ 表 5。

表 2　侧头实验检测结果

实验序号	实验内容	测试者 1	测试者 2	测试者 3	测试者 4	测试者 5
1.1.1	侧头是否警报	是	是	是	是	是
1.1.2	不侧头是否无警报	是	是	是	是	是
1.2.1	侧头是否警报	是	是	是	是	是
1.2.2	不侧头是否无警报	是	是	是	是	是
1.3.1	侧头是否警报	是	是	是	是	是
1.3.2	不侧头是否无警报	是	是	是	是	是
1.4.1	侧头是否警报	是	是	是	是	是
1.4.2	不侧头是否无警报	是	是	是	是	是
1.5.1	侧头是否警报	是	是	是	是	是
1.5.2	不侧头是否无警报	是	是	是	是	是
1.6.1	侧头是否警报	是	是	是	是	是
1.6.2	不侧头是否无警报	是	是	是	是	是
1.7.1	侧头是否警报	是	是	是	是	是
1.7.2	不侧头是否无警报	是	是	是	是	是
1.8.1	侧头是否警报	是	是	是	是	是
1.8.2	不侧头是否无警报	是	是	是	是	是
1.9.1	侧头是否警报	是	是	是	是	是
1.9.2	不侧头是否无警报	是	是	是	是	是
1.10.1	侧头是否警报	是	是	是	是	是
1.10.2	不侧头是否无警报	是	是	是	是	是

表 3　侧身实验检测结果

实验序号	实验内容	测试者 1	测试者 2	测试者 3	测试者 4	测试者 5
2.1.1	侧身是否警报	是	是	是	是	是
2.1.2	不侧身是否无警报	是	是	是	是	是
2.2.1	侧身是否警报	是	是	是	是	是
2.2.2	不侧身是否无警报	是	是	是	是	是
2.3.1	侧身是否警报	是	是	是	是	是
2.3.2	不侧身是否无警报	是	是	是	是	是
2.4.1	侧身是否警报	是	否	是	是	是
2.4.2	不侧身是否无警报	否	是	是	是	是
2.5.1	侧身是否警报	是	是	是	是	是
2.5.2	不侧身是否无警报	是	是	是	是	是
2.6.1	侧身是否警报	是	是	是	是	是
2.6.2	不侧身是否无警报	是	是	是	是	是
2.7.1	侧身是否警报	是	否	是	是	是
2.7.2	不侧身是否无警报	是	是	是	是	是
2.8.1	侧身是否警报	是	是	是	否	是
2.8.2	不侧身是否无警报	是	是	是	是	是
2.9.1	侧身是否警报	是	是	是	是	是
2.9.2	不侧身是否无警报	是	是	是	是	是
2.10.1	侧身是否警报	是	是	是	是	是
2.10.2	不侧身是否无警报	是	是	是	是	是

表 4　低头过度实验检测结果

实验序号	实验内容	测试者 1	测试者 2	测试者 3	测试者 4	测试者 5
3.1.1	低头过度是否警报	是	是	是	是	是
3.1.2	不低头过度是否无警报	是	是	是	是	是
3.2.1	低头是否警报	是	是	是	是	是
3.2.2	不低头过度是否无警报	是	是	是	是	是
3.3.1	低头过度是否警报	是	是	是	是	是
3.3.2	不低头过度是否无警报	是	是	是	是	是
3.4.1	低头过度是否警报	是	否	是	是	是
3.4.2	不低头过度是否无警报	是	是	是	是	是
3.5.1	低头过度是否警报	是	是	是	是	是
3.5.2	不低头过度是否无警报	是	是	是	是	是
3.6.1	低头过度是否警报	是	是	是	是	是
3.6.2	不低头过度是否无警报	是	是	是	是	是
3.7.1	低头是否警报	是	是	是	是	是
3.7.2	不低头过度是否无警报	是	是	是	是	是
3.8.1	低头过度是否警报	是	是	是	是	是
3.8.2	不低头过度是否无警报	是	是	是	否	是
3.9.1	低头过度是否警报	是	是	是	是	是
3.9.2	不低头过度是否无警报	是	是	是	是	是
3.10.1	低头过度是否警报	是	是	是	是	是
3.10.2	不低头过度是否无警报	是	是	是	是	是

表 5　驼背实验检测结果

实验序号	实验内容	测试者 1	测试者 2	测试者 3	测试者 4	测试者 5
4.1.1	驼背是否警报	是	是	是	是	是
4.1.2	不驼背是否无警报	是	是	是	是	是
4.2.1	驼背是否警报	是	是	是	是	是
4.2.2	不驼背是否无警报	是	是	是	是	是
4.3.1	驼背是否警报	是	是	是	是	是
4.3.2	不驼背是否无警报	是	是	是	是	是
4.4.1	驼背是否警报	是	是	是	是	是
4.4.2	不驼背是否无警报	是	是	是	是	是
4.5.1	驼背是否警报	是	是	否	是	否
4.5.2	不驼背是否无警报	是	是	是	是	是
4.6.1	驼背是否警报	是	是	是	是	是
4.6.2	不驼背是否无警报	是	是	是	是	是
4.7.1	驼背是否警报	是	是	是	是	是
4.7.2	不驼背是否无警报	是	是	是	是	是
4.8.1	驼背是否警报	是	是	否	是	是
4.8.2	不驼背是否无警报	是	是	是	是	是
4.9.1	驼背是否警报	是	否	是	是	是
4.9.2	不驼背是否无警报	是	是	是	是	是
4.10.1	驼背是否警报	是	是	是	是	是
4.10.2	不驼背是否无警报	是	是	是	是	是

如图 6 所示，本实验总成功率为 97.5%。检测是否侧头的成功率为 100%，检测是否侧身的成功率为 96%，检测是否低头过度的成功率为 98%，检测是否驼背的成功率为 96%，均高于 95%，可基本准确检测出这 4 种错误坐姿。

为验证本算法的有效性，将本文方法实验成功率与其他坐姿监督方法实验成功

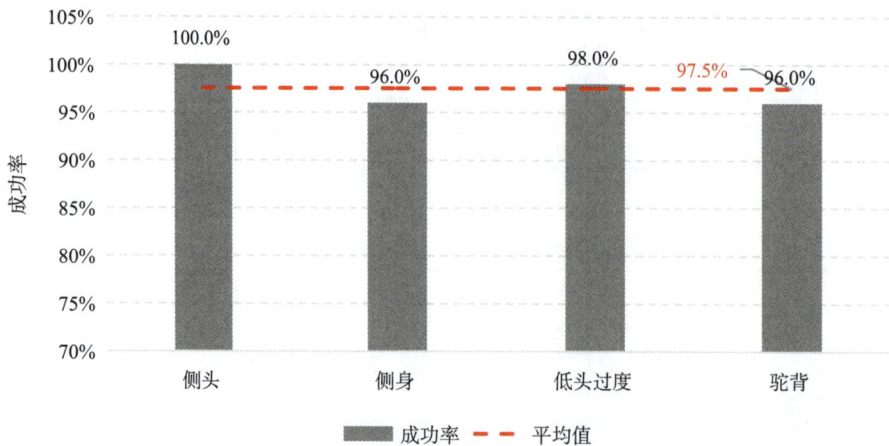

图 6　实验成功率

率进行比较，见表6。

由表6可知，对于基于MTCNN[1]、PHOG特征[2]和智能化坐姿监测机器人控制系统[3]的坐姿监督方法，本文方法虽有一两项的平均成功率低于其他方法，但总体平均成功率相对较高；对于基于深度图像[4]、非接触式坐姿检测系统[5]和柔性阵列压感坐垫[6]的坐姿监督方法，本文方法的所有平均成功率均高于这三种方法。另外，基于MTCNN、深度图像、非接触式坐姿检测系统的坐姿监督方法均有一项明显较差的单项平均成功率，不利于精准地检测。综上所述，本文方法优于其他坐姿监督方法，对青少年的坐姿能够起到有效的监督作用。

对于此项目，还有几处需要改进。

① 应使用多人姿态估计方法进行人体骨架关键点提取，以适应实际生活中多人出现在摄像头中而导致检测结果不准确的情景。

② 对人体姿态估计算法进行优化，以应对衣服与椅子颜色近似而导致未检测出需用的人体骨架关键点等情况。

③ 为应对摄像头位置不正确而导致不能正确识别人体骨架关键点的情况，应对使用者进行语音提醒，指导使用者自己调节摄像头位置，减少不必要的坐姿检测错误。

四、结　论

为自动提醒与监督青少年坐姿，本项目研究了基于身体姿态的青少年坐姿监督方法，共检测侧头、侧身、低头过度和驼背4种错误姿态。实验表明，本方法有效，对青少年的坐姿能够起到很强的提醒和监督作用。

表6　本文方法与其他方法比较

方 法	平均成功率			
	侧 头	侧 身	低头过度和驼背	总 体
MTCCN	95.00%	100.00%	86.70%	93.90%
PHOG 特征	93.30%	96.65%	100.00%	96.65%
智能化坐姿监测机器人控制系统	无	93.00%	98.00%	95.50%
深度图像	98.75%	83.75%	93.75%	92.08%
非接触式坐姿检测系统	无	89.17%	91.67%	90.42%
柔性阵列压感坐垫	无	95.00%	90.00%	92.50%
本文方法	100.00%	96.00%	97.00%	97.50%

参考文献

[1] 刘敏，潘炼，曾新华，等. 基于 MTCNN 的坐姿行为识别 [J]. 计算机工程与设计，2019，40(11):3293-3298.

[2] 丰婧，程耀瑜，贺磊. 基于 PHOG 特征的坐姿识别方法研究 [J]. 国外电子测量技术，2021，40(05):83-87.

[3] 孟彩茹，孙明扬，宋京. 智能化坐姿监测机器人控制系统的研究 [J]. 机械设计与制造，2021(12):273-281.

[4] 曾星，罗武胜，孙备，等. 基于深度图像的嵌入式人体坐姿检测系统的实现 [J]. 计算机测量与控制，2017，25(9):8-12.

[5] 高严. 非接触坐姿检测系统的设计与实现 [D]. 哈尔滨理工大学，2022:1-79.

[6] 张美燕，徐祎楠，王露晗，等. 基于柔性阵列压感坐垫的人体坐姿检测系统 [J]. 浙江水利水电学院学报，2021，33(6):66-80.

一种基于机器视觉的适用于盲人的智能错题本

北京市第一六一中学 / 刘逸飞 / 指导教师：闫莹莹 毕可雷 高云路

分类：计算机科学与信息技术

一、项目背景

2022 年元旦，我和结对的盲人朋友小雨新年聚会。小雨天真烂漫、活泼可爱，是两年前我利用寒假时间做义工时认识的。她告诉我，盲人的日常学习需要付出比常人多得多的汗水，在学习过程中许多事情非常不方便，尤其是在错题的积累上，用盲文笔和手写板一遍遍抄，太费时费力了。当她得知，我在平时学习过程中应用人工智能技术，使用扫描仪和计算机设备制作错题本，速度快、效率高，节省了大量时间和精力，便央求我也为她制作一套。同时，她还反映一些听力差的同学在学习英语时听不清 MP3 播放的语音，最好有一种工具能将语音转成文字，以便强化听力难点，提高学习效率。

我被小雨强大的学习毅力感动鼓舞。平时，我做过许多小发明、小创造，熟悉人工智能编程，去年也做过智能错题本项目，虽然面向的群体是广大中小学生，但具有一定知识储备和技术积累。本次能为盲人朋友服务，切实解决他们日常学习中的难点和痛点，我干劲十足。

二、实现思路

该智能错题本在设计上要面向盲人，要充分考虑其群体特点，要简单易用，要尽可能微型化，随手能拿得到，便于携带，最好能穿戴在身上，不易丢失。

第一，要解决盲文识别难点，将盲文点字转变成计算机文本，并翻译成可供常人读写的汉字和英文，反之也可将日常试卷转变成可用盲文打印机制作的盲文试卷。

第二，要建立学科试卷库，实现试卷的自动搜索、续传下载、格式转换、编码入库。对于入库的试卷要自动去水印、分割排版、抽取答案；对于图片版试卷，还要实现文本识别，转换成 Word 文档等功能。对于英语听力 MP3，要采取语音识别技术将语音转换成文本。

第三，要建立课本库，采用自动扫描和文本识别技术，将纸质课本转换成电子文本，并建立各科知识库。

第四，要建立电子词典，实现英语字词查询，满足学习过程中对难字、难词的方便快速查询需求。还要建立英语课本单词库，对于试卷中超出课本范围的词汇，能够自动查询，减轻字词查找的工作量，降低英语学习的门槛。

第五，对于难题、错题，可根据题目编号自动识别试题区域，转换成图片格式（以利于保持数学公式、英语音标、化学方程式），采用剪贴板技术按顺序排列，形成可编辑的 Word 文档。

方案设计完成后，征询盲人朋友的使用建议，对各种实现方式进行现状考察，确定技术实现方式，绘制详细的硬件和软件实现路线，针对硬件和软件分别进行安装配置和开发实现。

三、系统结构

本系统包括输入、处理和输出三个部分，输入部分进行音像采集，包括语音、图像采集；处理部分进行数据传输和处理，包括盲文识别及语音识别，试题解答，题库建立，以及清洗水印、版面分割等辅助功能；输出部分进行处理结果的输出，包括盲文点字文本、试卷库试题本、词典库等，如图1所示。

本系统由七大模块组成：音像采集模块、数据传输模块、盲文及语音识别模块、错题本模块、试卷解答模块，以及针对英语运用的智能翻译模块和词典采集模块，如图2所示。

四、系统实现

系统应用音像采集模块对语音、图像进行实时采集，将其数字化后传输给数据传输模块；识别服务器接收到数据后，调用语音、图像识别模块进行识别，识别完毕后，调用智能翻译模块将其翻译成对应的语言，再调用语音合成功能，将语音、文字信息回传可穿戴设备，本设计使用的可穿戴设备为智能手表。

1. 音像采集

（1）语音采集

考虑到盲人使用设备的便捷性，采用智能手表进行语音采集和文本识别。

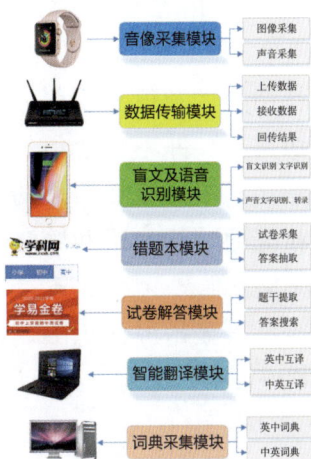

图2　系统模块图

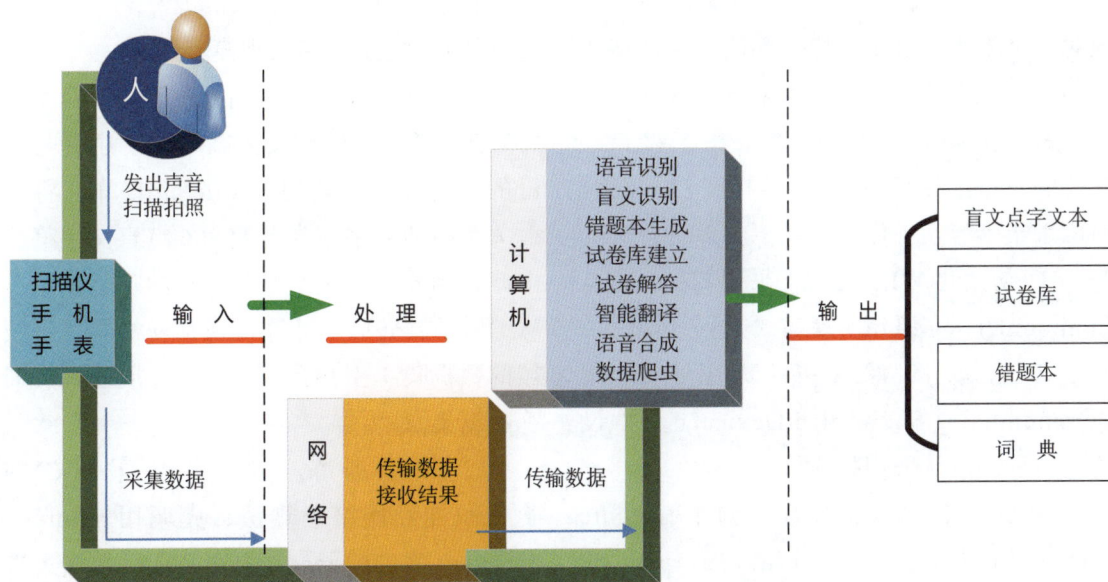

图1　系统流程图

智能手表应用程序包含两个部分：Watch 应用和 WatchKit 应用扩展。Watch 应用驻留在用户的智能手表中，只含有故事板和资源文件，并不包含任何代码。而 WatchKit 应用扩展驻留在用户的智能手表上，含有相应的计算代码和管理 Watch 应用界面的资源文件。

受智能手表显示屏面积限制，要求界面简洁、紧凑，字体清晰，界面设计如图 3 所示。

图 3　界面设计

（2）图像采集

利用扫描仪、复印机等扫描设备，实现对盲文纸张的电子扫描、存储，存储格式为 JPG。编程实现主要采用 WIA（windows image acquisition, 视窗图像采集）接口，支持的设备主要有扫描仪、照相机、摄像机、图像采集卡等。工作流程如下。

① 初始化 WIA 对话。采用 New WIA.CommonDialog 语句实现。

② 选取图像采集设备。调用 Commondialog.ShowSelectDevice 选取设备，本程序默认采用扫描仪。

③ 执行自动扫描操作。调用 ExecuteCommand(wiaCommandTakePicture) 和 Transfer() 函数实现。

④ 保存图片。调用 SaveFile() 函数，实现保存获取图片的功能。

图像自动扫描代码如图 4 所示。

```
Sub ScanPageJpg()
  Dim ComDialog As WIA.CommonDialog
  Dim DevMgr As WIA.DeviceManager
  Dim DevInfo As WIA.DeviceInfo
  Dim dev As WIA.Device
  Dim img As WIA.ImageFile
  Dim i As Integer
  Dim wiaScanner As WIA.Device

  Set ComDialog = New WIA.CommonDialog
  Set wiaScanner = ComDialog.ShowSelectDevice(
WiaDeviceType.UnspecifiedDeviceType, False, False)

  Set DevMgr = New WIA.DeviceManager

  For i = 1 To DevMgr.DeviceInfos().Count
    If DevMgr.DeviceInfos(i).DeviceID = wiaScanner.DeviceID Then
      Set DevInfo = DevMgr.DeviceInfos(i)
    End If
  Next i
```

图 4　图像自动扫描代码

2. 盲文识别

盲文识别模块用来从扫描的盲文纸张文件提取盲文点字的文本信息。由于目前的光学字符识别（OCR）软件均不提供盲文识别功能，因此需要采用机器智能学习软件进行盲文图像的训练，生成模型库后进行盲文识别。盲文识别功能采用 Python 语言编程，其具体识别流程如下。

（1）建立点字识别模型库

① 数据准备。依据中国盲文标准 GB/T 15720，得到现行盲文方案中数字序列与字母的映射关系，调用 braille_utils 库，将映射关系中的数字序列转换为 6 点盲文字符，由此得到 6 点盲文字符与字母的映射关系。从 DSBI 数据集（计算机视觉和机器学习领域的数据集）上找到盲文图片，形成盲文训练数据集。

② 模型训练。模型训练采用 CNN（卷积神经网络）算法，先调用 pytorch_retinanet 库中的 loss() 方法对训练数据集进行预处理，去除不适合训练的盲文图片。

调用 pytorch_retinanet 库中的 retinanet() 方法对训练数据集进行目标检测，学习各个 6 点盲文字符的"特征"，结合 6 点盲文字符与字母的映射关系，得到盲文点阵"特征"与字母的映射关系。

（2）进行点字识别（点字与拼音互转）

① 盲文文字识别。调用 pathlib 库中的 Path() 方法接收传入的盲文图片，并调用 PIL 库中的 Image.open() 方法将盲文图片转成 Image 对象。再调用 pytorch_retinanet 库的 encoder() 方法，该方法的输入参数包括训练好的模型和上述 Image 对象，方法返回包括根据盲文点阵与字母的映射关系匹配到字母序列，以及各个字母的坐标。

② 阿拉伯数字处理。对于字母序列中的数字前导符，调用 findstr() 方法，定位前导符，并以此位置为起点，向后遍历每个字符直到第一个空白字符。这之间的所有字符，如果都是数字，则判定该前导符单元是数字，删掉该前导符即可。进行声母与韵母的合并（单音节字自成音节不进行合并），得到拼音与数字混合的拼音数字序列。

（3）进行点字翻译（拼音转汉字）

① 词组概率统计。调用 numpy 库的 load() 方法，加载拼音汉字映射表（一个拼音对应多个汉字）。应用 jieba 库的 cut() 方法对语料(新闻资讯、名篇名著等)进行分词，统计各个汉字组合出现频率，统计完成后通过 numpy 库的 save() 方法保存为 .npy 文件，形成拼音转汉字的词组概率表。

② 拼音转汉字。将拼音数字序列作为输入序列，以词组概率表作为输入的概率分布表，使用隐马尔可夫算法，计算得出所有可能的汉字组合概率序列图。再使用维特比算法，动态规划求解汉字组合序列图概率最优路径。最优路径即为拼音转汉字的结果。

3. 文本识别

以 OneNote 为例说明图像文本识别程序。

① 创建一个 OneNote 对象，并新建一个临时笔记本 OneNote。

② 打开传输过来的图像文件，形成 Base64 编码。

③ 在 OneNote 中应用 .appendChild() 方法，将图像 Base64 编码插入到 OneNote 中。

④ 调用 UpdatePageContent，识别出图像中的文字信息。

⑤ 由于文字信息中包含大量空格，需要对文字信息进行格式化处理，清除空格。

文本识别也可采用 LeadTools SDK OCR 进行编程实现，代码如图 5 所示。

```
nRet = L_Doc2AddZone(hDoc, 0, 0, ZoneData)
If (nRet = 1) Then
  RecogOpts.uStructSize = Len(RecogOpts)
  RecogOpts.nPageIndexStart = 0
  RecogOpts.nPagesCount = 1
  RecogOpts.SpellLangId = DOC2_LANG_ID_AUTO
  RecogOpts.bEnableSubSystem = True
  RecogOpts.bEnableCorrection = True

  nRet = L_Doc2Recognize(hDoc, RecogOpts, 0, 0)
  If (nRet <> 1) Then MsgBox nRet, vbOKOnly,
  "L_Doc2Recognize"

  If (nRet = 1) Then
    MsgBox ("The engine finished recognizing the
    specified pages successfully")

    Dim ResOpts As RESULTOPTIONS2

    nRet = L_Doc2GetRecognitionResultOptions(hDoc,
    ResOpts, Len(ResOpts))
    If (nRet <> 1) Then MsgBox nRet, vbOkOnly,
    "L_Doc2GetRecognitionResultOptions"
```

图 5　采用 LeadTools SDK OCR 进行文本识别的代码

4. 语音识别

语音识别模块实现了对语音文件的文字信息识别，包括语音离线本机识别和联网云端识别两大功能。

（1）离线本机识别

识别软件可采用微软 SAPI 5.4 SDK 软件包，其主要接口如下。

① 语音识别引擎（ISpRecognizer）接口：用于创建语音识别引擎的实例。

② 语音识别上下文（ISpRecoContext）接口：主要用于发送和接收与语音识别相关的消息通知，创建语法规则对象。

③ 语法规则（ISpRecoGrammar）接口：定义引擎需要识别的具体内容，用于创建、载入和激活识别用的语法规则。

④ 识别结果（ISpPhrase）接口：用于获取识别的结果，包括识别的文字、识别的语法规则等。

⑤ 语音合成（ISpVoice）接口：主要功能是通过访问 TTS 引擎实现文本到语音的转换，从而使计算机会"说话"。

（2）联网云端识别

主要采用百度或科大讯飞的人工智能云产品。以百度云语音识别为例，识别流程如下。

① 初始化 AipSpeech 对象。初始化内容包括 APP_ID、API_KEY、SECRET_KEY。

② 设置网络连接参数。主要包括 ConnectionTimeout、代理服务器 IP 和 Port。

③ 调用语音识别函数 ASR()。传入函数的参数主要包括语音文件、文件格式（PCM、WAV）、采样频率等。

④ 返回识别结果。以 JSON 数据结构，返回识别结果。

5. 错题本生成

扫描试卷生成的图像和从网上下载的试卷一般为 PDF 格式，针对 PDF 格式的试卷，采用 PDF SDK 开发库标识特定试题范围，考虑到数学公式、物理公式、化学方程式、英语音标需要保留原有格式，因此采用图像选取和复制粘贴方式，统一将内容存储到 Word 文档。对于 Word 格式的试题，可采用 Word VBA 编制宏程序，实现复制粘贴。运行界面及代码如图 6 和图 7 所示。

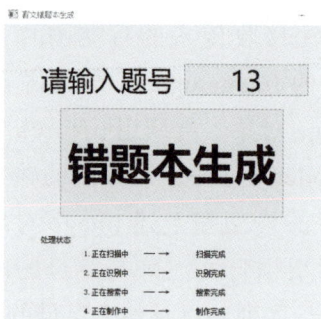

图 6　错题本生成界面

图 7　生成错题本的代码

6. 数据传输

数据传输流程如图 8 所示。

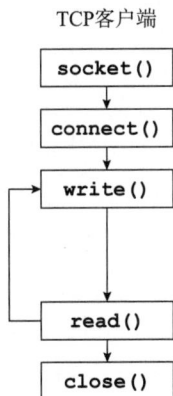

图 8　数据传输流程

7. 试卷解答

试卷解答模块主要根据试题题干在试题库中搜索答案，包括题干抽取、答案搜索和答案回填三个功能。

（1）题干抽取

将试卷中多道题目分割出单条题干内容，步骤如下。

① 应用 InStr() 函数，查询单项选择（单选）、多项选择（多选）、填空、综合应用等特征值是否在段落中出现，记下试题类型。

② 对于选择题，应用 Mid() 函数，抽出每一个选项；对于填空题，应用 Mid() 函数，抽取"（ ）"或空白横线的待作答项。

（2）答案搜索

① 对于单选、多选，应用 TF/IDF 深度学习模型建立分词，在题库中搜索分词，再利用 cos 函数取计算值最大的答案，并给出选项值（ABCD）。

② 对于填空，建立正则表达式，应用 Find.Execute 从电子课本中找出答案。

③ 对于四则计算，调用数学表达式计

算函数 Eval() 得到计算结果。

④ 对于综合应用题，采用 Python 编程语言，应用 TF/IDF 模型，进行特征匹配，优先选取特征向量值大的答案。

（3）答案回填

将获取的答案根据各题干编号回填到试卷相应位置。

① 应用 Find() 函数获取对应题号的答案文本。

② 应用 InsertParaGraphAfter() 将答案文本插入到题干空白段。

8. 试卷库建立

登录相关学科网站自动采集试卷，对试卷进行去水印、抽取答案、存入试题库等操作。

（1）试卷采集

解析页面内容，逐一得到试卷的 URL 链接，调用 IDM（Internet Download Manager），进行断点续传下载。其中，应用 ParseXML() 函数，解析试卷，得到 URL；调用 IDM，应用 SendLinkToIDM2 进行多个文件断点续传。

（2）试卷清洗

去除与试卷无关的内容（如水印、声明等），得到清洁干净的试卷。

① DOCX 试卷去水印。采用 Word VBA 编程，找到页眉、页脚，应用 Range. Delete 删除水印文字或图片。对于特定的声明图片，根据图片的宽度（Width）和高度（Height），应用 Image.Delete() 方法去除。

② PDF 试卷去水印。引入 Python PDF 解析包，应用 getPageImageList() 和 getXrefStream() 获取图片数据，若图片的高度和宽度是特征值，则 Replace() 为零字

节值后删除。

（3）答案抽取

将清洗后的试卷，按题目类型（单选、多选、填空、综合）分别抽取，将每一道试卷与标准答案建立关联关系，存储到题库。

① 按题目类型抽取题干。应用 InStr() 函数，查询单项选择（单选）、多项选择（多选）、填空、综合应用等特征值是否在段落中出现，析取出试题文本。

② 将题干文本与答案对应。根据题干编号与答案编号，建立对应关系。

③ 将题干与答案存入数据库。应用 Connect() 函数连接数据，调用 Insert() 函数，将数据存入题库。

9. 智能翻译

智能翻译模块实现对文字的翻译，包括离线本机翻译和联网云端翻译两大功能。

（1）离线本机翻译

翻译软件有很多，在本次项目研究过程中，我使用的是最新版本的 TraDos Studio，其翻译过程如下。

① 创建翻译项目。打开待翻译的文档，选择源语言和目标语言，软件可以一次支持多个目标语言的翻译。

② 记忆库管理。添加需要的记忆库，可以一次添加多个记忆库。TraDos Studio 翻译时从记忆库获取译文。在翻译过程中，记忆库可根据需要实时重新。

③ 术语库管理。术语库是一种可搜索的数据库，用于存储术语（例如产品特定术语）及其使用规则（例如性别或描述），以提高翻译质量。

④ 机器翻译（也称为自动翻译）。由计算机根据预设的规则或统计概率来进行文本翻译，不需要人工参与。

（2）联网云端翻译

研究过程中，我使用 Python 作为开发语言，调用 GoogleTranslate 包，其运行过程如下。

① 使用 pip install googletrans 命令安装 GoogleTranslate 包。

② 调用 Translator() 构造函数进行翻译初始化。

③ 调用 translate() 函数，参数中指明待翻译的文本、源语言和目标语言。执行后，返回翻译后的文本。

五、测试及应用效果

为检验智能错题本的性能，我进行了测试，从网上分别下载了近三年来小学三年级十多套语文和数学试卷，经清洗、解析后存入数据库，形成试卷库样本。

同时，对于语文的判断题和数学最后一道大题，利用错题本生成功能，自动整理形成错题本，如图 9 所示。

在测试过程中发现，扫描的盲文试卷转换成盲文文本正确率为 100%，但将盲文文本转换成汉字文的准确率只有 93.7%。经

图 9　盲文错题本生成测试

分析发现，虽然收集的盲文 – 汉语词组有 50 多万条，但并未实现地名、人名的全覆盖，还有换行使词组被分离成两行文本，导致准确率下降。针对这种情况，通过补充盲汉对照词库和将多行合并成一行进行文本处理，可以有效提高盲汉转换准确率。

自己测试完毕后，我又找小雨进行了测试。在测试中，她很顺利地应用错题本生成功能将北京市西城区 2021 年三年级上学期语文期末试卷选择第 13 题加入错题本，如图 10 所示。

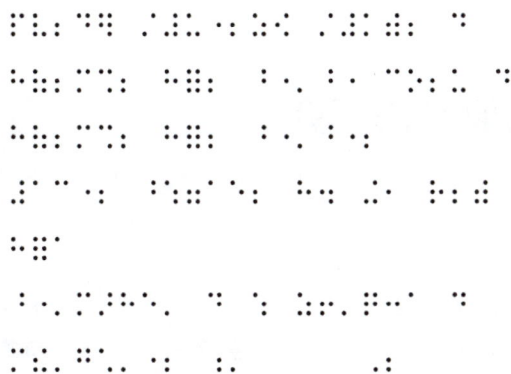

图 10　错题本生成测试

而后，对词汇查询功能进行测试。

（1）英汉词汇查询

英汉词典是从 Github 上下载的公共词库，英文词条多达 3402564 个，查询速度缓慢。如图 11 所示，对数据表建立索引，大大提升了查询速度。

（2）汉英词汇查询

汉英词典在 Github 上找不到公开词库，只好基于"灵格斯"汉英词典，通过解析其库表结构，用 JAVA 语言编写了词条抽取代码，抽取词条共 116412 条，能够满足一般性查询，如图 12 所示。

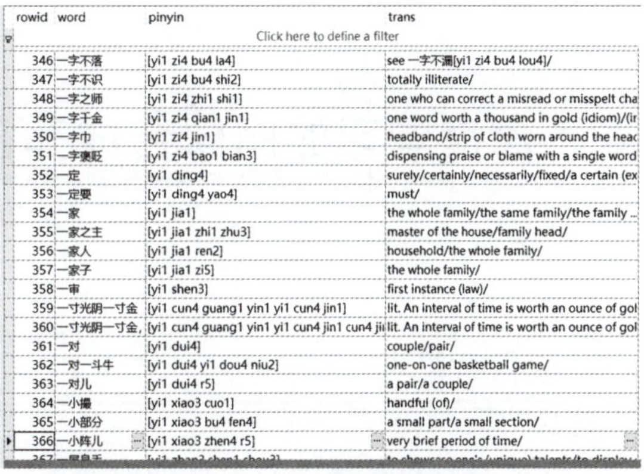

图 12　汉英词汇查询测试

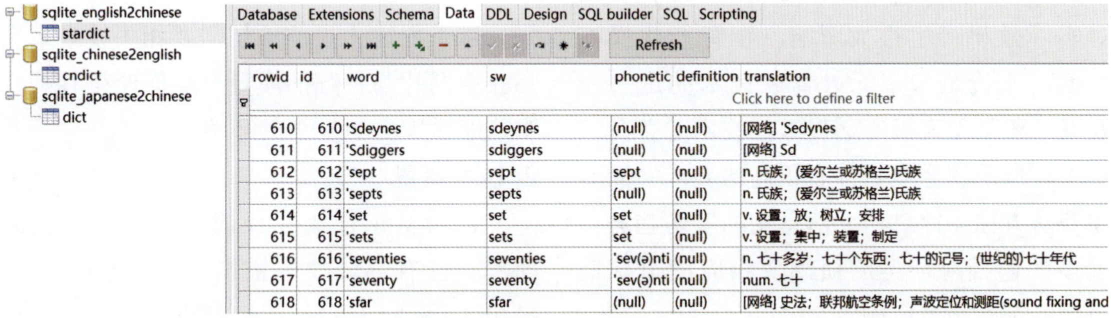

图 11　建立索引

测试后经过一段时间的试用，指导老师建议我添加数据分析功能，具体如下。

① 将每天做过的错题记录下来，后续每做对一道错题奖励一颗星，激励使用者学习。

② 统计一段时间内的词汇查询量，当达到一定的词汇量时，错题本显示笑脸表情，并播报：你太棒了！通过这种措施，提高使用者学习英语的积极性。

六、总 结

本项目成功地运用计算机视觉技术和深度学习算法，为盲人群体打造了一款智能错题本。此产品不仅具备生成错题、建立试卷库的功能，还兼具汉英翻译及单词查询等实用功能。它充分利用了可穿戴设备的便携性、Mac OS X 系统的安全性及 Windows 系统软件功能的丰富性，从而极大地拓宽了其应用情景。

在通信方面，采用 TCP/IP Socket 技术，使得智能错题本各功能得以独立运行。结合多并发处理技术的应用，这款智能错题本可以在离线状态下正常使用。

经过市场调研，发现目前市场上尚未出现与这款基于机器视觉的适用于盲人的智能错题本类似的产品。因此，它具有首创性和应用潜力。

基于深度学习的图像合成孔径成像方法研究

北京市广渠门中学 / 邓云天 / 指导教师： 高跃 李思奇 马云梦

分类：计算机科学与信息技术

一、项目背景

1. 社会背景

在各个应用场景中获取图像时大多会出现遮挡的情况。不论是单纯拍摄图像，还是基于获取实时环境图像的项目，遮挡都会对实际效果产生很大影响。在智能化操控方面，不论是未来无人驾驶技术的进一步发展，还是无人机等远程操控技术的普及，对于获取的图像质量都有很高的要求。同时在安防方面，针对当下信息化的安防趋势，过多的遮挡对环境的侦测及相应的追踪监视功能都有很大影响。

在元宇宙兴起的大背景下，与虚拟现实技术（virtual reality，VR）具有相似效果并且与现实有所联系的增强现实技术（augmented reality，AR），可能作为走向虚拟化的过渡工具，在未来的社会生活中起到较大的作用。而在复杂的环境中，增强现实的效果可能会因为周围环境的遮挡复杂性下降。

综上所述，目前迫切需要相关技术来提高获取图片与视频的质量，从而使得有关技术能够适应更为复杂的环境。

2. 技术背景

针对基于合成孔径成像实现去遮挡的问题，已有部分技术被提出。Wang[1] 等人提出了第一个利用深度学习技术的合成孔径成像融合网络 DeOccNet，其通过卷积神经网络融合由相机阵列捕获的光场图像可获得去遮挡后的图像。虽然此技术已经在去遮挡成像方面取得了一定的成效，但是仍然存在较多的局限性。例如，此技术需要使用相机阵列采集多视角光场数据，对于图像获取的要求较高，当面临极端密集遮挡情况时，合成效果会大打折扣，如图1所示。

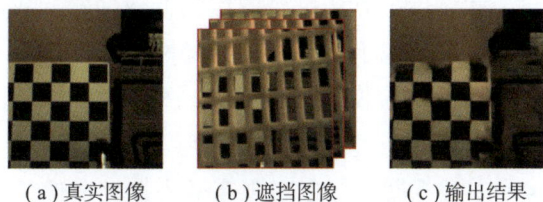

（a）真实图像　　（b）遮挡图像　　（c）输出结果

图1　面对极端密集遮挡情况时 DeOccNet 的去遮挡效果

二、图像采集

图像采集是整个项目最为基础的一步，对于网络训练、测试集获取及在实际应用中获取图像模式具有决定性影响。本节主要讲述项目选择的成像方式组合及其优缺点。

1. 现有技术

目前，合成孔径成像的主流获取图像方法是通过相机阵列光场技术，获得多个角度的遮挡图像，从而获取被遮挡物的更多角度信息，更好地实现去遮挡效果[2]。但是该方法存在明显弊端，且相机阵列选用的基于帧的传统相机在成像方面也有如下诸多劣势。

① 成像不连续，在曝光时间内如果物体高速移动则成像会十分模糊，无法获得有效信息。

② 动态范围低，在强光或极暗环境下，无法获取很多有效信息，成像质量很差。

③ 每次成像都会完整呈现整个环境，无法省略没有变化的背景，导致数据量增加，计算负担和功耗增大。

2. 事件相机

事件相机是一种新型的仿生传感器，每个像素异步工作，与传统相机成像方式不同，事件相机记录的是事件流，即所接收到的每个像素的光照强度的变化。

（1）事件相机的原理

事件相机持续获取各个像素的时间戳从而形成一系列完整的事件流。当一个像素亮度的变化累积达到阈值时，输出一个事件，事件所具有的格式是一个向量：

$$\varepsilon = (x_i, y_i, t_i, p_i)$$

其中，(x_i, y_i) 表示产生事件的具体像素坐标位置；t_i 为时间戳，是产生该事件的时间；p_i 为该事件的极性，表示光线是从小到大还是从大到小（一般为 0 或 1）。

图2 展示了一段事件流的可视化，我们将正事件（光强增大）可视化为红色，负事件（光强减小）可视化为绿色，记录一小段时间内每个像素的正负事件数并可视化。

（2）事件相机的优势

事件相机根据人眼仿生设计而成，具有很多独特的优势。

① 低时延，像素异步工作，没有曝光、

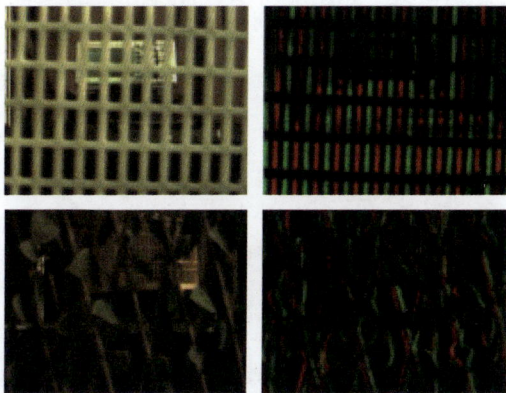

图2　事件相机的实际成像效果

帧率，能够不间断成像，可以很好地记录高速运动过程，如图 3 所示。

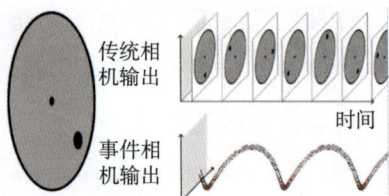

图 3　传统相机和事件相机的成像特点比较

② 环境光强对于成像影响不大，面对极端的光线情况仍然具有较强的鲁棒性，能精准成像，具有高动态范围特性。

③ 只记录事件流，没有冗余信息，可以极大地减小算量，加快运算速度。

3. 事件相机在合成孔径成像上的应用

鉴于事件相机的上述优点，本研究使用事件相机作为主要成像设备。但是事件相机在该应用场景下，也存在一定的弊端，例如无法很好地获得实际环境的大致图像，导致无法获得与实际效果相似的复原图像等。因此，本项目创新地采用传统光学相机和事件相机相结合的形式进行成像，利用特殊光学仪器将传统相机和事件相机的光线汇集到一处，如图 4 所示，通过滑轨的运动，一起采集图像。

由于事件相机异步工作的特点，使得其获取图像所需要的相机移动范围有所减小，在实际应用场景中有了更大的应用可能性和更为广阔的应用前景。

三、网络模型设计

针对传统方法融合图像的低效问题，我设计了一个基于深度卷积神经网络的合成孔径成像模型。模型使用 RGB 图像和事件流作为输入，经过下采样层和上采样层，进行多模态数据融合，以实现高效去遮挡成像。

1. 网络整体架构

本网络主要以医学分割网络 U-Net[3] 作为大致架构主体，如图 5 所示。U-Net 结构分为多次下采样（图像大小变为之前的二分之一）和多次上采样（图像大小变为之前的二倍）两部分。

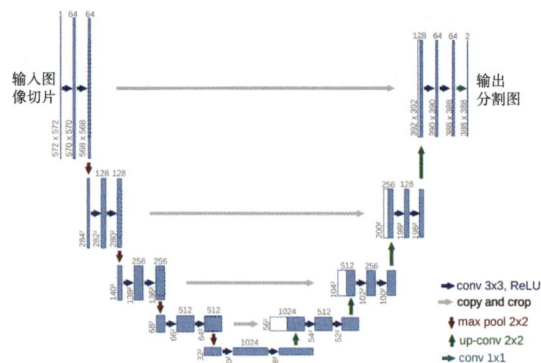

图 5　U-Net 网络的结构

两侧的模块通过跳跃连接相连接，即将该尺寸下采样获得的图像转移到进行该尺寸上采样的模块中一起进行处理，使得图像同时具有一些初级的特征及深层的语义特征，提升网络的训练、处理效果。

本网络的架构和通道数变化如图 6 所示，随着下采样的进行，通道数逐渐翻倍

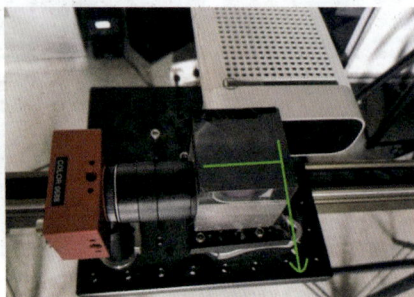

图 4　传统相机和事件相机的组合方式

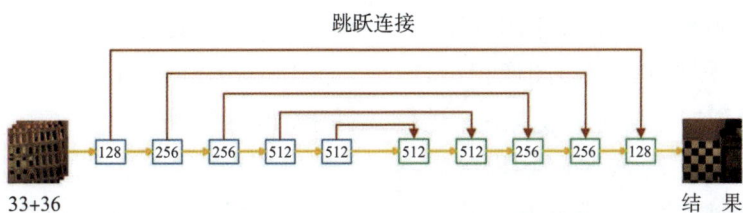

图 6　融合网络的结构

至 512，再经过上采样，通道数逐渐减半至128，最终通过卷积变成一张图像并输出。

2. 上采样层与下采样层

（1）下采样层

下采样最明显的特点是将图像大小缩小为原来的 1/2，其目的主要有以下三点。

• 使图像符合显示区域的大小。

• 生成对应图像的缩略图。

• 降低特征的维度并保留有效信息，一定程度上避免过拟合，保持旋转、平移、伸缩不变形。

本网络中的下采样主要通过卷积来实现，如图 7 所示，经过一次改变图像大小的卷积，再经过不改变大小的卷积，同时在每次卷积后都通过激活函数 Leaky ReLU，进行一次批量归一化，防止梯度爆炸和梯度弥散。

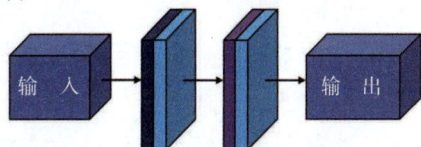

图 7　融合网络下采样结构图

（2）上采样层

上采样的最主要特点是将图像大小扩大一倍。其主要目的是增大图像的分辨率，使得最终合成的去遮挡图像效果更好。

网络上采样层中将图像大小翻倍功能主要依靠双线性插值来实现。如图 8 所示，在经过一次双线性插值后，通过一个 ASPP[4]（空洞空间卷积池化金字塔）层，将图像分开执行间距为 1、3、5、7 的空洞卷积后再结合到一起。ASPP 通过进行不同大小的卷积，提取多尺度的特征，增强网络实际效果。

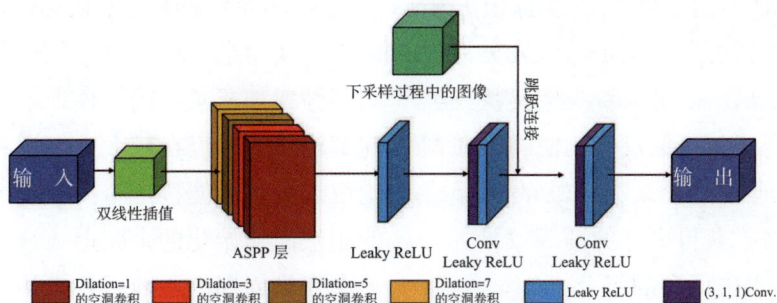

图 8　融合网络上采样结构图

经过激活函数和不改变大小的卷积后，与跳跃连接的下采样过程中的图像相结合，继续经过一个卷积层和激活函数层后，进行输出。同时本过程中每次通过卷积层后均会进行一次批量归一化，确保梯度的稳定，利于反向传播。

关于上采样过程中的全部结合方式，均沿通道维度进行拼接操作。既有利于计算通道数，也有利于更好地在保持原有特征的基础上，增加特征维度。

3. 损失函数及图像质量评价指标

（1）损失函数

本项目采用两种损失函数，分别是 L1 范数损失函数和 LPIPS 损失函数。

L1 范数损失函数主要是把目标值（y_i）与估计值 [$f(x_i)$] 的绝对差值的总和（S）最小化，公式如下：

$$S = \sum_{i=1}^{n} |y_i - f(x_i)|$$

LPIPS 损失函数是一个能够模仿人类视角评判两幅图像相似度的损失函数。Zhang[5] 等人利用 48000 人的视觉判断得出的感知相似性数据集，训练了一个模仿人类感知评价图像相似度的 VGG-16 神经网络。输出图像和实际图像经过 VGG-16 神经网络的过程中抽取不同层的特征进行损失函数的计算，从而获得一个真正模仿人类视觉感知的"感知距离"。更为直观地反映人类视觉对于网络合成效果的反馈，使网络在训练过程中更好地向便于人类观察的实际应用效果方向发展，获得更好的训练效果。

（2）两种损失函数的组合

为了使损失函数反馈兼具机器和人类感知上的反馈结果，项目将两种损失函数加

权获得最终的综合损失函数：

$$Loss = L1 + w \times LPIPS$$

其中，w 为权重。

（3）图像质量评价指标

本项目采取两种图像重建领域最为典型的比较图像相似性的评价指标 PSNR（peak signal-to-noise ratio，峰值信噪比）和 SSIM（structural similarity，结构相似性）。PSNR 针对像素点之间的误差进行比较，从而得出评价结果。SSIM 则是通过计算图像之间的方差、协方差、均值，进行比较，来评价两幅图像的相似程度。

两个评价指标的数值均是越大越好，即 PSNR 和 SSIM 数值越大，说明去遮挡图像与原图像相似度越高，失真越小。这两个指标也是本项目评价比较实际效果的最主要依据。

4. 学习率衰减算法

项目初期利用较大学习率来加快网络学习，提升效率。项目后期利用较小学习率来使其逐步接近最优解，获得更好的效果。

本项目使用的学习率衰减算法是余弦退火算法和 ReduceLROnPlateau 算法。

余弦退火算法使得学习率随着轮数的增加呈类余弦图像变化，并且随着周期数增加，完成一周期所需要的轮数逐渐增加，如图 9 所示。使用余弦退火算法能够通过学习率的周期性增加或减小确保模型不会陷入局部最优解当中，可以在较大学习率时冲出局部最优解，更有可能接近全局最优解。而且加入使用热起初始化的余弦退火算法可以通过学习率变化周期的不断延长来使其不会陷入局部最优解的同时逐步接近全局最优解，为后续的小学习率训练奠定重要基础。

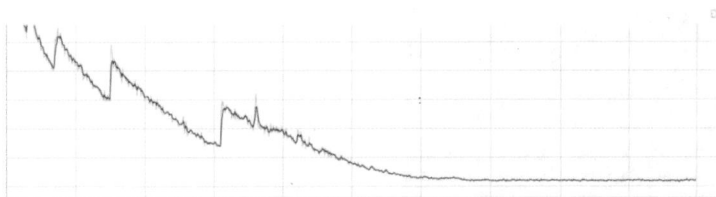

图 9 在实际训练过程中损失函数值的变化图像

ReduceLROnPlateau 算法使得模型依据评价指标来调整学习率，若在一定阈值内模型效果没有明显改进，则学习率会变为原来的 0.1 倍。在模型始终无法再接近最优解时，该算法能够很好地通过减小优化幅度来使其更为靠近最优解，是网络训练后期进一步提升性能的保障。

5. 特殊网络层组合

为了使网络的性能能够进一步提升，我尝试选用多种网络模块组合进行实验。本节主要介绍经过实验得到的影响相对较大的网络模块组合 CBAM+BlurPool。

（1）CBAM+BlurPool 模块组合

卷积注意力模块（CBAM），在网络中引入注意力机制，通过通道和空间注意力模块，帮助网络更准确地提取有效特征。

低通滤波池化层（BlurPool），通过在进行最大值池化前先进行低通滤波来增加图像的平移不变性，极大地降低了输入图像相对位置变化对于网络输出结果的影响，增加了网络的稳定性。

将该网络组合层放置在模型下采样过程中并分开执行两次，同样可以使图像大小缩小为原来的一半。

（2）针对该网络层的消融实验

在消融实验中，利用控制变量法进行测试可以比较出该特殊神经网络组合带给网络模型的性能提升，见表 1。

表 1 网络组合测试数据

模 型	结 果	
	PSNR	SSIM
使用 CBAM+BlurPool 模块组合	25.72	0.920
不使用 CBAM+BlurPool 模块组合	25.79	0.923

四、实际效果

1. 网络重建图像结果

本项目数据集选取了传统去遮挡模型 E-SAI 的开源数据集，每组图片使用一个相机同时记录 RGB 图片及过程中的时间戳，并且进行相应的融合，从而形成图片训练集。该数据集一共采集了 300 组图片，包含 250 组室内图片及 50 组室外图片。这些图片中，既有打印的图像、拍摄的单独物体图，也有复杂的现实场景图，甚至有密集遮挡和强光照射等相对极端的图片，目的是更好地模拟真实情况。如图 10 所示，网络模型在面对较为密集的遮挡时，也能很好地重建出较大的物体，与原图相似度较高。

2. 与经典网络模型比较

通过评价指标的对比可以看出（见表 2），在结构相似度等参数上，融合网络模型取得了极好的效果，说明其很好地避免了图像修复时的结构性失真，使得复原效果超过一些经典网络模型的图片复原效果。由于包含人眼感知相关因素，两个评价指标

输入图像　　遮挡图像　　输出图像
（实际为多角度图像）

图 10　网络模型去遮挡效果的图片展示

可以较为直接地反映图像重建对于人眼感知实际效果的好坏，以及后续基于重建图片进行进一步操作达到相应实际应用目的的可行性。

表 2　融合网络与经典网络比较

模　型	PSNR	SSIM
DeOccNet	25.30	0.910
E-SAI	21.60	0.814
融合网络	25.79	0.923

五、创新点分析

1. 使用事件相机提供额外视觉信息

事件相机的异步工作的特点能够在相机运动过程中连续地获取多角度信息，很好地弥补了传统 RGB 相机在成像方面的诸多劣势。通过特殊的光学仪器将传统相机与事件相机光线汇集，将二者的图像进行特殊融合，使得获取的数据信息更为完整，可以实现更好的去遮挡成像效果，同时在实际应用场景中，也能应对更复杂的环境。

2. 运用深度学习方法处理图像

深度学习方法训练的卷积神经网络相较于传统的机器学习方法能够更好地应对复杂多变的环境，同时利用事先训练的神经网络能够大幅加快对于输入图像的处理速度，从而使其能够更好地辅助其他技术与系统。并且，基于深度学习的模型可迁移性强，针对不同的实际应用场景，可以采集不同的数据集来训练网络模型，无须过多调试，就可以在各种系统上加以应用，有着更广阔的应用前景。

3. 对于深度卷积神经网络模型的修改优化

本项目在现有的合成孔径成像网络模型 DeOccNet 的基础上，进行了诸多方面的优化。首先，使用了 CBAM 模块，引入视觉注意力机制，实现更好的特征提取效果。其次，使用了 BlurPool 模块，可以实现平移不变性，进一步提升模型的整体性能。此外，本项目还采用组合的损失函数，使得训练效果更符合人眼的感知评价标准。本项目创新性地将两种学习率衰减算法有机结合，在训练过程中更好地帮助融合网络接近最优解，降低训练成本，提升实际使用效果。

六、未来展望

1. 继续优化网络结构

在未来继续通过改变网络结构，增加网络深度，获得更好的合成效果，提升模型的泛化能力，使其实际应用场景更为广泛。

未来会尝试将网络结构改进为 U-Net++，尝试增加网络每层的卷积次数，尝试更多的模块组合，争取在保证一定速度的前提下，获得更好的结果。

2. 改进成像技术

合成孔径成像技术的一个重要特点就是需要一定大小的获取图像范围来得到多

个角度的图像。尽管本项目使用事件相机大幅减小了对于成像角度的要求，但是仍然需要在一定长度的滑轨上进行移动，并且设备体积较大，操作起来不够便捷。

之后会尝试缩小滑轨长度和设备体积，使其所需的场地更小，操作更加方便。尝试通过进一步缩短成像周期，优化成像设备的防抖功能，改进融合网络使其可以更好地消除抖动带来的影响。改进为可以移动的成像平台，例如手持式成像或头戴式成像，使其能更方便地应用在移动的场景中

3. 提升去遮挡实时性

虽然经过训练后，融合网络仅需几秒即可得到去遮挡图像，但是仍然无法做到实时去遮挡成像。未来随着相机成像技术的发展及网络运行速度的提升，可以利用广角成像的相机、事件相机，将该技术应用在视频的实时去遮挡上，最终实现真正的全场景便携实时成像效果！

参考文献

[1] Wang Y, Wu T, Yang J, Wang L, et al. DeOccNet: Learning to See Through Foreground Occlusions in Light Fields [C].IEEE Winter Conference on Application of Computer Vision, 2020:118-127.

[2] Wilburn B, Joshi N, Vaish V, et al. High Performance Imaging Using Large Camera Arrays [C]. In ACM SIGGRAPH, 2005:765-776.

[3] Ronneberger, Olaf, Philipp Fischer, et al. U-Net: Convolutional Networks for Biomedical Image Segmentation.arXiv abs/1505.04597, 2015.

[4] Chen, Liang-Chieh, George Papandreou, et al. DeepLab: Semantic Image Segmentation with Deep Convolutional Nets, Atrous Convolution, and Fully Connected CRFs.IEEE Transactions on Pattern Analysis and Machine Intelligence 40, 2018:834-848.

[5] Zhang, Richard, Phillip Isola, et al. Efros, Eli Shechtman and Oliver Wang. The Unreasonable Effectiveness of Deep Features as a Perceptual Metric.2018 IEEE/CVF Conference on Computer Vision and Pattern Recognition, 2018:586-595.

专家点评 拍摄物体被遮挡在生活中是很常见的。作品研究图像去遮挡技术，其选题具有很好实用性。作品提出一个基于深度卷积神经网络的去遮挡成像模型，融合普通相机拍摄的遮挡图像和事件相机记录的事件流两种模态数据，获得高质量去遮挡图像，具有良好创新性。作者具有良好的科研潜质和创新素养。

富营养化水体中微藻与锑复合污染物的高效去除方法

北京市第八中学／王俊哲／指导老师：侯越 王蕾

分类：环境科学

一、研究背景

2022年北京冬奥会让北京在世界面前又一次展现了实力。关注比赛之余，我发现让人耳目一新的首钢滑雪大跳台原来是在首钢遗址上建造的。以往的大跳台大多是临时设施，使用完毕后会被拆除，而首钢滑雪大跳台是世界上首个永久性的单板大跳台。

除了首钢滑雪大跳台，首钢园内还有冷却塔、群明湖等标志性建筑，风景优美，极具特色。然而，过去的首钢园污染严重，

浓烟不分昼夜地从漆黑的烟囱里涌出，园区旁的永定河被浮游生物和垃圾铺满，水体散发着腐烂和重金属的异味。首钢园是如何从曾经的重污染区变成了如今的打卡胜地？这个问题激发了我浓厚的兴趣。

通过查阅资料，我发现首钢园的污染治理从大气污染治理、全流程水资源循环与梯度利用、固体废物资源化利用 3 个方面开展，其中，在处理水资源时用到了絮凝工艺，这是处理富营养化水体和矿山废水的有效途径。富营养化水体（出现藻华现象的水体）具有碱性，它和酸性矿山废水是两类常见的污染水体，均具有很强的危害性。中和反应是一种常见的化学反应，我联想到如果将富营养化碱性水体和酸性矿山废水混合，利用中和反应同时治理富营养化水体和矿山废水也许是一条可行的路径。经过讨论，指导老师建议我通过实验进行研究。

二、研究过程

1. 研究路线

本研究将富营养化碱性水体和酸性矿山废水混合，利用中和反应创造重金属沉淀的条件，然后通过微藻吸附重金属离子，借助高效絮凝除藻工艺达到低成本、高效率的以废治废的效果，并通过实验测定不同条件下的实验指标数据，得到效果最佳的絮凝剂配比。研究路线如图 1 所示。

2. 实验材料

实验材料及试剂：铜绿微囊藻粉、酒石酸锑钾、壳聚糖、PAC（聚合氯化铝）、黏土、乙酸、蒸馏水。

实验仪器：双头磁力加热搅拌器、混凝实验搅拌机、紫外可见分光光度计、电子

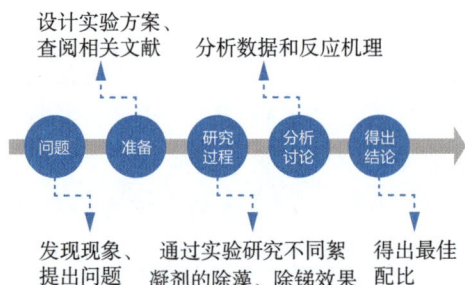

图 1　研究路线

天平、真空干燥箱、冰箱、容量瓶、烧杯、移液枪、洗瓶、石英比色皿、电感耦合等离子体质谱仪。

3. 实验指标

藻去除率：用紫外可见分光光度计进行扫描，确定特征吸收峰对应的波长为 680nm。絮凝后取液面下 2cm 的水样测定藻浓度，获得不同处理条件下藻浓度对应的吸光度值，计算藻去除率 $R_{藻} = (A_0 - A_t) / A_0 \times 100\%$（$A_0$ 为藻锑共污染模拟混合物的初始吸光度，A_t 为处理后藻锑共污染模拟混合物的吸光度）。

锑去除率：用电感耦合等离子体质谱仪测定处理前后水样中的锑含量，计算锑去除率 $R_{锑} = (C_0 - C_t) / C_0 \times 100\%$（$C_0$ 为处理前的锑含量，C_t 为处理后的锑含量）。

4. 实验步骤

① 配置酒石酸锑钾溶液。用电子天平称量 0.1g 酒石酸锑钾，放入烧杯中，用蒸馏水溶解后转移到 100mL 容量瓶中，如图 2 所示，多次加蒸馏水至 100mL 刻度线，摇匀，得到 1g/L 的酒石酸锑钾溶液。

② 配置藻锑共污染模拟混合物。用电子天平称量 1g 铜绿微囊藻粉，放入 5000mL 烧杯中，加入蒸馏水，配置 5L 浓度为 0.2g/L 的藻锑共污染模拟混合物；向混合

物中加入 0.5mL 酒石酸锑钾溶液，使酒石酸锑钾浓度约为 0.1mg/L，如图 3 所示。

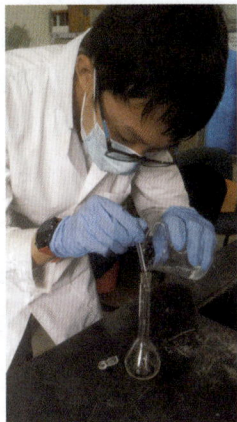

图 2 配置酒石酸锑钾溶液　　图 3 配置藻锑共污染模拟溶液

③ 准备絮凝剂和黏土。准备 100mL 浓度为 10g/L 的黏土混合物、100mL 浓度为 1g/L 的 PAC 絮凝剂，用 0.5% 乙酸溶液配置 100mL 浓度为 1g/L 的壳聚糖絮凝剂，在实验中可通过添加溶剂改变絮凝剂的浓度。

④ 室温（25℃）条件下进行絮凝处理，在相同容量的藻锑共污染模拟溶液中加入不同浓度的絮凝剂和黏土混合物，用混凝实验搅拌机进行搅拌，如图 4 所示。搅拌程序设置为快速搅拌（300r/min）5min、中速搅拌（120r/min）5min、慢速搅拌（40r/min）5min。

图 4 絮凝处理

⑤ 絮凝处理后保持烧杯静置，于液面下 2cm 处取液体进行检测，计算藻去除率和锑去除率。

三、研究结果

1. 使用壳聚糖絮凝剂和黏土混合物的实验结果

（1）壳聚糖浓度对藻/锑去除率的影响

在黏土浓度为 10mg/L 的条件下，不同浓度的壳聚糖絮凝剂对藻/锑去除率的影响如表 1 和图 5 所示。随着壳聚糖浓度的增加，藻/锑去除率均呈现先升高后降低的趋势，在壳聚糖浓度为 6~8mg/L 时对藻和锑的去除效果最好，藻去除率最大为 97.78%，锑去除率最大为 50%。浓度增加后，可能是由于絮体吸附了过多壳聚糖，使之带正电荷，从而发生排斥现象，影响了絮体的可凝聚性，去除率下降。从藻絮体的成型过程也

表 1 不同浓度的壳聚糖絮凝剂对藻/锑去除率的影响

壳聚糖浓度 (mg/L)	OD680 (ABS)	藻去除率 (%)	锑去除率 (%)
0	0.180	0.00	0.00
2	0.056	68.89	20.12
4	0.032	82.22	32.08
6	0.004	97.78	49.26
8	0.004	97.78	50.00
10	0.012	93.33	45.25
15	0.020	88.89	37.15

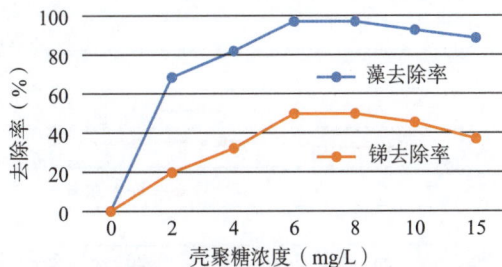

图 5 不同浓度的壳聚糖絮凝剂对藻/锑去除率的影响

可以看出，在壳聚糖浓度较低（0~4mg/L）时，藻锑共污染模拟混合物明显呈绿色，藻絮体较小，絮凝效果较差；在壳聚糖浓度为 6mg/L 时，微藻絮凝成小颗粒，沉降明显，藻去除率明显提升；在浓度为 8mg/L 时，藻絮体呈大块；然而继续增加壳聚糖，浓度大于 8mg/L 时，藻絮体反而呈分散渣状，藻去除率下降。锑的去除效果与之一致，因此絮体的成形过程直接影响了微藻和锑的去除效果。

（2）黏土浓度对藻 / 锑去除率的影响

在壳聚糖浓度为 8mg/L 的条件下，不同浓度的黏土混合物对藻 / 锑去除率的影响如表 2 和图 6 所示。当黏土浓度为 5mg/L 时，藻去除率为 97.78%，锑去除率为 49.85%；随着黏土浓度的升高，藻去除率和锑去除率略有升高；直至黏土浓度为 25mg/L 时，藻去除率为 98.33%，锑去除率为 53.00%。由数据可知，在相同条件下，黏土浓度对微

藻和锑的去除影响并不明显。絮凝过程中，均形成大块的藻絮体。

2. 使用 PAC 絮凝剂和黏土混合物的实验结果

（1）PAC 浓度对藻 / 锑去除率的影响

在黏土浓度为 10mg/L 的条件下，不同浓度的 PAC 絮凝剂对藻 / 锑去除率的影响如表 3 和图 7 所示。由数据可知，藻 / 锑去除率均随 PAC 浓度的增大而增大。当 PAC 浓度为 20mg/L 时去除效果最好；当 PAC 浓度为 2mg/L 时，形成絮状沉淀，但藻锑共污染模拟混合物仍呈现浅绿色，除藻效果差；当浓度高于 2mg/L 时，絮体呈颗粒状沉淀，沉降效果好。初步分析是随着 PAC 浓度的增加，其电性中和、卷扫和吸附架桥作用效果更好，形成的絮体更为稳定。

（2）黏土浓度对藻 / 锑去除率的影响

在 PAC 浓度为 12mg/L 的条件下，不同浓度的黏土混合物对藻 / 锑去除率的影响

表 2　不同浓度的黏土混合物对藻 / 锑去除率的影响

黏土浓度（mg/L）	OD680（ABS）	藻去除率（%）	锑去除率（%）
5	0.004	97.78	49.85
10	0.004	97.78	50.15
15	0.003	98.33	53.50
20	0.003	98.33	52.50
25	0.003	98.33	53.00

表 3　不同浓度的 PAC 絮凝剂对藻 / 锑去除率的影响

PAC 浓度（mg/L）	OD680（ABS）	藻去除率（%）	锑去除率（%）
0	0.180	0.00	0.00
2	0.086	52.22	8.25
4	0.027	85.00	32.17
8	0.008	95.56	47.25
12	0.001	99.44	64.78
20	0.000	100.00	70.25

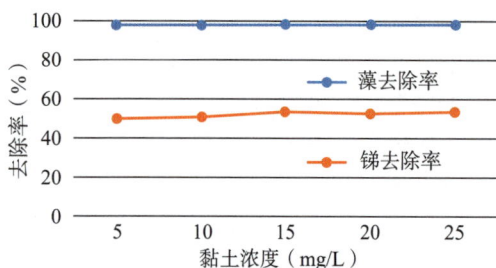

图 6　不同浓度的黏土混合物对去除率的影响

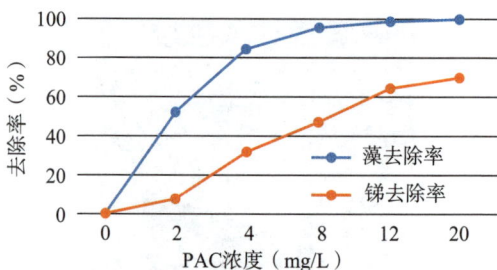

图 7　不同浓度的 PAC 絮凝剂对藻 / 锑去除率的影响

如表4和图8所示。由数据可知，在此条件下黏土浓度对絮凝效果影响不明显，沉淀絮体都为颗粒状。

表4　不同浓度的黏土混合物对藻／锑去除率的影响

黏土浓度 （mg/L）	OD680 （ABS）	藻去除率 （%）	锑去除率 （%）
0	0.002	98.89	65.60
5	0.001	99.44	68.15
10	0.000	100.00	70.17
15	0.000	100.00	71.20
20	0.009	95.00	70.00
25	0.000	100.00	74.15

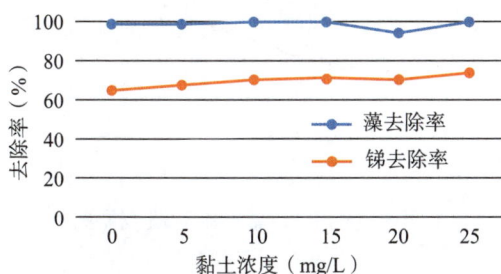

图8　不同浓度的黏土混合物对藻／锑去除率的影响

3. 使用壳聚糖絮凝剂、PAC 絮凝剂和黏土混合物的实验结果

① 在 PAC 浓度为 8mg/L、黏土浓度为 10mg/L 的条件下，不同浓度的壳聚糖絮凝剂对藻／锑去除率的影响如表5和图9所示。由数据可知，随着壳聚糖浓度的增大，藻去除率总体呈下降趋势，锑去除率先升高后降低。除藻除锑的综合效果在壳聚糖浓度为 6mg/L 时最好，藻去除率为97.77%，锑去除率为67.20%。当壳聚糖浓度为 2mg/L 时，呈絮状沉淀，藻锑共污染模拟混合物仍呈现浅绿色；壳聚糖浓度为 2~6mg/L 时絮体呈颗粒状沉淀；壳聚糖浓度为 8~10mg/L 时絮体呈大块状；壳聚糖浓度为 15mg/L 时絮体

呈分散渣状，藻锑共污染模拟混合物仍呈现浅绿色。因此壳聚糖的适宜浓度为 6mg/L。

表5　不同浓度的壳聚糖絮凝剂对藻／锑去除率的影响（PAC 浓度为 8mg/L、黏土浓度为 10mg/L）

壳聚糖浓度 （mg/L）	OD680 （ABS）	藻去除率 （%）	锑去除率 （%）
0	0.008	95.56	47.25
2	0.004	97.01	48.25
4	0.003	97.77	55.10
6	0.003	97.77	67.20
8	0.006	95.52	64.15
10	0.007	94.78	53.16
15	0.015	88.81	49.18

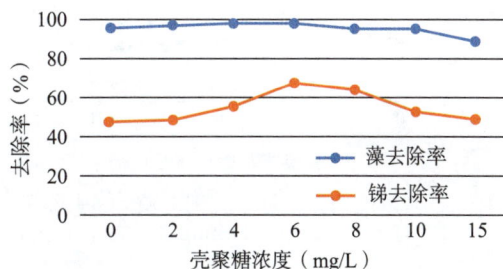

图9　不同浓度的壳聚糖絮凝剂对藻／锑去除率的影响（PAC 浓度为 8mg/L、黏土浓度为 10mg/L）

② 在 PAC 浓度为 4mg/L、黏土浓度为 10mg/L 的条件下，不同浓度的壳聚糖絮凝剂对藻／锑去除率的影响如表6和图10所示。由数据可知，随着壳聚糖浓度的增高，藻去除率先降低后升高再降低，锑去除率先升高后降低。壳聚糖浓度为 6mg/L 时去除效果最佳，此时藻去除率为97.77%，锑去除率为59.26%，藻絮体呈块状。

以上两次实验结果相近，初步推测如下：当壳聚糖浓度较低时不足以包裹黏土以达到改性效果，壳聚糖浓度过高时又会使水中正电荷含量过多，导致正电荷间互相排斥，使絮凝被抑制。

表6　不同浓度的壳聚糖絮凝剂对藻 / 锑去除率的影响（PAC 浓度为 4mg/L、黏土浓度为 10mg/L）

壳聚糖浓度 (mg/L)	OD680 (ABS)	藻去除率 (%)	锑去除率 (%)
0	0.027	85.00	32.17
2	0.007	74.07	35.10
4	0.006	95.52	44.05
6	0.003	97.77	59.26
8	0.008	94.03	58.15
10	0.011	91.79	55.26
15	0.022	83.58	46.20

表7　不同浓度的 PAC 絮凝剂对藻 / 锑去除率的影响

PAC 浓度 (mg/L)	OD680 (ABS)	藻去除率 (%)	锑去除率 (%)
0	0.032	82.22	32.08
2	0.008	94.03	35.08
4	0.006	95.52	43.10
8	0.006	95.52	56.00
12	0.006	95.52	67.50
16	0.003	97.77	78.27
20	0.004	97.01	75.10

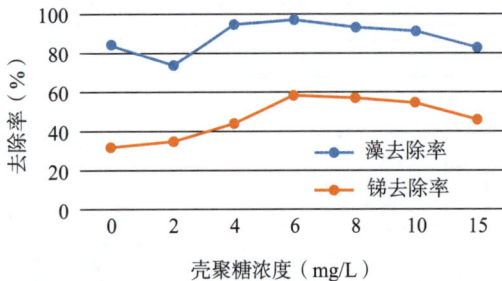

图 10　不同浓度的壳聚糖絮凝剂对藻 / 锑去除率的影响（PAC 浓度为 4mg/L、黏土浓度为 10mg/L）

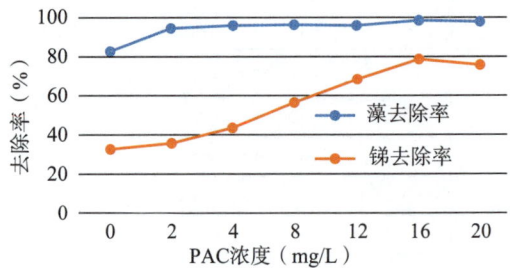

图 11　不同浓度的 PAC 絮凝剂对藻 / 锑去除率的影响

③ 在壳聚糖浓度为 4mg/L、黏土浓度为 10mg/L 的条件下，不同浓度的壳聚糖絮凝剂对藻 / 锑去除率的影响如表 7 和图 11 所示。由数据可知，藻去除率随 PAC 浓度的增加变化不明显，锑去除率随 PAC 浓度的增加而升高。PAC 浓度为 16mg/L 时去除效果最好，此时藻去除率为 97.77%，锑去除率为 78.27%。当 PAC 浓度为 0~12mg/L 时藻絮体为小颗粒状，当 PAC 浓度大于 12mg/L 时藻絮体呈大块状。初步分析是由于 PAC 浓度增加，其起到的絮凝作用增大，絮凝效果更好。

四、研究总结

本研究以富营养化水体中共存的微藻与锑污染物为研究对象，使用壳聚糖、PAC 对黏土进行改性从而提升其絮凝能力。研究发现不同絮凝剂对于黏土的改性作用存在较大差异，二元复合絮凝剂对黏土的改性效果要优于单一絮凝剂。并且确定了几种材料的最佳用量，即壳聚糖浓度为 6mg/L，PAC 浓度为 20mg/L，黏土浓度为 10mg/L，此时的藻去除率均在 97% 以上，锑去除率在 75% 以上。

本研究有以下创新点。

• 研究内容新颖，面对藻锑污染的协同治理，探索了 PAC 和壳聚糖絮凝剂的最优配比，为藻锑复合污染水体的治理提供了数据和技术支持。

• 从研究方法看，通过多组实验进行对比，更加细致地展现了不同絮凝剂的不同用量对治理效果的影响。

壳聚糖与 PAC 复合改性黏土除藻除锑效率高且成本低，在生态领域具有广阔的应用前景。然而本文并未过多考虑实际的环境因素，在实际应用中，仍需根据应用场景调整试剂用量。

本次研究让我受益匪浅，我发现科研的课题并不一定要多么高深，好的课题往往源于生活。我意识到开展科研工作需要阅读大量的文献，只有做了大量的阅读之后才会对课题所涉及的专业知识有所了解，才能在后期对实验数据与结果进行有条理的分析。同时，在电子天平上称取铜绿微囊藻粉时要放称量纸、做实验时要设计重复实验……这些规定让我认识到对待科研工作必须严谨。研究的完成离不开指导老师的支持、帮助和指导，在此表示衷心的感谢。

浑善达克沙地固沙先锋植物的生长特性研究
——对飞播的启示

北京市朝阳区人大附中朝阳分校东坝校区／曹莺菲 刘砚函／指导老师：刘鑫磊 许宏

分类：环境科学

一、研究背景

2021 年 3 月 15 日，北京经历了严重的沙尘暴，持续时间长达 49h，当时我们正在教室上课，感到很好奇，从哪里来这么多的黄沙？查阅相关资料得知，浑善达克沙地是距离北京最近的沙地，也是北方沙尘暴的主要源地。我们决定去浑善达克沙地看看，那里到底有没有植物？都有些什么植物？覆盖度多大？为什么阻挡不了沙土飞扬？经过充分的准备，2022 年夏天，我们去浑善达克沙地进行了实地科学考察。

二、研究目的

通过比较迎风坡和背风坡植物的组成和植被特征，研究流动沙丘上不同坡向植物在盖度、高度、生物量等生长习性上的差异。老芒麦和沙米是浑善达克沙地流动沙丘上的先锋植物，也是重要的牧草，通过研究它们的光合速率、蒸腾速率、水分利用效率、地上和地下生物量等特性，结合土壤含水率探索沙丘先锋植物适应干旱环境的特点，对浑善达克沙地流动沙丘的固定和治理以及草场的恢复具有现实指导意义，为飞播提供实验数据和理论依据。

三、研究方法
1. 研究地点概况

浑善达克沙地是中国十大沙漠沙地之一，位于内蒙古中部锡林郭勒草原南端，距北京直线距离 180km，是离北京最近的沙源地。浑善达克沙地属于内陆半干区，冬季寒冷，夏季干热，雨热同期，春天多大风。年降雨量 200~350mm，年蒸发量 2000~2700mm。年均气温 1.7℃，7 月份最高气温 36.6℃，1 月份最低气温 -24℃。无霜期为 100~110 天。全年 8 级以上大风 60~80 次，年均风速 4~5m/s。

本研究野外实验在中国科学院植物研

究所浑善达克沙地生态研究站开展。

2. 研究思路

采用野外样方调查、便携式仪器测定、室内分析等方法开展研究工作，技术路线如图 1 所示。

四、研究过程

1. 沙丘植被调查及特征测量

本实验于 2022 年 8 月 11 日开始，选取内蒙古浑善达克沙地生态研究站附近的一处典型的流动沙丘。沙丘是南北走向，西面是迎风坡，东面是背风坡。在流动沙丘的迎风坡和背风坡分别选取 6 处 1m × 1m 的样方，测定每个样方内各种植物的多度、盖度和高度（见图 2），在迎风坡和背风坡分别进行 6 次测定，计算出每种植物在迎风坡和背风坡的平均高度、盖度和多度。我们一共发现了 8 种植物：老芒麦、沙米、糙隐子草、猪毛菜、无芒雀麦、油蒿、雾冰藜、西伯利亚蓼，见表 1。

图 2 植被样方调查及用土钻取土

表 1 流动沙丘上常见植物名录

编　号	植物名称	属	科
1	老芒麦	披肩草属	禾本科
2	沙米	沙蓬属	藜科
3	糙隐子草	隐子草属	禾本科
4	油蒿	蒿属	菊科
5	猪毛菜	猪毛菜属	藜科
6	无芒雀麦	雀麦属	禾本科
7	雾冰藜	雾冰藜属	藜科
8	西伯利亚蓼	蓼属	藜科

2. 沙丘土壤湿度测量

在上述每个样方内，用土钻取出 0~10cm 及 10~20cm 的土壤样品，装到铝盒中，在盒盖上做标记。对 24 份土壤样品（迎风坡和背风坡各 6 个样方，每个样方有 2 份土壤样品）称湿重（见图 3）。在烘箱

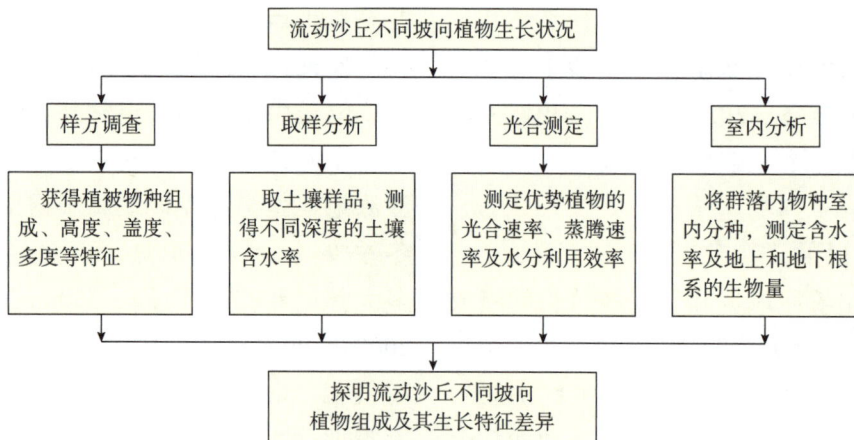

图 1 研究技术路线

（流程图内容：）

流动沙丘不同坡向植物生长状况

- 样方调查：获得植被物种组成、高度、盖度、多度等特征
- 取样分析：取土壤样品，测得不同深度的土壤含水率
- 光合测定：测定优势植物的光合速率、蒸腾速率及水分利用效率
- 室内分析：将群落内物种室内分种，测定含水率及地上和地下根系的生物量

探明流动沙丘不同坡向植物组成及其生长特征差异

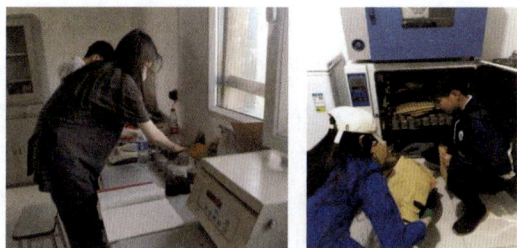

图3　在实验室进行称重、标记及烘干

中65℃烘干48h后称干重。计算出24份土壤的含水率。注意：打开铝盒的盖子放入烘箱时，一定记得把盖子放在该铝盒的底部，这样称的土壤干重才会和湿重有可比性（因为称湿重时盒子是带着盖子的）。获得干重和湿重数据后，计算出迎风坡和背风坡土壤分别在距地面0~10cm、10~20m处的土壤含水率。

3. 测量沙丘植物叶片光合速率及水分利用率

在流动沙丘的迎风坡和背风坡，针对沙地的两种先锋植物——老芒麦和沙米，利用光合仪器测定叶片的光合速率、蒸腾速率等（见图4）。测量时，利用小直尺量取待测叶片的长度和宽度，然后将叶片夹入叶室中，使叶片正对着阳光，待各项指标稳定后，在光合仪器上存储数据。每种植物在迎风坡和背风坡分别测量6次，计算出单个叶片的水分利用率及每种植物在迎风坡、背风坡的平均水分利用率。

图4　测定叶片的光合速率和蒸腾速率

4. 沙丘植物地上部分含水率和地下部分干重测量

收集各个样方内所有植物，包括植物的地上部分和地下部分，我们尽可能挖出所有根，装入塑料袋带回实验室。在实验室将每个样方的植物进行分种，并将地上和地下部分分开（见图5），进行洗根处理。

将所有植物样品分别装入牛皮纸袋后称重，获得各种植物地上部分湿重37个数据、地下部分37个数据（每个样本里含的植物物种不同）。将37袋植物的地上部分放到烘箱，65℃烘干48h，获得植物样品地上部分的干重37个数据。鉴于我们的原始数据都是放在牛皮纸袋中获得的，所以最后的每个数据都要去除牛皮纸袋的质量。

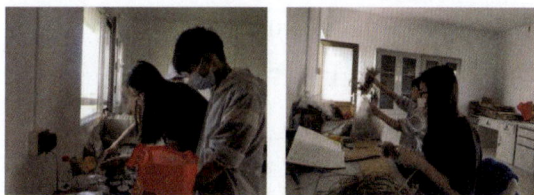

图5　对植物地上部分和地下部分进行分开处理

5. 数据处理

所有数据都先在纸质记录本上做好完整记录，然后输入到Excel文件中，分析得出平均值、标准误差，绘出迎风坡、背风坡不同植被特征（植物组成、多度、盖度、生物量、含水率）、先锋植物的光合特性（植物光合速率、蒸腾速率、水分利用率），以及土壤特性（土壤湿度）的柱状图并进行对比。植被的香农－威纳指数的计算公式是

$$H = -\Sigma(P_i)(\log_2 P_i)$$

其中，P_i为样方中第i种个体的比例，如样方中植物总个数为N，第i种植物个体数为

n_i，则 $P_i=n_i/N$。我们用一般线性相关分析叶片光合特性与土壤水分利用率之间的关系。

五、研究结果

我们首先分析植物群落特征，回答流动沙丘上都生长些什么植物；然后利用样方调查的数据，计算不同植被物种的盖度、多度、生物量及在群落中的优势度，回答不同坡向的植物盖度如何；在此基础上根据盖度和多度找出优势植物——老芒麦和沙米；进而深入研究这两种优势植物的生长及光合生理特性，以及与土壤含水率的关系。

1. 土壤含水率

0~10cm 和 10~20cm 的沙丘土壤含水率在迎风坡和背风坡差异不明显，均为1%~3%（见图6）。但不同土层之间差异明显，其中背风坡和迎风坡 10~20cm 的土壤含水率均为 0~10cm 处土壤含水率的 2 倍左右。

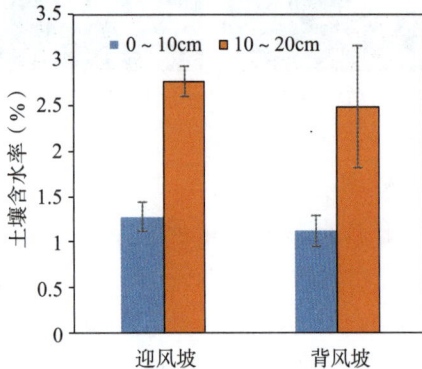

图 6　沙丘迎风坡和背风坡不同土层的土壤含水率

2. 植被物种组成

植被的主要物种组成在沙丘的迎风坡和背风坡有差异，在迎风坡主要是老芒麦、沙米、猪毛菜和油蒿，而在背风坡除上述 4 种植物外，还有无芒雀麦、糙隐子草、雾冰藜和西伯利亚蓼。如图 7（a）所示，总的植

被盖度是迎风坡 6.26%，背风坡 41.01%。老芒麦作为浑善达克沙地的先锋植物，在背风坡的平均盖度为 26.25%，远高于迎风坡的 2.68%，也远高于其他植物在背风坡的盖度。另一种先锋植物——沙米的盖度在不同坡向的差别不大（迎风坡 2.13%，背风坡 2.83%）。如图 7（b）所示，老芒麦的多度无论在迎风坡还是背风坡均占据明显的主导地位，沙米在迎风坡的多度呈现仅次于老芒麦的态势；无芒雀麦、雾冰藜、西伯利亚蓼的盖度和多度只在背风坡有数据，在迎风坡没有，表明其抗旱性能不够优越。如图 7（c）所示，植物高度在背风坡总体上比迎风坡的高。

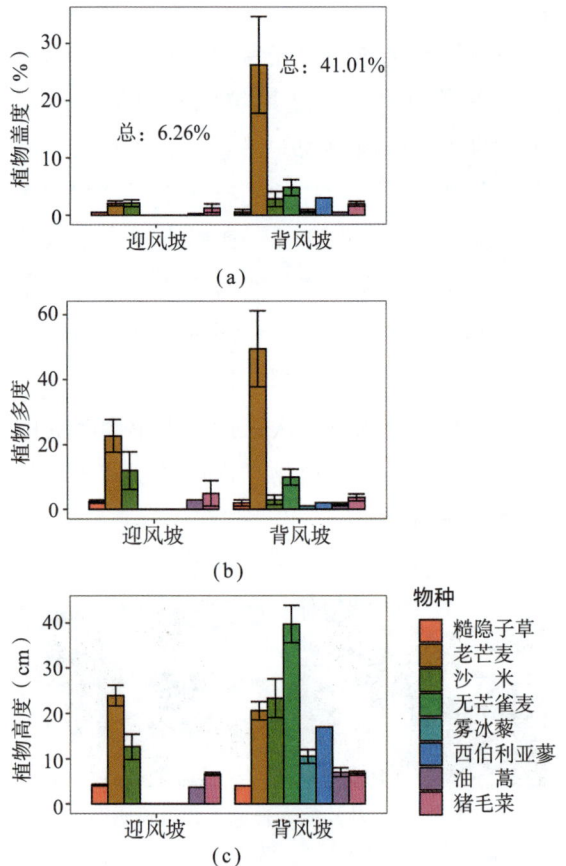

图 7　沙丘迎风坡和背风坡的植被物种组成及特征

每种植物在迎风坡的地上部分生物量干重均低于在背风坡的，比如老芒麦在迎风坡的生物量为 $15.75g/m^2$，在背风坡为 $33.91g/m^2$，如图8（a）所示。根系干重的特征和地上部分干重的相同，均是背风坡的比迎风坡的高。其中老芒麦的根系干重在迎风坡为 $8.14g/m^2$，在背风坡为 $49.85g/m^2$，如图8（b）所示。如图8（c）所示，每种植物在背风坡地上部分的湿重和在迎风坡的相差不大，这也和土壤含水率在迎风坡和背风坡差异不大相一致。

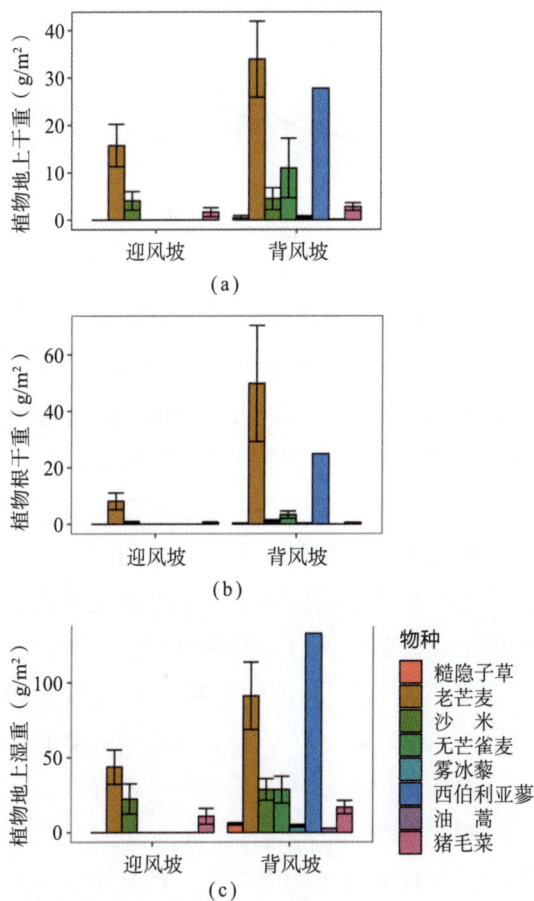

图8 沙丘迎风坡和背风坡的植物地上、地下生物量及含水量

3. 植被生物量和生物多样性

植物多样性指数在背风坡比迎风坡高，如图9（a）所示。群落生物量地上干重在背风坡为 $50.37g/m^2$，在迎风坡为 $19.28g/m^2$，如图9（b）所示。地上生物量湿重在迎风坡为 $64.01g/m^2$，在背风坡为 $162.28g/m^2$，如图9（c）所示。根干重在迎风坡为 $7.48g/m^2$，在背风坡为 $57.15g/m^2$，如图9（d）所示。

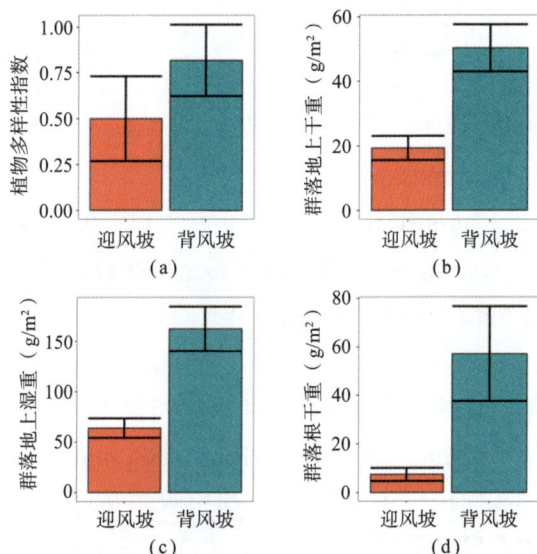

图9 群落多样性和地上、地下生物量

4. 优势植物光合速率、蒸腾速率和水分利用率

选取两种优势沙地先锋植物老芒麦和沙米进行光合数据测定。老芒麦的光合速率在迎风坡为 $18.26\mu mol\ CO_2/(m^2\cdot s)$，在背风坡为 $21.93\mu mol\ CO_2/(m^2\cdot s)$，两者并没有明显差异，如图10（a）所示。沙米的光合速率在迎风坡为 $36.36\mu mol\ CO_2/(m^2\cdot s)$，在背风坡为 $34.21\mu mol\ CO_2/(m^2\cdot s)$，两者也没有明显差异。如图10（b）所示，老芒麦的蒸腾速率在迎风坡、背风坡分别是

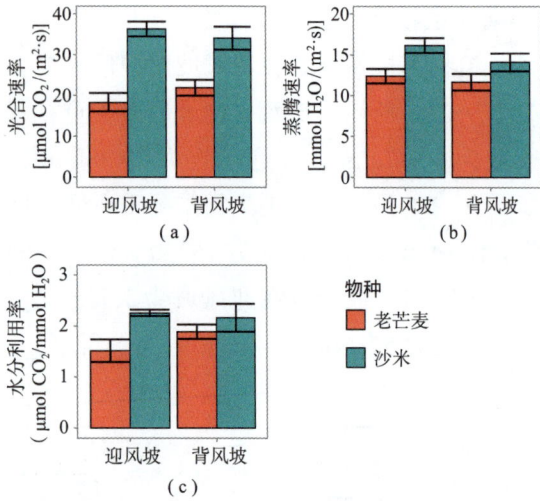

图 10　两种沙丘先锋植物的光合、蒸腾速率和水分利用率特征

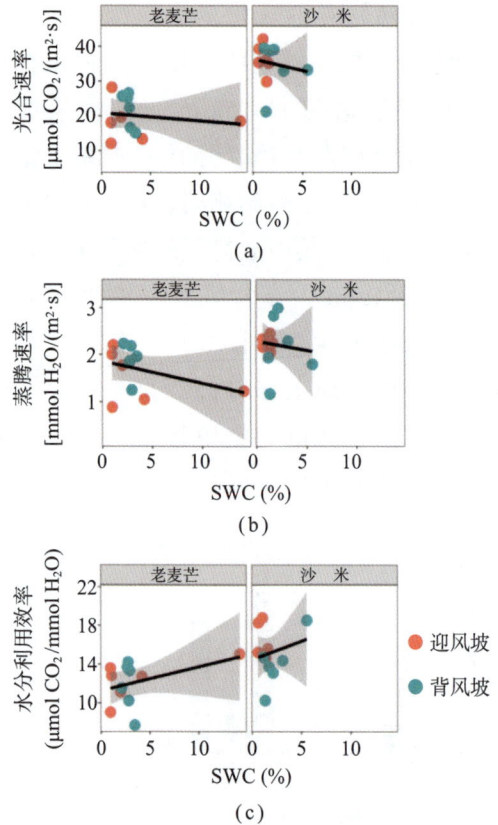

图 11　两种沙丘先锋植物的光合与蒸腾特征和土壤含水量的关系

12.37mmol H_2O/（$m^2 \cdot s$）、11.79mmol H_2O/（$m^2 \cdot s$）；沙米的蒸腾速率在迎风坡、背风坡分别是 16.20mmol H_2O/（$m^2 \cdot s$）、14.13mmol H_2O/（$m^2 \cdot s$）。如图 10（c）所示，老芒麦的水分利用率在迎风坡和背风坡分别是 1.52μmol CO_2/mmol H_2O、1.88μmol CO_2/mmol H_2O，沙米的水分利用效率在迎风坡和背风坡分别是 2.26μmol CO_2/mmol H_2O、2.17μmol CO_2/mmol H_2O。

5. 植物光合速率、蒸腾速率及水分利用率与土壤含水量之间的关系

如图 11 所示，无论在迎风坡还是在背风坡两种优势沙丘先锋植物老芒麦和沙米的光合速率、蒸腾速率、水分利用率均与土壤含水量无明显关系，这也说明了沙地先锋植物对干旱土壤的适应策略，其光合和蒸腾特性并不依赖土壤水分含量。

六、讨　论

对于沙丘的迎风坡和背风坡而言，因为迎风坡的坡度较缓，风速大，植物受到风蚀和沙蚀的影响，植被覆盖度低，多度和生物量都比背风坡明显低。背风坡坡度较陡，风速小，植被覆盖度和生物量都比较高。在背风坡除了先锋植物，无芒雀麦和西伯利亚蓼在植物盖度、高度和生物量上也表现出很强的生长优势，所以与迎风坡相比，在背风坡进行飞播和生态重构策略上可以以先锋植物为主，辅以无芒雀麦和西伯利亚蓼的扩繁，这样可以丰富生态系统物种多样性。

根据生理特性和生物量等指标的比较分析，发现先锋植物老芒麦、沙米相比一般植物（猪毛菜、无芒雀麦、油蒿、糙隐子草、雾冰藜、西伯利亚蓼）有更好的生态适应性，特别是在迎风坡，因此在迎风坡扩繁先锋植

物进行生态恢复时，以老芒麦和沙米为最好，因为老芒麦和沙米无论在迎风坡还是背风坡，其植物盖度、地上和地下生物量均显著大于其他植物。两种植物的光合速率都比较高，说明先锋植物具有"索取型"的水分利用特征，维持较高的蒸腾和光合碳同化能力，从而能够相对快速的生长，迅速占领生境并起到限制沙丘流动的作用，而相对快的生长也是固沙先锋植物的重要适应机制。比较两种固沙先锋植物，我们发现尽管对单位叶面积的光合速率而言，老芒麦比沙米低，但老芒麦的多度高，盖度大，单个叶片的叶面积大，叶片数量也多，相反沙米的叶片较小，一株植物的叶片数量也很少，因此老芒麦的生物量比沙米高。所以对沙丘进行人为辅助措施促进其固定时，可以优先考虑飞播老芒麦，其次是沙米。

七、研究结论和创新性

1. 结　论

①　虽然流动沙丘的迎风坡和背风坡土壤含水率无显著差异，但背风坡的植被比迎风坡具有更大的高度、盖度及生物量，并具有更多的植物种类和更好的生长优势，这主要是因为迎风坡的风大，沙土的流动性强，风蚀危害更大。

②　先锋植物老芒麦和沙米无论在迎风坡还是背风坡，植物盖度、地上和地下生物量显著大于其他植物，可见这两种植物可以作为飞播和对流动沙丘固定及恢复的首选物种，两者在浑善达克具有更好的生态保育和重构效应。

2. 创新性

本研究的创新性在于不仅比较了流动沙丘上迎风坡和背风坡的植物多样性、物种组成、盖度和多度、光合特性和生物量特征，更在同一地点比较了两种不同固沙先锋植物生长特性的区别，并从多角度分析了植物对沙丘的适应策略。本研究所揭示的流动沙丘上的植被状况和植物生长习性可以为浑善达克沙地的固定和恢复提供依据。

八、研究感悟与心得

在开展这个项目之前，我们对研究一窍不通。在最开始的一段时间里我们每次坐在计算机前查沙地的资料，都看不太懂，感觉很枯燥，也很迷茫。今年暑期终于有机会亲自去浑善达克沙地调研，我们很期盼、很兴奋。但真正开始野外调查时，才感觉到科研的辛苦——顶着8月的大太阳在裸沙上做样方调查，满脸、满身的汗水，还有蚊虫叮咬。最难受的是滚烫的裸沙，感觉要把鞋底烧化了。白天在沙丘上艰难地调查样方、挖根系，晚上回到研究站还要整理标本、分植物种、洗根。有时候早饭还没来得及吃就出发，上面是烈日晒，下面是沙子烙……但当我们把一堆散乱的记录整理好填写到表格中，分析完数据看到漂亮的图表时，当我们把调查报告写到最后一个字时，我们心里满满的成就感。尤其是想到我们的研究能对治沙防沙和飞播有点儿贡献时，我们感到十分自豪和骄傲。

浑善达克沙地是离北京最近的沙漠化严重地带，在出发去基地前很是激动，多次幻想一望无际的荒漠，风起黄沙漫天的场景，等到达基地后我们还是被那层层叠叠的流动沙丘震撼了，尤其在沙丘上寥落孤寂的植物，感叹它们在如此恶劣条件下表现出的顽强生命力。通过研究这些植物的生理特性和生物量，可以明确它们在浑善达克沙地的适应能力，为沙地的生态恢复提供具有实际指导意义的实验依据。浑善达克沙地生态恢复使其向草场过渡，不仅防风固沙，保护生态环境，而且这些先锋植物都是优良的牧草，可以为畜牧养殖提供草源，充分显示出保护生态环境的社会效益和经济效益，使我们更深刻认识到"绿水青山就是金山银山"的含义，增强了自己保护生态环境的责任感和使命感。

噬藻菌控制典型水华物种铜绿微囊藻的初步探究

北京市顺义区第二中学 / 王嘉 / 指导老师：张淑红 张聪科

分类：环境科学

一、研究背景

水华是水体中藻类大量增殖使水体变色的生态现象，是水体富营养化的标志，主要由于生活及工农业生产中含有大量氮、磷的废污水进入水体后，蓝藻、绿藻、硅藻等大量繁殖使水体呈现蓝色或绿色的一种现象。

水华中含量最多的为蓝藻，蓝藻里包括微囊藻，所以我查阅了有关铜绿微囊藻的资料。铜绿微囊藻多生长在湖泊、池塘等有机质丰富的水体中，群体呈球形团块状或不规则的网状团块，橄榄绿色或污绿色。

二、研究目的

此次实验使用噬藻菌抑藻，从富营养化水体中分离筛选出能高效抑制铜绿微囊藻的菌株，研究不同的噬藻菌对铜绿微囊藻生长抑制作用，通过比较噬藻斑侵染情况，获得效果最佳的噬藻菌，研究结果将为水中微藻的微生物处理方法提供一定的理论和数据基础。

三、研究过程

1. 研究方法

（1）实验方法

• 采用紫外分光光度计，分别测定接种于型号为 LB 的培养基的噬藻菌在 600nm 波长处的吸光度和接种于型号为 BG11 的培养基的铜绿微囊藻在 680nm 波长处的吸光度，并以此数据绘制标准曲线。

• 将筛选的不同噬藻菌对铜绿微囊藻进行低熔点琼脂糖的噬藻斑侵染实验，观察并记录噬藻斑的情况。

• 将 2mL 噬藻菌加入 2mL 藻液中，28℃，1000lx 光照培养箱培养，经过 3~14 天，观测铜绿微囊藻的生长情况，确定噬藻菌的控藻效果。

（2）分析方法

叶绿素 a（Chl-a）是植物光合作用的重要光合色素，通过测定 Chl-a，可了解水体中浮游植物的现存量，是评价水体富营养化的指标之一。本研究中，Chl-a 浓度的测定采用热乙醇法萃取，分光光度法比色。

Chl-a 浓度测定的具体步骤如下。

• 取 10mL 待测水样经 0.45μm 混合纤维素膜过滤后，−80℃冷冻 24h。

• 样品取出后迅速在离心管中加入 10mL 90% 的热乙醇（85℃加热），80~85℃水浴 5min 后避光萃取 6h，6000r/min 离心 10min 后，将样品放在分光光度计上，用 90% 乙醇作参比，10mm 比色皿进行比色，测定 665nm 和 750nm 处波长的吸光度并记录为 E665 和 E750。

• 再往样品比色皿中加 1 滴盐酸进行酸化，加盖摇匀重新在 665nm 和 750nm 处测定吸光度并记录为 A665 和 A750。

Chl-a 浓度 (μg/L) 计算公式如下：

Chl-a 浓度 $=27.9 \times V \times [(E_{665}-E_{750})-(A_{665}-A_{750})]/W$

式中，V 为乙醇体积（mL）；W 为样品的干重（g/L）。

抑藻率计算公式如下：

抑藻率 $=(P_2-P_1)/P_2 \times 100\%$

式中，P_1 为样品当天叶绿素 a 含量；P_2 为对照当天叶绿素 a 含量。

2. 实验准备

实验材料及试剂：铜绿微囊藻、超纯水、0.45μm 混合纤维素膜、产碱杆菌属、寡氧单胞菌属、苍白杆菌属、芽孢杆菌属。

仪器：光照培养箱、紫外分光光度计、生物安全柜、酸碱计、烧杯、真空干燥箱、冰箱、容量瓶、移液枪、洗瓶、比色皿。

材料及设备具体型号和产地见表 1。

3. 实验步骤

（1）噬藻菌生长曲线的测定

• 取 1L 超纯水，称取 25g LB（溶菌肉汤），加入水中，制作 LB 培养基。

表 1　材料及设备具体型号和产地

名　称	型号 / 规格	产　地
培养基	BG11	青岛高科技工业园海博生物技术有限公司
培养基	LB	生工生物工程（上海）股份有限公司
琼脂	/	青岛高科技工业园海博生物技术有限公司
乙醇	分析纯	昆山金城试剂有限公司

• 将所筛噬藻菌按 1% 接种量接种于高温高压灭菌后的 LB 培养基，置于恒温振荡培养箱（30℃，150r/min）。

• 采用紫外分光光度计测量菌液在 600nm 波长处的吸光度（以 LB 培养基做参比），并记录数据，见表 2。

表 2　噬藻菌在 600nm 波长处的吸光度

时　间	19h	26h	42h	48h	66h	72h	96h
产碱杆菌属	0.320	0.293	0.379	0.385	0.386	0.385	0.417
寡氧单胞菌属	0.137	0.186	0.358	0.376	0.375	0.393	0.406
苍白杆菌属	0.187	0.208	0.355	0.376	0.379	0.383	0.408
芽孢杆菌属	0.114	0.200	0.370	0.394	0.413	0.428	0.432

• 以横坐标为培养时间，纵坐标为 600nm 波长处的吸光度（OD600），绘制生长曲线，如图 1 所示。

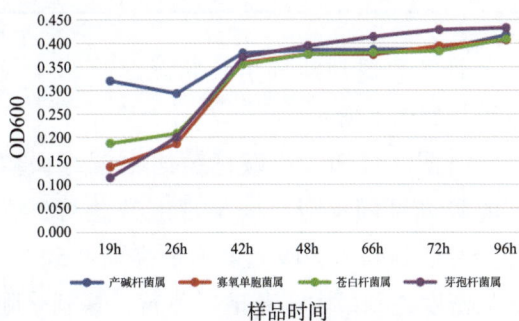

图 1　噬藻菌生长曲线

由图 1 可知，苍白杆菌属、芽孢杆菌属、寡氧单胞菌属 3 种噬藻菌在 42h 之内吸光度均呈现大幅度增长，42h 后吸光度趋于稳定；产碱杆菌属噬藻菌在 42h 内吸光度先呈现下降趋势后迅速上升，同样在 42h 后趋于稳定。4 种噬藻菌吸光度均在 96h 时达到峰值，菌悬液浓度达到最高。其中芽孢杆菌属噬藻菌的吸光度随反应时间上升趋势最明显，在反应时间为 96h 时吸光度最高为 0.432。

（2）铜绿微囊藻生长曲线的测定

• 取 1L 超纯水，称取 3.4gBG11（一种培养基基方），加入水中，制作 BG11 培养基。

• 将铜绿微囊藻按 10% 接种量接种于灭菌后的 BG11 培养基。

• 测定铜绿微囊藻在 680nm 波长处的吸光度（以 BG11 培养基做参比），并记录数据，见表 3。

表 3　铜绿微囊藻在 680nm 波长处的吸光度

日　期	6 月 26 日	6 月 27 日	6 月 29 日	7 月 1 日	7 月 2 日	7 月 4 日	7 月 9 日
产碱杆菌属	0.185	0.365	0.372	0.457	0.471	0.480	0.500
寡氧单胞菌属	0.222	0.533	0.611	0.583	0.545	0.590	0.606
苍白杆菌属	0.257	0.397	0.672	0.760	0.614	0.750	0.720
芽孢菌属	0.209	0.558	0.715	0.633	0.563	0.615	0.622

通过数据判断其生长状况，绘制生长曲线，如图 2 所示。

由图 2 可知，产碱杆菌属中铜绿微囊藻的吸光度随反应时间呈现上升趋势，在第 7 天达到峰值，吸光度值最高为 0.500，细胞密度达到最大；芽孢杆菌属、寡氧单胞菌属中铜绿微囊藻吸光度值在 4 天内迅速上

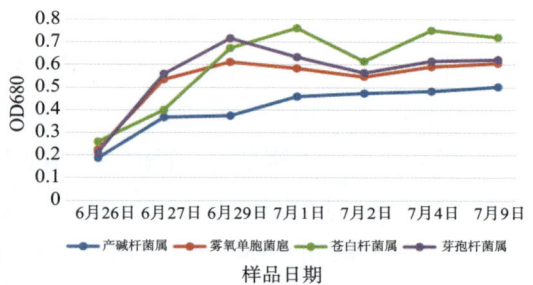

图 2　铜绿微囊藻生长曲线

升，第 4 天吸光度达到峰值，铜绿微囊藻的细胞密度最大，其后随反应时间逐渐降低，最高吸光度分别为 0.715、0.611；苍白杆菌属中铜绿微囊藻在前 6 天时间内吸光度迅速上升，并在第 6 天达到峰值，细胞密度最大，随后呈现先降低后上升的生长趋势，最高吸光度值为 0.760，可以看出苍白杆菌属中铜绿微囊藻生长不稳定。

（3）噬藻菌的噬藻斑实验

• 将筛选的不同噬藻菌对铜绿微囊藻进行低熔点琼脂糖的噬藻斑侵染实验，将配置好的高温灭菌的 0.5% 琼脂 BG11 固体培养基冷却至 30℃ 左右。

• 将 3mL 藻液，0.5mL 菌液与 10mL 培养基倒入平板，混匀培养。

• 观察并记录噬藻斑的情况。

噬藻斑实验如图 3 所示，从左到右依次为藻液菌液刚涂抹在培养皿上、反应时间为

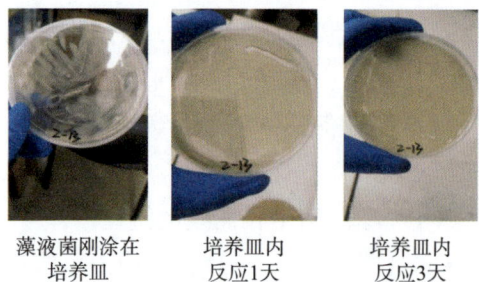

藻液菌刚涂在　　培养皿内　　　培养皿内
培养皿　　　　　反应1天　　　反应3天

图 3　噬藻斑实验

1天时培养皿内的情况、反应时间为3天时培养皿内的情况。从图3可以看出，只有噬藻菌生长了，而共培养的铜绿微囊藻没有生长，其生长过程完全被噬藻菌抑制。说明铜绿微囊藻并没有生长，抑藻效果明显。

（4）噬藻菌液体侵染实验

• 将2mL噬藻菌、2mL藻液加入40mL BG11培养基中，28℃，1000lx光照培养箱培养，经过3~14天，观测记录铜绿微囊藻的生长情况，同时在第1、3、6、9、12天检测各实验组和对照组的OD680情况，确定噬藻菌的控藻效果。

• 研究噬藻菌对于对数期铜绿微囊藻的抑制情况，将菌株培养液与对数期和稳定期的铜绿微囊藻共培养。考虑到停滞期的藻细胞活性不稳定，衰亡期的藻细胞易死亡，选用对数期和稳定期的藻细胞进行实验。

• 在稳定期藻液中添加等量BG11培养基用以对照组，各组均置于光照培养箱中培养，观察叶绿素的变化情况，然后计算藻的去除率。

（5）锥形瓶培养抑藻实验

如图4所示，从左至右依次为没有加入抑藻菌的锥形瓶，加入产碱杆菌属、寡氧单胞菌属、苍白杆菌属、芽孢杆菌属抑藻菌的锥形瓶。可以看出，抑藻效果明显。

锥形瓶藻去除率见表4。

如图5所示，4个锥形瓶内的藻去除率

图4 锥形瓶内抑藻实验

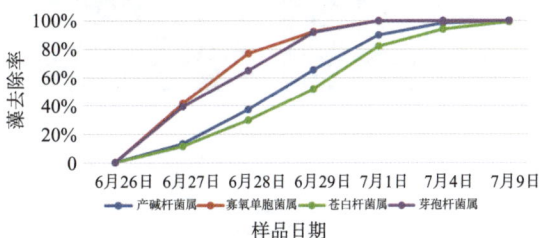

图5 锥形瓶内藻去除率

和反应时间呈正比例关系，寡氧单胞菌属锥形瓶中的藻去除率上升趋势明显高于其他3个锥形瓶内的藻去除率，说明寡氧单胞菌属锥形瓶内的除藻效果最好。4个锥形瓶内的藻去除率均在最后一天达到峰值，藻去除率最高为99.61%。

（6）试管菌抑藻实验

如图6所示，上图为第1天试管内的实验现象，下图从左到右分别为第2、3天试管内的实验现象，第1天试管内铜绿微囊藻没有完全抑制，第2天颜色发生改变，第3天发现快抑制完毕。

试管内藻去除率见表5。

由图7可以看出，试管内藻去除率和锥形瓶内基本相同，藻去除率仍和反应时间

表4 锥形瓶藻去除率

日 期	6月26日	6月27日	6月28日	6月29日	7月1日	7月4日	7月9日
产碱杆菌属	0.00	13.17%	37.14%	65.05%	89.58%	97.86%	99.61%
寡氧单胞菌属	0.00	41.38%	76.57%	91.94%	99.48%	99.15%	99.61%
苍白杆菌属	0.00	11.38%	29.71%	51.61%	81.77%	93.59%	98.82%
芽孢杆菌属	0.00	39.19%	64.57%	91.40%	99.48%	99.57%	99.61%

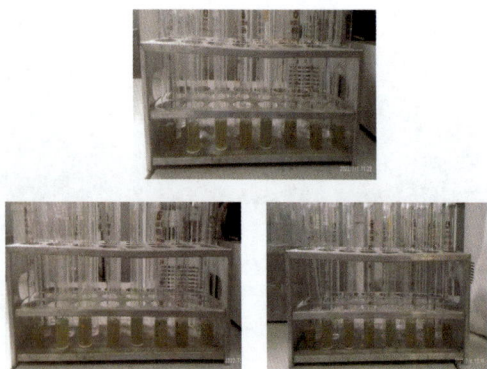

图 6　试管菌抑藻实验

表 5　试管内藻去除率

日　期	6月26日	6月27日	6月29日	7月1日	7月9日
产碱杆菌属	−76.28%	−16.77%	54.30%	86.98%	99.61%
寡氧单胞菌属	−76.28%	55.09%	79.57%	93.23%	99.61%
苍白杆菌属	−76.28%	−28.74%	42.47%	82.81%	99.61%
芽孢杆菌属	−76.28%	46.11%	75.81%	92.19%	99.22%

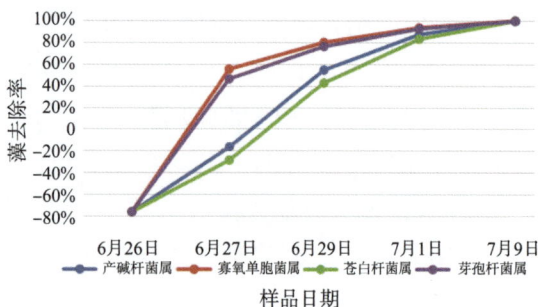

图 7　试管内藻去除率

呈正比例关系。寡氧单胞菌属试管相较于其他 3 个试管的除藻效果最好，4 个试管的藻去除率均在最后一天达到峰值，藻去除率接近 100%，基本达到完全抑制。

四、研究结论

① 由噬藻菌生长测定曲线可知，芽孢杆菌属噬藻菌相对于其他菌种生长趋势较好，菌悬液浓度较高。

② 由铜绿微囊藻生长测定曲线可知，

芽孢杆菌属噬藻菌的藻抑制能力较强。

③ 选取芽孢杆菌属噬藻菌进行噬藻斑实验，铜绿微囊藻并没有生长，抑藻效果明显。

④ 由噬藻菌液体浸染实验可知，寡氧单胞菌属噬藻菌除藻效果最好，除藻率为 99.61%。

五、创新点与展望

本研究重点考察不同噬藻菌对铜绿微囊藻生长的抑制作用，通过比较噬藻斑侵染情况，筛选出最为有效的噬藻菌，以期强化这种"以菌治藻"技术。研究结果将为水中微藻的微生物处理方法提供理论依据和技术支持，最终为微生物修复水环境中的铜绿微囊藻提供重要的技术参考。

六、感想与体会

暑假期间，我走进中科院生态环境研究中心，探索科研的魅力。这个梦想之地让我收获颇丰，更加坚定了我的科研热情。

生物技术大楼的实验室让我震撼，看到研究员们认真工作的样子，我深感敬佩。在实验室，我见到了先进的仪器和丰富的试剂，与高中实验室大不相同。导师详细介绍了实验要求和课题，我对此充满兴趣。

实验过程中，我发现了自己的不足，如试剂摆放不当、对专业器械认知不足等。但我也在逐渐克服这些困难，对实验室越来越熟悉。在导师的耐心指导下，我成功完成了实验，感受到了科研的成就感。

感谢导师的悉心指导，他们耐心解答我的问题，帮助我反复进行实验，直至成功。这次经历让我更加坚定了走科研之路的决心。

基于废旧 PET 降解的再生聚氨酯弹性体研究

北京一零一中学矿大分校 / 朱沈睿 / 指导老师：吕兴梅 崔璨

分类：化学

一、研究背景

聚对苯二甲酸乙二醇酯（PET）是一种广泛应用于日常包装、工业生产等领域的商用塑料，其化学式为 $C_{12}H_{14}O_4$。PET 的分子稳定性使得其在自然环境中难以降解，废弃 PET 累积会严重危害生态环境[1-3]。

目前，废旧 PET 回收方法主要有 3 种[2,4,5]。

① 物理回收法，以机械破碎为主，工艺流程相对简单，但无法排除杂质，适合循环性能要求不高的应用。

② 生物回收法，通过酶等生物介质降解，依赖复杂的纯化工艺，难以支撑大规模生产。

③ 化学回收法，先利用解聚剂在催化剂作用下将废旧高聚物降解成单体 / 低聚物，再合成目标高聚物产物，工艺流程复杂，可最大化地回收利用[6,7]。

本文基于化学回收法，开展废旧 PET 降解再利用的相关研究。

二、研究方法

1. 材料与设备

研究所用的废旧 PET 为某公司提供的白色片状物质，催化剂为 1- 丁基 -3- 甲基咪唑双氰胺（分子式为 $C_{10}H_{15}N_5$），醇解剂为聚己二酸己二醇酯二醇（PHA），其反应温度约 230℃。为了研究不同分子量醇解剂的降解特性，选用了分子量分别为 1000（PHA-1000）、2000（PHA-2000）、3000（PHA-3000）3 种醇解剂。在醇解剂与催化剂的双重作用下，废旧 PET 将生成小分子量的聚酯多元醇。随后，基于降解产物进行聚氨酯合成实验研究。

废旧 PET 降解实验所用的材料见表 1，实验设备包括电加热磁力搅拌器、智能数控反应釜、鼓风干燥箱、电子分析天平和红外光谱仪等。

表 1　废旧 PET 降解实验材料表

类　别	名　　称	用　量
实验原料	废旧 PET	4.04g
醇解剂	聚己二酸己二醇酯二醇（3 种分子量）	126.78g
催化剂	1- 丁基 -3- 甲基咪唑双氰胺（97% 纯度）	0.21g

2. 研究方案

基于不同分子量醇解剂的废旧 PET 降解再生聚氨酯弹性体研究方案如图 1 所示，具体实验流程如下。

① 按照一定比例配制废旧 PET、催化剂和不同分子量醇解剂的混合物。

② 将配置完成的混合物放置于反应釜中，设定反应温度 230℃。

③ 每隔 2h 观察反应釜中混合物的反应情况，并记录数据，直至降解完成。

④ 将 PET 降解产物与六亚甲基二异氰酸酯混合，共同溶于 N,N- 二甲基甲酰胺溶

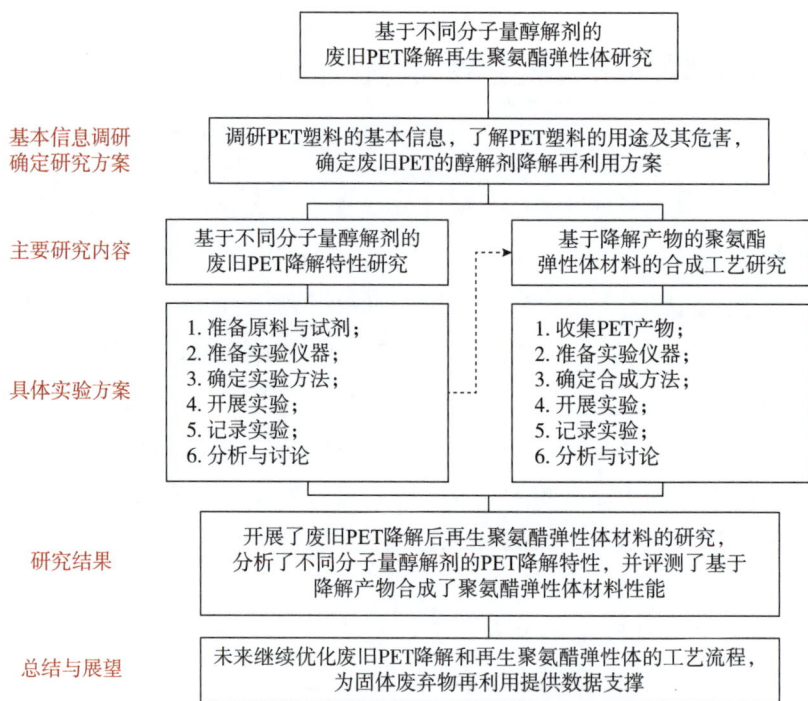

图 1　基于不同分子量醇解剂的废旧 PET 降解再生聚氨酯弹性体研究方案

液，并在二月桂酸二丁基锡催化剂作用下得到预聚物。

⑤ 预聚物与 1,4-丁二醇继续反应 3h，最后得到目标产物聚氨酯弹性体。

三、研究结果及分析

在废旧 PET 降解过程中，分别对降解产物和合成产物进行数据分析，见表 2。对比不同分子醇解剂的废旧 PET 降解特性，研究不同醇解剂生成的聚氨酯性能差异。

表 2　降解产物表征分析方式及相关测试方法

分析方式	测试方法
醇解时间测定	采用计时器进行时间测定
羟值测定	参考乙酸酐 – 吡啶法进行滴定分析
傅里叶红外光谱分析	借助 BOMEM MB-100 型红外光谱仪进行分析
热重分析	使用 Perkin-Elmer 公司 TG-7 型热重仪，加热并记录质量损失等参数

1. 降解产物验证分析

3 种降解产物的傅里叶红外光谱分析结果如图 2 所示。基于不同分子量醇解剂（PHA-1000，PHA-2000，PHA-3000）所生成的均匀溶液均在 $1720cm^{-1}$ 处出现了波谷值，这意味着羰基伸缩振动，也反映出 3 种溶液中存在 PET 结构，即醇解剂已将废旧 PET 分解成多元醇。

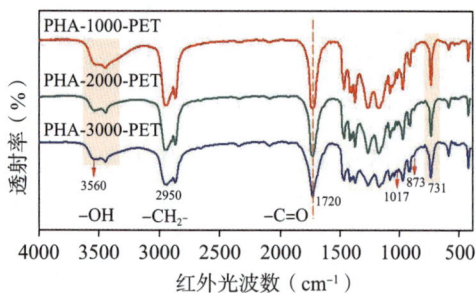

图 2　3 种降解产物的傅里叶红外光谱分析

羟值测定结果见表 3，3 种降解产物的平均分子量均比相应的醇解剂有所增加，且远低于 PET 分子量（40000 左右）。这意味着废旧 PET 在不同分子量醇解剂的条件下发生了醇解反应。

表 3　降解产物的羟值测定结果

项　目	PHA-1000-PET 溶液	PHA-2000-PET 溶液	PHA-3000-PET 溶液
羟值（mg KOH/g）	71.19	47.44	34.31
分子量	1576	2365	3270

2. 降解产物特性分析

3 种醇解剂降解产物的时长如图 3 所示。不同分子量醇解剂的反应时间不同，分子量较大的醇解剂降解相同质量废旧 PET 的反应时间较长。在 3 种醇解剂中，PHA1000 的降解时间最短，约为 4h。

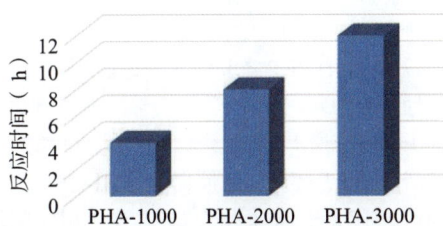

图 3　3 种醇解剂降解产物的时长

3 种降解产物的热重分析结果如图 4 所示。3 种降解产物都有很好的热稳定性，但降解温度有所不同，基于 PHA-1000 的醇解产物（PHA-1000-PET）的降解温度约为 257℃，基于 PHA-2000 和 PHA-3000 的醇解产物的降解温度约为 325℃。

3. 合成物特性分析

由醇解产物合成的 PUE 的傅里叶红外光谱如图 5 所示。3 条傅里叶红外光谱曲线基本相同。在 3320cm^{-1} 处，3 种 PUE 均存

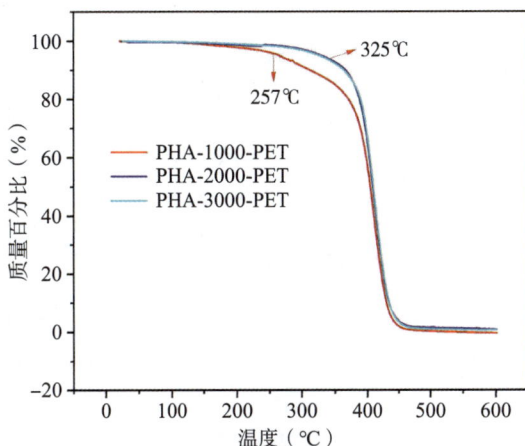

图 4　3 种醇解剂降解产物的热重分析

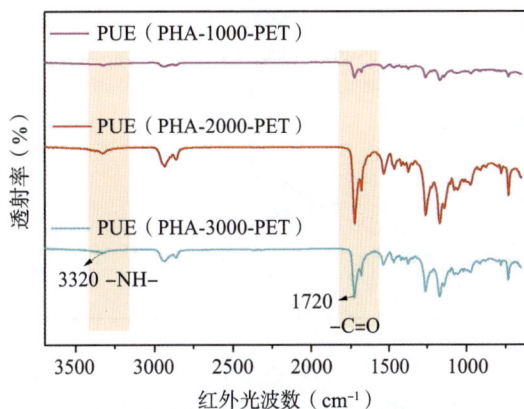

图 5　醇解后合成产物的傅里叶红外光谱

在 N–H 伸缩振动峰；在 1720cm^{-1} 处，3 种 PUE 均存在 –C=O 伸缩振动峰。这说明氨酯键是存在的，也侧面证明了聚氨酯弹性体被合成出来了。

热重分析结果如图 6 所示。3 种 PUE 均具有较好的热稳定性，降解温度均在 230℃ 以上。其中，基于 PHA-3000 的醇解产物所制备的 PUE 的降解温度最高，热稳定性最好。

机械性能分析结果如图 7 所示，基于 PHA-1000 的醇解产物所制备的 PUE 的拉伸强度达 14.58MPa（比其他 PUE 高 2~3

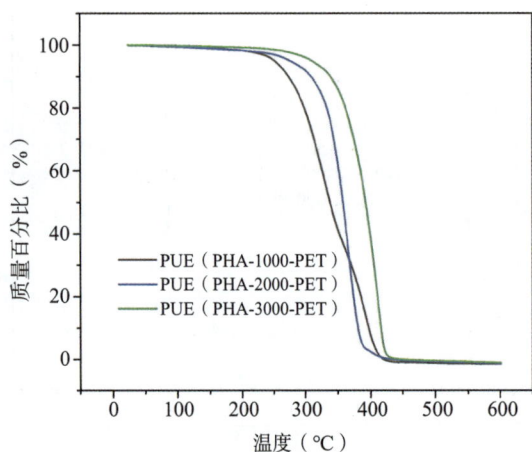

图 6　醇解后合成产物的热重分析

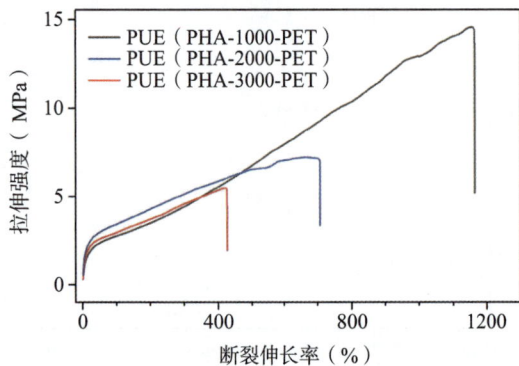

图 7　醇解后合成产物的机械性能分析图

倍），断裂伸长率接近 1200%，这意味着基于小分子量醇解剂的 PUE 具有更强的机械性能。

四、未来工作

本研究揭示了不同分子量的醇解剂对废旧 PET 及其合成产物具有显著影响。在现有条件下，使用不同分子量的醇解剂所合成的聚氨酯弹性体性能存在差异。为了更好地利用废旧 PET 合成聚氨酯弹性体，我计划在未来开展两部分工作，一个是继续深入开展废旧塑料降解与合成特性研究，确立最优利用废旧 PET 合成聚氨酯弹性体实验方案；另一个是深入调研废旧 PET 的生产、制备、降解和再利用等过程的现状，为废旧 PET 的再利用提供基础数据和支持，期望这些工作能推动环保和可持续发展的进程。

参考文献

[1] 郑煦, 张瑞琦, 方鹏涛, 等. 离子液体催化聚对苯二甲酸乙二醇酯降解研究进展 [J]. 中国科学：化学, 2021, 51(10):13-24.

[2] 吴世杰. 废 PET 聚酯的乙二醇胺降解与再生水性聚氨酯的研究 [D]. 湖南大学, 2019.

[3] 王聪聪. 废弃 PET 降解制备水性聚氨酯及环氧改性研究 [D]. 湖南大学, 2015.

[4] 鲍毅楠. 废旧 PET 降解制备聚氨酯弹性体材料及改性研究 [D]. 中国科学院大学（中国科学院过程工程研究所）, 2021.

[5] 姚浩余. PET 醇解协同催化体系的构建及反应机理研究 [D]. 中国科学院大学（中国科学院过程工程研究所）, 2021.

[6] 王家伟, 陈延明, 李良, 等. 废旧聚酯化学回收研究进展 [J]. 塑料科技, 2022, 50(08):108.

[7] 杨学萍, 刘革. 废旧聚对苯二甲酸乙二醇酯化学回收技术进展 [J]. 石油化工技术与经济, 2022, 38(03):48.

塑料微粒可视化：
新型荧光材料制备及其在塑料微粒成像中的应用

北京市第八十中学 / 高杰磊 / 指导老师：邢国文 王珩

分类：化学

一、研究背景

全球每年生产约 3.68 亿吨塑料，预计 20 年内产量可能翻一番。然而，只有约 20% 的塑料产品被回收或焚烧，其余的则进入垃圾填埋场，或直接暴露于自然环境中[1]，在物理和化学作用下降解成微小的颗粒，这些颗粒被统称为塑料微粒。

塑料微粒在自然环境中降解缓慢，普遍长期存在于水、沉积物和其他环境介质中，还会在生物体内积累[2,3]。在淡水体系中常见的塑料微粒有聚乙烯（PE）、聚苯乙烯（PS）、聚苯硫醚（PPS）、聚甲基丙烯酸甲酯（PMMA）、聚酰胺（PA）、聚丙烯（PP）、聚氯乙烯（PVC）、聚四氟乙烯（PTFE）和聚对苯二甲酸乙二醇酯（PET）。

人类长期暴露在塑料微粒环境中，容易吸入或摄入塑料微粒。研究表明，塑料微粒可以通过消化道或呼吸道进入血液，并可能已经在人体内广泛存在[4]。然而，塑料微粒对人类健康的具体影响仍不清楚。为了更好地了解塑料微粒对人类健康的影响，寻找可行的方法探究塑料微粒的危害存在必要意义。

二、研究目的

大尺寸的塑料可以目测，而观察塑料微粒则要借助显微镜[5]。然而，大多数塑料是无色的，荧光显微镜和激光共聚焦显微镜下的无色塑料微粒会被环境样本或生物样本的背景干扰或淹没。采用荧光染料对塑料微粒进行染色[6]，可有效检测环境样本和生物样本中的塑料微粒，帮助人们了解塑料微粒的影响，观察塑料微粒的大小、分布、种类，并跟踪其在环境及生物样本中随着时间分布的变化。

本课题设计合成新型荧光染料 TPEF（双光子激发荧光），并用它对塑料微粒进行荧光染色，实现塑料微粒的可视化，借助荧光显微镜观察塑料微粒染色效果。之后，用染色后的塑料微粒配制水溶液来培养豆芽，通过激光共聚焦显微镜追踪黄豆芽和绿豆芽培养过程中的塑料微粒吸附情况，验证 TPEF 的塑料微粒可视化效果。

三、研究方法

1. 材　料

研究所用试剂中的尼罗红（CAS 编号：7385-67-3）购自毕佳索化学试剂公司，TPE-CHO[4-(1, 2, 2- 三苯基乙烯基) 苯甲醛] 按照文献方法[7] 制备，塑料微粒（见表 1）购自东莞明誉兴塑胶原料有限公司，绿豆和黄豆购自超市，实验用水为饮用纯净水。

表 1　塑料微粒种类

塑料微粒	PVC	PMMA	PTFE	PS	PS	PS	PE	PPS	PET
尺寸（μm）	1	1	2	0.1	1	3	5	48	5

2. 合 成

TPE-CHO 按照文献方法合成，化学反应式如图 1 所示，反应生成得到浅黄色固体。

TPEF 按照文献方法合成，化学反应式如图 2 所示。以二氯甲烷：甲醇 =20：1 作为流动相，经柱层析纯化生成紫色固体。

3. 结构表征

采 用 ^{1}HNMR 和 ^{13}C NMR（Bruker AVANCE III-400）、质谱（Thermo Scientific Q Exactive HF Orbitrap-FTMS 质谱仪）、荧光光谱（Shimadzu RF-6000 荧光光度计）、紫外可见吸收光谱（Agilent Cary 300 分光光度计）来表征 TPE-CHO 和 TPEF。借助 Gaussian 16 软件，采用密度泛函理论（DFT），选用基组为 B3LYP/6-311++(d, p)，计算 TPEF 的 HOMO（最高占据分子轨道）和 LUMO（最低未占分子轨道）的能隙（E_g）。

4. 荧光成像

采用带有荧光源的光学显微镜（AOSVI L208F-3M830F）将荧光染色后的塑料微粒成像。将切片的豆芽组织置于玻璃载玻片上并加盖盖玻片，采用激光共聚焦显微镜（ZEISS LSM800）观察绿豆芽或黄豆芽下胚轴表皮和横切面中的塑料微粒。

（1）制备荧光染色的塑料微粒

配置 0.001 mmol/mL 的 TPEF 无水乙醇储备溶液。将 100mg 塑料微粒加至 15mL 荧光染料原液中，水浴（预热至 60℃）中超声 30min，冰水浴冷却 15min。然后，用微孔膜（0.2μm 孔径）对混合物进行减压过滤。对于纳米塑料（0.1μm）混合物，离心（13000r/min）收集 PS 微塑料粒。所有塑料微粒都进一步冲洗至溶液无色。最后，将染色的 PS 塑料微粒风干后转移到载玻片上，用荧光显微镜观察。

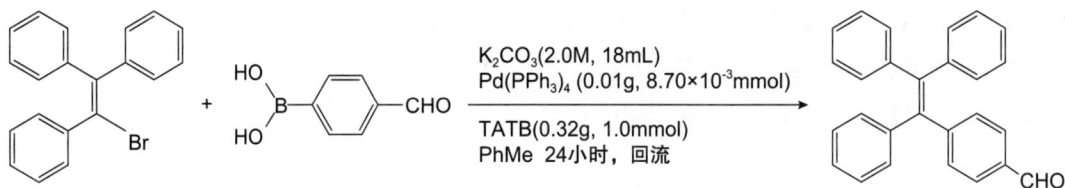

图 1　合成 TPE-CHO 的化学反应式

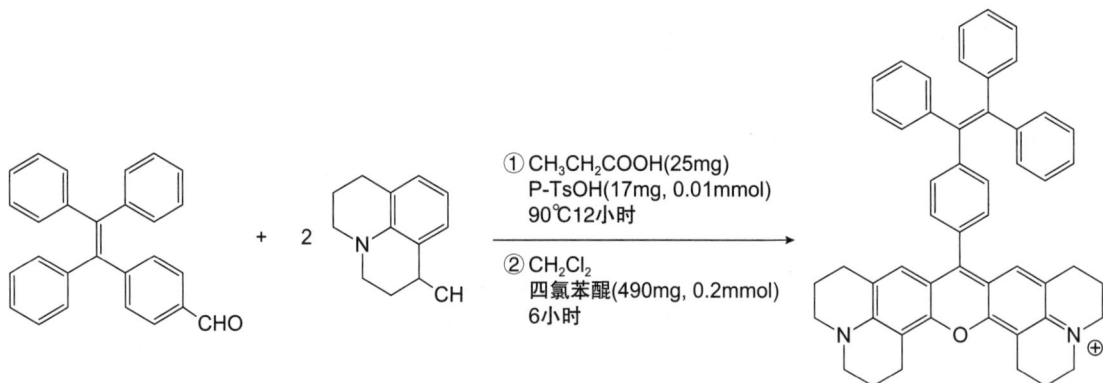

图 2　合成 TPEF 的化学反应式

（2）豆芽中塑料微粒的荧光成像

将绿豆或黄豆放入铺了滤纸的培养皿中，每 6h 用水或含有 PS 塑料微粒的液体冲洗一次，共计冲洗 5 天至发芽。绿豆芽或黄豆芽分为 10 组：4 个对照组，6 个实验组，见表 2。

四、实验结果与分析

1. 结构表征

在 B3LYP/6-311++(d, p) 水平上优化 TPEF 分子基态的几何构型，得到 HOMO 和 LUMO 的电子分布，如图 3 所示，LUMO 主要位于 TPEF 刚性环单元，HOMO 主要位于四苯基乙烯部分。根据计算，TPEF 的 HOMO 和 LUMO 能级分别为 −7.4573eV 和 −5.1941eV，HOMO 和 LUMO 能级之间的能隙 E_g=2.263eV。

2. 荧光成像

（1）塑料微粒染色

根据表 1，分别称取 100mg 塑料微粒，用 25mL 的 0.001mmol/L TPEF 染色。通过荧光显微镜观察发现，该化合物对 3 种不同粒径的 PS，以及 PVC 和 PMMA 都有很

表 2　研究所用绿豆芽或黄豆芽的实验分组

种　类	分　组	PS 粒径 / μm	PS 浓度 / ($\mu g/mL$)	染　料
绿豆芽	对照组 M_1	—	0	无
	对照组 M_2	0.1	100	无
	对照组 M_3	1	100	无
	对照组 M_4	3	100	无
	实验组 M_1	0.1	100	TPEF
	实验组 M_2	1	100	TPEF
	实验组 M_3	3	100	TPEF
	实验组 M_4	0.1	100	尼罗红
	实验组 M_5	1	100	尼罗红
	实验组 M_6	3	100	尼罗红
黄豆芽	对照组 S_1	—	0	无
	对照组 S_2	0.1	100	无
	对照组 S_3	1	100	无
	对照组 S_4	3	100	无
	实验组 S_1	0.1	100	TPEF
	实验组 S_2	1	100	TPEF
	实验组 S_3	3	100	TPEF
	实验组 S_4	0.1	100	尼罗红
	实验组 S_5	1	100	尼罗红
	实验组 S_6	3	100	尼罗红

强的荧光染色效果。TPEF 染色的 PTFE、PPS 和 PET 表现出中等荧光强度，而 PE 表现出较弱的荧光强度，如图 4 所示。PS 微粒是塑料微粒与生物体作用研究中广泛采

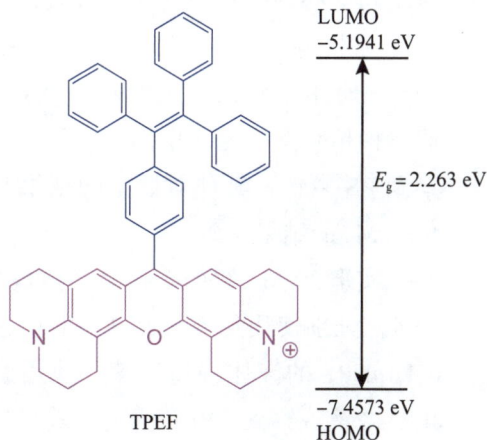

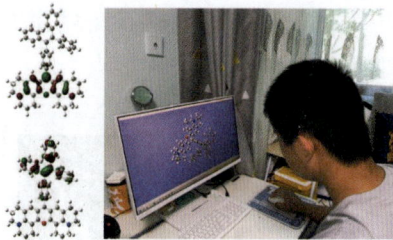

图 3　TPEF 的 HOMO、LUMO 电子分布

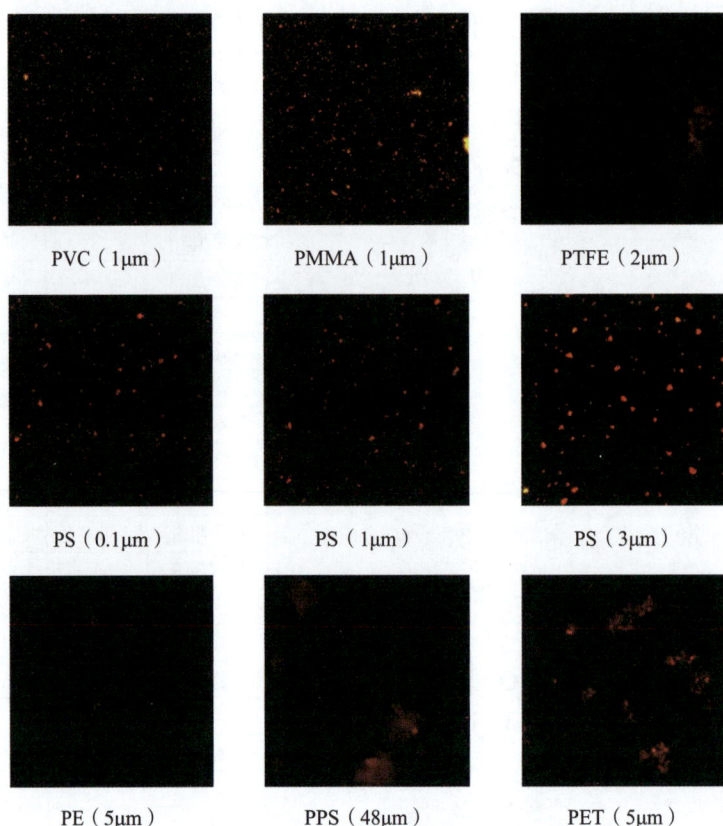

图 4   TPEF 染色的塑料微粒

用的，根据染色效果，在以下实验中使用 TPEF 对 3 种粒径（0.1μm、1μm 和 3μm）的 PS 进行染色。

（2）豆芽生长实验

黄豆芽与绿豆芽结构相似，由子叶、下胚轴和根组成，如图 5 所示。在豆芽生长实验中选取下胚轴中部作为观察点。

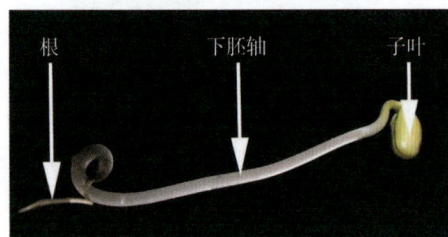

图 5   豆芽的结构

在豆芽生长的第 1 天、第 3 天和第 5 天收集豆芽样品，淋洗 30s。使用激光共聚焦显微镜观察 PS 微粒在下胚轴表皮的吸附情况和下胚轴中段横切面的进入情况。

对照组 M_1、对照组 M_2 的观察结果见表 3，使用水和未染色的粒径 0.1μm PS 的液体种植豆芽，无法使用光共聚焦显微镜观察到 PS 微粒。其他对照组的结果与对照组 M_1、M_2 的结果一致。

实验组 M_1、实验组 M_4 的观察结果见表 4，分别使用尼罗红和 TPEF 染色的粒径 0.1μm PS 的液体种植豆芽，使用激光共聚焦显微镜观察到 TPEF 的染色效果较优于尼罗红的染色效果。实验组 M_2、实验组 M_5，

实验组 M_3、实验组 M_6，实验组 S_1、实验组 S_4，实验组 S_2、实验组 S_5，实验组 S_3、实验组 S_6 的对比结果同实验组 M_1、实验组 M_4 的对比结果。

表 3　对照组 M_1、对照组 M_2 的激光共聚焦显微镜图像

位置 名称 时间	下胚轴表皮		下胚轴横截面	
	对照组 M_1	对照组 M_2	对照组 M_1	对照组 M_2
第 1 天				
第 3 天				
第 5 天				

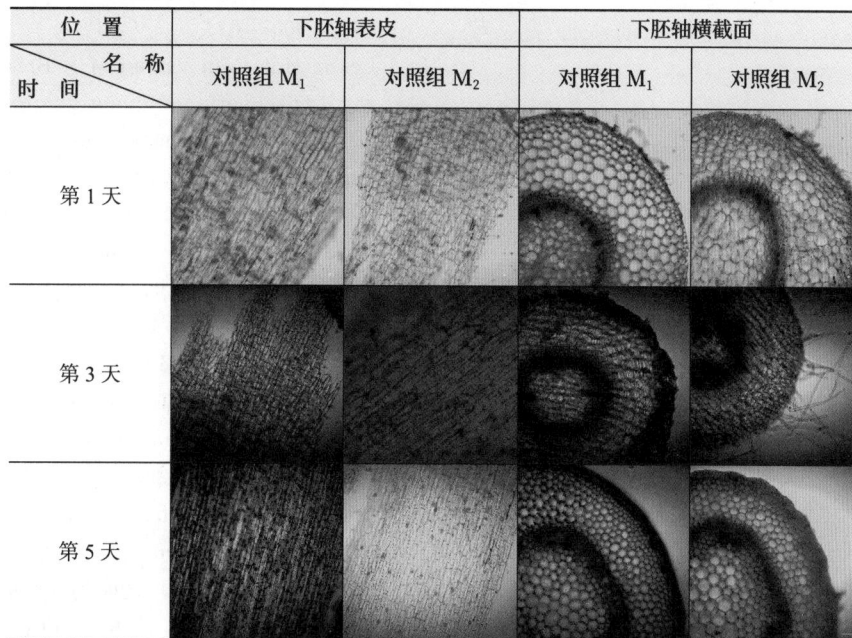

表 4　实验组 M_1、实验组 M_4 的激光共聚焦显微镜图像

位置 名称 时间	下胚轴表皮		下胚轴横截面	
	实验组 M_1	实验组 M_4	实验组 M_1	实验组 M_4
第 1 天				
第 3 天				
第 5 天				

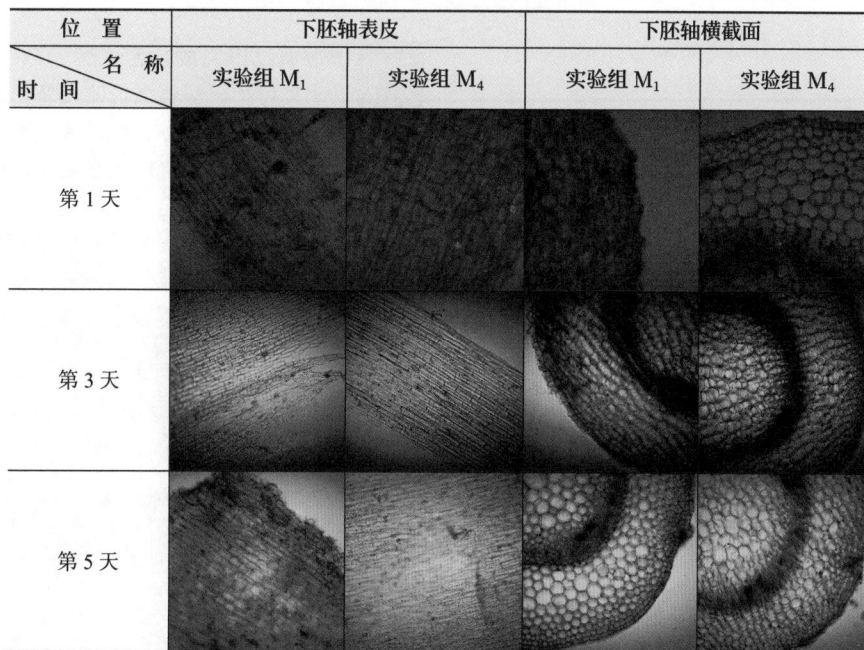

使用清水冲洗实验组 M₄ 在第 5 天的豆芽，模拟生活中洗豆芽的情景，使用激光共聚焦显微镜观察下胚轴表皮和下胚轴横截面，结果如图 6、图 7 所示，可以看到明显的染色 PS 微粒，这表明使用清水冲洗豆芽无法去除塑料微粒。

图 6　下胚轴表皮图像　　图 7　下胚轴横截面图像

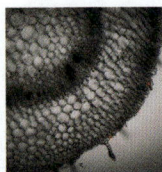

五、研究结论

研究证明合成的 TPEF 可用于塑料微粒的成像，从而为塑料微粒的可视化研究提供了新的工具。此外，塑料微粒会在培养豆芽的过程中吸附在豆芽表面并进入豆芽内部，清水无法将其全部冲洗干净，存在食品危害。因此，对塑料进行管理具有重要意义，对塑料微粒进行研究具有必要性。

参考文献

[1] Li H, Aguirre-Villegas H A, Allen R D, et al. Expanding plastics recycling technologies: chemical aspects, technology status and challenges[J]. Green Chemistry, 2022, 24(23):8899-9002.

[2] Schröter L, Ventura N. Nanoplastic toxicity: insights and challenges from experimental model systems[J]. Small, 2022, 18(31):2201680.

[3] Gillibert R, Balakrishnan G, Deshoules Q, et al. Raman tweezers for small microplastics and nanoplastics identification in seawater[J]. Environmental Science & Technology, 2019, 53(15):9003-9013.

[4] Leslie H A, Van Velzen M J, Brandsma S H, et al. Discovery and quantification of plastic particle pollution in human blood[J]. Environment International, 2022, 163:107199.

[5] Sridhar A, Kannan D, Kapoor A, et al. Extraction and detection methods of microplastics in food and marine systems: a critical review[J]. Chemosphere, 2022, 286:131653.

[6] Shruti V C, Pérez-Guevara F, Roy P D, et al. Analyzing microplastics with Nile Red: Emerging trends, challenges, and prospects[J]. Journal of Hazardous Materials, 2022, 423:127171.

[7] Wang M, Xu L, Lin M, et al. Fabrication of reversible pH-responsive aggregation-induced emission luminogens assisted by a block copolymer via a dynamic covalent bond[J]. Polymer Chemistry, 2021, 12(19):2825-2831.

专家点评 作者通过研究成功合成荧光分子 TPEF，并证明其可用于塑料微粒的成像，为可视化研究提供了有力工具。此外，该研究发现，在培养豆芽的过程中，塑料微粒会吸附在豆芽表面并进入其内部，清水冲洗无法完全去除，这揭示了塑料微粒对食品的潜在危害。这一发现强调了塑料管理的重要性，并凸显了对塑料微粒进行深入研究的必要性。该作品表现出色，展现了作者在科研方面的潜力与创新素养。

科技辅导员科技教育创新成果

"关注学习健康，远离烟草制品"跨学科实践项目

北京市第一六六中学／孙鑫

分类：科教方案

一、项目背景

中共中央、国务院印发的《"健康中国 2030"规划纲要》提出把健康摆在优先发展的战略地位，强调"建立健全健康促进与教育体系，把健康教育作为所有教育阶段素质教育的重要内容"，要"强化个人健康责任，提高全民健康素养，引导形成自主自律、符合自身特点的健康生活方式，有效控制影响健康的生活行为因素""深入开展控烟宣传教育"。

《义务教育课程方案和课程标准（2022年版）》以使学生"有理想、有本领、有担当"为培养目标，其中"有本领"强调要"学会在真实情境中发现问题、解决问题，具有探究能力"，要"强身健体，健全人格，掌握基本的健康知识，树立生命安全与健康意识"。为落实培养目标，义务教育课程应遵循"培养学生在真实情境中综合运用知识解决问题的能力""强化学科实践，倡导做中学、用中学、创中学"等基本原则。《义务教育生物学课程标准（2022年版）》明确指出，通过本课程的学习，学生应能够"树立健康意识，关注身体内外各种因素对健康的影响，在饮食作息、体育锻炼、疾病预防等方面形成健康生活的态度和行为习惯""初步具有科学探究和跨学科实践能力，能够分析解决真实情境中的生物学问题"。

调查显示，当前约 78% 的吸烟者是从青少年时期开始吸烟的。对于学生，直接灌输吸烟有害健康这一理念，可能不足以引起其足够的重视。本项目从"吸烟是否伤害人体呼吸健康"这个核心问题入手，引导学生动脑思考、动手实践，寻找证据支撑观点，进而使学生真正认同"吸烟有害健康"。

二、项目目标

① 学生以小组为单位完成"吸烟是否有害呼吸健康"的探究。在探究中，学生运用生物学和物理学的知识与方法"设计""制作""改进"实验装置，观察烟雾对草履虫纤毛的影响，提升科学探究能力。

② 基于人体呼吸系统组成及功能等知识，结合"烟雾会使草履虫纤毛摆动变慢"的实验结果，提出"吸烟有害呼吸健康"的明确主张，并进一步构建"呼吸系统包括呼吸道和肺，其功能是从大气中摄取代谢所需的氧气，排出代谢所产生的二氧化碳"的重要概念。

三、项目分析
1. 难点、重点、创新点

本项目的难点与重点在于，学生需要运用生物学和物理学的知识和方法，设计模拟人体吸烟过程的体外模型，并利用简单、

环保、易得的材料制作实验装置，以观察烟雾对人体呼吸系统的影响，从而解答"吸烟是否有害人体呼吸健康"这个问题。

本项目的创新点在于，不是直接将"吸烟有害健康"的观点强加给学生，而是通过一个能够引起学生共鸣的任务来激发学生的学习兴趣。本项目引入 CER 科学论证模型，引导学生学习利用主张、证据、推理的模型框架构建科学解释。通过小组讨论和交流，学生基于证据对所提主张进行论证，体验声明主张、列出证据、进行推理的论证过程，像科学家一样进行科学表达。在科学论证的过程中，学生进一步加强了理论知识的学习。此外，教师引导学生在证据的使用上进行讨论，学生在讨论后明确知道证据对于主张的支持是有强弱之分的，进而学会判断和评价证据的质量，并可以选择和使用恰当的证据来支持论证观点。这一过程培养了学生的辩证思维。项目中的每个环节都以学生为主体。在主动探究和讨论交流的过程中，学生完成了对科学概念的巩固和思维能力的培养。

2. 利用的各类科技教育资源

本项目利用的各类科技教育资源包含可容纳 30 人的实验室，可查询资料的多媒体设备，完成实验所需的材料，如塑料瓶（大）、胶管、吸气瓶、止水夹、注射器、打孔器、胶枪、香烟烟雾、草履虫等。

四、项目过程

1. 创设情景，提出问题

教师结合生活情景，向学生展示全球吸烟率数据及随处可见的禁烟标识，引导学生提出问题：吸烟是否有害健康？学生通过已掌握的知识——烟雾是通过呼吸系统进入人体的，将问题聚焦：吸烟是否有害人体的呼吸健康？学生通过查找资料发现，香烟燃烧时产生的烟雾成分中含有尼古丁、焦油、一氧化碳等有害物质，进而推断吸烟会对人体呼吸系统造成影响。教师引导学生思考如何观察吸烟对人体呼吸系统的影响。

2. 制作装置，开展探究

① 教师提供简易装置，学生以小组为单位完成工程学任务——改进简易装置来模拟人体呼吸系统。为了解决简易装置"由于橡皮膜的弹力有限，无法持续吸入气体，以及吸入的气体无法被收集起来"的问题，学生根据科学性、模拟性、安全性、艺术性等要求，结合所学物理知识，绘制图纸，利用矿泉水瓶、注射器等生活中常见的材料，对教师提供的简易实验装置进行改进。

② 为了解决"如何观察吸烟对人体呼吸系统的影响"的问题，学生通过查询资料了解到草履虫体表的纤毛结构与人体呼吸道上的某些结构非常相似，因而选用草履虫作为实验对象，并绘制图纸，改进装置，确保草履虫能存活较长时间，且香烟的烟雾能够作用于草履虫。

3. 显微观察，收集证据

① 学生利用实验装置完成对照实验。其中，对照组将洗气瓶的长管与空气相连通，当塑料瓶中的水向外流出时，空气经过草履虫培养液被收集到塑料瓶中；实验组将洗气瓶的长管与烟雾相连通，当塑料瓶中的水向外流出时，烟雾经过草履虫培养液被收集到塑料瓶中。注：因为香烟对身体有害，所以实验过程中接触香烟烟雾的环节由教师完成。

② 学生利用显微镜对收集到的两组草履虫培养液进行显微观察，发现：对照组中草履虫的纤毛摆动较快，而实验组中草履虫的纤毛摆动较慢。由此得出实验结果：香烟烟雾会使草履虫纤毛摆动速度变慢。

4. 科学论证，交流讨论

① 学生基于"烟雾会使草履虫纤毛摆动变慢"的实验结果，结合已掌握的有关人体呼吸系统的知识，提出"吸烟有害呼吸健康"的明确主张，并进一步构建"呼吸系统包括呼吸道和肺，其功能是从大气中摄取代谢所需的氧气，排出代谢所产生的二氧化碳"的重要概念。

② 学生通过对实验结果的具体分析，认识到科学论证的重要性，学会基于实验结果进行逻辑推理的方法。教师引导学生通过

讨论发现，仅用草履虫做实验还不足以让大家信服"吸烟有害健康"的结论，并鼓励学生以更多的方法验证这个结论。

5. 海报制作，义务宣传

学生以"远离烟草制品，关注呼吸健康"为主题，制作禁烟宣传海报，向周围的同学、家长宣传"吸烟有害呼吸健康"的观念，号召大家拒绝吸烟，健康生活，成为"健康中国"的号召者和实践者，为构建更加健康和美好的未来贡献力量。

五、项目评价方式及标准

项目评价方式分为过程性评价和成果评价。本项目中，对实验装置的制作和科学论证进行过程性评价，对海报制作和宣传进行成果评价。不同评价的标准，见表1~表3。

表1 实验装置制作评价标准

评价项目		分值及评价标准		
方案设计（10分）		7.5~10分：有明确、严谨的计划，并按照设计图纸完成作品	5~<7.5分：有简单、较为明确的计划，并按照设计图纸完成作品	0~<5分：没有明确的计划，或设计图纸与成果不匹配
装置制作（80分）	科学性（20分）	15~20分：能够保证烟雾被持续吸入装置	10~<15分：能够使烟雾被吸入装置，但不能持续	0~<10分：不能使烟雾被吸入装置
	模拟性（20分）	15~20分：能准确反映人体呼吸系统的特征，相似度高	10~<15分：能基本反映人体呼吸系统的特征	0~<10分：装置不能反映人体呼吸系统的特征
	安全性（20分）	15~20分：能收集吸入的烟雾，并能密封	10~<15分：能收集吸入的烟雾，但不能密封	0~<10分：不能收集吸入的烟雾
	艺术性（20分）	15~20分：装置构思独特，形象美观，材料环保	10~<15分：装置制作中规中矩，材料环保	0~<10分：装置制作粗糙，形象不佳，材料不够环保
装置改进（10分）		7.5~10分：完成反思与自我评价，并对装置进行改进	5~<7.5分：完成自我评价，但未对装置进行改进	0~<5分：未完成自我评价表，未对装置进行改进

表2 科学论证评价标准

评价内容	评价等级与标准		
	优 秀	良 好	一 般
主 张	提出"吸烟有害呼吸健康"的明确主张	提出主张，但观点不明确	没有主张
证 据	使用多个有信服力的、支持主张的直接证据	使用一个有信服力的、支持主张的直接证据或选用的证据是支持主张的间接证据	没有证据或证据不支持主张
推 理	能够利用科学概念，清晰地表达证据如何支持主张	尝试建立证据与主张之间的联系，但解释不合逻辑或过于笼统	没有对证据与主张之间的联系进行解释

表 3　海报制作评价标准

评价内容	评价等级与标准		
	优　秀	良　好	一　般
美观性	版面设计整洁、美观，图文并茂	版面设计整洁、美观	版面设计整洁
可读性	语言表达准确，易理解，无科学性错误	语言表达准确，无科学性错误	语言表达无科学性错误
创新性	内容有创意且形式新颖	内容有创意或形式新颖	内容和形式无创新

六、总　结

　　本项目依托真实生活情境引出学生可进行科学探究的问题，学生通过"制作装置，开展探究""显微观察，收集证据""科学论证，交流讨论""海报制作，宣传主张"等活动，提高动手能力，加深对理论知识的理解，形成应用跨学科知识解决问题的意识，在实践中树立健康生活的观念。此外，学生积极宣传"吸烟有害呼吸健康"的观念，号召人们健康生活、拒绝吸烟等，这一过程不仅锻炼了学生的表达能力，还提升了学生的社会责任感。

"探秘二十四节气中的自然密码"科教活动方案

北京市第一六一中学／毕可雷
分类：科教方案

一、活动背景

1.二十四节气是中学生需要传承的优秀中国传统文化

　　二十四节气一直是我国劳动人民开展农事活动的重要参考，是中国传统文化的重要组成部分。它是古人经过长年累月对自然、环境、气象的观察所积累形成的智慧与科学，已在 2016 年成功入选联合国教科文组织《非物质文化遗产名录》。中学生探究二十四节气中的科学知识，传承中国传统文化，可以增强文化自信与民族自豪感。

2.二十四节气中蕴含的自然密码值得学生深入探究

　　二十四节气中的每一个节气都有相应的物候特征，比如惊蛰有三候，一候桃始华、二候仓庚鸣、三候鹰化为鸠。这些物候特征既反映了植物生长发育的过程，也描述了动物生命活动的规律，还包含了多种地理气象变化。探究二十四节气中的自然密码可以引导学生运用生物、地理等科学知识解决实际问题，培养学生的科学观念。

3.顺应节气开展种植能培养学生跨学科学习的能力

　　新课程标准围绕发展学生的核心素养，设置跨学科实践活动，以强化学科间的相互联系，增强课程的综合性和实践性。跨学科学习实际上是利用学科知识观察现实生活和解决问题。当前，虽然城市的花草树木随处可见，但学生却很少亲身参与种植，对植物生长发育过程及植物如何影响环境缺乏认知。因此，开展此活动具有重要意义，学生能在活动中综合运用生物、地理等学科知识解决实际问题，促进学科知识的内化，提升学生跨学科学习的能力，增进对自然与环境的敬畏之情。

二、活动目标

1. 知识与技能

① 了解二十四节气的内涵及每个节气典型的物候特征。

② 正确使用农具进行翻土、播种、除草等劳动。

③ 阐述土壤与植物相互作用的机制。

2. 过程与方法

① 运用地理学方法研究土壤性质，确定适宜种植的作物类型。

② 运用生物与化学方法测定施肥后土壤的化学成分。

③ 设计实验探究堆肥对土壤肥力的影响。

3. 情感态度与价值观

① 结合节气开展农业种植活动，体会中华传统文化的魅力，增强文化自信与民族自豪感。

② 在探究土壤与植物相互作用的过程中，培养科学自然观和世界观。

③ 在解决一系列实际问题的过程中，树立跨学科学习的理念。

三、活动分析

1. 活动重点

引导学生关注二十四节气中的科学与文化，并能用跨学科知识与方法探究土壤和植物的相互作用关系。

2. 活动难点

设计实验探究堆肥对土壤肥力的影响并将成果应用于实际。

3. 活动创新点

利用校园绿地开展种植活动，让学生直观感受节气变化对植物生长的影响，体验自然之美。

4. 活动对象

活动对象为高一科技社团的学生，学生自主报名后组建"生命与环境科学协会"进行活动可行性测试，参与学生约35人。待完成活动测试后，完善活动并向科技、生物、地理社团的学生进行活动推广，参与学生约120人/年。

5. 活动地点

北京市第一六一中学校。

四、活动过程

1. 活动准备

（1）策划活动

邀请我校具有生物学博士、地理资源学博士学位的科技教师策划活动。

（2）设计预案

学生存在不会使用农具的情况，为避免发生农具使用不当导致的安全问题，设计安全预案：活动前明确任务分工，进行安全意识教育和农具使用方法教学，选出学生代表并安排相应教师进行监督。此外，在户外进行活动，会遇到很多不可抗因素，如极端天气等，为了不影响教学，设计教学预案：额外设计一套可用于室内教学的内容，确保不影响整个活动的连贯性。

（3）组建社团

教师与学生一同观看2022年北京冬奥

会开幕式视频，激发学生对二十四节气的学习兴趣。

（4）学生分组

学生分为 4 组，结合四季的特点分别起一个具有季节特征的组名。教师组织学生查阅资料，了解二十四节气中蕴含的科学知识，并引导学生分组汇报，调动学生参与活动的积极性。

（5）准备材料

准备活动所用的铁锹、锄头、手套、植物种子、温度计、湿度计、一次性餐盒等材料。

（6）邀请专家

邀请校外专家开展专业知识讲座，并指导实践活动。

2. 活动实施

（1）环节 1：春耕

• 惊蛰时开启春耕

教师引导学生通过俗语"到了惊蛰节，锄头不停歇"理解惊蛰节气的含义，并了解农事活动与土壤性质的关系。学生通过实地考察，综合运用生物、地理等学科知识，根据校园绿地的光照、植被等条件，确定校园农场的选址。此外，教师设计探究实验，帮助学生了解不同植物对土壤的要求，培养学生的实践能力与跨学科学习的意识。

• 对比南北方作物差异，学习袁隆平精神

南北方的主粮作物因气候条件和土壤差异而不同，教师引导学生分析水稻和小麦生长过程及生物特征的差异，使学生了解生物与环境的密切关系。学生通过体验春耕活动及学习袁隆平事迹，了解科学家精神，

增强民族自信。

（2）环节 2：夏耘

• 芒种时开展夏耘

"芒种芒种，连收带种"，芒种是夏季的第三个节气，是北方麦类等有芒植物收割、暖季作物播种的节气。植物要想在播种后良好生长，离不开合理施肥。在夏耘前，教师指导学生分组学习，深入研读文献，确定肥料类型、施肥时段、施肥注意事项等内容，引导学生参考天气预报选择适合北方暖季播种的植物开展夏耘，培养学生的实际操作能力。

• 探究施肥对土壤性质的影响

为了让学生更好地理解生物及地理书本上提到的"合理施肥"并将其应用到实践中，师生共同讨论并确定了探究性实验，探究施肥对土壤性质的影响。实验中，学生依据资料设计施肥梯度并定期检测土壤中营养元素含量，收集和分析数据，评估施肥效果是否达到了合理施肥的标准，以确定可应用于实践的施肥标准。此外，在探究过程中，教师有效融合美育引导学生完成自然笔记，记录植物生长过程。

（3）环节 3：秋收

• 秋分前后看收成

"白露过秋分，农事忙纷纷"，经过几个月的耕耘，学生期待着秋天能收获累累硕果，但实际情况可能并不乐观。教师可以此引导学生深入分析影响果实产量的因素，如植物病害严重可能与光照条件、空气湿度有关；果实不变色可能与温度、光照有关等，促进学生应用学科知识发现问题，以及解决问题。

• 收获果实，制作美食

虽然收成可能并不乐观，但教师应引导学生要珍惜劳动果实，带领学生将收获的果实制成食物并分享给家人。同时，引导学生自主查阅资料，了解如何正确处理枯黄的秧苗（拉秧），实现资源的最大化利用。

（4）环节 4：冬藏

• 探究堆肥对土壤肥力的影响

"落红不是无情物，化作春泥更护花。"这两句诗说明了植物的枯枝落叶对土壤具有积极作用。学生经过调研，了解到植物在自然环境的拉秧可以转化为肥料，也就是堆肥，但这一过程受温度和水分条件限制。教师引导学生设计实验，在室内环境通过控制单一变量，研究湿度、发酵菌素、温度等变量对堆肥效率的影响，然后进行户外堆肥实验，提高学生自主探究能力和环保意识。

• 参观地坛，感受文化传承

土地不仅为植物的生长提供了基础，还为人类的生产生活提供了经济价值，因此我国自古就有祭祀土地的礼仪传统。地坛作为全国著名的文物保护单位，承载着历史文化底蕴，曾是中国古代皇帝祭祀地祇的圣地。学生通过参加活动，体悟文化传承，从历史等角度综合认识土地。

3.活动拓展

① 制作二十四节气宣传展板，在学校餐厅进行宣传，让更多学生了解二十四节气。

② 为进一步增强师生健康意识，邀请中医及营养健康专家开展讲座，引导师生结合二十四节气，调节饮食，维护自身健康。

五、活动成果的呈现

活动结束后，教师引导学生搭建成果交流展示平台，根据学生的个性差异，鼓励学生以不同形式呈现成果，如口头汇报、制作 PPT 等进行图文汇报、撰写实验报告、撰写研究论文、创作短视频、设计板报、在公众号发布文章等。

六、活动成果的评价

1.师生运用评价量表进行持续评价

针对可量化的指标运用评价量表进行评价，比如学生的活动背景资料查阅情况、科学写作、小组展示汇报与分享等。学生的活动成果呈现有很大差异，运用评价量表，开展学生自评、学生互评、教师评价等多主体的评价，促进学生在评价中发现自己的不足与他人的长处，取长补短。

2.教师运用行为观察法对学生表现进行评价

在整个活动中，学生会沉浸在农业劳动和解决问题中，对自己的行为和同伴的行为观察较少，因此需要教师运用行为观察法，通过拍照、录像、文字记录等方式，对学生的领导能力、学习主动性、操作能力、沟通能力、合作能力等进行记录，并形成学生成长档案。此方法突出了以学生为主的教育站位，可更好地促进教与学。

远程物联网植物生理活动实时检测仪

北京市第三十五中学 / 王晨旭

分类：生物教学

一、发明背景

1. 对教育教学发展需求的调研

随着科学技术快速发展，中学教育政策、课程标准和教材对科学实践和教具的要求越来越高[1-3]。科学实践要求学生"关注现实问题""综合运用多学科知识解决该问题""用科学的语言加以描述"[4]，这就需要"更加灵活和贴近现实"的教具。科技创新教育的发展和高中生物学新教材中大量新技术的引入[5]，需要"紧追科技发展脚步"的教具。同时，教育部发布的《教育信息化 2.0 行动计划》[6]也指出教育信息化是教育现代化的基本内涵和显著特征，是《中国教育现代化 2035》的重点内容和重要标志，需要"同时具备一定的信息化水平"的教具。

2. 业内对相关教具的探索及不足

面对"方便""精准""综合"的教具需求，众多教师、学者进行了探索，形成了一些"改良教具"，如基于传感器和"手持技术"自制的"传感器教具"，大幅降低了实验难度并丰富了实验数据[7-13]。这些创新虽然解决了部分教具需求，但仍有不足。而物联网教具是解决这一问题的重要手段。

物联网技术的快速发展对信息化、数字化教学具有推动作用[14]，"互联网+"模式的应用更对教具开发具有促进作用[15]，因此，数项基于物联网技术的新型教具应运而生[16-18]。这些教具不仅降低了实验操作和数据获取的难度，还丰富了数据的种类，提高了数据的精度。但业界在开发真正的物联网教具上仍有欠缺。普遍采用的"手持技术"[19]虽然使用了传感器和计算机，但缺乏对实验体系的自动干预和远程监控，故不是真正的物联网教具，不便于应用在"长周期实验"或"复杂体系"中。基于以上，我研发了本教具。

3. 本教具的功能定位

本教具既可以用于演示实验，为教师的授课提供翔实的数据和素材；又可以用于检测学生的实验数据，辅助培养学生科学探究的能力；还可以用于课外科学探究，培养学生的科学素养。

4. 本教具的适用范围

本教具适用的教材包括人教版《生物学 七年级 上册》、《生物学 必修 1：分子与细胞》、我校校本教材《植物的无土栽培》（已连续使用 7 年，其中大量内容被人教版《劳动教育》等多本教材收录）。

除此之外，本教具还具备对动物、植物、小型生态系统的智能培养、维护，以及实时检测功能，可用于相关课程的科学探究和科学实践。

5. 本教具的创新与价值

本教具的研发主要基于我与学生的创新成果，见表 1。

具体创新之处如下。

表 1　我与学生的创新成果

序　号	名　称	专利号	发明时间	兼容性
1	一种家庭化超声波雾培装置[20]	201720198988.6	2016	可组合、可移动
2	一种小型教学用呼吸 - 光合作用培养测定装置[21]	202022054749.8	2020	可组合、可移动
3	一种物联网智能浮床净水装置[22]	202122078964.6	2021	可组合、可移动
4	一种具备检测功能的小型物联网光照培养箱	无（专利申请中）	2021	可组合、可移动
5	物联网智能温室（经多次升级）	无（不申请专利）	2016—2021	可组合、不可移动
6	多种型号的物联网智能无土栽培架	无（不申请专利）	2017—2022	可组合、不可移动

① 通过物联网系统将生物的培养装置、检测装置、控制系统结合在一起，可实现远程数字化的培养和检测。

② 培养检测装置和主机为分体式，便于使用者根据实验需求灵活组合，可实现独立探究、集中检测，节约了实验成本。

③ 为实现长期且实时的检测设计了相应的培养装置，培养装置与检测装置对接简单，兼容性高。

④ 培养装置可实现密闭培养抽样，用于进行独立探究。

⑤ 可精准控制培养装置的培养条件。

⑥ 使用电化学传感器检测实验数据，速度快、精度高。

⑦ 除本地检测外，还增加了远程监测、自动检测，以及数据存储功能，便于师生实时了解实验进展并根据实验进展调整培养条件。

本教具的研发目的为探索提升教学效率和效果的方式，促进新课标要求的落实，即有效减少教学中不必要、不安全的实验操作，让实验本身更加便捷、高效、直观、精准，促进学生学科素养和信息素养的形成；践行科学实践理念，为学生的课题研究提供有效的工具，促进学生创新思维和科学素养的发展等。

二、教具简介

1. 本教具的整体结构

本教具由远程调控模块、本地显控模块、培养检测模块组成，如图 1 所示。其中，远程调控模块以 APP 的形式被安装在手机端；本地显控模块"集成了物联网的本地显示功能、网络功能和主要控制功能；培养检测模块集成了复合培养箱（含控温光培、水培、雾培等多种培养环境）和传感器组，可适应多样的实验需求。

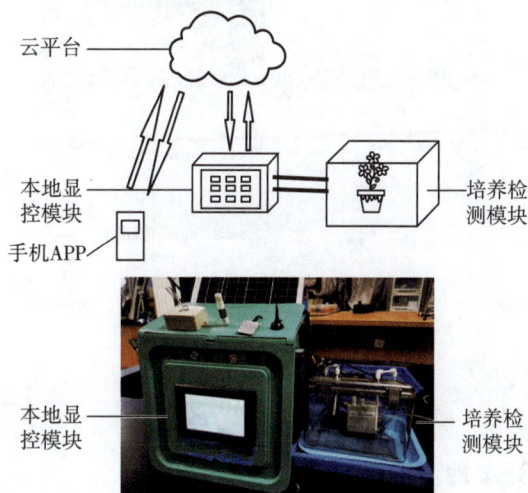

图 1　整体结构示意图与局部实物图

2. 远程调控模块

远程调控模块是以"艾掌控 2.0" APP 及其云平台为基础，根据实验需求进行编

257

辑、调试而成的。该模块具有条件设置、远程显示和远程控制3项功能。

（1）条件设置

使用者可通过手机APP预先对培养检测模块的培养条件进行设置，模块通过"时间触发"或"条件触发"对复合培养箱内的温度、湿度、光照、通风等条件进行自动干预。

（2）远程显示

使用者可通过手机APP随时查看模块内的各项理化数据、历史数据，利用安装在模块上的摄像头查看植物的生长状态。

（3）远程控制

使用者可随时通过手机APP对培养条件进行远程手动控制，控制界面如图2所示。

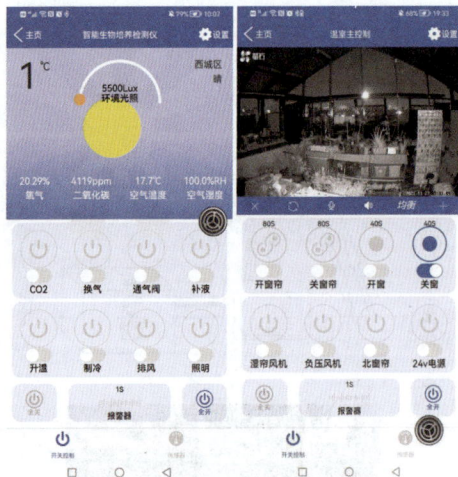

图2　手机APP的控制界面

3. 本地显控模块

本地显控模块集成在一个防水的盒子中，如图3所示。其中，显示屏用于显示数据及实现本地控制的功能，如图4所示；天线和传感接口安装在盒子上方；8个用于外接控制电路的快速接口和电源、音响等安

装在盒子两侧；12V直流电池、物联网模块、电路等放置在盒子内部。此模块既可以固定在温室的立柱上，也可以直接与复合培养箱相连。

图3　集成在防水盒子中的本地显控模块

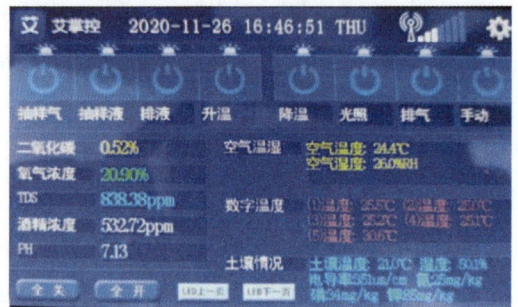

图4　本地显控模块的显示屏界面

4. 培养检测模块

培养检测模块主要包括培养皿和培养箱。

培养皿可实现密闭培养及抽样等功能，经过数次更新，最终保留了3种实用的培养皿。

（1）带单向阀的瓶式培养皿

如图5所示，该装置可通过单向阀和直通阀控制气体的定向进出，进而实现密闭培养和抽样，抽样所得气体进入检测腔内测定。其优势是制作简单、成本低，可分发至每一位学生，有利于学生进行广泛的实验探究。

图 5 带单向阀的瓶式培养皿

（2）带单向阀的盒式培养皿

带单向阀的盒式培养皿如图 6 所示，除采用体积更大的密封盒和更优质的直通阀外，其他设计与带单向阀的瓶式培养皿相同。

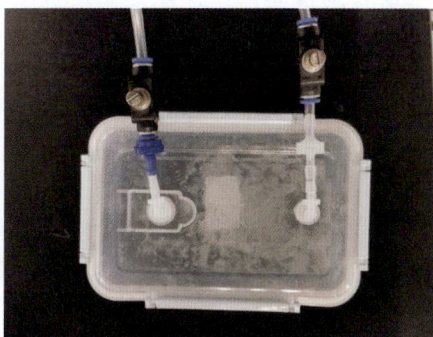

图 6 带单向阀的盒式培养皿

（3）带传感器的盒式培养皿

带传感器的盒式培养皿如图 7 所示，材质较带单向阀的培养皿更优，透明度也更高。其内置了氧气浓度、二氧化碳浓度、温度、湿度、光照强度传感器，并在进气口

图 7 带传感器的盒式培养皿

和排气口增加了电磁阀、气泵和抽气装置，可实现电动控制。该装置适用于更精细的科学探究。

可以直接将植物放入培养箱中培养，也可以将植物置于培养皿中，将带有植物的培养皿放入培养箱中培养。目前已设计了箱式培养箱、水培培养箱、雾培培养箱。

（1）箱式培养箱

如图 8 所示，箱式培养箱包括带有保温层的箱体、培养架、调温设备、照明及遮光装置、光照调节装置及传感器组等，适用于液体或固体基质培养植物的情景。

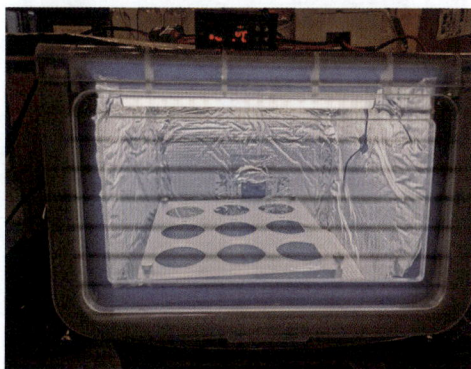

图 8 箱式培养箱

（2）水培培养箱

水培培养箱的应用情景如图 9 所示，可见水培培养箱（见图 9 红框）和物联网水培花盆（见图 10），使用液位传感器、TDS 传感器、溶解氧传感器、电导率传感器、pH 传感器、温度传感器等，可对培养液的状态进行全面精确的检测，以便使用物联网系统研究植物根系的相关生理活动。

（3）雾培培养箱

雾培培养箱如图 11 所示，由超声波起雾器、土壤湿度传感器、温/湿度传感器等组成，采用超声波起雾的方式对植物进行培

图 9　水培培养箱的应用情景

图 10　物联网水培花盆

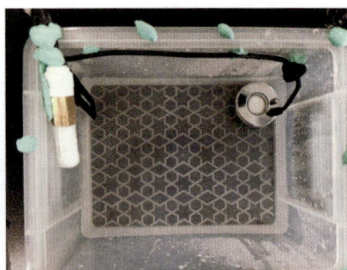

图 11　雾培培养箱

养。其起雾效果如图 12 所示。该方式的优点是为植物根系创造较好的"水 – 盐 – 气平衡"，可用于对无菌条件要求高的植物培养。

图 12　起雾效果

三、本教具在教学实践中的应用

本教具自初步研发成功就已陆续应用于本校的教学，自 2018 年开始应用于初一年级生物课中的光合作用、呼吸作用、蒸腾作用等知识的教学，自 2019 年起应用于校本课程和高中生物课中生物呼吸、光合作用等的科学探究，使用效果较为突出。

除此之外，教师和学生借助教具形成了大量作品和研究成果，见表 2、表 3。值得一提的是王思凯、胡乐阳同学在联合国生物多样性大会青少年分会上展示了他们设计的"物联网智能浮床净水装置"，并被北京广播电视台新闻频道报道，扩大了教具的影响力。

四、总　结

基于物联网技术发明的本教具，显著降低了传统实验教学的难度，缓解了传统教学中"课堂时间不充足"的问题。其自动化的控制和应用传感器的数据采样，提高了实验的效率和精度，为扩展实验模式带来了更多可能性。将本教具应用于 STEAM 教学，可有效提升学生的信息素养和创新能力，可助力教师开展更丰满、更立体的教学，推动科技创新教育的普及。

表 2　教师应用本教具取得的主要成果

序　号	时　间	出版物 / 赛事 / 公开课 / 活动	名　称	备　注
1	2020 年	《科创教育理论与实践》（清华大学出版社）	小型实用性植物水肥自给系统的设计和制作	已出版
2	2021 年	《劳动教育实践活动手册（第二册）》（人民教育出版社）	植物的无土栽培	已出版
3	2021 年	《生物学通报》	"植物水肥自动补给装置的设计与制作"STEAM 课程实例	已出版
4	2021 年	首都原创课程辅助资源征集活动	水肥自给——无土栽培技术的家庭化应用	市级一等奖

续表 2

序 号	时 间	出版物 / 赛事 / 公开课	名　称	备 注
5	2022 年	北京市青少年科技创新大赛科技辅导员创新成果竞赛	家庭"无人植物"系统的设计与制作	市级一等奖
6	2021 年	首都原创课程辅助资源征集活动	一种小型教学用呼吸 - 光合作用培养测定装置	市级二等奖
7	2021 年	北京市创造教育征文活动	依托课后服务契机,以科学实践形式大力培养学生创新、创造能力	市级三等奖
8	2022 年	基础教育科研优秀论文评选活动	依托学校课后服务平台,加强学生科创能力培养	市级三等奖
9	2020 年	北京市实验说课大赛	生物的呼吸	市级展示奖
10	2021 年	西城区双新征文活动	新发明"细胞呼吸测定装置"在高中生物实验教学中的应用	区级一等奖
11	2022 年	西城区第二十一届中小学师生信息素养提升实践活动	探索新型物联网教具在实验教学及创新教育中的应用	区级一等奖
12	2021 年	西城区青少年科技创新大赛科技辅导员创新成果竞赛	初中课后服务 STEAM 课程:植物"自动护理"装置的设计与制作	区级一等奖
13	2019 年	西城区实验说课大赛	生物的呼吸	区级二等奖
14	2021 年	西城区实验说课大赛	植物的呼吸	区级二等奖
15	2021 年	西城区创新大赛	具备检测功能的小型物联网光照培养箱	区级二等奖
16	2022 年	西城区教育学会"双减"征文活动	自创物联网教具为中学生物学教育减负增效	区级二等奖
17	2022 年	西城区"双新"项目中期教育教学成果评选活动	自创呼吸作用测定装置在高中生物课程中的应用	区级二等奖
18	2022 年	西城区教师基本功培训	植物的无土栽培	主讲老师
19	2023 年	国家智慧教育公共服务平台教育部教师研修活动	家庭智慧栽培系统的设计与制作	主讲老师

表 3　教师指导学生应用本教具取得的主要成果

序 号	名　称	成　果	备 注
1	家庭化超声波雾培装置	• 宋庆龄少年儿童发明奖 • 中国少年科学院"小院士"课题研究成果展示交流活动一等奖 • 申请发明专利 • 北京青少年科技创新大赛二等奖	教师与学生共同发明,将超声波雾培技术应用至装置中,并进行升级
2	物联网智能浮床净水技术	• 宋庆龄少年儿童发明奖 • 全国水科技大赛三等奖 • 申请发明专利 • 北京少年科学院"小院士"课题研究成果全国展示交流活动一等奖 • 北京市金鹏科技论坛一等奖	应用本教具进行浮床净水的相关研究成果
3	新鲜食材的家庭化气调保鲜方法初探	• 北京市金鹏科技论坛三等奖 • 论文发表于《科学新生活》	
4	中学生物实验"果酒制作"的改进	• 论文发表于《科学新生活》	
5	野生鱼类保护行动	• 全国美境行动一等奖 • 在联合国生物多样性大会青少年分会上进行展示	
6	合理规划城市减轻热岛效应	• 全国美境行动二等奖	应用本教具进行呼吸作用相关检测的成果

续表 3

序 号	名 称	成 果	备 注
7	物联网校园污水净化	• 全国水科技大赛优秀奖 • 北京市美境行动一等奖	应用本教具进行空气成分检测及水质监测的成果
8	牧食效应对绿肥植物产量的影响	• 中国少年科学院"小院士"课题研究成果展示交流活动三等奖	
9	不同无机盐对水萝卜生长的影响	• 北京市植物栽培大赛一等奖 • 北京市植物栽培大赛专项奖	应用本教具进行各项土壤指标检测的成果
10	几种肥料对苋菜产量的影响	• 北京市农业实践活动一等奖	
11	几种微生物对绿肥植物产量的影响	• 北京少年科学院"小院士"课题研究成果全国展示交流活动二等奖	

参考文献

[1] 王梦然,许海燕,糜文清.落实"双减",让教育回归本位 [N].新华日报,2021-09-01(9).

[2] 中华人民共和国教育部.普通高中生物学课程标准 [M].北京:人民教育出版社,2020:2.

[3] 中华人民共和国教育部.义务教育生物学课程标准 [M].北京:人民教育出版社,2022:3.

[4] 黄芳.美国《科学教育框架》的特点及启示 [J].教育研究,2012,33(08):143-148.

[5] 人民教育出版社,课程教材研究所,生物课程教材研究开发中心.生物学 [M].北京:人民教育出版社,2019.

[6] 教育部关于印发《教育信息化 2.0 行动计划》的通知 [J].中华人民共和国教育部公报,2018,(04):118-125.

[7] 蒋莉娟,田睿,刘杰,等."果酒制作"实验改进 [J].生物学通报,2019,54(10):45-46.

[8] 丁正中,张璐.基于实验改进的"果酒及果醋的制作"教学设计 [J].中学生物学,2020,36(Z1):92-94.

[9] 夏天."果酒的制作"教学研讨 [J].中学生物学,2017,33(12):39-40.

[10] 蒋健波.基于 STM32F107 单片机的二氧化碳检测系统 [J].现代工业经济和信息化,2019,9(02):24-26.

[11] 杨国锋,吴彪.自制果酒和果醋发酵装置 [J].实验教学与仪器,2019,36(11):57-58.

[12] 李茜腆,李绥著,华树海.酿酒酵母菌家庭培养探索 [J].生物学通报,2018,53(11):50-52.

[13] 徐海勇.果酒、果醋发酵装置的改进设计 [J].实验教学与仪器,2010,27(02):30.

[14] 李卢一,郑燕林.物联网在教育中的应用 [J].现代教育技术,2010,20(02):8-10.

[15] 王娟,吴永和."互联网 +"时代 STEAM 教育应用的反思与创新路径 [J].远程教育杂志,2016,35(02):90-97.

[16] 郝卫.浅谈主题化教具在物联网教学中的运用 [J].课程教育研究,2016,(36):111-112.

[17] 王健婷.传感器技术实验教学改革探讨 [J].中国西部科技,2010,9(32):67-68.

[18] 何东慧.植物呼吸、光合作用探究仪 [J].中国现代教育装备,2019,(20):42-46.

[19] 马善恒,王后雄,刘正宇.中学化学手持技术数字化实验研究的演进及展望 [J].化学教育(中英文),2020,41(17):112.

[20] 马雨欣,王菲,王晨旭.一种家庭化超声波雾培装置:201720198988.6[P].2017-03-03.

[21] 王晨旭.一种小型教学用呼吸 - 光合作用培养测定装置:202022054749.8[P].2021-04-13.

[22] 王思凯,王晨旭,胡乐阳.一种物联网智能浮床净水装置:202122078964.6[P].2021-02-01.

专家点评 这款教具让使用者可以将更多的精力和时间投入到学习和科学探索中。同时，它的远程监测和自动控制功能结合得恰到好处，使得实验更加高效。这款教具在各种教学和科技活动中发挥了良好的作用，并已成功帮助多位教师和学生获得了几十项不同的奖项，这在以往的参赛作品中是相当罕见的。

曲线运动速度方向观察器

北京市第八中学／牛仁堂

分类：物理教学

一、创新背景

人民教育出版社出版的普通高中教科书《物理》第二册第五章"抛体运动"第1节"曲线运动"的内容设置要求学生通过观察做曲线运动的物体的速度方向，直观地理解物体在不同位置的速度方向是曲线的切线方向。此节要求学生记录物体的运动轨迹，反复观察。然而记录运动轨迹一直是物理实验的难题，特别是对于滚动的小球。教材中提到的方法是使用印泥代替墨水，这种方法虽然可以留下较清晰的印迹，但是印泥会影响小球的运动轨迹。传统做法是在小球经过的路上滴一滴墨水，使小球滚动时沾到墨水，然后在纸上留下墨迹，这种方法的问题是墨水量会影响小球留下来的墨迹，且小球只能留下一个类似曲线的痕迹，无法准确描述小球的运动轨迹。另有一些改进的方法，如通过让小球从水管中滚过来多沾一些墨水，或者将小球泡在墨水里，使用时用镊子迅速夹出等，虽然可以留下较长的墨迹，但是存在墨迹不均匀的情况；使用木质玩具轨道和相机拍照的方式记录轨迹，这种方法对设备及技术要求较高；使用玩具轨道结合磁性写字板的方式记录轨迹，这种方法要求小球的初始速度比较大，而且磁性写字板会影响金属小球的运动轨迹；使用砂轮和陀螺观察运动方向，这种方法成功率较低且危险程度较高。

基于以上情况，结合科技产品带来的启示，我设计了一种新型教具——曲线运动速度方向观察器。该教具利用磁性使小球在平滑的轨道上运动并留下清晰的痕迹，不仅操作简单、无污染，还能使学生清晰观察做曲线运动的小球的运动方向。

二、教具简介

本教具采用儿童液晶手写板作为显示介质。液晶手写板的原理是当屏幕受到"画笔"的物理挤压后，受挤压的部分会变得不透明，从而显出浅绿或浅蓝色的痕迹。实验时，以钢球为"画笔"，使屏幕显示出钢球运动的痕迹。为了配合实验，我制作了轨道板，使钢球沿轨道运动。离开轨道前，钢球的运动轨迹和轨道板的曲线方向一致；离开轨道后，钢球的运动轨迹变为直线，如图1所示。学生以此可以看出做曲线运动的物体的运动方向是曲线的切线方向。

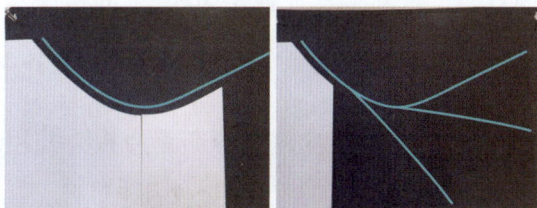

图1　曲线运动速度方向观察器

三、教具制作

1.原　理

从1888年液晶第一次被发现，到现在的130余年间，人们已经合成了上万种液晶材料，其中被用作液晶显示的材料有上千种，液晶材料对压力和电场比较敏感。液晶手写板的屏幕受到"画笔"的物理挤压后，挤压部分显出浅绿或浅蓝色的痕迹。擦除痕迹的原理是在液晶的两个表面加上特定的电压信号，痕迹会重新变为黑色。实验时，以钢球作为"画笔"，钢球在重力的作用下，挤压液晶手写板，从而留下痕迹。

2. 选 材

① 选择尺寸合适的手写板。市售手写板的尺寸从 4 英寸[1]（10.16 厘米）到 23 英寸（58.42 厘米）不等。考虑到尺寸太小的手写板不适合课堂实验和演示，选用 16 英寸（40.64 厘米）及以上尺寸的手写板，其中 16~18 英寸（40.64~45.72 厘米）的手写板适用于分组实验，18~23 英寸（45.72~58.42 厘米）的手写板适用于教师演示实验。

注：上述尺寸为手写板屏幕对角线的长度。

② 选择合适的钢球。实验时常见的钢球有直径 6 毫米、8 毫米、20 毫米的，但因质量太小，无法在手写板上留下清晰的痕迹，遂购买直径 40 毫米和 50 毫米的钢球进行实验。实验发现直径 40 毫米的钢球实验效果更佳。

3. 设计与加工

① 选择白色或棕色的亚克力板，并用激光切割机将其加工为 S 形，用作轨道。

② 设计并制作收纳钢球的装置。

③ 设计并制作可调节角度的轨道支架。

四、成本及需求分析

以可进行教学演示用的 20 英寸（50.8 厘米）手写板和直径 40 毫米的钢球进行成本分析。手写板价格约为 380 元 / 个，钢球价格约为 50 元 / 个，制作轨道成本约 100 元 / 套，总计约 530 元。

学生分组实验用的手写板较教学演示用的尺寸小，价格更低；如批量制作分组实验用轨道，其 1 套的成本会比教学演示所用的低很多。粗略估计，分组实验用手写板、钢球及 1 套轨道的成本约为 200 元。

教具制作完成后，后续只需要更换纽扣电池，维护成本较低，且比使用墨水、印泥等方便、痕迹清晰。

五、总 结

本教具应用日常生活中常见的产品解决物理教学中的难题，教具用电量小、环保且对学生视力不会造成损害。不足之处是，演示做曲线运动的物体的实验时，需要借助摄像头，呈现平面的实验演示。而且，本教具无法测量做曲线运动的物体的初始速度。

此外，本教具不仅可以呈现做曲线运动的物体的运动轨迹，还可以呈现做类平抛运动的物体的运动轨迹。使用时，只要将手写板的一侧垫高，使其与桌面形成一定的夹角，然后将钢球水平弹出，钢球就会在斜着的手写板上留下类平抛运动的轨迹。本教具的应用不仅有助于学生理解相关的运动知识，还有助于学生根据轨迹进行计算。

---

1) 1 英寸 =2.54 厘米。

一种打击乐基本功 AI 陪练装置

中国传媒大学附属小学／杨琳

分类：其他

一、项目背景

我们学校有金帆民乐团，很多学生在学习各种各样的乐器。在和我校音乐老师及乐团打击乐声部的老师进行调研后，发现打击乐器材成本高、体积大，很难搬进教室。一般会采用播放视频的方式进行教学，导致学生缺乏真实体验，且打击乐的声音较大，学生课后在家练习容易影响周围邻居。有些同学会使用鼓面贴有定位标签的哑鼓进行练习，但练习时自己不能及时发现姿势错误及击鼓力度不合适等问题。

基于以上原因，我在进一步查阅资料后，未发现市面上及资料中有可以进行纠错的哑鼓。因此，我计划结合 AI，应用创客技术，设计一款教具——一种打击乐基本功 AI 陪练装置，如图 1 所示，用于打击乐教学。

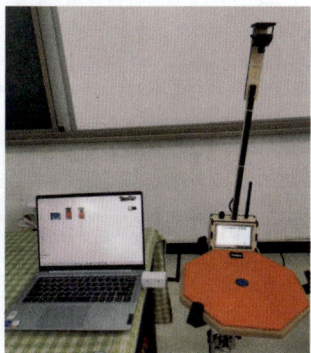

图 1　一种打击乐基本功 AI 陪练装置

二、项目方案

针对打击乐哑鼓基本功训练的三要素，结合实际需求设计教具，获取练习者的落槌点，检测练习者的手腕姿势、敲击力度，并对练习者的练习成果进行呈现，以达到真正辅助练习基本功的目的。

项目设计方案共分为 6 个部分。第 1 部分为结构设计，教具结构由听觉装置、显示装置、主控系统、哑鼓组成。第 2 部分为硬件设计，以设计视听装置和主控系统为主。第 3 部分为软件设计，以设计智能纠错程序和主控系统的程序为主。第 4 部分为电路焊接和教具各部分间的协同程序编写。第 5 部分为数据采集和模型训练。第 6 部分为教具测试、数据获得，以及教具功能完善。

三、设计与实现

确定了设计方案后，先设计硬件部分。其中，视听装置由摄像头、麦克风、树莓派、电源组成，主要实现打开教具时，摄像头捕捉练习者打鼓的影像与声音，并通过树莓派将逐帧分解后的影像和音频文件上传至计算机的功能；主控系统由通信模块、显示屏、Mega 2560 主板、电源组成，主要实现 Mega 2560 主板接收来自计算机的信息，并用显示屏显示出来的功能。

接下来按照以下 4 个功能和教具所需要的界面显示设计完成软件部分的设计。

① 姿势纠错功能：利用摄像头捕捉打鼓时练习者手腕区域的影像，通过树莓派将影像上传到计算机；计算机采用手势检测算法检测手势，再通过分类算法区分正确姿势

与错误姿势，最后将结果传递给主控系统。

② 力度纠错功能：利用麦克风捕捉打鼓时的声音，并通过树莓派将声音文件上传到计算机；计算机将声音文件转换成频谱图，利用频谱图分类算法识别打鼓声是否符合力度适中的特性，并将结果传递给主控系统。

③ 落槌点纠错功能：利用摄像头捕捉落槌点的影像，通过树莓派上传到计算机；计算机采用图像分割算法判断鼓面上的槌头所在区域，根据其区域与中心点的距离确定槌头在鼓面上的位置正确与否，并将结果传递给主控系统。

④ 计算并显示成绩功能：练习结束后，计算机将成绩传递给主控系统，主控系统通过显示屏显示练习者的成绩。主控系统可保存近 5 次的成绩。

界面显示共需要设计 3 个画面，对应开始练习、正在练习和结束练习。

设计好软件后，焊接电路、组装电路、编写教具各部分间的协同程序，然后开始训练模型。

姿势纠错功能需要使用 1 个打鼓手腕姿势正确的视频及 10 个打鼓手腕姿势错误的视频，进行模型训练。训练好后，使用时计算机将分帧判断练习者打鼓影像中的信息，并根据手势是否正确来计算得分。

力度纠错功能需要先使用符合人耳舒适听觉的频率将声音的波形数据转换为其对应的频谱图像，然后输入到 CNN 神经网络中，再进行模型训练。训练好后，计算机通过对比频谱图判断力度是否合适，并计算得分。

落槌点纠错功能需要先标记打鼓视频中的鼓面，再进行模型训练，并生成 U 形神经网络分割模型。训练好后，使用时，若落槌点距离鼓面中心的距离大于鼓面半径的 1/3，则代表落槌点错误；若落槌点距离鼓面中心的距离小于等于鼓面半径的 1/3，则代表落槌点正确，判断完成后记录数据并计分。最后，将教具交给音乐老师和乐团打击乐声部的老师进行测试，并根据测试结果完善教具。

四、结　论

这款打击乐基本功 AI 陪练装置具有姿势纠错和力度纠错功能，并且判断落槌点时不需要在鼓面上放置标签，可以很轻松地使用训练好的模型判断落槌点是否正确。这个教具有助于音乐老师和乐团打击乐声部的老师进行教学辅导，也便于学生在家练习。在开发这款教具的过程中，我发现 AI 不仅在音乐教学中扮演着重要的角色，也可以应用在其他学科的教学中。展望未来，AI 将会在教育领域发挥更大的作用。

第三部分
青少年创客国际交流
展示活动案例摘编

优秀青少年创客作品

创客教师教案／论文

优秀青少年创客作品

一种下凹式立交桥积水自动预警模拟系统

清华大学附属小学商务中心区实验小学／韩佳辰／指导老师：韩策

一、项目描述

2012 年北京广渠门桥"7·21"事件和 2021 年北京海淀区旱河桥"8·16"事件，让桥洞积水造成的车辆损失和人员伤亡问题成为市民关注的热点。

如何避免因误判桥洞内积水深度而酿成的惨剧呢？利用物联网技术对现有城市的交通信息基础设施进行完善也许是可行的方式。因此，我设计了一个种凹式立交桥积水自动预警模拟系统，该系统可以模拟立交桥积水的场景，当水深达到设定的阈值时，预警模拟系统启动，引导现场车辆慢行或警示禁行。

二、项目分析

实地考察北京市区的下凹式立交桥，发现这些立交桥普遍存在未安装桥下积水水位显示设备的情况。通过进一步问卷调查和网络查找资料，确定需求。同时，为避免重复研发的情况发生，在国家专利网站查新，经比对，未找到相关研究。

三、项目方案

根据调研结果设计一个下凹式立交桥积水自动预警模拟系统，用于模拟现实场景，系统主要包含以下功能。

① 降雨：模拟降雨。

② 水位监测：设置阈值（5cm、20cm、27cm）。在水位达到阈值时，开启对应功能。

③ 警示功能：当水低于 5cm 时，亮绿灯，显示可正常通行；当水位达到 5cm 时，亮绿灯，显示减速慢行；当水位达到 20cm 时，亮黄灯，显示谨慎慢行，蜂鸣器鸣响；当水位达到 27cm 时，亮红灯，显示禁止通行，蜂鸣器鸣响，启动路障。

④ 排水功能：当水位达到 20cm 时，开启排水泵；当水位达到 27cm 时，额外打开井盖。

⑤ 物联网通信功能：将下凹式立交桥积水情况及时上传指挥中心。

四、项目实施

（1）模拟系统框架设计

根据模拟系统的功能，预设硬件连接方案及程序设计的流程图，并使用 3 个单片机、11 个硬件材料，通过反复调试，完成相应功能的程序设计。

（2）下凹式立交桥模型设计

模拟系统需要在仿真模型中进行验证。模型要结构简单且比例符合实际结构的比例。以广渠门立交桥为参考，使用纸板进行打样，再经过反复修改后，加大下凹路段的比例且延伸了车道的比例，并用 5~8mm 厚的亚克力板进行最终模型的搭建。

（3）测试及优化

对整体模型进行测试，发现水位传感器因其硬件性能及水四溅导致读值范围波动大，我根据水位监测的 3 个参考点，使用 3 个 $10k\Omega$ 电阻自制水位传感器，其原理是利用水的导电性，短路相应水位的电阻，系统根据阻值确定水位；同时采用取平均值的方式，减少因水四溅产生的误差。

（4）模型外观优化

将挑选好的图案（路面、警示线、树丛等）打印在不干胶纸上，然后将不干胶纸贴在模型中对应的位置。瞧，我做的模型是不是很酷。

五、项目展望及自我评价

本项目使用简单的数学模型推算水位上升到指定值的时间，但现实情况多变且复杂，后续我会应用更符合现实降雨及路面情况的计算模型完善系统功能。除此之外，本项目还可进一步拓展系统的警示功能，如结合物联网技术、GPS 定位技术、信息推送技术等，为有可能行驶到已积水过深的下凹式立交桥的驾驶者推送预警信息。由于自身知识水平有限，我设计的模型只能进行模拟展示，我想可以将其用于科普宣传，提升全民的安全意识。希望有一天模型所展示的功能可以应用于现实，减少事故的发生。

专家点评 该创客作品灵感来源于城市的实际交通问题，综合运用传感技术、控制技术、物联网技术等，模拟下凹式立交桥积水自动预警的过程。如将此作品用于教学，其无疑是很好的项目式课程，对提升学生的动手实践能力和利用科学方法解决问题的能力，具有正向促进作用。

空间站植物实验舱

北京市西城区椿树馆小学 / 陈骏毅 李思辰 / 指导老师：张雪晴

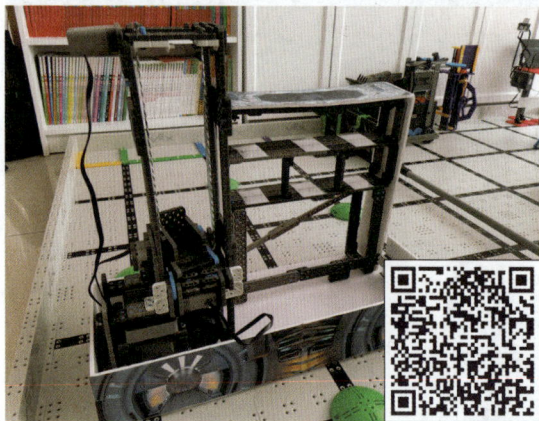

一、项目描述

为满足在宇宙空间站内开展植物实验的需求，解决科学家不能直接暴露在太阳辐射下进行科学实验的问题，我们参考自动化立体仓库的设计理念，利用 VEX 套件搭建了一套空间站植物实验舱，其包含植物实验存储舱、植物样本传送装置和机器人驱动装置，可应用控制器的屏幕显示和蜂鸣提示，模拟未来空间站自动化的科学实验场景。

二、项目分析

通过搜索，发现国内外还未有相同主题的作品或项目，目前空间站实验舱多以人工实验舱为主，在电影中出现的自动化实验舱还未在现实空间站中使用。

三、项目方案

作品的主体包含 3 部分：植物实验存储舱、植物样本传送装置和机器人驱动装置。

① 植物实验存储舱分为上下两层，上层为多植物混合舱，可容纳多个植物样本模型；下层为植物独立实验舱，可分别存储 3 个植物样本模型，满足不同实验需求。

② 植物样本传送装置是作品的亮点，其由电机将动力通过齿轮组传递给履带，履带部分不仅可以传送植物样本，还可以存取植物样本。装置上方应用轴和绕线牵引装置为升降功能提供牵引力，可实现植物样本与上下两层共 6 个实验存储舱舱位的精准对接。为方便传送，我们还设计了植物样本存放盒，并给存放盒设计了把手。

③ 机器人驱动装置采用稳定的双电机驱动底盘，上方安装 2 个触碰传感器，并在顶部预留与升降轨的接口。机器人驱动装置通过存放和取出两套程序，根据不同位置及动作（存放和取出）对应的不同数字进行显示和蜂鸣提示，实现对 6 个舱位的不同动作。

四、项目展望及自我评价

在失重环境下，我们制作的空间站植物舱会飘浮在空中，无法实现存放和取出植物样本模型的功能。下一步，我们计划使用滑轨实现植物样本传送装置的横向和纵向移动来尝试解决失重带来的问题。在此次项目实施过程中，我们不仅学会了使用网络搜索项目相关的知识，还体会到了团队分工协作的重要性，两个人各自承担任务大大缩短了项目周期。

创意纸卷游戏实验室

北京市大兴区旧宫中学 / 张子琳 褚芮欣 蔡茗晞 / 指导老师：贾少辉

一、项目描述

生活节奏不断加快，我们已经很少再像过去那样玩各种实体游戏了，而是更多地玩手机、游戏机、计算机。因此，我们想通过一款可以和伙伴一起制作的实体游戏机，在锻炼人们想象力和绘画能力的同时，唤起人们对实体游戏的热爱，增强人与人之间的交流。

二、项目实施

创意纸卷游戏实验室是一个能和伙伴一起制作、一起玩的游戏机项目。小伙伴们需要一起思考如何应用纸卷结构，设计游戏并制作游戏机。以制作实体的手机游戏《扑扇的小鸟》为例，其实施过程如下。

① 思考游戏场景、角色样式、判定方法、实现技术等，根据《扑扇的小鸟》在纸上绘制关卡和角色。

② 应用 3D 打印技术制作游戏机中纸卷结构的结构件，同时结合乐高结构件，制作纸卷结构。

③ 将绘制了关卡的纸放入纸卷结构中。为了使纸能匀速移动并卷起，仅通过电机对纸卷结构中的一个卷筒进行驱动，此卷筒通过齿轮带动另一个卷筒运动，两个卷筒的转速保持一致。

④ 根据游戏规则，确定实体游戏的判定方法，即如何判定操作失误、游戏开始、游戏结束，等等。我们根据所绘制关卡中的障碍物的位置，在纸背面的对应位置绘

制与障碍物同样形状、同样大小的黑色块，当角色触碰到障碍物，即角色对应位置的传感器检测到黑色时，判定操作失误；在纸背面的两端绘制黑色方块，使用另一个固定的传感器检测这两个黑色方块，用来判定游戏开始和结束。

⑤ 使用舵机作为角色运动的驱动器，使用连杆和滑块将舵机的旋转运动转为直线运动，从而实现角色的上下移动。

⑥ 根据游戏规则和判定方法，使用 Python 语言进行编程。当固定位置的传感器检测到代表游戏开始的黑色方块时，游戏开始，角色呈现下落的效果，玩家通过触碰控制板上的按键，控制角色上升；当角色对应的传感器检测到代表障碍物的黑色块时，代表游戏失败，重新返回游戏开始画面；当固定位置的传感器检测到代表游戏结束的黑色方块时，代表通关，游戏结束。其中，角色下落的效果通过定时循环和变量自减实现，定时循环是确保变量的值维持在一定范围，按下按键会使自减的变量增加一定值，即角色上升。

三、项目记录

参考《扑扇的小鸟》制作实体游戏机后，设计不记名调查问卷，对 300 人进行使用意向调查，共收回有效问卷 279 份，其中 80% 的人希望体验这个项目，愿意与伙伴一起完善关卡并尝试通关；17% 的人认为没有足够的时间制作游戏机并玩游戏；3% 的人觉得设计关卡的过程很枯燥，更倾向仅参与涂色环节或不参与游戏机制作环节仅体验游戏。

四、项目展望及自我评价

目前这个项目中的结构只能使角色进行上下运动，后续可探索应用其他机械结构使角色可以完成多方向的运动，增加游戏的可玩性和趣味性。

在完成项目的过程中，我们遇到了很多挑战，如模型尺寸不对，导致滑块无法顺利滑动，我们重新计算并进行调试，得到了可以使滑块顺利滑动的模型；因程序中存在主循环，导致不能使用常规的延时函数，我们改用时间标记的方式完成延时功能。我们相信团队的力量，后续我们会制作功能更加完善且更具乐趣的实体游戏机。希望这个项目可以增加人与人在现实世界的互动，同时让人们更好地了解和欣赏科技的魅力。

基于蜂窝状水循环自蒸发式加湿装置的设计制作

北京市和平街第一中学 / 孟锕沩 / 指导老师：韩晓佳 杨静

一、项目描述

北方冬季室内干燥，有必要添置加湿器，传统的超声波加湿器加湿效果不好，而加湿效果好的蒸发式加湿器价格昂贵且能耗高，基于以上原因，我设计了一款基于蜂窝状水循环自蒸发式加湿装置。此装置支持无线红外控制，可延缓水的流速，增大水流经的面积，应用北方室内常见的暖气加速装置中水分的蒸发，在确保加湿效果的同时，还可降低耗能，可自动检测湿度并根据情况调节水速。装置搭配 Arduino 控制板及多种传感器，为升级与拓展带来无限可能。

二、项目分析

虽然加湿器进入我国市场已三十多年，但目前市场渗透率仅约 15%，普及率较低。按加湿原理分类，加湿器可分为超声波、纯净型、电加热式等。

经查阅资料，超声波加湿器通过雾化片的高频谐振，将水珠打散并抛离水面而产生自然飘逸的水雾，其特点是加湿强度大、价格低、相对节能、使用寿命长、湿度自动平衡，但会使室内PM2.5浓度升高，存在加湿区域过于集中的问题。纯净型加湿器通过分子筛蒸发技术，除去水中的钙镁离子，接近自然蒸发没有水雾，其特点是加湿面积更广，但水分子蒸发后直接落到地板上会使人打滑及伤害木地板。电加热式加湿器是将水在加热体中加热到100℃，用风机将产生的水蒸气送出，其特点是应用技术简单，加湿效果好，但能耗高，不能干烧，安全系数较低，容易结垢。

结合以上对各类加湿器的分析，我想制作一款低能耗、加湿效果好且智能化的加湿装置。

三、项目方案

① 采用观察法、对比分析法、实验法等确定设计思路。首先观察北方室内暖气片特点，测量并记录湿毛巾覆盖暖气片及在暖气片旁放盆装水的水分蒸发速度、同时间内被蒸发水分的质量、暖气片旁的湿度等数据，发现湿毛巾覆盖暖气片的蒸发效果优于暖气片旁放盆装水的蒸发效果。然后用相同材质但不同大小的湿毛巾验证加湿效果，发现大毛巾的加湿效果更好。最后，结合所学——蒸发是无处不在的，影响蒸发效率的主要因素包括温度、气流速度、被蒸发物体的表面积等，将温度和蒸发物体的表面积作为设计切入点。

② 查阅相关资料，确定增加蒸发物体表面积的设计方案，即采用水帘纸扩大表面积。水帘纸结构强度高、耐腐蚀，具有良好的透气性和湿水性，平均使用周期可达6年。使其靠近暖气片，可保证有较大面积的水被蒸发。

③ 借助3D建模软件设计装置模型，应用3D打印技术制作装置的结构件——水箱、Arduino控制板固定盒、水帘纸的固定框。

④ 使用Arduino控制板和多种传感器，为加湿装置设置自动检测湿度并根据情况调节水速的功能、红外遥控功能、水位检测及缺水时无法开启装置的保护功能等。为了更好地交互，应用OLED显示屏显示室内温度及湿度。

⑤ 组装并测试。装置应尽可能摆放在接近暖气片的位置，开启装置，下部水箱中的水被水泵输送到顶部带有小孔的出水管，接着水沿着蜂窝状的水帘纸缓速下流。内置的DHT11温/湿度传感器自动检测空气中的温度和湿度，当到达一定阈值时，非接触式液位传感器检测水箱的液位，如水箱缺水则通过LED闪烁和蜂鸣器鸣响提醒使用者加水，如水箱水充足则开始自动供水。在使用过程中，如未达到阈值但想开启加湿功能，也可通过无线红外遥控的方式开启装置。

四、项目展望及自我评价

在测试过程中，3D打印的结构件未发生渗水的现象，非接触式液位传感器隔着2mm厚的壁还可灵敏检测液位状态，是超出预期的，但我发现水帘纸的局部未被水浸湿，通过分析发现是水泵功率及水箱存水量不足导致的，后续会对此进行优化。

在整个项目的制作中，我充分感受到科技发明很考验综合能力，不仅要有大量的知识储备，还要有检索知识、灵活运用知识的能力，后续我会全方面地学习。

围棋分拣机

北京市通州区第六中学 / 白一然 囤思瑶 / 指导老师：洪芳 宋丽丽

一、项目描述

围棋棋子容易混在一起。本项目利用光电传感器识别颜色，通过 Arduino 控制板接收来自光电传感器的信号，控制舵机转动，实现分拣围棋的功能。

二、项目分析

通过搜索购物平台，我发现市场上有很多类型的围棋分拣机，这些围棋分拣机外观各式各样，也有独特的优点。我综合它们的优点，设计了一款围棋分拣机，其功能表现更为流畅。

三、项目方案

① 结合围棋社遇到的实际问题——围棋分拣与所学过的光电传感器的相关知识提出项目设计思路。

② 选择合适的控制板、舵机等器材。

③ 编写程序使光电传感器可以准确识别围棋的颜色。

④ 设计围棋分拣机的结构，使其能让棋子一一滑过光电传感器，并可以在光电传感器识别后，按照颜色分别滑落至不同的盒子。

⑤使用 3D 打印机和激光切割机制作围棋分拣机的结构件。

⑥组装围棋分拣机，并对其进行测试。

四、项目展望及自我评价

通过完成本项目，我加深了对控制板可应用范围的了解。本项目在结构设计方面费了些心思，最终的设计是产品通过转盘将棋子送至最高点，然后使棋子通过预留的路径滑过光电传感器，光电传感器识别颜色后，舵机控制挡板，实现围棋的分拣。后续，可以将产品的结构应用于其他领域，从而实现快速分拣等工作。

基于机器视觉的 AI 搭建系统

北京市第六十五中学 / 王涵可 石智博 / 指导老师：王慧

一、项目描述

随着技术的发展，人类已经具备了飞出地球到达其他行星进行考察的能力。中国的"祝融号"和美国的"毅力号"等已经带回了大量火星数据，为后续计划奠定了可靠的基础。本项目与载人登陆火星有关，以为宇航员自动搭建登陆火星所用的原型机为背景，构建基于机器视觉识别的 AI 搭建系统。此系统包含机械臂控制系统和视觉识别系统，可以自动识别建筑物组件并根据组装顺序在指定位置进行搭建。

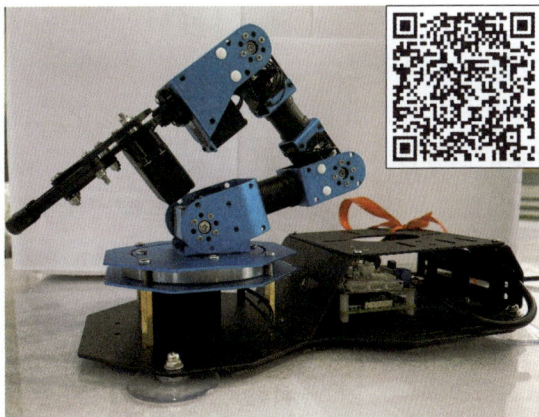

二、项目分析

在基于机器视觉的 AI 搭建系统中，机械臂控制是非常重要的一环。通过查询资料，在自动化到智能化发展的初期阶段，大多数有关机械臂控制的研究均以神经网络为主要内容。后来，发展为以机器视觉和机械臂控制相结合为主的项目研究。2023 年，发展到对工业机械臂环境感知、运动避障两个方面的研究。基于资料，本项目研究适用于自动搭建场景的机械臂控制系统。

三、项目方案

① 明确项目主要内容，查询资料，进行项目设计，制定项目完成计划，并提出硬件需求。

② 搭建网络环境，进行模型训练。模型训练初期将目标物分为 3 种，并将其标签分别命名为"Space""Craft""Foundation"，使用 Labelme 软件对图像数据中出现的所有目标物进行一一标注，待确定识别效果后，增加目标物分类，并将其命名为"Space1""Craft1""Charger"，再进行模型训练。

③ 组装机械臂，编写相关程序，并对机械臂的功能进行调试。机械臂选用以树莓派 4B 为控制板的 ArmPi 智能视觉机械臂，其内置逆运动学算法，配备树莓派扩展板和总线舵机，整体尺寸为

455mm×378mm×180mm。调试时，使用树莓派控制机械臂，需明确机械臂 5 个自由度和夹持器的角度参数，以用于视觉识别系统的程序中。此外，为了各功能可良好适配，编程时全部采用 Python 语言。

④ 编写视觉识别系统中所需的程序。程序结合 USB 摄像头使用，该摄像头支持 MJPG 格式输出，在占用较少运算资源的情况下可提供 480p（分辨率为 854 像素×480 像素）和 30FPS 的高析度低延迟的图像。

⑤ 编写定位识别程序，并将其和机械臂相关程序、视觉识别系统中所需的程序进行关联。

⑥ 选取并打印类似于火星地表的图案作为场景图，在场景图上放置建筑物组件（目标物），测试系统是否可以正常运行。

⑦ 优化系统。

四、项目展望及自我评价

受限于机械爪的结构，目前测试系统功能所用的目标物体积较小，形状也较为常规。后续我们会对目标物的结构进行设计，使其更多样，更符合实际应用需求；提升机

械臂性能，使其可以抓取不同形状的目标物并进行合理搭建。

本项目，我们利用深度目标识别检测网络 YOLOv3 训练出了准确度较高的识别目标物并输出当前目标物相对坐标的模型；改造了可根据坐标进行控制的机械臂；搭建了通信服务器，以方便控制机械臂，最终完成了一个具有 2D 视觉且可以自主运行的 AI 搭建系统。在完成的过程中，我们遇到了很多问题，如因测量误差导致的机械臂自保护功能与系统程序冲突，因服务器调用出错导致的服务器报错，因标记方法不够精细导致的训练数据不理想等。我们通过不断学习和调试，将这些问题一一解决，如改用游标卡尺进行测量，改用 train model 调用服务器，改用 labelimg 标记目标物提升训练数据的精度等。完成此项目，我们不仅丰富了理论知识，还提升了动手能力，同时，理解了跳出思维定式的重要意义。团队合作，更有力量，我们会继续完善我们的作品。

基于物联网的智能交互式宠物助手

北京市东城区青少年科技馆 / 尹泊睿 / 指导老师：刘子豪 唐冰

一、项目描述

随着人们生活水平的提高，养宠物的人越来越多，从"饲养"到"陪伴"，宠物已成为不可缺少的存在。通过查找文献和采集调查问卷可知，及时了解宠物健康情况和在家中无人时照看宠物，是养宠物的人较为关心的问题。为了解决这两个问题，我设计了基于物联网的智能交互式宠物助手，其借助视频识别模块、电子秤等记录每只宠物每天的饮食次数和质量，并通过物联网将数据实时传输至手机端 APP 中，如果次数和质量存在异常，会及时提醒养宠物的人注意；借助语音识别模块、扬声器、控制板、逗猫棒等实现手动或自动喂食、逗猫等功能，可有效缓解宠物焦虑。此项目集宠物饮食健康监测、自动喂食、远程娱乐等功能为一体，可满足当前养宠物人的需求。

二、项目分析

在搜索引擎、购物网站、专利网站等，检索"喂食器""逗宠""逗猫""宠物助手"等关键词，总结相关内容，并对市场上具有代表性的 4 款相关产品"仙人掌宠物喂食器""自动喂食器""激光逗猫""随时随地云逗宠"进行功能分析，这 4 款产品可实现手机监控、定时出粮、录制声音、开启激光玩具等功能中的部分功能，尚未有一款产品可以兼具以上所有功能。

三、项目方案

① 在项目研究初期阶段，通过文献法了解我国当前宠物饲养情况及宠物饲养过程中可能会遇到的问题；通过设计调查问卷并进行采集与分析，了解养宠物人的需求。

② 根据调查结果，确定产品功能，即定时喂食、远程喂食、实时监控宠物饮食次数和质量、远程娱乐陪伴。这些功能主要依靠实体装置和手机端 APP 实现。

③ 根据产品需求，绘制产品外观结构图，并借助 3D 打印机及激光切割机完成产品结构件的制作；选择 ESP32 物联网控制板、视频识别模块、语音识别模块、电子秤、超声波测距传感器、OLED 显示屏等作为产品的硬件。

④ 使用 Mixly 编程平台进行主体功能的程序设计，使其可以完成以下工作。

• 当超声波测距传感器检测到有宠物靠近时，视频识别模块启动并对宠物进行识别及记录。

• 当宠物完成饮食时，电子秤称重，将数据与饮食前的质量进行对比和记录，用 OLED 显示屏显示当日累计饮食次数和饮食质量，并将数据上传至手机端 APP 中。

• 当饮食次数和饮食质量出现异常时，实体装置发出相应的语音提醒。以 3~6 个月的宠物猫为例，当其每天饮食累计大于 40g 时，语音提示"饮食正常，请放心 004"；大于 20g 小于等于 40g 时，语音提示"饮食不足，请留心观察 ×× 的情况

006"；小于等于 20g 时，语音提示"饮食严重不足，请及时就医 005"。

• 当触摸实体装置上的喂食按钮时，实体装置出粮；当点击手机端 APP 中的喂食按钮时，实体装置出粮；当到了设定好的时间时，实体装置定时出粮。

• 点击手机端 APP 中的逗猫按钮，实体装置播放提前录制好的养宠物人的声音，并旋转云台，使逗猫棒随机挥动。

其中，手机的物联网通信功能依靠 Blinker 的 Mixly 库文件实现；视频识别功能依靠 Sentry2 的 Mixly 库文件实现；与 ESP32 物联网控制板的通信依靠串口实现。

⑤ 对产品进行测试和优化。解决可能存在的程序问题和硬件不适配问题。

四、项目展望及自我评价

目前基于物联网的智能交互式宠物助手可以实现基本的功能，但仍存在宠物娱乐单一化、手机端 APP 缺少警示功能、外形不美观和成本稍高的问题，后续我将通过增加激光笔、开发手机端 APP 警示功能、优化外观、采用集成电路板降低成本等方式完善产品。

通过完成本项目，我进一步了解了人工智能及物联网的相关知识，同时知道了一个产品诞生的过程包含市场调研、需求明确、细节设计、功能测试及优化等必不可少的环节。未来，我将继续享受创造，挑战自我，制作出其他产品。

专家点评 宠物健康喂养和家中无人照看宠物，是养宠物的人较为关心的现实问题。该创客作品在设计中综合运用多项技术，是远程操控多功能喂养及照看宠物的装置，具有健康监测、自动喂食、远程娱乐等功能。该作品呈现完整，有实用价值，是一款值得优化及迭代的产品。

物联网公共卫生间厕纸智能监测装置

北京市西城区青少年科学技术馆／高昊成／指导老师：马兰

一、项目描述

不知道大家是否遇到过这样尴尬的事情？在公共卫生间上厕所时，发现纸筒里只剩下一节纸，或者是没有纸，而自己也没有带纸。针对这种情况，我们设计了一个物联网公共卫生间厕纸智能监测装置，装置应用超声波传感器、红外光电传感器、物联网无线通信模块、Arduino 控制板等硬件，监测厕纸的剩余量，当纸卷不充足时，装置通过点亮 LED、蜂鸣器发出警报声音提醒准备要如厕的人厕纸已不多需要自备，同时通过物联网发送信息给厕所管理人员，提醒其注意补充厕纸，减少令人尴尬的事情发生。

二、项目分析

针对公共卫生间厕纸智能监测装置，目前并未检索到国外有相关资料，而国内的相关资料也比较少，查到的资料为装置通过

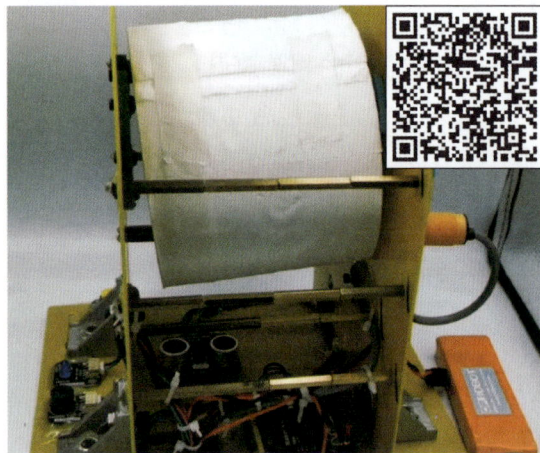

定量出纸后计算余量，或人为通过透明窗监测余量，这两种方法存在成本高或信息滞后的问题。

三、项目方案

明确了研究目的后，我们在科技老师的指导下设计本项目的研究方案。

① 列举物联网公共卫生间厕纸智能监测装置要实现的功能，即厕纸余量监测功能、无线通信功能、声音警报功能、灯光警报功能等。

② 对功能进行可行性分析，并列举实现每个功能所需的硬件、技术、实现难度、成本等。

③ 对比分析硬件性能，并确定使用哪些硬件。

④ 采购硬件，学习相关知识，制作物联网公共卫生间厕纸智能监测装置。

⑤ 对制作好的装置进行测试和优化。

四、项目实施

① 联系北京二环内的公共卫生间管理人员，请求他们协助部分公共卫生间的数据采集工作，根据采集结果，确定硬件的选取及装置的结构。

② 绘制装置的结构图并应用 3D 打印机打印结构件。

③ 使用 Mixly 编程平台，完成装置程序的编写。

④ 组装装置，将程序载入 Arduino 控

制板，测试装置功能，调整传感器按照位置及余量检测的阈值。

⑤ 将物联网公共卫生间厕纸智能监测装置安装到公共卫生间中使用，其相应功能均可成功实现。

五、项目展望

为了有效监测厕纸的余量，项目应用传感器矩阵对厕纸进行监测，这种方法有效提高了监测的准确性，当其反馈距离越来越大，达到一定阈值时，装置发出警报。装置获得了厕所管理人员的一致好评。后续，我将优化装置的外观，并扩大装置的测试点，收集更多反馈信息，深入开发更多实用的功能。我希望这个装置能真的在生活中被广泛应用起来。

一种装满可自动压缩可无线警报的垃圾桶

北京市通州区青少年活动中心 / 刘瑞丰 / 指导老师：刘建中 黄明刚

一、项目描述

常见的垃圾桶没有装满检测及无线警报功能，通常是人工巡视，效率较低。因此，在现实生活中，我们经常能见到垃圾桶被装满，垃圾外溢的情况。为了解决这个问题，我花费 2 年时间，制作了一款装满可自动压缩、可无线警报的垃圾桶。垃圾桶存在虚满的情况，因此第一阶段主要验证垃圾桶内垃圾可以被有效压缩；第二阶段实现桶满警报的功能；第三阶段实现自动压缩并在桶满且无法压缩时发出警报的功能；第四阶段转向可应用于生活的实物制作，并收集反馈意见进行优化。最终，垃圾桶会在投满垃圾时自动压缩垃圾，当压缩垃圾到达极限时，通过无线网络向手机端发送信息，清洁人员根据情况安排人力及时清理垃圾，大幅提升了清洁人员的工作效率，同时桶外设计了空瓶回收篮、电池回收盒，使其可以一桶多用。此垃圾桶已经申请专利。

二、项目分析

对国内外垃圾桶进行调研。在调研中，了解到我国垃圾桶从定点"垃圾坑"到简易垃圾桶，再到分类垃圾桶，最后演变成目前的感应式开盖垃圾桶，垃圾桶的材质和功能都得到了提升。不过这些垃圾桶都没有压缩桶内垃圾，提升垃圾桶装载能力的功能。一些大城市的垃圾中转站，有对垃圾进行压缩成型的大型机器。我想将这个功能应用在垃圾桶上，进一步减少运输成本。此外，

国外的智能垃圾桶多是应用传感器感应干湿垃圾并分类，或监测、记录并上传桶内数据的，没有压缩桶内垃圾并通知清洁人员及时清理垃圾的功能。

三、项目方案

① 明确作品的主要功能有以下几个。

• 桶满后自动压缩垃圾。

• 桶满后触发警报。

• 手机端可接收桶满的信息。

• 具有合理的附加属性。

② 进行可行性分析。先制作简单的模型并测试，如果可行就进一步完善智能垃圾桶，如不可行就尝试使用其他方式进行完善。

③ 实施计划。首先制作手动垃圾压缩器，记录不使用与使用垃圾压缩器时清理定量垃圾的次数（桶满则清理一次）；然后通过实验得到垃圾被压缩一定空间所用力的范围；接下来制作模型；最后将经过反复实验觉得可行的模型交由老师和家长进行评估，待得到认可后，申请资金，购买制作实物的材料。

④ 制作实物，将实物放置到实际生活场景中，获取使用者的反馈意见，并根据反馈意见对实物进行优化。

四、项目实施

绘制手动垃圾压缩器的草图，并应用身边常见的材料制作一个类似皮擞子的手动垃圾压缩器。设定垃圾桶满后才清理一次垃圾，对比定量垃圾被压缩与不压缩的清理垃圾桶的次数。得出结论：使用垃圾压缩器比不使用垃圾压缩器，清理垃圾桶的次数明显减少。

使用垃圾压缩器、体重秤、12L 垃圾桶等做实验，多次测量垃圾桶被装满时的质量，以及将桶内垃圾第一次压缩至桶高度的一半时，体重秤上所显示的质量，通过换算得到垃圾被压缩至垃圾桶一半高度时，所用力的范围是 5~10N。

使用 Linkboy、国产 GD32 智控板、对射光电传感器、蜂鸣器、蓝牙模块、双螺杆压缩结构的压缩装置、纸盒等，制作模型，实现自动压缩垃圾，并在桶满且无法压缩垃圾时发出警报的功能。

优化模型。双螺杆压缩结构的压缩装置对于我的作品有占用空间太大的弊端，交叉臂压缩结构具有同样的问题。通过查找资料并进行实验，我最终确定使用两条单向链条组合成卷帘压缩结构，40cm 的压缩高度只需要 2 条 5cm 长的链条。

征求老师和家长的认可，绘制实物草图并进行制作，制作好后进行调试。调试发现更换更大的垃圾桶后，之前测得的 5~10N 的力不足以在第一次压缩时将垃圾压缩至桶高度的一半，因此再次进行实验，测得需要 20N 的力；桶口的横截面积增大，一个对射光电传感器的感应范围无法完全覆盖，因此使用多通道并行阵列对射光电传感器。

给实物增加手机端可以接收桶满警报的功能并进行调试，将蓝牙模块更换为 4G 模块，优化信息传输效果。

将实物放置在家长和老师的工作单位进行为期 1 个月的测试，测试环境为室内。清洁人员提出了他们意见：此实物不适合回收厨余垃圾或液体较多的垃圾，因为压缩会使液体喷溅，不好清理；可以加设太阳能板并将使用环境改为户外，在应用可再生能源的同时减少外接电源的使用，使其更加方便移动。

五、项目展望及自我评价

目前，一个垃圾桶的制作成本大约是2350元，为了能将其大面积推广，后续我将尝试将现有的几个模块集成到一块控制板上，减少接线，并将双电机改成单电机，以降低成本。

项目持续了两年，通过不断改进和迭代，我积累了很多知识，尤其是接触了生活中不易接触的钢板加工工艺和压缩装置。我最高兴的是作品成功申请了专利，这让我对作品未来能服务更多人充满信心。

可移动式智能锥桶警示装置

北京市东城区史家胡同小学 / 刘嘉懿 张育豪 / 指导老师：王红 郭蕊

一、项目描述

本项目是基于 Arduino 控制板实现的可移动式智能锥桶警示装置。装置通过 3D建模软件 3D One 实现结构设计，运用 3D打印机得到锥桶结构件，使用 Mixly 编程平台完成程序设计，借助光环板、电动推杆、直流电机等硬件实现锥桶的智能警示功能。

二、项目分析

警示锥桶一般用于临时分隔车流，引导车辆绕过危险路段。常见锥桶为固定式锥形结构，对于临时施工情景，锥桶使用时间短，但摆放和收起锥桶耗时长；对私家车而言，固定式结构锥桶过于占据车内空间，不易随时携带；对于发生交通事故的情景，人工摆放锥桶具有一定危险性。

针对固定式结构锥桶占地的问题，目前市场上已有充气式锥桶或折叠式锥桶。而针对人工摆放和收起锥桶耗时和存在一定危险的问题，目前还没有相关产品。

三、项目方案

基于项目分析，制定项目方案。

① 查询资料并实地观察，了解通常情景所用警示锥桶的使用方式及特点。

② 明确设计目的：设计可移动、可折叠、可遥控，具有醒目警示功能的锥桶。

③ 分析实现设计目的所需的结构和硬件。

④ 采购硬件并学习硬件的使用方法。

⑤ 根据设计目的，使用 3D One 设计锥桶整体结构，即可移动底盘、可折叠锥桶结构、智能控制部分等。其中，为了锥桶可以在有限空间内多方向移动，锥桶的可移动

底盘应用了麦克纳姆轮。

⑥ 使用 3D 打印机打印制作装置所需的结构件。

⑦ 设计电路，编写程序，实现锥桶功能。

⑧ 组装并调试可移动式智能锥桶警示装置。

四、项目展望

我们希望可移动式智能锥桶警示装置可以实现以下功能。

① 根据语音指令自动到达指定位置。

② 协同操作多个锥桶，即多个锥桶根据一组指令自动有序移动至指定位置。

助理小 C（眼肌训练仪）

中国人民大学附属中学丰台学校 / 程梓豪 / 指导老师：金鑫

一、项目描述

保护视力是很多人关注的事情，但大多数学生对视疲劳不敏感，甚至不了解有效保护视力的好方法——做眼肌操，而市面上相关产品类型也比较少，主要是眼肌训练挂图和眼肌训练仪，存在训练范围小的缺点。我基于玩幻灯片笔时产生的灵感设计了眼肌训练仪——助理小 C。助理小 C 包括设备端和控制端，设备端的外观是一个玩具小人，玩具小人的鼻子是绿色激光指示器，通过舵机控制指示器旋转角度，并将绿色激光通过墙体、投影布等物体漫反射至人眼；控制端为使用 App Inventor 开发的手机应用程序，可调节绿色激光指示器的亮度，可预设眼肌训练的轨迹，可控制设备端的数字舵机转动，有效扩大训练范围。

二、项目分析

通过对比市场的相关产品及检索国家知识产权局政务服务平台的信息，发现目前能查到的产品和专利大多存在功能单一、训练范围小的缺点。同时，问卷调查的结果显示，很多家长和同学对我所想制作的助理小

C 表示感兴趣，也希望市面上能有这类产品。综上，我设计的助理小 C 存在使用需求和设计必要。

三、项目实施

① 连接绿色激光指示器和 MOS 模块，通过 PWM 信号控制 MOS 模块，从而控制绿色激光指示器的开关和亮度。

② 实现对绿色激光指示器转动的控制。最初使用的是步进电机控制其水平转动，模拟舵机控制其垂直转动，但两者速度很难调节至一致。然后换成两个模拟舵机控制其转动，虽然速度很容易调节至一致，但存在角度死区，经常会出现回退或抖动的情况。最后使用两个数字舵机解决了这两个问题。

③ 完成绿色激光指示器射出的点按照预设眼肌训练的轨迹进行移动的功能，使助理小 C 在预设轨迹模式时，先关闭激光，然后将光线射并移动至轨迹起点，闪烁 3 次，提示训练开始，按预设轨迹循环移动 3 次，最后再闪烁 3 次，提示训练结束。其中，预设眼肌训练的轨迹是通过定义不同数据集实现的。

④ 使用 App Inventor 开发控制端手机应用程序，控制端通过 HC05 蓝牙模块与设备端通信。

⑤ 优化电路接线方式，使用轻质黏土为助理小 C 制作外形——酷酷的工人。

四、项目展望及自我评价

助理小 C 可以实现预期的功能。在使用时，大家可以先做"热身运动"矩形回旋操，再做"拉伸运动"米字操，最后做"整理运动"8 字回旋操。训练完毕，可以使用手机应用程序中的"摇杆"控制绿色激光指示器移动，探索更多玩法。后续我将进一步完善我的作品，如为助理小 C 增加音效，添加互动娱乐游戏等。

通过制作助理小 C，我掌握了很多元器

件的使用方法，知道了设计产品的不易。在调试时，发现多处错误，究其原因是我前期想当然的处理，经深刻反思，我决定继续学习，用更多的知识武装自己。当陷入僵局时，先整理思路，再查找资料，然后寻求老师帮助，效果会更好。

中学生智慧全自动手机自律管理器

北京市十一学校龙樾实验中学 / 侯成奕 / 指导老师：张丽辉 崔晓红

一、项目描述

我观察到很多人使用手机的频率比较高，时间也比较长。基于这个情况，我设计了中学生智慧全自动手机自律管理器。此设计基于番茄时间工作法，利用开源硬件实现，具有自动检测手机放入和取出、记录有效时间、屏幕显示信息等功能，旨在减少中学生对手机的精神依赖，辅助培养良好的学习习惯。

二、项目分析

目前国内已经有针对手机锁和手机定时

管理盒的相关文献和专利，主要是针对手机定时管理盒的锁定组件（机械结构或盒体）及定时组件（控制电路等）进行设计。锁定组件由锁紧装置、盖板、底座、上盒体、下盒体、电机、卡扣等组成，多数为全封闭的，少数预留了接电话的位置。定时组件由单片机和定时设置面板等组成，定时设置分为手动设置和机器预设固定时间。使用时，锁定组件锁定手机，并根据定时情况进行开关锁。此类设计在有突发情况时，对使用者不是很友好，即便有的装置设计了紧急开锁程序，但也限制了开锁次数且存在开锁失灵的情况。

三、项目方案

① 基于项目分析，确定设计思路——设计具有开放式外形（可自由取放）的手机自律管理器，使其具有以下功能。

• 自动检测手机被放入装置中和从装置中取出的状态，减少按键等的使用，使操作更加便捷。

• 将手机放入装置中，触发相应模块，计时 25min（学习和工作的时间），然后计时 5min（休息的时间），以两个计时为一个周期，记录使用者完成的周期数，并通过显示屏显示出来。

• 每日零点，清零使用者完成的周期数，显示屏显示 0。

• 通过显示屏显示开关机动画、使用引导界面、励志格言、当前日期和时间、倒计时等。

• 90s 内将手机放回装置中不会中断 25min 的倒计时，以满足紧急情况使用手机的情景。

• 有线及无线充电功能。

② 根据功能，将整个系统划分为不同的模块，逐一进行设计。

③ 根据模块，逐一分析可能会用到的电子元器件及技术，并通过查找资料、咨询商家等方式获取相关技术文档。

④ 根据分析结果采购电子元器件，并分模块进行编程、组装和调试，实现各模块的基础功能。

⑤ 根据设计思路、电路连接情况，使用 3D 建模软件，对装置的外形进行设计。设计好后，输出 STL 格式的文件，并应用 3D 打印机打印结构件。

⑥ 编写程序并调试，使时钟模块、显示屏、充电模块等模块可协同工作。

⑦ 组装 3D 打印的结构件和电路，进行功能测试，并收集同学们的使用意见。

四、项目记录

完成"中学生智慧全自动手机自律管理器"后，针对不同的使用情景进行功能验证，并记录 72h 内电量消耗情况。

经验证，各项功能均可完成。

同学们在使用后表示，可轻松掌握使用方法，无须引导，且开放式的设计，不易使人产生抵触心理，但 3D 打印的外壳略显脆弱，容易损坏，建议后续对这部分进行完善。此装置还在学校的科技活动中进行了展示，引起了同学和老师的兴趣，获得了大家的赞扬。

五、项目展望及自我评价

我没有足够的电子电路设计能力，所以是采购现有的电子电路模块进行搭建的，造成了一部分体积浪费，后续会对此部分进行优化。此外，后续还会继续开发手机应用程序，使用者可以通过手机应用程序查看学习时间排行榜、分享数据、进行鼓励互动等操作。

在实施本项目时，我通过不断摸索和

学习，积累了 C 语言知识，掌握了 3D 建模设计工具 Sharp 3D 的使用方法，获得了成就感，提高了自身科学素养。这是一次非常有意义的体验。

逐梦复兴之路

首都师范大学附属中学 / 翟晟翔 / 指导老师：李玲

一、项目描述

"故人西辞黄鹤楼，烟花三月下扬州。孤帆远影碧空尽，唯见长江天际流。"这是大诗人李白咏黄鹤楼的绝句。我以黄鹤楼为原型，参考古代建筑的结构，应用创客技术，构建俯视为正八边形的建筑模型，模型上展示了代表我国百年光辉历程中发生的八件大事的图案。作为中华文明的继承人，我们应守正创新，勇挑重担，逐梦复兴之路，为把我国建设成为富强、民主、文明、和谐、美丽的社会主义现代化强国而奋斗。

二、项目方案

（1）建　模

使用 Rhino 7 进行建筑模型的 3D 建模及激光切割图纸的设计。建筑模型共 5 层，第 1 层用于展示光辉历程中发生的八件大事。

（2）选择材料

以激光切割中常见的椴木板和亚克力镭射板作为搭建建筑模型的主要材料。其中，建筑模型的第 1 层和顶部使用亚克力镭射板；第 2 层、第 3 层、第 4 层、底座使用椴木板。

（3）加工材料

使用激光切割机加工材料，得到搭建模型所需的结构件。

（4）连接电路

电路用于点亮建筑模型第 1 层的灯，并使建筑模型缓慢转动。

（5）搭　建

搭建建筑模型，并将连接好的电路，安置在模型内部的对应位置。建筑模型第 1 层由吸管和亚克力镭射板结构件组成，其他层采用榫卯结构搭建，层与层之间使用螺丝进行加固，模型的顶部由拼插好的亚克力镭射板结构件组成。

三、项目展示及自我评价

由于时间不足和水平有限，作品还有诸多需要完善之处。天道酬勤、学无止境，后续我将基于此次经历，学习更多专业知识，不断精进技术，完善作品，同时发扬守正创新的精神，开阔视野，为中华民族伟大复兴贡献力量。

创客教师教案／论文

教案："健康"与"智能"有个约会

中国人民大学附属中学丰台学校／金鑫／推荐学习年级 高二

1. 整体设计思路

教学背景

目前我国处于亚健康状态的人数大概占全国总人数的 70%，而亚健康状态很容易发展成慢性疾病。未来几年慢性疾病的爆发与控制将会成为人们关注的重点。

不要以为疾病离我们很远，更不要让健康埋有隐患。早发现、早诊断，才能早预防、早治疗。而"智能"的存在，为我们远离疾病，守护健康提供了保障。从过去的事后干预，到现在的疾病预防和未来的健康管理，人们对于健康问题的重视程度始终在提高，而如何有效利用"智能"解决健康问题，成了亟待研究的课题，因此本课程的主题应运而生。

无论是在校园生活中，还是在家庭生活中，学生、身边的同学及亲人都会受到各种健康问题的困扰，而在智能时代如何利用智能技术解决这些困扰成了值得研究的问题。学生可以从身边人发生的健康问题入手，开展调查，确定想要解决的健康问题，并在老师的指导和小组成员及家人的合作下提出合理的解决方案，设计、制作产品模型。

指导思想

（1）《关于全面加强新时代大中小学劳动教育的意见》中明确指出劳动教育是中国特色社会主义教育制度的重要内容，直接决定社会主义建设者和接班人的劳动精神面貌、劳动价值取向和劳动技能水平。

（2）《义务教育劳动课程标准（2022 年版）》要求义务教育劳动课程以丰富开放的劳动项目为载体，重点是有目的、有计划地组织学生参加日常生活劳动、生产劳动和服务性劳动，让学生动手实践、出力流汗，接受锻炼、磨炼意志，培养学生正确的劳动观念和良好的劳动品质。

（3）《大中小学劳动教育指导纲要（试行）》强调要注重围绕丰富职业体验，开展服务性劳动和生产劳动，理解劳动创造价值，接受锻炼、磨炼意志，具有劳动自立意识和主动服务他人、服务社会的情怀。

（4）《普通高中通用技术课程标准（2017 年版 2020 年修订）》强调学生在课程学习中要形成初步的系统与工程思维，发展创造性思维，养成用技术解决实际问题的良好习惯。

（5）《义务教育生物学课程标准（2022 年版）》中强调选择恰当的真实情境，设计学习任务，通过主题学习，让学生认同生物学及医学伦理观念，养成健康生活的态度和行为习惯，培养学生的生命观念、科学思维、探究实践和态度责任。

理论依据

（1）课程主题设置依据"马斯洛需求层次理论"，从人类生存需求出发，按层次逐级递升，当人们基本生存需求层面得到满足后，需要更高层次的生存质量的需求，即如何让人们生活得更为健康，智能健康的问题也就应运而生。

（2）课程主题设置依据"项目式学习理论"，让学习者扮演特定的社会角色，通过调查、探究、展示等方式，运用学科的基本概念和原理解决问题。健康问题是学生在实际生活中遇到过的问题，容易引发学生共情，能有效保障课程顺利实施。

（3）课程主题设置依据"建构主义学习理论"，建构主义主张世界是客观存在的，但对事物的理解是由每个人自己决定的。课程需要学生针对"如何解决健康问题"这一具体问题对自己原有的知识和认知进行再加工和再创造，从而完成新知识的主动构建。

（4）课程教学模式依据"BOPPPS有效教学模式"，采用"导言→学习目标→前测→参与式学习→后测→总结"的课程教学流程，激发学生学习的好奇心，提高学生学习参与度，实现有效教学。

（5）课程教学流程设计根据教学内容对"设计思维五步法"进行完善，形成了"设计思维八大阶段"，可激发学生形成优秀的设计思维。

2. 目标设计

分 类	教学目标
Science（科学）	（1）知道数字电路、模拟电路的相关理论知识。 （2）了解传感器的工作原理。 （3）了解智能控制理论。 （4）了解系统设计方法论。 （5）了解人体结构与功能。 （6）了解健康与疾病的概念。 （7）了解产品标准化的相关理论知识。
Technology（技术）	（1）会参考《电子器件技术手册》正确使用各类电子器件。 （2）会使用电子电工工具。 （3）能根据要求设计智能传感电路。 （4）能进行程序识读、分析、设计及优化。 （5）能进行产品草图绘制和建模。 （6）学会利用科技改变生活。
Engineering（工程）	（1）了解人机工程学相关理论。 （2）学会电子电路布线与构装规则。 （3）能完成智能硬件的搭建与调试。 （4）能完成产品三维设计与打印。 （5）能运用智能控制技术与智能传感技术优化系统。
Mathematics（数学）	（1）学会数据采集、数据统计、数据分析及数据可视化呈现。 （2）学会处理数字信号。 （3）学会分析几何体的稳定性。
Art（艺术）	（1）能对产品进行艺术性设计。 （2）能制作美观的展示材料（如演示文档、海报、产品设计图等）。

3. 学习内容分析

本课程基于通用技术必修课程及选择性必修课程的知识体系框架，运用项目式教学方法，引导学生以真实生活中的亲历情境为切入点，根据发现的健康隐患或健康问题引出痛点问题。

4. 学情分析

知识基础

（1）本项目的学习者为高二年级的学生，其已完成《技术与设计1》《技术与设计2》前置课程的学习，了解结构、流程、系统和电子控制的相关知识，知道设计原则和一般设计的过程，具备一定的理论基础。

（2）通过《技术与设计2》电子控制模块内容的学习，学生已经了解电子控制系统结构的完整概念，知道电子控制系统设计和实现的过程及应遵循的原则。

学生现有操作技能

（1）有较强的动手实践能力，能够在教师的指导下完成相关学习任务、产品设计与制作。

（2）具有一定的自主学习和小组团结合作学习的能力，具备一定的检索、分析、概括、写作能力。

（3）经过前置课程的学习和训练，学生已掌握 Arduino 的基本操作方法、电子电工工具的正确使用方法、面包板电路设计与搭建方法，能够实现简单电路设计。

学生心理特点分析

（1）学生开始关注社会问题，能够共情不同群体的需求。

（2）学生初步接触智能传感的相关知识，对传感系统的设计与制作有一定的兴趣。

（3）学生对项目主题抱有期待和浓厚的兴趣。

（4）经过前置课程的学习，部分学生开始对电路设计及搭建十分感兴趣，对电路设计理论知识的学习有进一步的需要。

5. 教与学的过程设计		
步　骤	主要内容	设计意图
需求理解	**问题线索** 　　什么是健康？你或你身边的人生活健康吗？什么危害着人的健康？ **教学活动** 　　（1）播放人在现代生活中遇到健康问题的公益短片。 　　（2）介绍人体结构与功能，以及疾病对人造成的危害，如不合理的饮食习惯导致肥胖，用眼过度导致视力下降，长期戴耳机导致听力受损等。 　　（3）介绍诱发疾病的一些因素，引导学生理解本课程的教学需求，并能自主确定想要解决的健康问题。 　　（4）调查想要解决的健康问题面向的群体，明确研究需求。 **课时安排** 　　2 个课时，每课时 60 分钟。	引导学生关注现代人的健康问题及其对人造成的危害，自主确定小组想要解决的健康问题，并展开相关调研，明确研究需求。
问题定义	**问题线索** 　　有哪些现存的解决健康问题的方法？效果如何？有没有更好的解决方法？ **教学活动** 　　（1）开展头脑风暴，引导学生利用互联网找到现有解决该健康问题的方法，分析方法的优缺点，绘制分析导图。	引导学生根据第一阶段的需求分析结果，开展讨论，并运用互联网查找资料进行

问题定义	（2）根据分析导图找出痛点问题。 **课时安排** 　　1 个课时，每课时 60 分钟。	分析，找出痛点问题，进行问题定义。
新知学习	**问题线索** 　　什么是"智能"？ **教学活动** 　　（1）播放智能生活的宣传片，让学生理解"智能"的重要性。 　　（2）介绍智能感知技术的各种应用，并介绍教学用的智能传感包中所含的传感器的类型和使用方法。 　　（3）介绍 3 种智能控制技术，并介绍其使用情景和使用方法。 **课时安排** 　　2 个课时，每课时 60 分钟。	引导学生学习智能传感技术及智能控制技术相关知识，为后续产品设计做好知识储备。
思维发散	**问题线索** 　　"健康"与"智能"相遇会碰撞出什么火花？ **教学活动** 　　（1）小组讨论如何结合"智能"与"健康"设计一款能解决小组不确定的健康问题的智能产品，并绘制产品设计的思维导图。 　　（2）教师对学生的设计进行初步点评，引导学生完善设计。 **课时安排** 　　1 个课时，每课时 60 分钟。	引导学生根据"问题定义"和"新知学习"的内容，开展小组探究，绘制产品设计的思维导图。
模型设计	**问题线索** 　　"健康"与"智能"的约会法则有几条？ **教学活动** 　　（1）介绍标准化对人类生活的重要性。 　　（2）介绍智能产品设计的相关标准，带领学生查询智能产品的标准化文件。 　　（3）引导学生综合查到的标准化文件，优化思维导图并设计产品模型。	引导学生根据产品设计的标准化要求，设计产品模型。
模型迭代	**问题线索** 　　如何让"智能"更懂"健康"？ **教学活动** 　　教师带领学生讨论各组设计中存在的问题，并对产品模型进行优化，得到第一代产品的设计方案。 **课时安排** 　　1 个课时，每课时 60 分钟。	引导学生进行讨论与探究，找出设计中存在的问题并进行优化，得到最终设计方案。
方案确认	**问题线索** 　　如何为"智能"设计"礼服"？	

方案确认	**教学活动** （1）介绍简单的人机工程学的知识，让学生理解人机设计的重要性。 （2）应用人机工程学的知识，为产品设计外观，得到产品的最终设计方案。 **课时安排** 2 个课时，每课时 60 分钟。	引导学生运用人机工程学知识进行产品的外观设计。
成果发布	**问题线索** "健康"与"智能"的约会正式开场。 **教学活动** （1）学生利用过程性材料制作演示文档等展示材料。 （2）小组汇报设计成果。 （3）开展产品互评。 （4）对作品进行展望，为下一步制作完整产品与测试优化做准备。 **课时安排** 2 个课时，每课时 60 分钟。	引导学生使用多种方式展示自己产品设计的全过程，并开展产品互评。

6. 教学设计特色分析

　　本课程以"健康"与"智能"为主题，主要解决人们在生活中遇到的各种健康问题，内容贴近生活实际，结构完整、思路清晰、语言规范、操作具体化。本课程综合考量学生在科学、技术、工程、艺术、数学等的学科知识掌握与运用，培养学生的共情能力，提高学生创新能力与综合知识运用能力，增强学生的表达能力及合作意识，培养通用技术、信息技术等相关的技术素养，树立端正的科学态度与科学道德，提高学生思维逻辑运算能力。本课程的教学特色主要为以下几点。

　　（1）以真实任务情境促进学科素养的培养。本课程的教学内容以真实生活情境中的健康问题作为教学引入，通过任务引导学生对生活中的健康问题进行思考，根据设计原则开展设计，根据设计流程制作产品模型。在这个过程中，培养学生的设计意识、工程思维、劳动意识等学科核心素养。

　　（2）以问题链驱动学习进程的推进。本课程教学将知识点进行合理拆分并融入不同的子问题中。学生在学习过程中以问题线索为导向，通过逐一突破问题，串联课程中的知识点，形成清晰的知识脉络。

　　（3）以项目式学习整合跨学科的内容。本课程通过项目式学习形成以通用技术为主体，其他学科按需整合的跨学科教学样态，驱动学生围绕项目主题，在解决问题的过程中实现学以致用。

7. 实践反思

　　通过教学的实施，我对基于通用技术的 STEAM 教学方式有了新的认知，课程主题越贴近生活越能激发学生的学习兴趣，学习效果也因此得到大幅提升。本课程以小组教学为主，小组内成员性格不同、学习方法不同，但通过小组合作，每个人都发挥了自己擅长的部分，提升了团队协作能力。

　　实施过程中，发现了许多不足之处。

　　（1）课程内容综合多学科内容，如果教师知识涉猎范围有限，会导致教学效果不佳。要求教师利用课余时间多学习，充实自我的知识库。

　　（2）教师要及时给予小组成员帮助，如没有顾及某个小组，会造成问题堆积，影响教学进展。要求控制小组数量，以确保能及时解决各小组的问题。

　　（3）有些学生会依赖学习能力较强的学生完成课程内容。要求多样化衡量学生完成任务的标准，如何设计多元的方式，调动学生积极性，提升学生的参与度。

（4）学生在提出解决方案时，思维比较发散，有些方案无法应用现阶段的知识完成，导致学生后期无法推进设计方案。可以提前设定多种设计方向，引导学生应用现阶段知识完成更多样的设计。

教案：梦想桥的设计与制作

北京市大峪中学／杜春梅／推荐学习年级 高二

1.整体设计思路

基于《技术与设计2》第一章"结构及其设计"的教学要求，对课程内容进行设计。"结构及其设计"在教材中具有承上启下的作用，既是《技术与设计1》中"体验设计实践"等章知识的再深入，也是《技术与设计2》中第一个专题。其作为《技术与设计2》的起始章节，为第二章"流程及其设计"、第三章"系统及其设计"、第四章"控制及其设计"的学习奠定了坚实的理论与实践基础。

2.目标设计

（1）理解结构的含义，能对常见结构进行分类及受力分析，初步认识结构被广泛应用的重要性，体会结构设计的重要性，养成对结构进行受力分析的思维习惯。

（2）理解应力、强度和稳定性的概念，掌握影响结构强度、稳定性的因素，能够判断结构的稳定性并分析结构的强度。

（3）初步掌握结构设计的基本思路，学会结构设计的方法与步骤，经历结构设计与制作的过程，学会合理使用材料加工制作结构模型，掌握劳动技能，体会劳动的快乐，养成良好的劳动习惯。

（4）了解评价结构设计的方法，学会从科学、艺术、环境、民俗等多角度对已有结构进行欣赏与评价，培养科学的审美观，养成尊重他人劳动成果的习惯。

3.学习内容分析

北京市大峪中学有一座桥叫"梦想桥"，该桥坐落在校园的南侧，是学校的标志性建筑。学生在桥下乘凉、桥上读书，高三学子在百日誓师之时在"梦想桥"上扔飞机、放气球，许下宏愿，放飞梦想……为了充分调动学生的积极性，本课程以梦想桥为载体展开教学，共6课时。通过第1课时的学习，学生能够了解结构的含义、功能及其分类；通过第2课时的学习，学生可以对结构进行简单分析，知道结构设计需要考虑强度和稳定性等因素；通过第3~6课时的学习，学生可以学会设计与制作桥梁模型并且能够对已有结构进行客观合理的评价。教学内容及对应的建议课时，如下表所示。

教学内容	建议课时
第一节　初识桥梁结构	1个
第二节　典型桥梁结构分析	1个
第三节　梦想桥的设计与制作 　第1课时：设计"梦想桥"并绘制设计草图 　第2课时：搜集材料、加工处理材料 　第3课时：搭建"梦想桥"模型 　第4课时：展示与交流	4个

教学重点：理解结构的含义，能对常见结构进行分类及受力分析；理解应力、强度和稳定性的概念，掌握影响结构强度、稳定性的因素；初步掌握结构设计的基本思路，学会结构设计的方法与步骤，经历结构设计与制作的过程；了解评价结构设计的方法。

教学难点：初步认识结构广泛应用的重要性，体会结构设计的重要性，养成对结构进行受力分析的思维习惯；能够判断结构的稳定性并分析结构的强度；学会合理使用材料加工制作结构模型，掌握劳动技能，体会劳动的快乐，养成良好的劳动习惯；学会从科学、艺术、环境、民俗等多角度对已有结构进行欣赏与评价，养成尊重他人劳动成果的习惯。

4. 学情分析

高中生有一定的物理知识储备，通过本课程的学习，学生能认识桥梁结构、理解结构的概念、对其进行分类，能对生活中常见结构归类并进行受力与变形分析。在了解影响结构强度和稳定性因素的前提下，能够设计简单桥梁结构，完成结构模型的制作，并且能够对自己和他人的作品进行客观合理的评价。

5. 教与学的过程设计

步　骤	主要内容	设计意图
导入新课	2022 年 2 月 26 日，我校高三师生召开了百日誓师大会，同学们在"梦想桥"上挥舞彩带，放飞梦想，让我们一起来回顾这激动人心的时刻！（播放视频） "梦想桥"上筑梦想，你们的"梦想桥"是什么样子的呢？我迫不及待地想要欣赏一下。	学生通过观看视频，产生自豪感，从而激发展示作品的欲望。
自评互评	下面我们进入交流评价环节，请同学们对照评价标准先进行自评、互评，然后每组推选一位同学进行展示。	培养学生对自己及他人的作品进行客观合理评价的能力。
展示交流	请每组推选一位同学展示"梦想桥"模型。 展示的学生介绍自己组的作品名称和设计意图，并结合评价标准进行自评。（播放学生自评视频） 其他同学点评。（播放视频） 教师指出学生作品存在的不足之处，并提出修改意见。（播放教师点评视频）。	培养学生竞争意识及对其他同学的模型进行客观合理评价的能力，取长补短，共同进步。
教师小结	通过展示、交流、评价，我们发现大部分作品存在不足，请同学们说说作品有哪些不足？ • 强度不够大。 • 稳定性不好。 • 连接不牢固。 如何改进这些不足？请同学们提出改进措施。 教师总结：任何设计都要充分考虑结构的强度和稳定性，在此基础上选择材料、连接方式，最终才能设计并制作出理想的结构模型。	教师引导学生提出改进措施，从而培养学生优化作品的意识。
拓展提高	现在，请同学们思考，是否可以增加其他功能，让"梦想桥"更有欣赏价值和使用价值呢？ 教师展示学生作品，启发学生进行思考和改良。	培养学生精益求精的品质、敏锐的工程思维、较强的创造能力。
收获体会	通过本课的学习，同学们有什么收获和体会呢？（播放视频） 大峪中学建校 75 年来，无数学生在"梦想桥"上立下	对学生进行劳动教育，培养他们热爱劳动及遇到问题要积极思考

收获体会	宏愿，梦想成真。在座的各位同学，你们今天用智慧和双手完成了对"梦想桥"的设计与模型制作，希望你们明天亦能圆梦在大峪中学。	并努力解决的意识，让他们享受劳动乐趣并提升劳动素养。

6. 教学设计特色分析

（1）本课的学习内容由号称亚洲第一铁路拱桥的珍珠湖铁路桥引入，选择学生身边的桥作为实例，真实且有说服力，既能激发学生们的爱国情感和民族自豪感，又可以调动其积极性和创作欲望。

（2）本课的任务设置，是以大峪中学的"梦想桥"为创作原型设计并制作桥梁模型。选择学生非常熟悉的载体来布置作业，不仅能激发学生的学习兴趣，还能挖掘学生的创作潜能。

（3）学生制作模型的材料来源于生活中的废弃物品，充分体现了节能环保的理念。

7. 实践反思

（1）学生在制作过程中容易忽略桥梁强度和稳定性，而过多关注外观设计。教师应在设计环节加以强调和指导，明确制作要求。

（2）在学生展示作品之前，教师已经给出了明确的评价标准，但个别学生仍不能客观进行自我评价，不能准确认清作品中存在问题。这需要教师在其他课程中，多引入评价环节引导学生提升评价能力。

教案：一款自热盒饭的诞生

北京市第八十中学 / 李静 秦先超 / 推荐学习年级 高一

1. 整体设计思路

教学设计思路

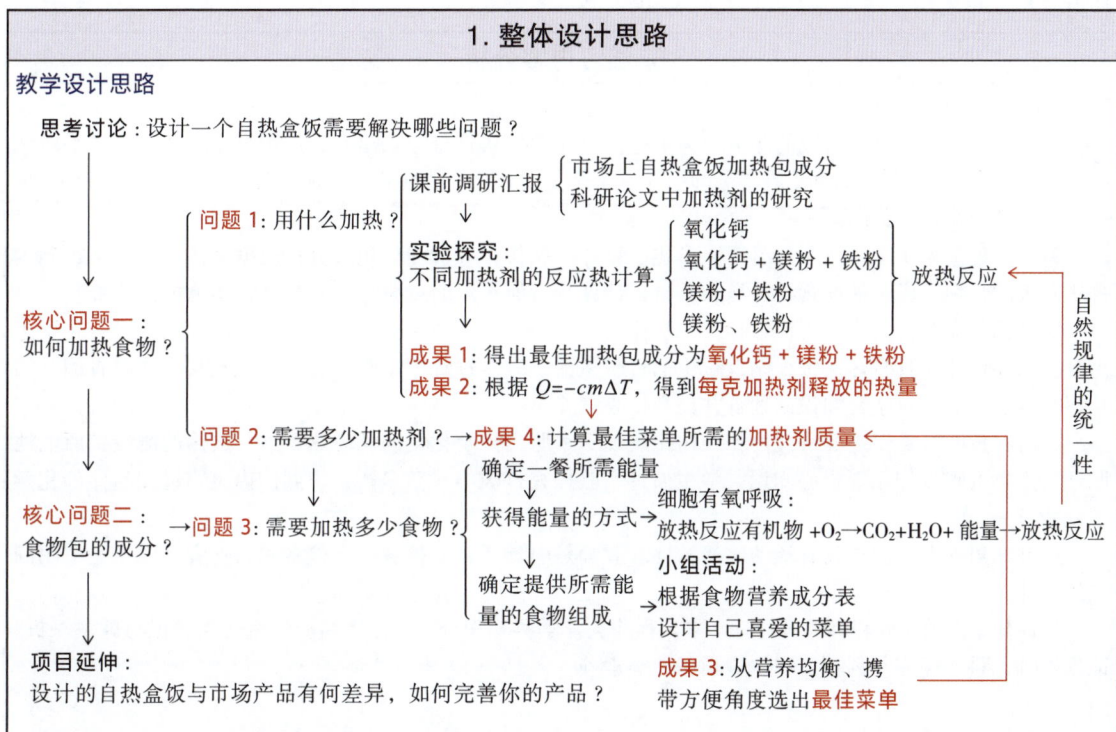

学习价值分析

（1）知识学习。反应热是高中化学热力学中的核心概念。通过测量反应热，学生可以直观认识反应过程中能量的变化，同时加深对反应热的计算公式的理解。通过细胞呼吸将储存在有机分子中的能量转化为生命活动可以利用的能量，是高中生物能量代谢模块的重要内容。通过学习这一知识点，学生可以更深刻地理解细胞的生活中物质和能量变化的内在联系。同时，对比生物体外的化学反应与体内的化学反应，让学生深切体会学科之间的紧密联系及自然规律的统一性原理。

（2）科学探究思维与能力提升。提升科学探究能力是新课标对学生的整体要求，也是落实学科素养的重要途径。本课程通过课前调研市场及文献，课中对比和分析不同组别的实验设计，课后对项目进行评价和完善，让学生感受现实问题的复杂性，体会科学研究的思路和方法，提升科学探究思维与能力。

（3）建立科学的生命观。以人体能量需求为依据，设计自热盒饭的食物菜单，并综合考虑营养均衡等因素，对食物菜单进行自我评价，让学生明确膳食中营养均衡的重要性，建立科学的生命观。

2. 目标设计

（1）理解反应热的计算公式，即 $Q=-cm\Delta T$。学生结合具体实验探究，形成知识迁移，理解每个物理量的意义及指代对象。

（2）对比实验探究，通过宏观现象分析镁粉、铁粉与水反应释放热量的微观原理。

（3）联系化学中的放热反应和生物体内的放热反应，理解在自然界中能量转化的特点具有统一性。

（4）能够根据人体的能量需求及不同食物所含热量，确定自热盒饭的食物组成及质量，建立科学的生命观。

（5）能够综合运用知识迁移、文献查阅、实验探究等手段解决真实问题。培养科学探究能力与创新意识。

（6）体会评价的重要性，能够选择恰当的、多维度的手段对已有成果进行评价。培养学生的科学精神。

3. 学习内容分析

教学内容及内容结构分析

本课程以"一款自热盒饭的诞生"为主题，引导学生从自身需求出发，运用多学科知识、多手段调研、多方法探究、多维度评价，在"老师引导＋学生主要执行"的模式下完成项目，解决自热盒饭中"加热包"和"食物包"的问题。

整个课程包含 4 个环节：介绍授课形式、教师、项目；分析加热包成分；根据人体能量需求，确定自热盒饭的食物组成；根据食物种类和质量，计算所需加热包的总质量，并对食物菜单进行评价。

从目标角度看，关注"为什么学""学什么""怎么学""学到了什么"。本课程的出发点是学生为自己郊游设计一款自热盒饭，贴近学生的自身生活。教学过程中，学生通过知识迁移、文献查阅、实验探究等手段加深对学科知识的理解并提升核心素养。

从内容角度看，促进学科理解和结构化建设。本课程涉及化学的反应热概念、放热的测量、原电池原理；生物的呼吸作用等核心知识。学生通过实验探究打破学科壁垒，认识到体内生物过程与体外化学过程的统一。

从方式角度看，课程具有活动化的特性。教师是引导者、支持者、合作者和陪伴者，学生是解决问题的主体。

从评价角度看，课程具有迁移性。本课程除关注学科知识外，还注重培养学生宏观辨识与微观探析、证据推理、科学探究与创新意识、科学精神等素养。

教学重点
（1）结合具体实验探究，理解反应热公式中每个物理量的意义及指代对象。 （2）能够综合运用知识迁移、文献查阅、实验探究等手段解决真实问题。 （3）理解在自然界中能量转化的特点具有统一性。 （4）体会评价的重要性，能用多维度的标准对已有成果进行评价。
教学难点
（1）分析镁粉、铁粉与水反应释放热量的原理。 （2）运用多维度的标准对已有成果进行准确、全面的评价。

4. 学情分析

（1）学生学习过反应热的测量方法和计算方法，但缺乏实践，因此对反应热公式理解不透彻。基于此学情，学生需要通过实验操作，深入理解公式中每个物理量的含义。

（2）学生学习过化学的反应热和生物的身体内部能量转化与释放的相关知识，但不能将二者联系起来，透过现象看本质。学生需要融会贯通不同学科知识，认识事物和规律的本质。

（3）学生能将已学知识与实际生活联系起来，但只停留在浅层次的理解程度。当需要利用已学知识解决真实问题时，学生缺乏系统且科学的解决方法。基于以上学情，学生需要对比现实与自己的想法，感受真实问题的复杂性，在面对真实问题的时，遵循规律并运用科学的方法逐步解决问题。

（4）学生在完成项目后，通常会忽略使用多维度的标准去评价结果。基于以上学情，学生需要体会评价标准存在的意义，并运用多维度的标准评价结果，而非只重视获取结果，忽视评价。

5. 教与学的过程设计

步　骤	主要内容	设计意图
步骤1	**开场介绍** 　教师介绍本节课由生物老师和化学老师共同上一节项目式学习课，如果学生在完成项目的过程中有任何问题，两位老师都会提供学科方面的支持和帮助。	两科老师同在一节课上课，对于学生是比较陌生的，让学生明确本次上课的形式，每位老师可以给学生提供什么帮助。
	课题引入 　教师以自热盒饭在日常生活中为人们提供了便利引入本课主题"请大家为自己郊游设计一款自热盒饭"，并引导学生思考设计一款自热盒饭要考虑哪些问题。	明确项目。
	项目分解 　（1）设计自热盒饭，要解决的核心问题是什么？（如何加热与吃什么） 　（2）关于加热，要解决什么问题？（用什么加热与用多少量） 　（3）根据已学知识，要如何实现加热？ （$CaO+H_2O \longrightarrow Ca(OH)_2$）	提出项目的核心问题并逐级分解。 　利用已学知识解决实际问题。
步骤2	**学生汇报** 　学生汇报市场调研和文献调研结果。 　• 市场调研加热包的主要成分为氧化钙、铝粉、碳酸氢钠。 　• 文献调研结果见下表。	通过对比结果，学生认识到真实问题的复杂性。 　在解决真实情景问题的过程中，除了利用已有知识

公 司	加热包成分
Luxfer Magtech	镁粉、铁粉
Crown Cork	氧化钙、镁粉或铝粉、铁粉
Tempra Technology	甘油气泡、粉状钾化合物
Brendan Coffey	铝片、团聚纳米颗粒二氧化硅

和技能，文献调研及市场调研也是科学、严谨和必不可少的手段。

步骤 2

实验探究

（1）利用提供的实验设备和材料进行实验探究，记录不同成分放热使水温产生的变化。不同加热包成分见下表：

组 别	加热包成分
1	5.6g CaO
2	5.6g CaO+0.5g Mg+1g Fe
3	0.5g Mg+1g Fe
4	0.5g Mg 和 1g Fe

（2）根据公式 $Q=-cm\Delta T$，利用记录的数据计算不同加热包中每克加热剂释放的热量，选出加热效果最佳的加热包。

（3）对比数据，分析镁粉、铁粉的放热原理：镁粉、铁粉反应形成微小原电池进行放热。

计算每克加热剂释放的热量，是为了解决"用多少加热剂"这个问题。

通过实验探究，分析镁粉、铁粉放热的原理，回答"用什么加热"这个问题。培养学生科学探究、证据推理、知识迁移的能力。

项目分析

（1）虽然我们已经解决了"用什么加热"的问题，但还没解决"用多少加热剂"的问题。（加热包总质量＝总热量／加热剂释放的热量）

（2）如何确定"总热量"？"总热量"和什么有关？（与加热食物的种类和质量有关，可通过二者确定总热量）

此处引入"吃什么"的问题，为解决"总热量是多少"做准备。

步骤 3

确定食物包成分

（1）确定要加热的食物的质量，需要解决哪些问题？（人体一餐需要的能量及每种食物能够释放的能量）

（2）人体如何获取食物的能量。（有机物通过细胞有氧呼吸进行分解，产生 CO_2 和 H_2O 并释放大量能量）

（3）人体内能源物质的氧化分解与化学中加热包与水反应有什么联系？说明了什么？（都属于放热反应，说明能量的转化特征在自然界具有统一性）

明确确定要加热的食物的质量需要解决的问题。

体会学科知识的交叉，认识化学知识和生物知识具有关联性。

小组活动

根据食物的营养成分表，设计一个具有小组特色的自热盒饭食物菜单。

小组合作，解决"需要加热的食物质量"的问题。

确定食物菜单

如何确定食物菜单？（从营养均衡和便携角度考虑）

确定最终需要加热的食物包的成分和质量。

步骤 4

加热包总质量

根据已确定的食物菜单，如何计算加热食物包所需的总热量？（$Q=-\sum cm\Delta T$，$\Delta T=65℃$）

计算加热包中所需要的加热剂的总质量。

| 步骤 4 | 评价与改进
　　如何评价这个结果？（根据食物菜单准备盒饭，用设计好的加热包加热食物包，观察加热效果，记录相关数据，与商品化的加热盒饭进行对比，完成评价）
　　可以根据哪些因素改进加热包？（可以根据食物的制备、食物的保存、包装的材料、热量的分布改进加热包） | 认识评价的重要性。
与同类商品进行比较，提出改进思路，意识到真实问题的复杂性、综合性。 |

6. 教学设计特色分析

《普通高中化学课程标准（2017 年版 2020 年修订）》提倡创设真实且富有价值的问题情境，为学生提供真实的表现机会，从而促进学生化学学科核心素养的形成和发展。在本课程中巧妙融合了项目式学习与 STEAM 两种教学方式，将 STEAM 作为任务的内容和目标，项目式学习作为任务完成的方式和过程，其内容更加贴近学习和生活，可培养学生的团队合作意识以及解决问题的能力。

本课程的核心知识点为化学反应热，以"设计一款自热盒饭"为现实情境任务，要求学生通过小组合作完成任务。在完成任务的过程中，学生会遇到真实的驱动性问题，如怎么加热和吃什么等。学生在解决这些问题的过程中掌握核心知识，并对核心知识进行再构建。在解决如何加热的问题时，学生需通过市场与文献调研、小组合作、实验探究等多手段，确保学习在整个项目中得以有效进行。在解决食物成分的问题时，教师恰当引入生物学科中"细胞通过有氧呼吸释放能量"这一知识，让学生深刻体会学科知识间的交叉融合与应用。在小组活动时，融入营养健康教育，使学科知识和实际生活充分结合。整个项目涉及课前、课中、课后的学习任务，将学生的学习扩展到社会实践、理论研究、课堂实验、课后项目完善中，使学生的学习具有连贯性、持续性和深入性。

整个学习过程通过教师引领学生思考，指导学生动手操作，将理论知识应用于生活，体现了用高阶学习带动低阶学习的过程。整堂课程教师是教学的设计者、陪伴者、解惑者、引领者，学生不是直接从老师那里接受知识，而是通过实践、思考，将学过的知识进行运用。这样的方式可以有效将学生的学习素养转化为持续学习的动力。

7. 实践反思

本堂课，学生在"老师引导＋学生主要执行"的模式下，成功分解项目并完成项目，为郊游设计了一款包含加热包和食物包的自热盒饭。由于时间关系，实验探究方面没能让学生进行自主设计，而这部分恰恰能锻炼学生的高阶思维；对加热包的评价也没能让学生在课堂中完成，因此缺乏对改进措施的讨论。本堂课，学生在实验探究环节花费的时间较多，究其原因是平时动手操作的机会较少，之后的日常课程应该给予学生充分的实验操作时间，使学生在熟练掌握基本实验操作的基础上，提升实验设计能力、结果分析能力、评价能力等。

教案：对弈机器人

北京市第一七一中学 / 翟浩迪 / 推荐学习年级 初一至初三、高一至高三

1. 整体设计思路

以习近平新时代中国特色社会主义思想为指导，全面贯彻党的教育方针，遵循教育教学规律，落实立德树人根本任务，发展素质教育。课程以高中通用技术课程标准和劳动课程标准为指导，以提高学生的通用技术学科核心素养为主旨，以设计学习、操作学习为主要特征，以劳动课程学段目标第四学段（7~9 年级）为要求，即以令学生适当体验木工、电子等项目的劳动过程，体会 1~2 项新技术，如激光切割技术、智能控制技术为要求，进行课程设计，旨在让学生动手实践、出力流汗、磨炼意志，培养学生正确的劳动价值观和良好的劳动品质。

课程内容为制作对弈机器人，主要框架包含对弈机器人的结构设计和程序设计，在结构设计中，学生能了解我国传统榫卯结构的相关知识，掌握 3D 建模软件的使用方法，养成实事求是、严谨细致、精益求精的品质，增强劳动观念；在程序设计中，学生能了解控制板、执行器、传感器的概念，掌握其使用方法，掌握分支结构的概念及中断响应原理。

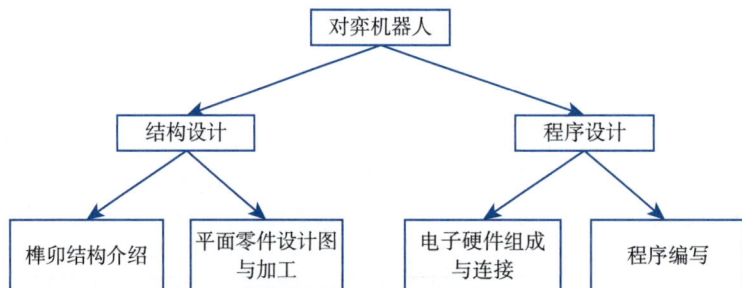

```
                    对弈机器人
              ┌──────────┴──────────┐
           结构设计                程序设计
         ┌────┴────┐          ┌────┴────┐
     榫卯结构介绍  平面零件设计图   电子硬件组成   程序编写
                  与加工         与连接
```

2. 目标设计

（1）了解常见的榫卯结构和榫卯结构的特点。
（2）通过设计与制作对弈机器人，形成初步的工程意识和工程思维。
（3）通过使用 3D 建模软件和激光切割机，培养基本的设计能力。
（4）通过设计程序及程序的使用，感受智能控制技术在生产与生活中的重要作用。

3. 学习内容分析

教学内容及内容结构分析

技术是指从人类需求出发，秉持一定的价值理念，运用各种物质及装置、工艺方法、知识技能与经验等，实现具有一定使用价值的创造性实践活动。技术是人类文明的重要组成部分，是人类物质财富和精神财富的积累形式。劳动是创造物质财富和精神财富的过程，是人类特有的基本社会实践活动。劳动教育是对学生进行热爱劳动、热爱劳动人民的教育活动，倡导"做中学""学中做"，激发学生参与劳动的主动性、积极性。高中通用技术是以提高学科核心素养为主旨，以设计学习、操作学习为主要特征，立足实践、注重创造的一门课程。

本课主要分为两部分，一是对弈机器人的结构设计，二是对弈机器人的程序设计。结构设计主要依托通用技术课程中设计图样与制作模型相关的知识，以具体任务——设计对弈机器人为载体，使学生在学习过程中，完成对零件的设计，学会建模设计软件及激光切割机的使用方法，掌握榫卯结构的相关知

识。程序设计需要学生掌握 micro:bit 控制板的使用方法，完成传感器检测棋手的触碰信号，micro:bit 控制板根据触碰信号确定棋手信息及下棋位置，进而点亮对应的 LED 使其发出对应颜色的光，记录棋手得分，判定输赢等功能。

本课将传统工艺与现代加工工艺相结合，以制作对弈机器人为实践项目，通过"心传身授"和"体知躬行"的教育过程，使学生体悟工匠精神。

教学重点
掌握相关软件的使用方法、分支结构的相关知识、中断响应原理。

教学难点
使用软件进行对弈机器人的结构设计与程序编写。

4. 学情分析

学生已在劳动教育中学习了整理与收纳、烹饪与营养、农业生产劳动和传统工艺制作等内容，具备了良好的劳动习惯与品质，但对新技术的体验还不足，本课使学生通过制作对弈机器人，感受技术的重要性，激发对劳动技术与通用技术的学习兴趣。

5. 教与学的过程设计

步　骤	主要内容	设计意图
新课引入	教师向学生展示制作好的对弈机器人，引导学生观察其外形，并通过提问的方式，引入榫卯结构。	通过展示实物，让学生直观了解榫卯结构，激发学生的探索欲望。
新课学习	（1）教师展示常见的榫卯结构。学生根据观察结果，回答榫卯结构的特点是什么。（连接稳定，可有效限制各结构件向其他方向活动，便于维修和运输，可承受较大负载） （2）教师提问：对弈机器人外壳的加工工艺是什么？（激光切割）	让学生了解榫卯结构的特点，感悟传统工艺的魅力。传统工艺结合现代加工工艺，体现技术的发展以及科技的进步。 让学生初步认识激光切割。
结构设计	（1）对弈机器人由哪些部分组成？（由顶板、底板、隔板、侧面板、固定按键用板、固定引脚用板、电路部分等组成） （2）介绍 3D 建模软件的使用方法。	让学生掌握 3D 建模软件中线、矩形、偏移、修剪、阵列等功能的使用方法，学会绘制矩形、圆形等基础图形，并尝试设计对

结构设计	（3）使用 3D 建模软件设计对弈机器人的结构件。 （4）什么是激光切割？激光切割的优点是什么？（知识讲解，激光切割技术是将从激光器发射出的激光，经光路系统，聚焦成高功率密度的激光束。激光切割具有精度高、切割快、切口平滑、加工成本低等特点） （5）使用激光切割机加工椴木板得到对弈机器人的结构件。	弈机器人的结构件。 　　了解激光切割，知道激光切割的优点。感受新技术在生产、生活中发挥的重要作用，体悟劳动人民创造新技术的智慧。
程序设计	知识介绍 　　（1）教师展示波士顿动力公司的两款经典机器人，并提问：这两款机器人的结构组成和功能并不一样，为什么它们都被叫作机器人呢？日常生活中常见的扫地机器人，完全看不出"人"的特征，为什么也被叫作机器人呢？（事实上，并不一定是仿照人的外形制作的才叫机器人，使用电子元器件制作的具有一定机械结构，能模拟人类的感官、动作、行为等的就可以被称作机器人） 　　（2）介绍对弈机器人可以模拟哪些人类的感官或行为。（传感器模拟人类眼、耳、鼻等感官，判断输赢等操作模拟人类的大脑行为等） 　　（3）逐一介绍对弈机器人用到的硬件，如 micro:bit 控制板及其扩展板、LED、按钮的基本概念、使用方法、可完成的功能等。其中，扩展板有 2 块，1 块用于扩展传感器，1 块用于扩展 I^2C 总线。 　　（4）介绍 I^2C 总线。 　　（5）讲解电路连接方式。 　　• micro:bit 控制板通过插槽连接其扩展板。连接时需注意 micro:bit 控制板的 LED 矩阵应朝上，且确保扩展包可以将 micro:bit 控制板的各个引脚功能正确扩展。 　　• 使用 I^2C 总线串联 LED，连接时需注意接线颜色及 I^2C 地址拨码开关的设置。每 3 个 LED 为一组，将每组分别连接至扩展 I^2C 总线的扩展板的引脚 0~4 上。然后将扩展 I^2C 总线的扩展板连接至扩展传感器的扩展板的 I^2C 端口。	介绍机器人的概念及机器人的基本组成部分，使学生对机器人的概念有明确认知。 　　通过对弈机器人模拟的感官或行为，逐一介绍对弈机器人所用的硬件，以及硬件的相关知识。 　　使学生掌握各个硬件之间的电路连接方式。

程序设计	 （6）组装对弈机器人。		体验动手组装零件的过程，增强学生的动手能力及合作意识。

程序编写

（1）确定信号流向。棋手按下按钮产生触碰信号，micro:bit 控制板根据触碰信号确定棋手信息及下棋位置，进而点亮对应的 LED 使其发出对应颜色的光。

确定信号流向，便于理清程序设计思路。

（2）为便于编程，给 LED 和按钮进行命名，使其名称相互对应，如将 1 号 LED 命名为 RGBButton1，1 号按钮命名为 button1，以此类推。

便于编写对应程序。

（3）绘制各个模块的程序流程图。

流程图可以帮助学生更好地理解各模块间的关系。

- 按钮检测模块。此部分程序使用分支结构，即分别判断每个按钮是否被按下，如果被按下则记录按钮是由哪位棋手按下的，并更换棋手。

- 计分模块。此部分程序使用分支结构，即先判断当前棋手的信息，然后记录被按下按钮的信息，将按下的按钮信息与预设的各棋手可获胜的情况进行对比，如有情况相符，则终止赛局，宣布棋手获胜；如没有情况相符，则继续赛局。

列举双方获胜的情况，让学生直观了解赛局获胜的条件。

（4）讲解中断响应原理。中断响应是计算机系统的一种响应方式，可大幅提高系统的工作效率。在对弈机器人按钮检测模块可应用中断响应原理，时刻监测按钮是否被按下，提高程序的工作效率，简化程序设计。

讲解中断响应原理，引导学生根据此原理完成按钮检测模块的程序，简化程序的设计。

（5）根据以上信息，编写整体程序。

铺垫知识，使学生清晰了解程序运行的过程，完成整体程序的编写。

6. 教学设计特色分析

本课教学以通用技术课程"设计图样的绘制"的单元内容为主，融入创客元素，融合劳动教育中相关内容，如激光切割技术和智能控制技术等，借助计算机辅助设计软件和编程软件，使学生在学习过程中，既能学习相关理论知识，也能掌握相关新技术的应用。此外，学生在课上完成对弈机器人的设计与制作后，可以在其基础上，利用课余时间完成创新，这对提升学生的动手能力有正向刺激作用。

7. 实践反思

本课教学融合了通用技术和劳动教育的课程内容，面向中学生群体，由于通用技术是高中生的课程，初中生知识水平还未达到相应高度，所以在向初中生授课时，要调整课程中的任务要求，使其符合相应年龄段的能力。

教案：光敏印章设计与制作

北京市东方德才学校 / 杨磊 / 推荐学习年级 高二

1. 整体设计思路

项目内容分析

（1）承载内容：通用技术《技术与设计 2》第二单元第三节"流程的优化"。

（2）项目优势：制作光敏印章成本低、速度快，适合在课堂上制作并直接看到制作效果。

（3）要求：通用技术课程标准要求结合技术需求进行流程设计和对已有流程进行优化，并用流程图表达出来。

不同种类印章的制作流程不同，制作流程的改进就是工艺的优化。学生可通过比较不同种类印章的制作流程和动手加工光敏印章，结合加工原理、效果、加工设备、成本等因素，思考如何用流程图将制作流程表达出来。

光敏印章制作流程

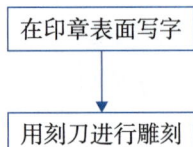

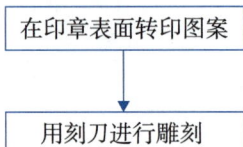

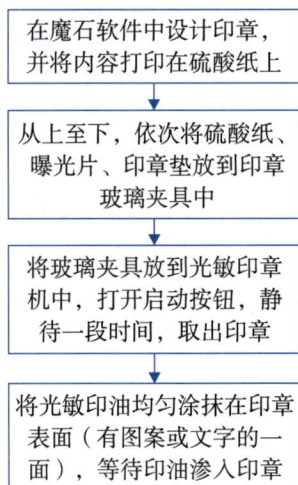

石头印章制作流程	橡皮印章制作流程	光敏印章制作流程
在印章表面写字	在印章表面转印图案	在魔石软件中设计印章，并将内容打印在硫酸纸上
↓	↓	↓
用刻刀进行雕刻	用刻刀进行雕刻	从上至下，依次将硫酸纸、曝光片、印章垫放到印章玻璃夹具中
		↓
		将玻璃夹具放到光敏印章机中，打开启动按钮，静待一段时间，取出印章
		↓
		将光敏印油均匀涂抹在印章表面（有图案或文字的一面），等待印油渗入印章

项目内容及课时分配

课 时	标 题	内 容
1个	光敏印章的设计	学生学习用魔石软件进行印章的设计
2个	光敏印章的制作	学生进行光敏印章制作,学习流程优化

本项目的育人价值

　　光敏印章的设计与制作和日常生活紧密相关,打印在硫酸纸上的内容可以是文字也可以是图案,学生可以自主设计。对比几种不同印章的制作流程有利于学生了解流程的优化。

2.目标设计

　　(1)学生阅读印章设计软件——魔石的操作说明书,结合流程相关知识,读懂说明书并独立设计印章上的文字或图案,促进图样表达能力的提升。(图样表达)

　　(2)通过动手制作光敏印章,体会流程优化的基本思路和方法,能用实例解释流程优化的基本要素。(物化能力、工程思维)

　　(3)比较和分析不同种类印章的制作方法,并用流程图表达出来,同时了解可以从哪些方面优化流程。(工程思维)

3.学习内容分析

教学内容及内容结构分析

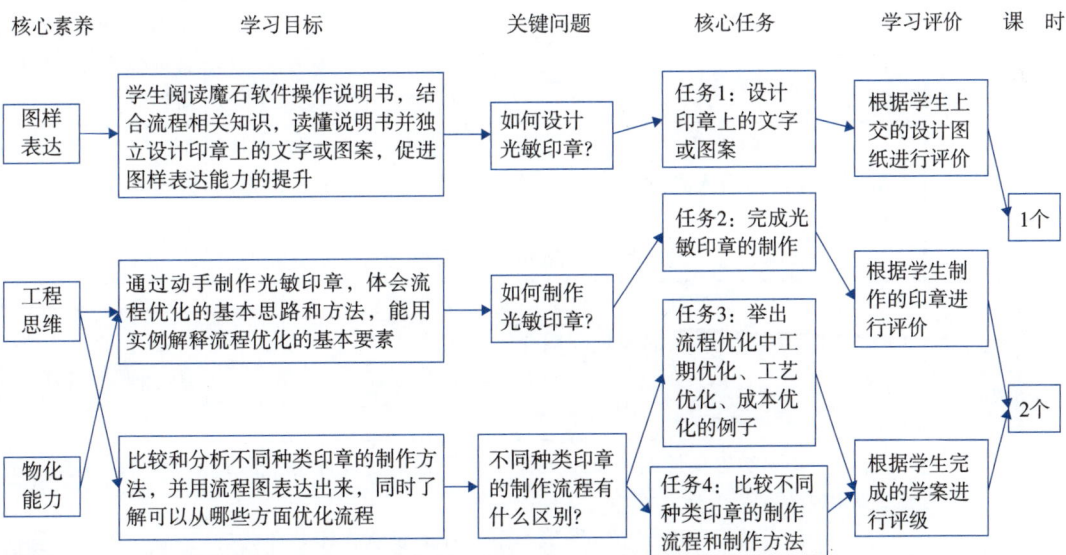

教学重点

　　学生能使用魔石软件修改印章尺寸,能区分左进和右进,能插入图片。学生通过动手制作光敏印章,体会流程优化的基本思路和方法,能使用实例解释流程优化的基本要素。

教学难点

　　学生因急于操作可能会漏读魔石说明书的某些细节或未完全掌握光敏印章机的使用方法,导致在制作光敏印章过程中遇到问题。

4. 学情分析

（1）学生已经学过流程的探析和流程的设计，对流程的基本概念及特征有明确的认识，能够将流程的知识运用到实践中。第一节流程的探析中已经介绍过流程不是一成不变的，不同的流程设计会造成不同的结果。这个知识为本节的学习奠定了基础。

（2）学生对制作印章充满兴趣，想设计一个具有自己特色的印章。

（3）学生虽然见过印章，但大部分学生对不同种类印章的制作过程不是很了解，部分制作过橡皮章的学生会更好地迁移知识。

5. 教与学的过程设计

步　　骤	主要内容	设计意图
项目介绍	（1）介绍光敏印章项目，明确本项目要用 3 个课时完成。第 1 个课时使用魔石软件设计光敏印章；第 2~3 个课时制作光敏印章。 （2）引导学生回忆流程相关知识。	明确项目的课时安排。
魔石软件讲解	（1）讲解魔石软件的部分使用方法，如修改印章的尺寸、左进和右进会改变印章上内容的排列方向等。 （2）学生按照老师讲解的方法进行操作。	学生在教师指导下操作软件。因为印章的尺寸直接影响加工，所以老师要一一带着学生修改印章的尺寸，保证最后制作的效果和成功率。
学生阅读说明书	（1）学生阅读说明书，学会使用"插入文字"和"插入图片"按钮将对应内容插入到软件中，并学会使用"微调"工具，将内容对齐。 （2）教师巡视，及时发现问题并解决问题。	引导学生阅读说明书。
学生设计印章上的文字或图案并提交	（1）学生独立设计光敏印章上的文字或图案。 （2）教师巡视，及时发现问题并解决问题。	每人独立设计印章上的文字或图案，促进图样表达能力的提升。
引入	（1）展示学生设计的印章上的文字或图案，对设计得不错的学生提出表扬。 （2）将硫酸纸发给学生，明确本节课任务是制作印章和分析可以优化流程的基本要素。 （3）学生检查硫酸纸。	明确课堂任务。
制作印章	（1）教师使用图片形式形象地展示制作过程，并强调夹具、光敏印章机、硫酸纸、印章垫、曝光片等名称。 （2）将学生分为 2 人一组，每组中一人排队雕刻印章，另一人完成学案，即用流程图的形式展示印章的制作流程。	通过动手制作光敏印章，了解制作流程，并用流程图将制作流程表达出来。

分析流程优化的基本要素	（1）展示石头印章和橡皮印章的制作流程，并引入流程优化定义：对流程的改进过程称为流程的优化。优化目的为提高工作效率、降低成本、降低劳动强度、节约能源、减少环境污染、保障安全生产等。 （2）流程优化包括工期优化、工艺优化、成本优化等。 （3）从流程优化角度看，光敏印章的制作流程较石头印章和橡皮印章的制作流程有哪些优化？（工期缩短、加工工艺发生改变、成本降低）	体会流程优化的基本思路和方法，能使用实例解释流程优化的基本要素。
手工雕刻印章和光敏印章流程对比分析	（1）分析石头印章、橡皮印章、光敏印章制作的变化。材料由石头变成橡皮又变成橡皮垫；雕刻原理由直接通过物理手段使材料通过凹陷或突出的部分显示文字或图案，到将不渗油的薄膜粘贴到橡皮垫上。 （2）使用表格展示 3 种印章制作流程的优缺点。	比较和分析不同种类印章制作流程的优缺点，了解流程优化的过程。

	石头印章	橡皮印章	光敏印章
优点	可体现个人雕刻风格	可体现个人雕刻风格；对雕刻技术的要求较石头印章有所降低	易学、成本低、雕刻速度快
缺点	对雕刻技术要求高；雕刻速度慢	材料单一；雕刻速度慢	需要使用计算机和光敏印章机

6. 教学设计特色分析

（1）光敏印章机价格便宜，使用方法简单，制作印章速度快，学生可自己操作。

（2）魔石软件使用方法简单，易于上手。

（3）有条件的学校，可以在制作光敏印章前，带学生体验石头印章和橡皮印章的制作，并记录成本、制作时间等要素。这更有利于对比和分析不同种类印章的制作流程。

7. 实践反思

（1）魔石软件使用方法简单，易于上手，但存在插入图片后，图片丢失的问题，建议学生上交作业时，将图片一起上交。

（2）学生设计的文字和图案多种多样，但魔石软件会将彩色图片自动转换成黑白图片，从而丢失大量细节，需提醒学生尽量选择单色图片。

（3）建议引入印章标准或规范以拓展学生眼界。

（4）建议强调印章相关法律法规，做好法治教育。

教案：汇报与评价篮球收纳器模型

北京市西城区志成小学 / 任文秀 徐祉琳 / 推荐学习年级 3~6 年级

1. 整体设计思路

　　STEM 是科学、技术、工程、数学学科的简称，其教学强调在问题解决或项目设计的过程中将这几门学科交叉融合在一起，提高学生的学习兴趣和实践创新能力。STEM 教学可抹平知识理论与社会经验之间的鸿沟，具有跨学科、趣味性、情境性、合作性等特征，不仅要求教师具备跨学科的知识融合能力，还要求学生具备跨学科合作学习的能力，使学生在合作中互动，在探究中学习。本课程基于 STEM 教学的理念以制作新型篮球收纳器模型为主要内容进行设计。

　　制作新型篮球收纳器模型的项目式学习任务为：发现学校内现有篮球收纳器的优缺点；小组合作完成新型篮球收纳器模型的结构设计与制作；测试模型、汇报制作情况并评价不同模型的优缺点。

　　学校内现有篮球收纳器具有以下优点。

- 现有的篮球收纳器用的是铁条，而不是铁板，这样不仅节省了材料，还减轻了篮球收纳器的质量。
- 可以上锁，具有防护功能。
- 容量较大。
- 有轮子，方便移动。

其具有以下缺点。

- 收纳不整齐。
- 占地面积大。
- 球与球之间空隙太大，空间利用不足。

以"设计篮球收纳器模型""制作并测试篮球收纳器模型""汇报与评价篮球收纳器模型"为任务组织课程，将多学科知识融合在内，让学生"动手做""做中学"。篮球收纳器的结构和制作材料多种多样，教学中引导学生通过探究结构的稳定性，了解一些立体形状的稳定性和承重能力，并根据探究结果设计篮球收纳器模型。学生通过探究、设计、制作、测试、汇报、评价，体验整个项目并学习多学科知识。本教案针对"汇报与评价篮球收纳模型"任务进行课程设计。

2. 目标设计

　　（1）知识与技能。
- 通过汇报作品的制作情况，训练语言表达能力和临场发挥能力。
- 能分析与评价作品，反思作品的不足，并能对作品进行修改。
- 能依据测试模型说出模型的优缺点，并能提出优化建议。

　　（2）过程与方法。
- 学会工程验收汇报方法。
- 通过互评，形成批判性思维。
- 学会分享、交流，并能拓宽设计思路。

　　（3）情感态度价值观。
- 体会小组合作的重要意义，形成向他人学习的意识。
- 了解结构特点，提升观察分析能力。
- 思考建筑建构特点，并进行知识迁移，设计合理的篮球收纳器。
- 培养实事求是的科学态度。

3. 学习内容分析
本节课的教学内容以小组汇报与评价为主。小组对篮球收纳器的制作情况和测试情况进行汇报，并根据互评，分析自己作品的不足，同时拓展思路提出优化方案。

4. 学情分析
学生在本课前已完成了篮球收纳器模型的制作，但想要制作一个好的篮球收纳器，只通过实际模型总结的优点进行设计还是不够的，所以本课的主要内容是汇报和评价，旨在通过此内容，使学生发现模型的不足并进行优化，同时锻炼交流能力，促进批判性思维的形成。

5. 教与学的过程设计

步　骤	主要内容	设计意图
步骤 1	**教师活动 1** 　　（1）教师：经过前面 14 节课的学习、设计、制作，现在各组同学完成了各具特色的篮球收纳器模型。而做完篮球收纳器模型并不是本章 STEM 教学特色课程的终点，你认为我们还需要进行什么环节？ 　　（2）教师：为了让其他同学了解你们组制作的篮球收纳器，我们先进行汇报环节。你们可以从以下几个方面进行汇报。 　　• 你们组制作的篮球收纳器模型的特色或创新点是什么？ 　　• 你们组制作的篮球收纳器模型的使用方法是什么？如何将球放进去，如何将球取出来？ 　　• 为了增强篮球收纳器模型的稳定性和承重能力，你们小组特意制作了哪些结构？ 　　事不宜迟，现在就让我们开始汇报吧！	教师充当"产品发布会"中"主持人"的角色，总结项目前期学习、制作、测试的内容，引导学生进行清晰、有序的汇报。
步骤 2	**教师活动 2** 　　在学生汇报阶段对学生进行引导，使其完成汇报、评价、优化方案等环节。 　　教师：我们在之前的课上如何测量篮球收纳器模型的性能？因为我们的模型比较小，所以用高尔夫球代替篮球对模型进行测试，在测试过程中，我们要观察篮球收纳器模型的哪些表现呢？（观察稳定性、承重能力、是否方便拿放）为了节约时间，每个小组都录制了测试视频，接下来就请结合视频内容进行汇报吧！ 　　教师：请同学们对这组汇报的内容进行评价。	学生通过汇报，锻炼语言表达能力和临场发挥能力。 　　通过相互评价，调动学生积极性，同时培养学生分析和评价产品的能力。

| 步骤 2 | 学生活动
（1）第一组学生汇报。

• 创新点：双面设计，其中一面采用滑梯样式进行设计。
• 使用方法：篮球收纳器模型是双面的，一面为滑梯样式，球从上方放入沿轨道滑到下方；一面为低层储物样式，方便个子不高的同学拿放球。
• 为增强稳定性和承重能力的设计：模型采用双面设计且一侧为低层设计，增加稳定性；使用木条增加承重能力。
（其他组同学根据汇报内容进行讨论、评价）
（2）第二组学生汇报。
• 创新点：采用扭蛋机样式进行设计。
• 使用方法：从模型上方放入球，取球时扭动"扭蛋机"旋钮，球就会从下方滚出来。
• 为增强稳定性和承重能力的设计：模型重心靠下，可保障稳定性；使用纸板和热熔胶增强承重能力。

（其他组同学根据汇报内容进行讨论、评价）
（3）第三组学生汇报。
• 创新点：主体采用滑梯样式进行设计。
• 使用方法：球可从上方放入沿轨道滑至下方，方便不同身高的同学拿放球；球也可置于滑梯样式的结构旁边的柱状结构的框内。

• 为增强稳定性和承重能力的设计：采用三角形结构及重心靠下的方法增强稳定性；在滑梯样式的结构旁边设计柱状结构的框以增强承重能力。
（其他组同学根据汇报内容进行讨论、评价） | 设计时需要应用数学知识计算轨道尺寸，展现了跨学科知识的应用。

体现设计灵感来源于生活，体现创新性。 |

步骤2	（4）第四组学生汇报。 • 创新点：排列整齐。 • 使用方法：将球放置在架子上，球可被整齐排列。同时，因为架子每层高度不一样，适合不同身高的同学拿放球。 • 为增强稳定性和承重能力的设计：模型重心靠下，可增强稳定性；使用纸板和木条增强承重能力。 （其他组同学根据汇报内容进行讨论、评价） （5）第五组学生汇报。 • 创新点：采用滑梯样式进行设计。 • 使用方法：模型最上面一层可以直接放置篮球；中间为滑梯样式设计，可使球沿轨道滑至最下方，方便个子不高的同学拿放球。 • 为增强稳定性和承重能力的设计：重心靠下且使用了多个三角形结构增强稳定性；使用木条和纸板增强承重能力。 （其他组同学根据汇报内容进行讨论、评价） （6）第六组学生汇报。 创新点：采用柱状结构进行设计。 • 使用方法：球从上方放入落到下方出口，便于取球。 • 为增强稳定性和承重能力的设计：模型重心靠下，可增强稳定性；使用木条、柱状结构增强承重能力。 （其他组同学根据汇报内容进行讨论、评价）	
步骤3	**教师活动3** 　　教师：通过本课的汇报与交流，你对你的篮球收纳器模型有哪些反思？谈一谈你从其他组的汇报中获得了哪些新的想法和知识。	反思自己作品的不足，同时拓展思路提出优化方案。

6. 教学设计特色分析

　　（1）本课程的设计解决了校园中篮球摆放杂乱、不方便拿放的问题，体现了跨学科知识在生活中的应用。

　　（2）在设计篮球收纳器模型的过程中，学生需要结合已学过的三年级科学课"小小建筑师""建筑中的结构"等单元的知识，思考如何增强模型的稳定性和承重能力，完成知识的迁移。同时，通过科学探究，对比三角形结构和矩形结构、重心靠上和重心靠下等情况对模型稳定性的影响。

　　（3）增强数学知识的学习。在设计篮球收纳器模型时，既需要计算出合适的尺寸，如球的直径、轨道和其他形状框的尺寸等，也需要对图形的相关知识有所了解，如三角形稳定性大于四边形稳定性等。

（4）在解决问题的过程中，学生查找资料、反复思考、优化模型，考虑了容纳量、稳定性、承重能力等方面，设计了篮球收纳器模型，增强了创新意识。

7. 实践反思

本课开始要总结前期课程所学的内容，引导学生进行有序且清晰的汇报。在交流过程中，我发现学生对稳定性有不一样的理解，因为制作的材料使用的是质量较轻的纸板和木条，所以模型会产生轻微晃动，有的学生就认为是不稳定的表现；也有的学生认为这是材料导致的，和结构的稳定性无关，只要不倒塌，就是稳定性好。此部分我会在后续的教学中进行完善。除此之外，篮球收纳器是在操场上使用的，后续教学可以请体育老师从实用角度为学生提出建议。

论文：基于人工智能技术的手写识别智能盒的设计与实施

北京市第十三中学 / 马萍萍

一、研究背景

随着科学技术的快速发展，人工智能已经从科学家的实验室走进了学校的课堂，人工智能教育成为教育界关注的热点。开展人工智能教育，能够促进学生的全面发展。将人工智能教学融入中学的课程中，可以让学生加深对计算机、电学、力学、机械原理、数学思维等知识的了解，可以培养学生的思维创新与动手能力。人工智能教具是中学技术课程和综合实践课程的良好载体。

目前国内中学的人工智能教学，多以教师讲解理论知识和学生简单互动体验为主，学生无法直观体验人工智能技术的精髓部分，也无法真正理解主流人工智能技术的工作原理。导致学生学习人工智能技术只停留在知识层面，无法在竞赛和生活中应用人工智能技术，时间久了学生会失去学习人工智能知识的兴趣。

开展人工智能教学需要一款理论与实践相结合的教具，其能支持学生将人工智能知识转化为实践作品。基于此我设计了一款基于人工智能技术的教具。

二、研究方法

主要有文献资料法、行动研究法、调查研究法、实验法。

三、设计思路

① 在制作工艺方面，选用可轻松上手的激光切割技术。

② 在材料选择方面，选用成本较低的椴木板和亚克力板。

③ 在教具功能方面，教具不仅可满足学生动手实践的需求，还可识别手写数字、手写字母、手写文字、简单图案,等等,帮助学生理解人工智能技术,特别是深度学习算法的实现过程。

④ 在教具设计方面，外观选用小房子造型，硬件选用树莓派主控板及其扩展包、按键模块、摄像头、扬声器、OLED 显示屏、电源等，通过树莓派主控板和摄像头采集小房子手写板上的信息，利用 IAI 软件或其他模型悬链工具加载采集的图像数据，搭建神经网络，训练图像识别模型，将识别到的内容播放出来。

⑤ 在电路连接方面，按钮模块应连接至树莓派扩展板的 Pin16 接口，摄像头应连接至树莓派主控板的任意一个 USB 口，扬声器应插入树莓派主控板的 Audio 接口，OLED 显示屏应连接至树莓派 Pin1、Pin3、Pin5、Pin14 接口。

四、制作过程

① 确定教具选题及演示方案。

② 按照设计思路，准备制作材料。

③ 在计算机中绘制教具的 3D 模型，如图 1 所示，计算好尺寸，确认无误后，使用激光切割机加工教具的结构件。

④ 按照图纸组装教具的结构件，按照设计思路中的电路连接方式连接电路，并将两部分组装到一起。

⑤ 参考图 2 所示的程序编写教具所用程序。

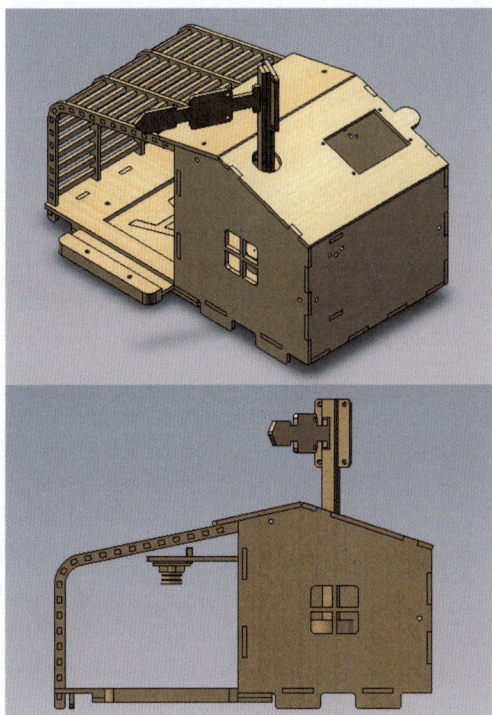

图 1 教具的 3D 模型

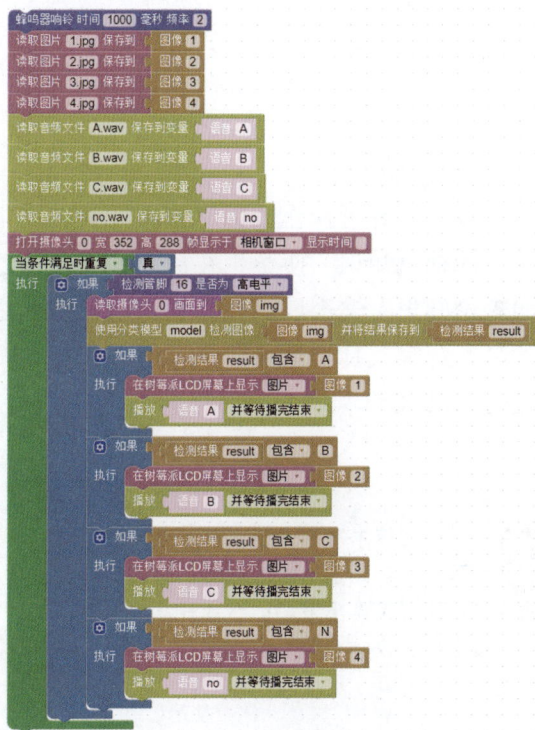

图 2 教具的参考程序

⑥ 设备调试，根据演示方案，对组装好的教具进行调试，提高演示的精确度。

五、教学流程

教学时，教师按照图 3 所示的流程进行演示，并引导学生按照图 4 所示的内容进行实践。

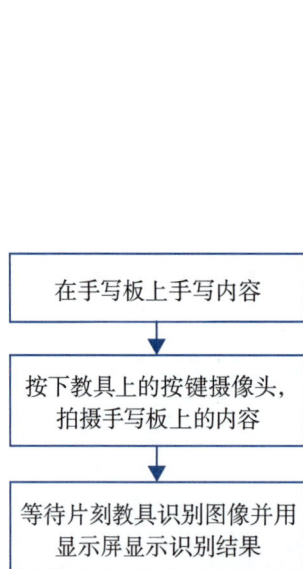

使用摄像头采集图像数据

↓

使用软件训练图像识别模型

↓

在手写板上手写内容　　　　编写程序

↓　　　　　　　　　　　　　↓

按下教具上的按键摄像头，　将程序导入教具，并调试教具
拍摄手写板上的内容

↓　　　　　　　　　　　　　↓

等待片刻教具识别图像并用　演示图像识别模型及程序的
显示屏显示识别结果　　　　使用效果

图 3　教师演示流程　　　　　图 4　学生实践流程

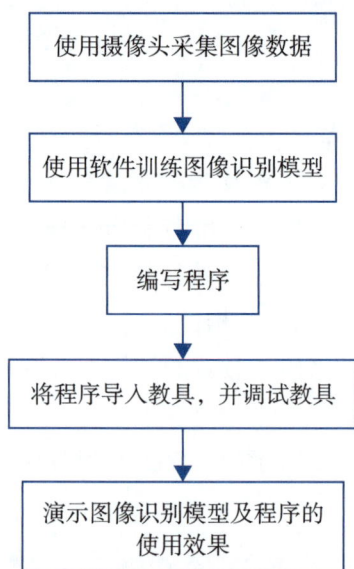

六、实施结论

本教具具有可操作性强、拓展性强、成本低等特点。其通过直观易懂的形式展现不易理解的抽象知识，使学生在探究和互动的过程中，了解人工智能技术中的深度学习算法的理论知识，学会训练模型的方法。除此之外，教学时，还可以引导学生调整采集图像的量，观察教具识别的效果，进一步探究图像的量对训练模型效果的影响，加深学生对相关知识的理解。

专家点评 人工智能技术发展迅速，若该学科在基础教育落地，除基于理论方面的教学外，的确还需要配套的理论与实践相结合的教具，才能有效促进学生将人工智能知识转化为实践教学效果。　该项目从学校的实际条件出发，创新地开发出了手写识别智能盒教具，并成功地将其运用于教学，是一个值得优化及推广的教具。

附　录

如何进行科学研究

　　"科学研究"这个看起来高大上的工作，其实我们小朋友也可以胜任，但需要我们了解和掌握相关的流程和要求，这里给大家做一些简单介绍。

　　科学研究是尝试解决科学问题或发明创造等的过程。科学研究首先需要确定选题——寻找有研究价值的问题，一个好的问题，是科学研究中非常重要的部分。有研究价值的问题可以是模糊未解的问题，也可以是我们日常生活中的一个小痛点；可以是科学问题，也可以是技术问题。科学研究可以是通过调查研究，推理并演绎得出问题的答案，也可以是制作一个小装置，解决生活中的小痛点。其实寻找有研究价值的问题并不难，只要细心观察生活，我们就会找到很多，比如如何优化垃圾分类，如何整理物品，如何减少污染，等等。甚至，我们自己的小爱好都能帮助我们找到具有研究价值的问题，比如小学生柴田亮通过在自家的院子中观察独角仙，在国际知名杂志 *Ecology* 上发表了有关独角仙生活习性的论文。

　　将有研究价值的问题作为科学研究的选题，我们就可以开始进行背景调研了，了解问题的"前因"，调研是否有其他人在相关问题领域做出了尝试和研究，基于他人的工作进行深入研究。我们要知道，大多的研究是建立在前人工作基础上的，就如经过上千年的历史，从古代先人对无穷大、无穷小的探讨，到化圆为方的问题，再到开普勒等对曲面体面积及体积的近似求解，而后到卡瓦列里、帕斯卡、费马等对微积分的早期研究，最后到笛卡儿创立解析几何，牛顿基于这些水到渠成地创立了一种和物理概念直接联系的数学理论——流数术，即微积分理论；再如牛顿受英国科学家玻意耳、哲学家霍布斯，法国科学家伽森狄所研究理论的影响，提出光的微粒学说；又如在开普勒、伽利略、笛卡儿等人研究的基础上，牛顿发现了万有引力定律。就连震撼人们宇宙观的爱因斯坦相对论，也是基于无数科学家不断探究总结的经验提出的。而如果没有爱因斯坦，相对论还会诞生吗？会的，其实在 1905 年爱因斯坦发表狭义相对论的论文后，庞加莱也发表了有关相对论理论的论文。可以说这些伟大的理论是时代发展的产物，是历史和时代孕育产生的，由科学家助了一把力。

　　这里花了这么多笔墨，是想强调背景调研的重要性，进行科学研究的小朋友们一定要重视这个环节，要多读、多看，不断地学习。现在进行背景调研，要比前人容易多了，除了通读前人的书籍文章，我们使用互联网检索信息，询问老师、父母，咨询科研单位等，都可以了解到问题的"前因"。

　　做完背景调研，就可以进入实施阶段了，即设计研究方案，寻找解决问题的途径；动手实践，尝试解决问题；总结研究过程与结论，撰写研究报告等。

　　科学研究不是浅尝辄止，是在不断试错、不断改进的基础上完成的，科学研究需要付出大量的汗水和精力。我们再回到柴田亮的例子上，他付出了大量时间观察独角仙，将其他小朋友用来玩的时间用在了观察独角仙上，凭着对独角仙的浓厚兴趣，为了解答心中的疑问，不断地观察，不断地总结，和身边老师及大学研究人员请教探讨，最终完成了论文，获得了审稿专家的一致认可。一篇有价值的论文绝不是一蹴而就的，其中凝聚了柴田亮大量的时间和精力。我们在科学研究中，可能会遇到各种挫折，但不要气馁，做好记录，这些都会让我们离成功更近一步，就如著名的寻找"以太"的迈克耳孙 - 莫雷实验，"以太"没有找到，却改变了我们人类的认知。

我们在科学研究的过程中，要善用各种科学研究方法，如比较法、推理演绎法、模型法、控制变量法、等效替代法、因子分析法等；要善用各种工具和方法，帮助我们解决问题。

最后希望小朋友们能去探究与解答自己心中的疑问，做小小科学家。

如何进行论文写作

论文写作需要使用科学语言，其用语要严谨、精练，专业词语要前后文统一，避免逻辑不通及文章内容过于口语化的情况。

科技论文的结构是有固定格式的，一般包括论文标题、摘要、关键词、正文、参考文献、附录等。论文标题要精练，可以让人一目了然论文的主要研究方向。摘要一般为使用100~200字概括论文的主要内容及研究意义，可以让人使用较短时间了解整篇论文的大致内容。关键词一般为论文中高频出现或根据论文主要内容提炼出的有高相关性的词语，列于摘要下方。正文为论文的主体部分，一般包含研究背景、研究方法、研究结果、结论。其中，研究背景中要介绍研究大致的背景、研究的必要意义、相关领域已有的成果、成果中的不足、本研究要解决的问题等内容；研究方法中要写明使用了哪些方法及如何使用这些方法（或理解为展示研究方案设计、研究过程、研究细节等）；研究结果中要呈现研究所得数据或现象，并要对其进行讨论，提炼出具有参考价值的结论；结论要与摘要内容呼应，对研究整体工作进行概括性总结，并阐述针对本研究要解决的问题得出了哪些结论。论文中如有引用或借鉴他人研究成果、相关信息等内容，应在对应内容处进行标注，并在参考文献部分列出引用或借鉴的出处，以便读者进行参考和研究，此处需要提示的是引用不同类型的信息时，如引用图书中的信息、期刊中的信息、网页中的信息等，其参考文献格式是不同的，可使用在线的参考文献格式生成器生成。此外，如有对正文起补充说明的材料，可以通过文字、图表等形式展示在附录。

要想写好一篇科技论文，光知道这些是不够的，还需要多读、多写、多总结。看看其他人的论文是怎么写的，参考其内文格式、遣词造句，理解不同部分要展示的内容是哪些。尝试将自己所做的科技研究用论文的形式表达出来，多写并让老师或家长帮着修改，总结自己的不足，不断提高自己。当然，除了这些，新颖的研究方法、充实的研究数据等也是科技论文写作所必要的支撑。如果想要检验自己所写论文是否"达标"，试着在相关期刊、报纸等平台发表自己的论文，是一种不错的方法。最后，期待大家不仅可以做科学研究，还能完成科技论文写作。

北京青少年科技创新大赛流程

北京青少年科技创新大赛为全国青少年科技创新大赛的基层活动。根据全国创新大赛通知及要求，北京青少年科技创新大赛组委会结合参赛选手的综合素质及创新作品，按名额择优推荐参赛选手参与全国青少年科技创新大赛。

如果您是北京市在校中小学生，并有意愿参加北京青少年科技创新大赛，那么可以通过就读的学校进行项目申报。大赛目前不接受学生个人直接申报，或学生个人通过校外教育机构、社会企业等进行项目申报。参赛选手需要先参加区级赛事，然后由区级青少年科技创新大赛组织机构按分配名额在获奖选手中择优进行推荐。以下为北京青少年科技创新大赛流程。

1. 区级赛事

区级青少年科技创新大赛组织机构参照北京青少年科技创新大赛的章程和规则，结合本地区实际情况，于每年 11 月自行开展区级赛事，并在规定时间内，按分配名额推荐优秀项目参加北京青少年科技创新大赛。

2. 市级赛事

北京青少年科技创新大赛组委会于每年 12 月至次年 3 月开展市级赛事项目申报、资格审查、初评和终评活动；次年 4 月至 10 月，完成公示获奖名单、印发获奖通知、颁发证书和组织开展总结会等工作。

北京青少年科技创新大赛以"发现、创新、责任"为主题，设置 6 赛项，即面向青少年的科技创新成果、创客作品、科技实践活动和科学幻想绘画；面向科技辅导员的科技教育创新成果、创客教师作品。

期待广大青少年踊跃参加北京青少年科技创新大赛，展现你们的创新能力和科学素养！

北京青少年科技创新大赛获奖名单

第 42 届北京青少年科技创新大赛少年儿童科学幻想绘画一等奖获奖名单

作品名称	参赛者	学校名称	辅导教师
航天梦	毛一涵	北京市航天中学	王要
云中城	李依璇	北京市昌平区昌盛园小学南邵学校	刘颖
医疗空间站 2.0	王珂瑜	北京师范大学昌平附属学校	张孟
航天员的演唱会	徐子翔	北京市顺义区裕龙小学	王上
星河筑梦——畅想古今	王禹博	北京市建华实验亦庄学校	张卓旸
探索宇宙	程厚华	北京市朝阳师范学校附属小学	马俊杰
机器人服务员	高启淞	北京市延庆区第四小学	卫新伟
黑科技岛屿建造机	彭茜茜	北京市大兴区采育镇第一中心小学	刘越
太空旅游	梁佳艺	北京市昌平区巩华学校	张欣妍
神奇的外太空	孙舒曼	北京市丰台区丰台第五小学	张红燕
全地形野外科学考察站	王沛涵	北京市西城区育翔小学	刘琪
"芯"中的智慧学堂	李承轩	北京市东城区府学胡同小学	孙超
海底卫生站——机械鱼	杨馨淇	北京小学大兴分校亦庄学校	王丽
我的太空航天梦	王鹤霏	北京市西城区师范学校附属小学	滕景欣
未来 AI 科技	王梓晴	人大附中北京经济技术开发区学校	哈妮斯
星球探秘	李睿罡	北京市平谷区南独乐河中心小学	王爱娟
梦之城	王晨羽	北京市通州区运河中学	刘璇
基因重组器	徐小涵	北京市三帆中学附属小学	王欢
未来海底世界	何芊雨	北京市西城区黄城根小学	梁庆
不可思议的沙漠	曲雅玟	北京市西城区中古友谊小学	宋非易
未来餐厅	张炜	北京市密云区大城子学校	李树强
时空列车	尚思羽	北京第二实验小学白云路分校	王志
肺部治疗机	吕思娴	北京市昌平区南口学校	黄蓉
科学幻想画——月球都市	涂任宽	北京市西城区奋斗小学	赵蓬竹
时光穿梭机	魏萌	北京景山学校	陈秋香
空天航车 鸢鸟十号	李清颖	北京市昌平区南口学校	王鑫
未来空间站	董娅琪	清华附中昌平悦府小学	肖赫
海洋之城——海螺城	刘意桐	北京市丰台区时光小学	狄卫晨
地球守卫战士	李美辰	北京市丰台区时光小学	狄卫晨
太空之旅	谢沸洋	北京市丰台区时光小学	狄卫晨
梦之舟	段宇辰	北京市西城区宏庙小学	赵玉慧
生命之树	方玮晨	北京市昌平区天通苑小学	孔佳佳
未来超脑空间转换设备	赵书霆	北京市昌平区实验学校（振兴路校区）	李双艳
电网蜘蛛维修员	冯瑞泽	北京市延庆区八里庄中心小学	王宇霏
未来星球	李元欣	北京市朝阳师范学校附属小学（太阳星城校区）	王峰霞
梦幻深海度假游	付雨涵	北京市昌平区南口学校	王鑫

作品名称	参赛者	学校名称	辅导教师
救援神器蜘蛛背包	刘嘉文	北京市门头沟区大峪第二小学	孙艳玲
再生能源机器人	闻君坦	北京市延庆区第四小学	耿永杰
未来科技城	何宗仪	北京市顺义区空港第二小学	邬瑞之
未来新人类	姜子懿	北京市丰台区东高地第三小学	倪妍娜
机械空间	范雨彤	北京市昌平区南口学校	郭煦峰
数字人造可视系统	高爱路	北京市陈经纶中学嘉铭分校	刘晓庆
2073 未来城	孙一涵	北京市通州区运河中学	刘璇
护目智能学习利器——眼镜	马晓玛	北京市东城区东四九条小学	马煜
教室全息体验	乔熙雯	北京市朝阳区白家庄小学科技园校区	姚屹松
抗病毒机器人	王静伊	北京市陈经纶中学崇实分校	芦颖
视力矫正器	陆颖涵	北京市陈经纶中学崇实分校	柳淼
科技美少女	路畅	北京市陈经纶中学崇实分校	张佳杰
宇宙净空计划	朱潇琬	北京市朝阳区白家庄小学科技园校区	郭玉凝
我的航天梦	郭昱纬	北京一零一中学怀柔分校	赵丽
未来城市物流系统	王昊宸	北京市东城区史家胡同小学	张怡秋
垃圾转化器	包益睿	国家教育行政学院附属实验学校	任亚楠
5G 科技的发展	蒋羽欣	北京市昌平区天通苑小学	荣蕊
太空步行街	刘易鑫	北京市通州区中山街小学永顺校区	赵凤俊
七彩星际	温梓祺	北京市京源学校	黄博翰
环保未来	张慧钰	北京市第二十五中学	冯海玉
智能消防机器人	李昕瑶	北京市延庆区第四小学	常春梅
地震救援机器人	孙诗语	北京市延庆区第四小学	郑南楠
时光漫游	王梦琳	北京市昌平区马池口中心小学	蔡红曦
巡天探宇 解密星空	何沛菡	北京市昌平区南口学校	王鑫
多功能口罩机	李美澄	北京市第二中学经开区学校	姜乐彬
仿真学习机器人	王涵	北京市密云区河南寨镇中心小学	张孟盈
多功能昆虫放大镜	马诗洋	北京市第八中学京西附属小学	王雪霁
元宇宙	于照洋	北京市顺义区高丽营学校	李瑞
阿尔兹海默症治疗仪	张艺川	北京市大峪中学	贾茹
未来的智能空间站	陈奕鸣	北京光明小学	马全胜
自动病毒消杀机	陈佳妮	北京市大峪中学	贾茹
无限探索	任笑盈	北京市房山区长阳中心小学	邢晓波
智能未来	刘可心	北京十二中朗悦学校	童侠
病毒研究室	齐梓萌	北京市房山区城关小学新城校区	吕慧慧
万能号	张桐语	北京理工大学附属实验学校	任磊
星辰大海，纵横相依，遥遥星光，向你而来	曲宇翔	首都师范大学附属中学实验学校	赵越
枸杞智能自动化采摘机	余一诺	北京十二中朗悦学校	童侠
我眼中的未来	赵若言	北京市西城区黄城根小学房山分校	姚骐含
格利泽 832c 太空家园	王安滦	北京市密云区大城子学校	王静
AI 护眼魔术系统	张芷绫	北京市昌平区南口镇小学	马云菲

作品名称	参赛者	学校名称	辅导教师
天空之城	武芯桐	北京市密云区滨河学校	马烨
能源收集转换器	肖语宁	北京理工大学附属中学南校区	王巧思
探索宇宙深空	王梓萌	北京市海淀区枫丹实验小学	张莹
太空交通指挥中心	张知渔	北京市海淀区中关村第二小学	毛䜣赟
未来火星城市	王俊皓	北京市海淀区前进小学	程征
太空新城	刘智安	北京市海淀区双榆树第一小学	杨晔
拯救灭绝动物	王禹锡	北京育英学校西翠路校区	刘鑫
携手人工智能，共创科技未来	茹愿	中国人民大学附属小学	牛胜南
智能垃圾处理系统	彭冠雄	首都师范大学附属中学	刘佳
太空之城传输中心	吴卓骏	北京市海淀区八里庄小学	单雪
理想之城	姜珞珈	北京市育英学校	强志平
科技之城，共享未来	牛梓恒	北京市陈经纶中学嘉铭分校	周唯佳

第42届北京青少年科技创新大赛少年儿童科学幻想绘画二等奖获奖名单

作品名称	参赛者	学校名称	辅导教师
太空生活	杨梓萱	北京教育学院附属丰台实验学校	李丽允
高效有益菌转换系统	孙懿瑄	北京教育学院附属丰台实验学校	李宇
科技乡村水循环	金珠蒽	北京亦庄实验小学	张怡婷
幻宙	聂高诗越	北京市丰台区丰台第二中学附属实验小学	李娜
未来世界	朱妍	北京汇文中学	刘芳
遥望未来	苏泓睿	北京市丰台区长安新城小学	赵卫红
"眼睛"医院	蔡颜熙	北京市昌平区巩华学校	钟媛
新新世界	王釯瑜	北京市昌平区平西府中心小学	胡肖依
龙形宇宙探测器	周冠霖	北京市顺义区教育研究和教师研修中心附属实验小学	雒伟琦
未来全自动垃圾回收和分类处理站	王洛	清华大学附属中学管庄学校	雷晓彤
科技时代	崔雅淇	北京市建华实验亦庄学校	张卓旸
奔向2049	赵鑫源	北京市延庆区第四中学	白雪松
太空基站	乔奕涵	北京市丰台区丰台第五小学	张红燕
第二颗太阳——岁星核聚变实验基地	陈梓航	中国人民大学附属中学朝阳学校小学部	马莹
我与外星猫的星际奇遇	张熙瑞	中国人民大学附属中学朝阳实验学校	张杨
星球探索	何诗琪	北京市西城区黄城根小学	梁庆
太空和谐号	闫龙	北京市顺义区裕龙小学	张静
原油泄漏回收装置	石昕玉	北京市西城区黄城根小学	刘丹
地球大脑	岳瑛璩	北京市西城区黄城根小学	刘丹
DNA转化仪	田旭东	北京市昌平区马池口中心小学	周立娟
沙滩智能清洁蟹	王约文	北京市西城区黄城根小学	梁庆
脑机接口——连接我们的爱	唐晨曦	北京市西城区师范学校附属小学	白梓杨
未来精城	李鑫远	北京市平谷区东交民巷小学马坊分校	贾楠

作品名称	参赛者	学校名称	辅导教师
遨游太空	左瑾瑜	北京市昌平区天通苑小学	王瑾
不遗忘手环	刘婕嬑	北京市西城区黄城根小学	李树人
智能海洋垃圾勘测器	孙健甯	北京市大兴区第二中学	王雪
探索元宇宙	井怡然	北京市西城区外国语学校	程万花
宇宙能量飞船	王铎越	北京建筑大学附属小学	张雪怡
未来能源城市	杨润	人大附中北京经济技术开发区学校	白天宇
熊猫未来城	尉斯宁	北京市朝阳区呼家楼中心小学团结湖分校	黄秋艳
高层救火	王渲臻	北京市西城区育翔小学	刘阿静
未来社区，未来生活	王天骐	北京第二实验小学广外分校	祁宇
人类、自然与人工智能	单景唯	首都师范大学附属顺义实验小学	郑晓彤
天人共生——地海相连的超级系统	闫李佳霓	北京市东城区板厂小学	常浩婧
宇宙探秘	刘紫伊	北京市陈经纶中学帝景分校	陈瑾
古镇新韵	刘沐垚	北京亦庄实验小学	顾春春
太空生命科学研究	马泽琳	北京市西城区志成小学	张兰
太空城	马紫琪	北京市崇文小学	顾晨
海洋垃圾处理器	郭思锐	北京市昌平区小汤山中心小学	杨晶
科学幻想——未来城	金子芃	北京雷锋小学	郑欣
飞入宇宙太空	徐若涵	北京景山学校	田君
自立自强创造航天奇迹	张楚仪	人大附中北京经济技术开发区学校	白天宇
太空漫游记	王思蒙	北京市顺义区双兴小学	刘宇
昆虫列车	薛可歆	北京景山学校	田君
神奇的纺布机	史小奇	北京市门头沟区大峪第二小学	孙艳玲
未来星际穿越	刘承铭	北京景山学校	陈秋香
宇宙社区	闫睿辰	北京市门头沟区大峪第一小学	刘雨彤
太空能源采集站	郝怡雯	北京第二实验小学浸水河分校	王濛
智能人类	东默含	北京市丰台区东高地第三小学	倪妍娜
海之城	张慕青	北京市昌平区前锋学校	齐逸迪
我们的海底家园	张绎濛	北京市西城区宏庙小学	叶明
人工神经网络	廖蕙泽	北京市西城区师范学校附属小学	安明
探索未来	李梓溪	北京市朝阳师范学校附属小学	马俊杰
梦想号 1	刘萱	北京市延庆区第四中学	曹殿明
9G 图书馆	李语菲	北京市昌平区天通苑小学	赵曦宇
新型潜水服	梁桐源	北京市昌平区马池口中心小学	赵洁
记忆恢复器	高嘉萱	北京市平谷区第八小学	黄丽媛
MAX 料理机器人	孙宇欣	北京市昌平区马池口中心小学	蔡红曦
平行时空全息交互仪	孙玮辰	北京教育学院附属大兴实验小学	陈孟宇
智能文物修复机	刘雨涵	北京教育学院附属大兴实验小学	万晶
穿越时空，创造未来	申晴	北京教育学院附属大兴实验小学	吕春阳
神奇大脑	张馨如	北京市平谷区西沥津高级小学	张娜
未来城市	孔佳鑫	北京市平谷区马昌营中学	李红梅
意识转移器	崔博洋	北京市平谷区第七小学	谭静

作品名称	参赛者	学校名称	辅导教师
未来之城	巩子萱	北京第二实验小学永定分校	李林玉
科技时代	王轩怡	北京市第十二中学	任艺
野生动物救治所	张曼宸	北京市延庆区第三小学	刘佳
智慧医疗之熊猫血联盟	曹紫渊	北京市昌平区南口学校	王鑫
超级灭虫养护器	孙青桐	北京市门头沟区大峪第二小学	吕建东
多功能机械心脏	陈明宇	北京市门头沟区大峪第二小学	李亚男
未来海底生活	王予墨	北京市门头沟区育园小学	朱树云
神奇的世界	张浩然	首都师范大学附属顺义实验小学	李丽莎
空中花园	赵逸涵	北京市延庆区第四小学	闫智文
科梦未来	张雯淼	北京市门头沟区育园小学	张金燕
星空下的科幻之城	苑嘉屹	北京市京源学校小学部	梁爽
未来的科技创想	石尚	清华大学附属中学管庄学校	曹孟瞳
太空探索	任婉铭	北京市平谷区东高村学校	张朔然
宇宙资源正传输	马语汐	北京市第十二中学科丰校区	任艺
回忆删除	俄予晗	中国人民大学附属小学京西分校	刘玉洁
未来式	王啸琳	北京市第十二中学	任艺
未来纪元	赵梓煊	北京市顺义区河南村中心小学校	李洪燕
星际穿越——时光钟的旅行日志	曲鸿康蒔	北京第一实验小学红莲分校	尹思颖
探秘 2068	孙子正	北京市门头沟区育园小学	张金燕
机械海洋	张博雅	北京市密云区檀营满族蒙古族乡中心小学	王梦尧
太空家园	王培周	北京市通州区中山街小学永顺校区	赵凤俊
苹果编辑机	邢琪	北京市门头沟区育园小学	张金燕
未来时空	晁坤	北京市顺义区李桥中心小学校	闫畅
新型农业综合操控机	王艺涵	北京市门头沟区育园小学	姜新艳
智能烹饪机	彭雨晨	北京市密云区檀营满族蒙古族乡中心小学	王梦尧
科技城	苏照媛	北京市顺义区李桥中心小学校	李根
海底科技工厂	欧阳玥彤	北京一六一中学分校	冯静涛
航天梦之玉兔带你游太空	李欣阳	北京市丰台区太平桥第二小学校	吕晶
章鱼移动基地	于迦忆	北京师范大学京师附小	焦阳
科技发展少年志	李牧晗	北京市第二十七中学	刁海莉
未来的美丽生活	杨清茹	北京市朝阳师范学校附属小学（太阳星城校区）	刘杨
遨游太空城	张译心	北京一零一中学怀柔分校	赵丽
快乐的空间站	张雨桐	北京市丰台区东高地第三小学	王素兰
近视散光矫正器	李木子	国家教育行政学院附属实验学校	任亚楠
垃圾分类能源再生机器人	赵珮汐	北京市陈经纶中学崇实分校	柳淼
未来之树	徐唐	北京市东城区东四七条小学	王丹
未来科技城	张峰硕	北京市陈经纶中学崇实分校	张佳杰
智能未来	郭家琪	北京市密云区檀营满族蒙古族乡中心小学	王梦尧
全自动单车修理转化器	王森誉	北京市门头沟区城子小学	杨晨雪
太空城市	赵彭泽	北京市延庆区第四小学	耿永杰
智能垃圾处理器	沈若萱	北京市延庆区西二道河中心小学	刘亚瑛

作品名称	参赛者	学校名称	辅导教师
病毒净化器	张紫淇	北京市延庆区第四小学	耿永杰
科幻世界	谢桐玉	北京市京源学校	黄博翰
未来城市	彭琦煜	北京市通州区中山街小学永顺校区	邓跃超
智慧农场	姜净歌	北京市通州区中山街小学永顺校区	赵凤俊
未来科技智能时代	王祥懿	北京市通州区中山街小学永顺校区	赵凤俊
人工智能新洞察	韩怡竹	北京市东城区板厂小学	温昱
青玄星——我们的新家园	徐垚	北京市通州区中山街小学永顺校区	闫凤茹
梦中的未来城	孙伊右	北京市第二中学经开区学校	于阳
未来水世界	杨艺璠	北京市京源学校	黄博翰
童心绘未来	黄珮珈	北京市东城区板厂小学	陈卓
幻想头盔	王逸暄	北京市京源学校	黄博翰
诺玛未来	张可欣	北京市京源学校	黄博翰
保护动物——芯片救助	孟小然	北京市第二十五中学	马骁卫
科技向未来	李欣鑫	北京市顺义区第一中学附属小学	仇辰
多功能种地一体机	陈姗妮	北京小学大兴分校亦庄学校	张昕
神奇的眼镜	郭艺童	北京市密云区第二小学	李晓鑫
助农好帮手	刘思涵	北京市延庆区八里庄中心小学	王宇霏
宇宙之城	张卓雅	北京市延庆区第四小学	耿永杰
未来存储器	姚雨彤	北京市顺义区裕龙小学	张静
未来科幻世界	才金晓	北京市通州区中山街小学永顺校区	王红
自然能源提取鹿	刘佳	北京市延庆区八里庄中心小学	王宇霏
重见光明——盲人电子眼	杨丰铭	首都师范大学附属朝阳实验小学	全铭
未来之眼	王俊熙	北京市门头沟区城子小学	于海鹰
超时代	贾曦珺	北京市平谷区第一小学	王海长
圆梦	王馨逸	北京市东城区景泰小学	刘冰塑
拯救地球	齐晨雯	北京市通州区马驹桥镇中心小学	唐丽娇
畅游宇宙	孙若晴	北京市第二中学经开区学校	解立颖
海洋救助号	杨璟雯	北京市延庆区第三小学	刘佳
智能图书小管家	司笑嘉	北京光明小学	朱红梅
漫步星球	黎思辰	北京一零一中学怀柔分校	赵丽
问天梦飞扬	李李	北京光明小学	刘天姿
智能旋转环保站	张乙可	北京第二实验小学平谷分校	任乙
太阳能海洋净化器	孙伊左	北京市第二中学经开区学校	王喆
元宇宙 AI 纪	闫一诚	北京市京源学校	黄博翰
太空环保	韩岩	北京市通州区中山街小学永顺校区	闫凤茹
科技时代之星际探索	杨昕泽	北京市第二中学经开区学校	吕田田
腾飞的中国航空	郭东晨	北京光明小学	刘天姿
太空家园	刘佳语	北京市门头沟区大台中心小学	赵燕军
有内涵的科技	郭玉麒	北京市昌平区南口学校	李婧怡
第三空间	曲柯彤	北京市平谷区马昌营中心小学	赵海波
VR 让生活更美好	胡逸晨	北京市朝阳师范学校附属小学	王苹

作品名称	参赛者	学校名称	辅导教师
太空之城	王知临	北京光明小学	张鹏鹏
未来的太空	窦奕涵	北京市大兴区第五小学	苏双鸽
宇宙空间储备站	周梓涵	北京市大兴区第五小学	苏双鸽
科技兴国，圆梦航天	柳柏林	北京市怀柔区第二小学	杨欣怡
未来科技城	魏瑀彤	北京市朝阳区金色摇篮全程实验学校	王萌
未来宇宙生态	梁子涵	北京市顺义裕龙小学	张佳男
未来的空中医疗站	刘子樊	北京光明小学	马全胜
明日世界	张议格	北京市大兴区第八小学	姜海霞
展望未来	张雨菲	北京市大成学校	李玲
未来的汽车	秦乾傲	北京理工大学附属实验学校	任磊
时空列车	赵诗闻	北京市西城区黄城根小学房山分校	侯珊妹
未来的太空世界	刘伊诺	北京市西城区黄城根小学房山分校	秦洋
新世界	韩菲	北京市房山区琉璃河中学	池伟
飞向未来	张语珊	北京市西城区黄城根小学房山分校	姚骐含
绚丽九天，科技筑城	吴若涵	北京市西城区黄城根小学房山分校	秦洋
"未来"的生活	闫靖函	北京市房山区良乡第三中学	王春鹏
万能的人工智能机械蜂	许姿	北京第一师范学校附属小学平谷分校	李春
太空漫游	顾梦涵	北京十二中朗悦学校	张莎莎
多功能商用机器人	孙熠楠	北京市房山区良乡第三中学	许鑫
月球种植计划	王瑀琪	北京十二中朗悦学校	付冰洁
月球空间站	刘睿哲	北京市房山区良乡第三中学	许鑫
科幻未来	李俊博	北京市房山区城关小学新城校区	蔡莹超
蝶变生活	赵子涵	北京理工大学附属实验学校	张春涵
七彩神鹿	赵艺涵	北京市昌平区阳坊中心四家庄小学	孙丽
未来救援	范辰熙	北京理工大学附属实验学校	任磊
幻想科学	郭佳怡	首都师范大学附属中学实验学校	张怡
火星移民计划	时笑妍	首都师范大学附属中学实验学校	高小云
神奇的世界	陈羽程	首都师范大学附属中学实验学校	高小云
海洋垃圾处理器	姚一诺	北京市大兴区第二小学	鲍玉梅
星际之眼——停靠港湾	曹鸿斓	北京市朝阳区金色摇篮全程实验学校	郭娟
太空中的城市	薛梓溲	北京印刷学院附属小学	何佳璐
科技强国	孙澎睿	北京市朝阳区金色摇篮全程实验学校	王萌
时空旅行	任禹菲	北京市房山区良乡行宫园学校	赵俊
探索未来世界	王艺馨	北京市房山区良乡行宫园学校	赵俊
太空基站	李金灿	北京市房山区良乡行宫园学校	赵俊
宇宙之宫	崔婉达	北京市房山区良乡行宫园学校	赵俊
人类反思之仿生机器人	席子恒	北京市密云区滨河学校	马烨
智能森林修复瓢虫	傅喻	北京印刷学院附属小学	何佳璐
深海卫士	孙莺熙	北京交通大学附属小学	张秉祺
土星探索	赵彦嘉	北京市海淀区第二实验小学	侯颖
地球不再流浪，我们的新家园	李芮宸	北京市海淀区七一小学	刘昕颖

作品名称	参赛者	学校名称	辅导教师
海底课堂	张博雅	北京市海淀区中关村第二小学（中关村校区）	诸齐
科技与自然	张璟雯	清华大学附属小学	刘丹
山林灭火保卫战	林子悦	北京市中科启元学校	宋珊珊
月球生活	邹沐晓	北京市育英学校西翠路校区	刘鑫
智能头盔	吴思颖	北京市中关村外国语学校	吕扬
载人太空摩托车	庄岱诗	清华大学附属小学	陈虎
智慧脑机	鄢铭阳	北京市海淀区八里庄小学	冯娜
落叶转化器	辛浩源	中国人民大学附属小学	刘大伟
中华天狗能源采集中心	高辰钰	北京市海淀区七一小学	焦洋
我梦想的太空世界	谷一岑	北京市海淀区中关村第一小学西二旗分校	孟凡如
海上城市	刘恒瑞	北京市育英学校	强志平
时空课堂	张澜鑫	北京市育英学校	田金雪
未来城市	王冠懿	首都师范大学实验小学	白秀红
探索未来	李烨	北京一零一中学大兴分校	杨建凯
科学都市	朱珠	北京市燕山向阳中学	张国红
科学大侦探	潘薪羽	北京市燕山前进第二小学	卢天奇
海底医院	李梓晨	北京市燕山前进第二小学	徐婕

第 42 届北京青少年科技创新大赛少年儿童科学幻想绘画三等奖获奖名单

作品名称	参赛者	学校名称	辅导教师
未来世界	孙婷萱	北京市顺义区李桥中心小学校	李根
海底之城	王伊涵	北京市丰台区丰台第五小学	张红燕
天空家园	潘奕可	北京市顺义区西辛小学	施月娥
科技兴农，愿梦成真	于菲洋	首都经济贸易大学附属小学	张辰轩
"脑波技术"拯救濒临灭绝动物	许熠麟	北京市建华实验亦庄学校	张卓旸
科技航天战士	纪芊宇	北京市延庆区第一小学	吴建华
城市清洁车	崔晨	北京市延庆区小丰营中心小学	闫子怡
太空电梯	姜鑫雨	北京市顺义区光明小学	邵婷婷
病毒大作战	肖林汐	北京市延庆区第二小学	赵红
海底探险	李嘉伟	北京市顺义区东风小学	王拥军
多功能海底观光车	章欣怡	北京市昌平区前锋学校	张巍
火星基地	党芭皓	北京市昌平区天通苑小学东小口学校	李增凯
永生动物塔	马铭阳	北京一零一中学怀柔校区	张晨飞
超级智能救援车	柏景伊	北京市昌平区巩华学校	韩雅琪
云生活	王昱骄	北京第二实验小学朝阳学校	张浩
未来时空	张欣	北京市丰台区长安新城小学	赵卫红
科技城市 点亮未来	梁沐秋	北京市丰台区长安新城小学	赵卫红
服装设计 3D 打印机	张馨文	北京市陈经纶中学帝景劲松分校毓秀校区	焦莹

作品名称	参赛者	学校名称	辅导教师
街道便民科技	张雪晴	人大附中北京经济技术开发区学校	葛会硕
移动水厂	周佳祎	北京市大兴区第三小学	张朝翠
超强自然转化器	申雅诺	北京市顺义区南彩第二小学	顾秋利
未来之城	龙翎兮	北京市西城区育民小学	古旭
我的房屋投影仪	陈仪隽	北京市西城区力行小学	陈春雨
奇异世界	柴同馨	人大附中北京经济技术开发区学校	哈妮斯
嫦娥我们欢迎你	刘屹杨	人大附中北京经济技术开发区学校	温彤
梦想外太空	张子阳	人大附中北京经济及技术开发区学校	白天宇
未来科技与传统文化的交融	郑如越	北京市西城区三里河第三小学	宗琪
海底回收机	景梓益	北京市丰台区丰台第五小学	万晓丹
智慧医院	龚祎浩	北京市平谷区刘家店中心小学	杨小伟
生命的源泉	蔡雯雅	北京市星河实验学校国美分校	茅宇
保护地球	冯心暖	北京市顺义区石园第二小学	陈垚
海洋环保卫士	王启轩	北京市西城区师范学校附属小学	申江涛
海洋医院	白焌琪	北京市西城区师范学校附属小学	滕景欣
遨游太空之我的航天梦	魏子瑄	北京市丰台区太平桥第二小学校	吕晶
穿梭泡泡星球	陈柏青	北京第二实验小学白云路分校	李静
幻彩宇航员	尹佳荷	北京市密云区穆家峪镇中心小学	李庆柱
地心07号——高功率地心钻探机	张久天	北京市西城区黄城根小学	李彬
星球列车	杨阳秋子	北京实验学校附属中学	贾晶晶
机器人小助手	陈苏豪	北京市朝阳区人大附中朝阳分校东坝校区	田童瑶
能量仓里的女孩	李依宸	人大附中北京经济技术开发区学校	哈妮斯
多功能农耕机器人	赵梓恒	北京市西城区黄城根小学	梁庆
龙马新精神	刘璟曦	北京师范大学奥林匹克花园实验小学	白美娥
宇宙漫游记	杜雨彤	北京一零一中学怀柔分校	赵丽
星际生活，遨游的运动场	张怿涵	北京市朝阳区白家庄小学（朝外校区）	黄晶惠
宇宙中的生命	曾梓冉	北京市昌平区天通苑小学	荣蕊
地热暖千家	刘予馨	北京市第一七一中学	王苗
走向未来星球	万於熹	北京景山学校	田君
蜗牛多功能车	于梦洁	北京市门头沟区东辛房小学	陈红莲
口罩回收机	田家瑞	北京景山学校	张梦瑶
空中工业城	高晟轩	北京明远教育书院实验小学	金海燕
未来"核固碳产油"装置	李青羽	人大附中北京经济技术开发区学校	白天宇
空中城市	王浩宇	北京市平谷区南独乐河中心小学	王爱娟
智能机器人	刘宇馨	北京市平谷区第四幼儿园	龚琳佳
污气转化机	周子童	北京绿谷小香玉艺术学校	白冰
未来世界——海、陆、空的美好生活	刘书媛	北京市朝阳区白家庄小学珑玺校区	胡杨
畅游太空	李孟诚	北京市陈经纶中学帝景分校	王楠
环游太空	朱睿轩	北京景山学校	张楚仪
动物世界里的医疗科研车	武语涵	北京市第十三中学附属小学	陈迪

作品名称	参赛者	学校名称	辅导教师
神奇的车	甄沐言	北京市平谷区第二幼儿园	卢小杰
畅想未来	褚梓童	北京市丰台区芳星园第二小学	陶阳
太空·绮梦	薛裕绰	北京市西城区鸦儿胡同小学	柳辛
科技创造未来	田恩郡	北京印刷学院附属小学	何佳璐
空间站群组	田梓辰	北京市西城区什刹海小学	刘雨萱
未来的城市	张一诺	北京市东城区和平里第四小学	周碧桐
蜻蜓运输机	阮纪宁	北京市西城区厂桥小学	杜小英
地外之上	易泓丞	首都师范大学附属朝阳实验小学（翠北校区）	王赫传
大自然的心跳	张懿涵	北京光明小学	张鹏鹏
蒲公英——智能快递运作厂	赵敏希	北京市大兴区第一中学	胡廷凤
梦游银河	刘芯慈	北京景山学校远洋分校	赵晶
月球小吃坊	姜诗琪	北京市丰台区长安新城小学	纪智英
杀毒机	段玮	北京市延庆区西屯中心小学	杨艳丽
未来世界的遐想	司浉娜	北京第二实验小学	李梓嘉
智能杀毒医护神犬	王路瑶	北京亦庄实验小学	李娜
未来科技战争	李正潇	北京市门头沟区大峪第二小学	蔡明月
探索未来	安芷阅	北京第二实验小学永定分校	边海伟
量子时空穿梭机	刘美渔	北京市门头沟区大峪第二小学	吕建东
海洋环保艇	季小淇	北京市怀柔区实验小学	张俭
地球的邻居	高晨彧	北京第二实验小学	王京明
病毒消灭器	张靖瑜	北京市延庆区第四小学	常春梅
遨游太空	李雨珊	北京景山学校远洋分校	张莹
自动种树机	李可忻	北京景山学校北校区	陈秋香
万能魔方	李依宸	北京景山学校远洋分校	张莹
时空隧道	马星玥	北京市丰台区东铁匠营第二中学	苏蓉
未来海底城市	霍杰	北京市大峪中学分校附属小学	高佳思
水葫芦污水清理机	孙靖涵	北京市门头沟区大峪第二小学	李亚男
平行时空的朋友	刘思湉	北京市西城区育翔小学	刘阿静
仿生青蛙垃圾回收器	李梓萱	北京市大峪中学分校附属小学	高雅
少年儿童科学幻想绘画	肖云鹏	北京景山学校	田君
未来出行	解之锐	北京市海淀区中关村第二小学昌平学校	王京豪
科幻小岛	任郝馨	北京第二实验小学玉桃园分校	陈晓晶
未来太空	刘瑾萱	北京市顺义区西辛小学	邓志刚
深海采贝机	关瑞雪	北京市顺义区南彩第二小学	刘英杰
智能过滤清洁机	李珂	北京市顺义区南彩第二小学	顾秋利
未来畅想	周爱棋	北京景山学校远洋分校	张莹
太空漫步	刘许诺	北京市大兴区魏善庄镇第一中心小学	樊思宇
污水净化厂	杜雨宸	北京第一师范学校附属小学平谷分校	李春
空气清洁器	刘俊熙	北京市平谷区靠山集中心小学	高慧
梦想照进现实	田新筠	北京市怀柔区怀北学校	吴淑华
感应式导盲器	杨语佟	北京市门头沟区城子小学	杨晨雪

作品名称	参赛者	学校名称	辅导教师
注重环保变废为宝	袁雨萱	北京市延庆区大柏老中心小学	张燕梅
多功能垃圾分类处理车	任彧刘	清华附中昌平悦府小学	黄爽
太空垃圾回收器	许雨轩	北京延庆第二小学	王云
共享房屋	王馨悦	北京市昌平区南口学校	黄蓉
沙漠移动水厂	董宥希	北京延庆第二小学	罗妍
诺亚之城	张朴媞	北京市第十五中学附属小学	陈琳琳
新能源淡水合成输送一体机	高鸿焱	北京市密云水库中学	姜保山
科技畅想	董钰萱	首都师范大学附属顺义实验小学	王文婧
未来依然美好	辛梓茉	北京市崇文小学	刘晨
天空之城	王浩哲	首都师范大学附属朝阳实验小学	全铭
未来科技	王奕涵	北京市京源学校小学部	梁爽
健忘症治疗仪	马天浩	北京市平谷区第六小学	杨扬
飞跃号	吴赵雨阳	首都师范大学附属顺义实验小学	赵璐瑶
太空之城	马祎童	北京市第十二中学	任艺
多功能伞	程鑫栋	北京市昌平区小汤山中心小学	杨晶
病毒消灭机	邓逸	北京市门头沟区大峪第二小学	李亚男
星际列车	江玥	北京亦庄实验小学	张怡婷
科学与幻想	姜雪	北京市延庆区第三小学	张春利
梦游外太空	李沛玉	北京市平谷区第五中学	廉百利
未来世界	李聂文萱	北京市密云区檀营满族蒙古族乡中心小学	王梦尧
我的太空梦	郭予涵	北京市密云水库中学	姜保山
外太空能量收集器	葛彦希	北京市顺义区建新小学	任立良
移民火星	魏晓伊	北京市京源学校小学部	梁爽
随意穿梭的邮票	俞沛萱	首都师范大学附属顺义实验小学	杨霞
未来校园	赵清扬	北京亦庄实验小学	郭晓蓉
创造未来	李君昊	北京市门头沟区大峪第一小学	刘雨彤
人工智能防护机器人	勾婧彤	北京市大兴区庞各庄镇第二中心小学	刘莉
空间骑士——病毒搜索仪	刘欣	北京市大兴区庞各庄镇第二中心小学	靳雅萍
智能医生	董擎希美	北京市门头沟区大峪第一小学	刘雨彤
梦想飞扬，科技创造	李轩羽	北京景山学校远洋分校	李妍
新海底世界	郝昕怡	北京市京源学校小学部	梁爽
宇宙英雄	赵若予	北京第二实验小学玉桃园分校	孙怡
科技与生活密不可分——食品添加剂筛查转换机	刘和然	北京教育学院附属大兴实验小学	张思梅
飞向未来	王妙灵	北京市京源学校小学部	梁爽
未来的太空城市	余沛玲	人大附中石景山学校	张弛
高科技雨水转换器	白雪	北京市延庆区八里庄中心小学	李春华
未来树	王鑫月	北京市怀柔区第二小学	杨欣怡
智想未来纯净世界	佟芳宇	中国人民大学附属中学朝阳学校	刘瑞佳
漫游太空	祝铭	北京第一实验小学红莲分校	孟涵博
空中城市	黄艺萌	北京市门头沟区育园小学	姜新艳

续　表

作品名称	参赛者	学校名称	辅导教师
天地医疗网	左思齐	清华附中昌平悦府小学	肖赫
未来航海课堂	陈与宁	北京市朝阳外国语学校	张然
科技环保共创文明城	李思瑶	北京市顺义区第一中学附属小学	李子途
未来交通	王永泽	北京市密云区檀营满族蒙古族乡中心小学	王梦尧
沙漠救助站	张煊笛	北京市门头沟区育园小学	朱树云
探索宇宙	吴泇漩	北京市顺义区李桥中心小学校	崔来儒
病毒提醒器	王宇欣	北京市延庆区沈家营中心小学	郑红丽
病毒消灭机	方卓仪	北京市延庆区沈家营中心小学	卢新美
海底世界的美术课	李江宇	北京市延庆区靳家堡中心小学	詹爱东
植物感受接收器	梁亦涵	国家教育行政学院附属实验学校	张翼飞
仿生深潜海底游览船	任意	北京市密云区檀营满族蒙古族乡中心小学	王梦尧
天空快递员	刘孝兰	北京市门头沟区大台中心小学	赵燕军
老年服务中心	于涵	北京市怀柔区长哨营满族乡中心小学	樊迪
火箭小镇	张依潼	北京市穆家峪镇中心小学	李庆柱
孤勇者	王熙涵	北京市顺义区李桥中心小学校	崔来儒
海底新型能源机	褚百森	北京市怀柔区第三小学	张华
生命的摇篮	张心怡	北京市怀柔区渤海镇中心小学	曹海燕
人工智能病毒消杀器	郭耀庭	北京第二实验小学朝阳学校	刘晓明
太空新家园	韩瑞晨	北京市大兴区庞各庄镇第二中心小学	张环
圆梦	李沐霏	北京市第一七一中学附属青年湖小学	田甜
智能垃圾收集机	李雨霏	北京市延庆区西屯中心小学	杨艳丽
消除病毒驱动器	马佳怡	北京市怀柔区怀北学校	吴淑华
蜘蛛抗震加固机器人	佟佳德宣	中国人民大学附属中学朝阳学校	赵戚
多功能家用垃圾处理器	王一册	北京教育学院附属大兴实验小学	万晶
探索未来	杨悦	北京市密云区河南寨镇中心小学	郭强
救生球	周博华	北京市平谷区大兴庄中心小学	任子立
搬砖神器	成羽诺	北京市延庆区西二道河中心小学	刘亚瑛
梦想的城市	苗绍嘉	北京教育学院附属大兴实验小学	陈宏杰
海底清洁器	冯靖璇	北京市延庆区第四小学	常春梅
智能播种回收机	孙涵	北京市延庆区第四小学	耿永杰
未来科技城市	李艾莲	北京市大兴区第八小学	姜海霞
遨游太空	姜赫轩	中国人民大学附属中学朝阳学校	曹晓娇
未来能源	刘嘉柠	北京市通州区中山街小学永顺校区	刘玉环
寻梦鲸鱼	宋晨希	北京市陈经纶中学嘉铭分校	田跃辉
我教外星朋友折魔尺	胡茗硕	北京市通州区中山街小学永顺校区	张雪娜
天空之鲸	刘书涵	北京市通州区中山街小学永顺校区	齐宪峰
吉祥兔和我的太空之旅	周禹希	北京市通州区中山街小学永顺校区	王晓倩
时空国粹	汪璞玉	北京市京源学校	黄博翰
沙漠绿化机	黄浩鸣	北京市京源学校	黄博翰
社区智能方舱及 5G 巡航系统	林思锦	北京市东城区板厂小学	温昱
蓝天使者	张成熙	北京市京源学校	黄博翰

作品名称	参赛者	学校名称	辅导教师
未来世界——小人国	徐卉	北京市通州区中山街小学永顺校区	闫凤茹
果园 2035	陈栩涵	北京市京源学校	黄博翰
垃圾回收转换机	马研烁	北京市延庆区靳家堡中心小学	詹爱东
果园里的高科技	郭紫萱	北京市延庆区靳家堡中心小学	詹爱东
海洋智能人工岛	徐梓萌	北京市丰台区东高地第三小学	倪妍娜
遨游海洋	郑李慧	北京市第八中学京西附属小学	王雪霁
科技强国，中国制药	林子骞	中国人民大学附属中学朝阳学校	马莹
太空家园	杨湘焱	北京市怀柔区宝山镇中心小学	吴艳军
征服太空	赵慧心	北京市怀柔区怀北学校	吴淑华
科技与未来	何其玥	中国人民大学附属中学朝阳学校	李博识
天空城	张莹	北京市怀柔区宝山镇中心小学	吴艳军
神奇的小跳蛙	何沐	北京市大兴区第五小学	龚剑
磁悬浮移动城市	张旭尧	北京市门头沟区城子小学	朱建玲
植物情绪舒缓调节仪	李梓璇	北京市门头沟区大峪第二小学	马之颖
蝴蝶机甲病毒清除计划	岳可儿	中国人民大学附属中学朝阳学校	王骐
行走的小区	郑嘉欣	北京市怀柔区宝山镇中心小学	吴艳军
新型植物栽培	薛卓拉	北京市顺义区裕龙小学	张静
我们可以去月球旅行	杨子迁	北京市怀柔区第三小学北校区	陈唯
探索未来	时依涵	北京市延庆区第四小学	张建超
未来无病毒	赵翊彤	北京市第二中学经开区学校	解立颖
垃圾分类转化机	刘誉蔓	北京市怀柔区宝山镇中心小学	吴艳军
未来的海底城市	郭诺妍	北京市怀柔区第三小学北校区	陈唯
科技强国——宇航员的便利生活	李梦涵	北京市西城区复兴门外第一小学	张仕红
消灭病毒还干净家园	郭幽若	北京市怀柔区第三小学北校区	陈唯
再生能源回收机	陈昕冉	北京市昌平区马池口中心小学	郝若祺
奔向未来	张之矶	北京市怀柔区渤海镇中心小学	曹海燕
AI 智能环境净化处理器	朱牧之	北京市顺义区裕龙小学	李鑫
未来之城	傅浩城	北京市第二中学经开区学校	郭蕊丽
我的科学梦	韩馨瑶	北京市第二中学经开区学校	王紫凤
AI 社会——机器人管家	郭炳辰	北京市密云区第二小学	李晓鑫
全自动皮肤修复仪	郭雨函	北京市东城区东四九条小学	段立彬
天空之城	罗雨鑫	北京市通州区马驹桥镇中心小学	唐丽娇
未来科技——机械兔子	赵姝涵	北京光明小学	刘天姿
科技未来	李奕彤	北京市京源学校	黄博翰
家园守护者	李其泽	北京光明小学	刘天姿
中国科技无所不能	范壹壹	北京市顺义区河南村中心小学校	张雨琛
梦幻海洋城市	邱弭琪	人大附中石景山学校	肖玉婷
未来都市	邵班峻熙	北京师范大学京师附小	张云华
神奇的宇宙	宋京洋	北京市丰台区丰台第一小学	王丹
环保小屋	吴皮特	北京市密云区河南寨镇中心小学	张孟盈
智能园丁	逄宗锦	北京市西城外国语学校附属小学	贾祎明

作品名称	参赛者	学校名称	辅导教师
科技海洋卫士	李沐涵	北京市第八中学京西附属小学	王雪霁
多功能太阳能锅	石花雨	北京市第八中学京西附属小学	王雪霁
美丽光疗仪	段博雯	北京市东城区东四九条小学	刘欣
探梦中国空间站	谢婉妤	北京市第二中学经开区学校	王紫凤
小黄帽设计助力动态清零	陈雨函	北京市东城区东四九条小学	苗青
未来塑料垃圾转换处理器	佟雨倩	北京市大峪中学	贾茹
超级吸尘吸霾器	张子涵	北京市延庆区康庄中心小学	张志红
电子鲜花	石雨强	北京市第八中学京西附属小学	杨梦
小小宇航员	王羚伊	北京市怀柔区实验小学	张俭
垃圾吸收机	赵若茜	北京市平谷区第一小学	龚菊颖
太空基站	仲燕琼	北京市大成学校	崔玮琦
穿越星球	蒋思涵	北京市大兴区定福庄中学	王晓超
少年梦，科技梦	张晗玥	北京市怀柔区第二小学	杨欣怡
科技成就梦想	梁艺霏	北京市怀柔区第二小学	杨欣怡
幻	张雨琦	北京市第五十中学	刘晶
神秘的太空之旅	毛馨艺	北京市怀柔区第二小学	杨欣怡
环保海洋潜艇	刘馨月	北京市密云区河南寨镇中心小学	郭强
太空科考"掌中宝"	张芸祎	北京光明小学	马全胜
太空智能医疗舱	李音澈	北京市大兴区第二小学	孙晓奇
宇宙之未来	伊云飞	北京市大成学校	李玲
生态净化器	张智凝	北京市房山区良乡小学	刘璐
记忆传输机	史恒	北京市房山区良乡第三中学	许鑫
未来宇宙游	郑滟晨	北京市房山区长阳中心小学	邢晓波
未来世界	张天依	北京市房山区良乡第三中学	许鑫
未来世界的太空之旅	许牧之	北京十二中朗悦学校	张思禹
再生能源	马梓峻	北京市房山区良乡小学	李海宾
未来世界	花容	北京市房山区城关小学新城校区	吕慧慧
椅子医生	李云兮	北京理工大学附属实验学校	任磊
太空机械之城	张昊辰	首都师范大学附属中学实验学校	武宜茵
圆梦——探索未来	龚妍旭	北京市西城区黄城根小学房山分校	赵宇航
科技与未来	王佐辰	北京市房山区良乡行宫园学校	梁岳
全自动一体化食堂	孙艺昂	北京小学长阳分校	董建峰
海底学校	蔡艺菲	北京市石景山外语实验小学	潘依
未来世界	杨雨嘉	北京市石景山外语实验小学	潘红
未来电子售卖机	贾泽卿	北京市石景山外语实验小学	潘红
猫头鹰警察	张楷伦	北京市石景山外语实验小学	潘红
珍惜水源	张展航	人大附中亦庄新城学校	胡苇楠
科技缤纷多彩世界	李昕嵘	北京市石景山外语实验小学	潘红
环境机器人	冀梦涵	北京市密云区石城镇中心小学	王旭
未来移动式餐厅	忽秒格	北京市密云区滨河学校	马烨
未来星球生活	王梓钰	北京市石景山外语实验小学	潘红

作品名称	参赛者	学校名称	辅导教师
宇宙学院	宋佳萱	北京市房山区良乡行宫园学校	梁岳
蜜蜂植物研究实验舱	谢雨乐	北京市密云区滨河学校	马烨
微型抗病毒液体机器人	孙想	北京市密云区滨河学校	马烨
"织女号"宇宙飞船	马如屹	北京市密云区巨各庄镇中心小学	张玉妍
神奇的眼镜	黄秋阳	北京市密云区河南寨镇中心小学	张孟盈
病毒分解制药器	孙嘉嵘	北京市海淀区八里庄小学	冯娜
太空火车站	张善恒	北京市海淀区双榆树中心小学	高亚飞
未来云上幼儿园	刘天洛	北京市育英学校西翠路校区	孙一心
太空能源站	刘泽萱	北京市海淀区上地实验小学树村校区	黄宇
元宇宙时代	余思淳	北京市海淀区七一小学	惠卉
彩虹星球	肖冬墨	北京市海淀区中关村第二小学科学城北区分校	高雪
未来世界动植物放大器	谢依一	中国人民大学附属小学	郑亮宇
未来理发店	董适	北京市海淀区永泰小学	耿金瑞
未来城市	刘雨萱	北京外国语大学附属外国语学校	辛黄贤
海洋垃圾处理器	吕林远	北京市海淀区育鹰小学	王茜
海底世界	陈昕瑶	北京市海淀区双榆树中心小学	卢珊
森林中的小屋	袁希然	北京市育英学校西翠路校区	孙一心
宇宙之心科研基地	王如石	北京市育英学校	强志平
海底城市	于恩慧	中国人民大学附属小学亮甲店分校	梁苑
城市中的动物邻居	王荟欣	北京市育英学校	张震
天空之城	骆凤仪	北京市海淀区中关村第三小学	刘西睿
少年的未来科学幻想	郑浩然	北京市海淀区前进小学	程征
未来太空城	于铭洋	首都师范大学实验小学	白秀红
未来深海的幸福生活	易依旻	北京市海淀区培英小学	张荣兵
回收太空垃圾，绽放璀璨繁花	任家逸	北京市燕山向阳中学	齐凯旋
未来世界我的家	董旎	北京市燕山前进第二小学	徐婕
未来的我	冯嘉怡	中央美术学院附属实验学校	任芊颖
22 世纪的太空之旅	吴梓悦	北京市燕山前进第二小学	徐婕

第 42 届北京青少年科技创新大赛青少年科技实践活动一等奖获奖名单

作品名称	参赛者	学校名称	辅导教师
探索星海、筑梦太空、强国有我——史家小学航天实践活动	史家小学金鹏天文团	北京市东城区史家胡同小学	杨春娜 黄呈澄 郝瑞
"共创无废校园，共享美好生活"史家小学科技实践活动	北京市东城区史家胡同小学地球与环境金鹏团	北京市东城区史家胡同小学	王红 田春丽 付莎莎
生态文明视角下基于密云湿地公园的跨学科实践活动	"水之缘"社团	首都师范大学附属密云中学	张浩东 曹丽娜 张硕

作品名称	参赛者	学校名称	辅导教师
钢铁是怎样炼成的——探究冶铁的奥秘	铁文化探究小组	北京市顺义牛栏山第一中学	林媛媛 马青青
航天点亮密云少年"飞天"梦想——密云区"童眼探大国重器"社团科技实践活动	"童眼探大国重器"科技社团	北京市密云区青少年宫	尹玉
传承酿酒文化，探究酵母科学	生命科学协会	北京一六一中学	毕可雷 王玲 于竹筱
我是小小气象安全员——关爱生命安全与健康，关注天气和气象灾害	小钱学森科技团	北京第二实验小学	甄奕 马丽 陈琛
北京一零一中学桃园科学化管理实践活动	桃树管理兴趣小组	北京一零一中学	贺凤美 杨双伟 史艺
我的生物邻居	生命科学团	北京市东城区和平里第四小学	刘春燕 罗炜 赵瑞霞
葡萄的世界之研学活动——密云区青少年宫生命教育科技实践活动	学生社团	北京市密云区青少年宫	付晓红

第 42 届北京青少年科技创新大赛青少年科技实践活动二等奖获奖名单

作品名称	参赛者	学校名称	辅导教师
湿地课程	中关村中学知春分校 ESD 小组	北京市中关村中学知春分校	赵希安 杨华 赵明杰
关注环境，低碳生活	大东流中学"创客空间"科技社团	北京市昌平区大东流中学	宗厉 乔树洁 时鸿英
行走中轴，绿色导览——北京中轴线绿色出行科学实践活动	行走中轴、绿色导览科学实践项目	北京市第二十中学	李黎明 杨亚艳 宋娜
"观璀璨星空，悟航天精神"小学生自制望远镜跨学科主题活动	芳草地国际学校世纪小学	北京市朝阳区芳草地国际学校世纪小学	孔令娟 李燕舒 张媛媛
中国这十年——从高铁看中国发展	北京师范大学朝阳附属学校初三年级	北京师范大学朝阳附属学校	苏广鸣 魏留芳 赵久林
科学教室消音装修项目设计与实施	项目式学习科学社团	北京师范大学实验小学未来科学城学校	雷婧 党连军
闹中取静——制作隔音箱	高年级 STEM 学习小组	北京市昌平第二实验小学	李莹 王翠霞 高卓伦
建筑社团之"建造北京四合院"实践活动	北京中学建筑社团实践项目组	北京中学	刘连立
北斗校园绘	北大附中（惠新）实践小组	北京大学附属中学	穆春光

作品名称	参赛者	学校名称	辅导教师
"科技看世界，童心向未来"科技实践活动	中国教育科学研究院朝阳实验学校	中国教育科学研究院朝阳实验学校	周晶
"走进创客，体验创新"科技实践活动	科技创新训练营社团	北京市陈经纶中学嘉铭分校	刁爱武
厉害了，中国铁路！——中国铁道博物馆科学实践活动	日坛初中部科技社团	北京市日坛中学	林彦杰 李滢 左什
"科学饮食，营养生活"的探索之旅	"小好奇"营养社团	北京市第十二中学附属实验小学	姜振敏 高涵 韩旭
"减塑"小达人生态环保主题活动	清华大学附属中学广华学校创客社团	清华大学附属中学广华学校	袁浩 杨芳菲 陈晨
减塑降碳，环保有我——小学生科技实践活动	智享绿色生活科技社团	北京市密云区青少年宫	赵涵妮
让"无废"意识融入学生的生活	蒲公英生命社团	北京市通州区东方小学北寺庄校区	刘华 王学龙 王佳
洪门川河水质与其流域内植被变化关系的探究活动	大城子学校科技小队	北京市密云区大城子学校	朱秀荣 吴井平
我是养蚕小能手	中年级 STEM 学习小组	北京市昌平第二实验小学	王翠霞 李莹 高卓伦
生态研学——植物不同颜色原理探究实践活动	大城子学校秀荣科技小队	北京市密云区大城子学校	朱秀荣
2022"探寻金蝉脱壳的秘密"实践活动方案	蜂鸣花香社团	北京市延庆区西屯中心小学	白昆鹏 王忆慈
从太空五彩椒和虎皮鹦鹉繁殖到博物馆保护生物多样性讲解员的实践	崇文科技小组	北京市崇文小学	王娱
学种杏鲍菇，探究"菇"世界	种植社团	北京市怀柔区第一中学	彭秀丽 宋旭
科学伴我健康行	北京市西城区三里河第三小学	北京市西城区三里河第三小学	蒋艳洁 郭志洁 刘雨晴

第 42 届北京青少年科技创新大赛青少年科技实践活动三等奖获奖名单

作品名称	参赛者	学校名称	辅导教师
手中绽放的二十四节气	融合课程小组	北京市朝阳区芳草地国际学校世纪小学	席海英 李燕舒 孔令娟
天文社的减塑行动	天文减塑小分队	首都师范大学附属苹果园中学分校	许丽 骆晶晶 曹永利
芳草地国际学校东洲校区气象课程活动	北京市朝阳区芳草地国际学校东洲校区	北京市朝阳区芳草地国际学校东洲校区	李茜 任祝缘 东海涛
"创建可持续发展校园网站"科技实践活动	可持续发展科技社团	北京市密云区青少年宫	周思源

作品名称	参赛者	学校名称	辅导教师
研美柿，品节俭——家乡铁杆之柿子初探	苹分柿探	首都师范大学附属苹果园中学分校	许丽 王艳辉 于娜
做好低碳排放，共享绿色家园	低碳 2 队	北京第一师范学校附属小学	乐瑶
扬科学风帆，筑绿水青山	北京市大峪中学分校附属小学科学组	北京市大峪中学分校附属小学	郑德鑫 刘健桐 贾格晖
煤改电——引领低碳取暖新风尚	金鹏科技小组	北京市密云水库中学	刘陈傲 郭春英
解救果实护环境	苹中美境小分队	首都师范大学附属苹果园中学	许丽 郭欣 李乘
优化麦芽糖制作配方	生物技术课外小组	北京市怀柔区第一中学	张树艳 姜俊霞
"让头脑闪光"首届创新创意大赛	北京理工大学附属实验学校	北京理工大学附属实验学校	李园园 马朋朋 穆振东
"科技筑梦'智'向未来"科技实践活动	北京市顺义区第一中学	北京市顺义区第一中学	许实云 陈丽娟 陈智启
开源硬件项目设计	开源硬件项目社团	北京师范大学燕化附属中学	杨志亚
关于某地区柿子无人采摘调查与研究	乐于探索科技小组	北京市昌平区前锋学校	付聪
不一样的科技，一样的……	北京市丰台区东高地第三小学全体学生	北京市丰台区东高地第三小学	刘洋
科学的艺术与艺术的科学——关于弦的振动频率与音高实践活动	东高地青少年科技馆科艺器乐小组	北京市丰田区东高地青少年科技馆	徐子南
探究中国国旗的准确绘制方法	准确绘制国旗综合实践小组	北京市第八十中学管庄分校（管庄校区）	周轶男
节能从哪做起——关于生活中各种能源分布及节能技术的调查报告	节能小队	北京第一师范学校附属小学	乐瑶
城市与自然和谐共生	城市守护联盟小队	北京市东城区宝华里小学	乐瑶
北斗导航实践活动	天文俱乐部	北京市东城区分司厅小学	朱铭 安琪 张潇潇
"东篱小植，开心农场"我种植我快乐	北京市昌平区昌盛园小学南邵学校	北京市昌平区昌盛园小学南邵学校	李建 王敏 于静
我与太空种子共成长——密云区生命教育科技实践活动	航天梦想学生社团	北京市密云区青少年宫	付晓红
播种绿色，收获希望——校园绿色种植实践活动	北京市朝阳区芳草地国际学校世纪小学	北京市朝阳区芳草地国际学校世纪小学	岳爱平 张媛媛 贾媛菊
爱眼护眼，我们在行动——低年级小学生近视防控的实践与探索	北京市第二中学经开区学校	北京市第二中学经开区学校	陶景琳 张静 高宇
探究植物的一生	跨学科实践活动小组	北京市延庆区第四小学	彭九莲
种植栽培实践活动	中山街小学永顺校区科技社团	北京市通州区中山街小学永顺校区	武儒先 居伟强

作品名称	参赛者	学校名称	辅导教师
知草药百味，植文化自信	六年级	北京市昌平第二实验小学	马洪燕 鞠雅 沈梦菊
养蚕	北京市密云区檀营满族蒙古族乡中心小学	北京市密云区檀营满族蒙古族乡中心小学	张晴 陶金金
小鼠辅助生殖的观测实践	C2113 思而学小组	清华大学附属中学	雷红娟 张静 吕珊
关于膨松剂调查与研究	热爱科学科技实践活动小组	北京市昌平区前锋学校	付聪

第 42 届北京青少年科技创新大赛小学组青少年科技创新成果一等奖获奖名单

作品名称	参赛者	学校名称	辅导教师
鉴别一种假陨石（炉渣）的观察实验	罗培文 苏观契 曹允山	北京昌平凯博外国语学校	张培华 高小霞 吴彦
用窥管目视观测木星卫星——甘德肉眼发现木卫的另一种可能性的研究	吕若兮	北京昌平凯博外国语学校	张培华 卫文辉 郭颖
一款适合天文观测的新型"指星笔"	张宇彤	北京市怀柔区长哨营满族乡中心小学	李嘉欣 毛禹
恒星光谱装置制作与观测研究	陈乐嘉	北京市西城区师范学校附属小学	田思雨 袁茗玮
北京奥运村银杏病害发生原因的研究和影响因素的调查	李怿歆 黄予谦 刘睿珈	中国科学院附属实验学校	徐洪霞 刘韵乔 孟庆红
对大多数树干为圆柱体的实验研究	马自牧	北京市东城区革新里小学	杨春娜 陈爽
校园花椒树上柑橘凤蝶生活史研究	赵昱嘉 陈靖洋 郭思箬	北京市第八中学京西附属小学	朱鋆 李婧 肖晨曦
北京地区一巢白头鹎繁殖行为的研究	张蔚然 陈思齐 任雨淇	北京市东城区东四九条小学	任立鹏 徐蕙心 江祎
观测北京市的花粉种类与浓度并探究其浓度变化的影响因素	贾宁颐	北京市朝阳区实验小学	苏仁芳 李雪 王可
探寻"萤"光——北京地区萤火虫种类、分布及影响因素研究	易炜城 李浥尘	北京小学 北京第二实验小学	师丽花 戎春霖 聂润秋
北京某小学有绿化的楼顶鸟类调查	黄子宸	北京市东城区东四九条小学	任立鹏 庞金燕 王超
为了那美丽的校园天际线——校园屋顶绿化耐根穿刺实验	张轩源 孙源	北京市朝阳区白家庄小学	朱玲 李颖 崔荣峰

作品名称	参赛者	学校名称	辅导教师
探究不同储存方式下鲜切水果的品质变化	高海钊	北京市海淀区图强第二小学	司智颖 李茜茜 邓锡辉
防雾眼镜液的探究	李尚达	北京师范大学奥林匹克花园小学	赵强
橡皮筋动力模型飞机轻骑士的飞行探究	张英乔	北京第二实验小学朝阳学校	张浩 刘晓明 白远
无塑冰袋的配方与效果初探	刘亦宸	北京市西城区奋斗小学	赵溪 刘婕
影响热力风车转动快慢的因素探究	王钧熠	中国农业科学院附属小学	谭丞
探究延缓食物氧化褐变的方法	杜汶霆	北京市育英学校紫金长安校区	张颖
不同温度、保鲜包装和保鲜剂对各种果蔬保鲜程度的影响	张佳辰	北京市海淀区上地实验小学树村校区	周碧莹
健康、洁净且环保的洗衣机洗衣方案	刘宏波 蒋礼同	北京市丰台区东高地第三小学	刘洋 王君飞 王晶晶
擦亮博物馆的名片——北京地区部分场馆讲解情况的调查	李琢如 张尔轩 李玉铂	北京一六一中学附属小学 北京市育才学校 北京小学	焦杰红 翟琨 王落琳
公交专用车道设置建议及研究—关于朝阳路快速公交专用车道的研究	易诗涵	中国传媒大学附属小学	何培颖 杨琳 王鹏飞
关于解决密云城区新能源汽车公共充电桩充电难问题的调查及建议	陈少杨 禹睿宸 张晟翼	北京市密云区第六小学 北京市密云区第四小学 北京市密云区第五小学	尹玉
北京电动自行车佩戴头盔的现状研究及安全建议	丁梓高	北京市海淀区图强第二小学	李春雨 李茜茜
关于生态驾驶对机动车排放影响的机理研究	马承一	北京市育英学校	徐娟 孙庆
小学生零花钱使用情况调查	张峰硕 刘晏泰成	北京市育英学校	徐娟
外挂式智能开锁器	景逸轩	北京市朝阳区白家庄小学	王洁 梁艳同 王强
以 AI 为镜的舞蹈基本功陪练器	胡歆雨 尹美莹	中国传媒大学附属小学	杨琳 张丽荣 何培颖
乐器的极限——钢片琴自动演奏机器人	何沐璋 杨天曦	北京市大兴区青云店镇第一中心小学	曲颖娜
校园内重物搬运与爬楼装置	孙宇轩 周子轩	北京市东城区和平里第四小学	李昌烨 罗炜
助理小 C（眼肌训练仪）	程梓豪	中国人民大学附属中学丰台学校	金鑫
你的眼睛 AI 智能出行盲杖	车浩文	北京市西城区黄城根小学	闫莹莹 孟庆堃
咽拭子检测包装连续剥离机	雷屹宸 吴思桥	人大附中北京经济技术开发区学校	李瑛 李芘妍 王佳鹏

作品名称	参赛者	学校名称	辅导教师
校园节水神器，滴灌之水天上来	崔莅泽	北京市延庆区西屯中心小学	杨艳丽 高建玲
小帮手示教机器人	夏子瑜	北京第二实验小学	甄奕
平移式智能停车位设计	刘泽熹	北京市顺义区石园第二小学	陈垚 滕义郓
沙漠植树机器人	黄梓宸	北京第二实验小学	甄奕
黄一小智能图书馆	马涔熙 刘佳豪 金琛博	北京市大兴区黄村镇第一中心小学	李平
仿生手摇桨创新设计	崔哲凯	北京市西城区复兴门外第一小学	张俊菊 果晓将
鼓立方——基于 AI 的多场景哑鼓训练器	李长泽	中国传媒大学附属小学	杨琳 何培颖 王超然
基于视频识别和物联网的导航讲解轮椅	张家齐 梁中兴	北京市海淀区羊坊店中心小学	武淑红
基于物联网的智能垃圾桶设计与清运路径优化	徐恺智 牟毅宸	北京市海淀区翠微小学	闫迪
一种中空膜曝气生态浮岛装置的研究与应用	黄小乐	北京市海淀区中关村第三小学	毛培培
水陆两栖螺旋垃圾收集车	朱浚齐	中国农业科学院附属小学	谭丞
集群式模块化泊取车系统	张具平	中国农业科学院附属小学	谭丞

第 42 届北京青少年科技创新大赛小学组青少年科技创新成果二等奖获奖名单

作品名称	参赛者	学校名称	辅导教师
我身边的海绵城市	孙亦闲 马屹轩 姚润希	北京市石景山区实验小学	刘红
萧太后河朝阳黑户庄段水质调研报告	梁郁涵	北京市朝阳区白家庄小学	袁欣 韩旭
关于空间站环境下的干冰实验研究	张子优 陈子萱	人大附中石景山学校	肖玉婷
利用中轴线测算地球周长——我的算法、工具和实验	陈一帆	北京第二实验小学朝阳学校	刘晓明 陈筱梅 关亚欣
日月食及月相变化演示装置的设计与制作	杭可宁 朱席颢	北京市东城区史家胡同小学	黄呈澄 郝瑞 刘宇婷
一种简易方法测量和估算地球周长的研究	李孟义	北京市第二中学经开区学校	高宇 李东宇 闻任飞
探究科里奥利力与漩涡的关系	周子砚	北京市陈经纶中学嘉铭分校	卢叶 宫羽婷婷 邹芳
地转偏向力原理探究	齐浩林	北京科技大学附属小学	唐明华

作品名称	参赛者	学校名称	辅导教师
月球车的设计与探索	李彦和	北京市海淀区七一小学	李宝瑜 张宁 李然
月相观测与潮汐变化关联性研究	李文轩 郭訫漪	北京市海淀区图强第二小学	姜超 邹佳玮 金璐
对蜗牛食物喜好的实验研究	徐子馨	北京市东城区革新里小学	杨春娜
探究三湖慈鲷对平面图形和立体迷宫路线记忆的研究	董思齐	北京市西城区展览路第一小学	李妍 卢君辉
肉桂酸对作物种子萌发及幼苗生长的影响	温与同 吴敏铭	北京雷锋小学 北京市西城区育民小学	马昕奕 郑欣
基于剪除幼虫网幕的美国白蛾虫害防控措施研究	李绎思 李一心 种法鹏	北京市朝阳区人朝分实验学校	孙小喆 骆文玉
探究北京市东城区某住宅小区的植物多样性	刘墫 张子凡	北京市西城区康乐里小学 北京市西城区育翔小学	张帆 马昕奕 陈云霞
用厨余垃圾堆肥栽培航椒的实验	关茵	北京市东城区府学胡同小学	赵佳
婆罗洲龙牙姬兜生长规律的探索	赵一杭	朝阳师范学校附属小学（太阳星城校区）	吴英莎
LED 红光对番茄生长及蚜虫虫害的影响	谢可馨	北京市西城区厂桥小学	徐庆宣 胡浩 蔡红英
背着的细菌——书包清洗频率与细菌滋生量的关系	周鼎新	北京市第十三中学附属小学	刘冬梅
番茄红素对常见鲜切水果的抗褐变研究	杨睿嘉	北京市东城区板厂小学	赵婷婷 邓然
朝阳区绿地植物调查报告——以左家庄北里社区为例	彭禹尧	北京市朝阳区实验小学左家庄分校	毕春莉 陈超 胡浩
莲石湖公园 2021—2022 年鸟类多样性调查与分析	杨浩玥 谷子贤 彭雨薰	北京市第八中学京西附属小学	王柯娜 崔东坤 朱鋆
关于北京湿地公园鸟类观察的研究	云嘉琪	北京市朝阳区白家庄小学	袁欣 魏华丽
活血丹植物根系分泌物的研究	张子健	北京市昌平区马池口中心白浮小学	尚欣 郑薛
盐度驯化对观赏金鱼的影响	李尚辰	北京市大成学校	胡颖 董颖 胡浩
关于果蔬酵素对绿豆芽品质影响的研究	罗天泽	北京第二实验小学	甄奕
斑鸠育雏行为观察研究	李明珈	北京市朝阳区人大附中朝阳分校东坝校区	韩坤
应用两种栽培料进行平菇的生料栽培并观察其生长情况及产量对比	米梓豪	北京市西城区志成小学	杨国芳
三种消毒方式对太空反曲景天种子萌发影响的研究	郭雨函	北京市东城区东四九条小学	任立鹏 李蕊 张颖

作品名称	参赛者	学校名称	辅导教师
防蚜小能手——瓢虫对蚜虫捕食行为探究	陈宏睿	北京市朝阳区芳草地国际学校双花园校区	李艳霞 王雪莱 杨旭
两种鱼类对空间路线记忆能力差异的研究	鹿一任	北京第二实验小学白云路分校	卢君辉
用蚯蚓监测土壤污染情况	周子宸	北京市房山区良乡小学	陈光潞
凤仙花的生存之道——花外蜜腺功能及叶片防御机制探究	陶清哲	北京市育英学校	徐娟
新鲜蔬果与烘干后蔬果的维生素 C 含量对比研究	孙嘉彤	北京市星河实验学校国美分校	刘嘉衡
论轨道交通的极限速度	张张	北京市东城区史家实验学校	梁彤 王菲 臧雨薇
探究温度对洗衣粉里酶活性的影响	吴桐昕	首都师范大学附属回龙观育新学校	王艳 岳越 马志斌
热水中大肠杆菌和嗜肺军团菌消毒效果评价研究	李博旖	北京市朝阳区白家庄小学	袁欣 李潇潇
长续航小型遥控飞机的制作和飞行性能研究	鲁卓然	北京市陈经纶中学嘉铭分校安园小学校区	毕颖 周聪
84 消毒剂在公共卫生间使用误区及卫生风险	沈语眉	北京第二实验小学	甄奕 赵溪
霉菌培养实验——不同条件下霉菌生长性状差异分析	赵梓涵	北京市朝阳区花家地实验小学	李美凝 李秋仙 刘明君
去渍小能手——快速有效去除校服常见污渍的对比研究	王心怡 康新昂	北京市朝阳区芳草地国际学校世纪小学	孔令娟 刘树兰 何少杰
酸碱度对植物提取液上色的控制与调节研究——以玫瑰茄为例	廖君诚 杨雨恬	北京市朝阳区芳草地国际学校世纪小学	孔令娟 吴镝 吴建国
常见黑色中性笔性能检测及故障预兆性特征研究	邹思源	中国农业科学院附属小学	谭丞
水碗附壁作用的对比研究	闫明泽	北京市八一学校小学部	梁栋英
关于使用自动浇水器能否延缓植物枯萎的研究	张哲源	北京市育英学校	李豆豆
对北京市各区自来水水质检测的研究	吴梓埔	北京市海淀区中关村第三小学	毛培培
珍贵的蓝——自制天然群青颜料并探究其与现代颜料的差异	胡誉严	北京市海淀区中关村第三小学	毛培培
关于在日常生活中践行减塑行动的调查与研究	贾浩宇	北京市丰台区东高地第三小学	刘洋
密云区部分中小学生食堂用餐粮食浪费现象的调查及建议	孟祥喆	北京市密云区第一小学	尹玉
关于小学高年级学生劳动调查研究	杨若辰	北京市东城区史家胡同小学	田春丽
家庭日常节水的观察与建议	王家卫	北京市延庆区第二小学	时秒
小学生睡眠时间及其影响因素的研究	周弘毅	北京市朝阳区白家庄小学	袁欣 李潇潇
关于优化饮料包装糖分标识引导健康消费的调查研究	王鹿鸣	北京第二实验小学	甄奕
当下小学生使用网络语言频次和场景的情况调研报告	赵子航	中国人民大学附属中学朝阳实验学校	陈迪 张杨
针对视觉障碍人士候车需求的调查研究	刘馥锐	北京市第二中学经开区学校	高宇 李东宇 于阳

作品名称	参赛者	学校名称	辅导教师
固定电话存在价值的调查与建议	赵岐玮 熊旭跃	北京师范大学奥林匹克花园实验小学	郑蕊
谁偷走了我们的电	龚思铭 龚思予	北京市第二中学经开区学校 人大附中亦庄新城学校	高宇 解立颖 刘子康
密云区部分家庭关于过期药品处理方式的调查研究	刘轩豪 刘雪阳	北京市密云区第六小学 北京市密云区果园小学	赵涵妮 彭秀伶
关于轮椅使用人乘坐公交车及无障碍公交车运行和使用情况的调研	陈慧萱	北京市海淀区七一小学	李宝瑜 张宁 李然
智能坐姿检测小助手 2.0	周源 徐洋 廉萌	北京市丰台区丰台第五小学	李萌 郝劲峰 陈慧
一种超精细金刚石砂轮	张雨玥	北京昌平凯博外国语学校	张培华 卫文辉 郭颖
关于编程软件 EV3 在机器人控制系统中的实际应用	张栩源	北京市延庆区第二小学	李孟娟
多功能医用物流机器人	张哲晟	北京育翔小学回龙观学校	马玉莹
机器人存钱罐	杨景暄	北京市门头沟区城子小学	贾莉
物联网校园图书角智能管理系统的研究与设计	王鹏宇	首都师范大学附属中学大兴北校区	高金侠
绿色建筑高效太阳能照明系统研究	魏诗瀚	清华大学附属小学昌平学校	陈洁
基于物联网的小区智能门禁的研究与设计	焦阿木尔	首都师范大学附属中学大兴北校区	李立平
智能种植箱	惠有涵	北京市石景山区爱乐实验小学	周宝善
河道清理机器人	曹沁涵	北京市大兴区第五小学	齐珊 林振兴
电梯智能消毒系统	陈颜知	北京市朝阳区白家庄小学望京新城校区	郑博森 段莹莹 王强
人工智能中医经络穴位示教机器人	曹孙睿 聂恩泽 李炎哲	北京市东城区东四十四条小学	曹永军 李耀 李雅馨
智能进班手消装置	芦西西 郭子轩 刘兆轩	人大附中北京经济技术开发区学校	王佳婧 解群 牛剑娇
新能源汽车充电管理系统——基于视频识别和物联网	郝欣怡 刘晶莹 王菀资	北京市丰台区丰台第一小学	聂星雪 李慧
智能助学多功能护眼支架	于祺萱	北京市朝阳区白家庄小学	袁欣 王建春
空中移动蜂巢	戴子骞	北京市丰台区东高地第四小学	张颖
一种用于保护雏鸟的防天敌和防跌落的鸟巢保护装置	张昱东	北京市东城区和平里第四小学	刘春燕
居家学习智能坐姿提醒器	尹昊天	北京市密云区十里堡镇中心小学	沙黎明 汪宇玲
采样机器人	夏琪昕	人大附中亦庄新城学校	刘子康 张茜 陈小霞

作品名称	参赛者	学校名称	辅导教师
具有物联功能的智能教具收纳柜	贾砚博	北京市西城区鸦儿胡同小学	李丽星
物联网植物护理系统	龚嘉轶 宁博新 陈昱熙	北京市丰台区丰台第一小学	聂星雪 李慧
体验式智能垃圾分类宣传机器人	肖峻丞	北京市顺义区裕龙小学	张红芸 邵争
篮球收集机器人	解宇涵	北京明远教育书院实验小学	金海燕 刘志华
外太空星球多功能自动感应太空伞	龙禹翰	北京市第二中学经开区学校	高宇 王喆 李东宇
智能防坠落床	关绮悦	北京市西城区奋斗小学	闫莹莹 岳颖 刘婕
阳光温室新设计	劳宋杰	北京市延庆区西屯中心小学	赵聪颖 邢力方
智能桌面小管家	栗浩宸 李承泽	北京市朝阳区人大附中朝阳分校东坝校区	韩坤
基于车辆驱动模式效能的比较演示教具	刘笑语	北京市朝阳区垂杨柳中心小学劲松分校	姬艳辉 李玉奥
多感应体磁加速器原理展示教具	周翰岳	北京市朝阳区芳草地国际学校双花园校区	王雪莱 李艳霞 杨旭
智能骑车助手	万礼	北京市西城区奋斗小学	苗妙
3D 成像装置	党熙雯 笪玫琦 付金艳	北京市陈经纶中学分校小学部望欣园校区 北京市陈经纶中学分校小学部望欣园校区	张富程 文泽豪 郤乐乐
学校楼宇空气监测消杀机器人	罗璟童	北京市朝阳区芳草地国际学校世纪小学	孔令娟 张嫒嫒 吴建国
电枢磁势矢量、线径、匝数对发电效率影响的探究装置	胡宸熙	北京市西城区三义里小学	刘涛
采集拭子自动化拆包装项目	张家骏	北京市第二中学经开区学校	高宇 李东宇 曹炯炯
M 形管道疏通机器人	陈麒亓	北京市东城区和平里第四小学	李昌烨 罗炜
新型块体遥控船模学具	谢宜昆	北京市朝阳区芳草地国际学校丽泽分校	许洋铭 曹燕 陈旭
校园六角亭改造	牛俊智	北京大学附属小学石景山学校	邓晶
游泳用发热护膝	崔云童	首都师范大学附属小学	张一晨
智能温度调节鞋垫	杨安澎 林诗贺 段至柔	北京市中科启元学校	郝万露 王佳佳 史薇薇
基于 Arduino 控制板的地震搜救车	崔彧玮	首都师范大学附属小学	张一晨
多机协同搬运机器人	李睿哲	中国农业科学院附属小学	姜思琦
水雾来洗手，空气变肥皂——新型节水消毒洗手机	王艺淳	首都师范大学实验小学	陈津

作品名称	参赛者	学校名称	辅导教师
视力保护提示仪	崔泽晧	北京市海淀区中关村第三小学	毛培培 吴朕国
基于土壤和地表环境的智能公园绿植浇灌模型	赵姝乔	北京市海淀区万泉小学	梁佳丽 王宇鑫

第 42 届北京青少年科技创新大赛小学组青少年科技创新成果三等奖获奖名单

作品名称	参赛者	学校名称	辅导教师
关于在家庭实施双碳行动的调查与研究	沈骏祺	北京市石景山区实验小学	王国庆 刘红
日月星表——一种以地球为中心观测星空的装置	张孟嘉 杨谨诚	北京市西城区师范学校附属小学	袁茗玮 房晓涵
天气情况对熊儿寨家乡特产生长的影响研究报告	许思涵 许鑫瑞 路帅	北京市平谷区熊儿寨中心小学	张颖 高雅
桃乡鸟种与农药使用关系的调查报告	华思杰 张煜明	北京市平谷区大华山中心小学	乔春光 郭会娟
借助 Stellarium 软件，探究双子座观测规律的创新研究	翟馨蕊 梁语晨 牟瑶	北京市通州区东方小学北寺庄校区	刘华 王学龙
对峨嵋山小学绿化地段重新规划的设想	王一博	北京市平谷区南独乐河中心小学	李小红 薛伶
关于在农村建立农药包装废弃物回收机制的调查研究	申子圣	北京市密云区大城子学校	朱秀荣
家庭废弃塑料处理及再生技术探析	郝沐梓晴	北京市第二中学经开区学校	高宇 吕田田 潘洋
基于 phyphox 软件的食双星光变曲线的研究	阚文源	北京市海淀外国语实验学校	赵越 杨宁 崔宝月
探究太阳的紫外和红外辐射的研究	王玺晴	中国人民大学附属中学实验小学	杨晓娟
关于利用花粉监测促进植物合理规划的研究	冯心叶 冯名朗	北京市海淀区育鹰小学	蒋振东
关于垃圾分类情况的调查研究	张天壹 张知乐	北京市海淀区羊坊店中心小学	李丽青
北京地区常见螳螂特征及习性研究	李昕宸	北京第二实验小学朝阳学校	白远 刘晓明 张浩
探究苹果生锈的秘密和防锈妙招	鹿蓝羽 程子淳 马懿涵	北京市建华实验亦庄学校	王玮玥 郝文婷
关于中华大刀螳交配后性食同类现象的观察与研究	李旭尧	中国人民大学附属中学朝阳学校小学部	刘命华 张海龙
探究提高旱荷花结籽量的方法	杨益嘉	北京市延庆区第二小学	孙欢
白头鹎繁殖生态学初步研究	李呈梓	北京市朝阳区人大附中朝阳分校东坝校区	韩坤
航椒种植技术的探索	胡茗硕	北京市通州区中山街小学永顺校区	武儒先 居伟强

作品名称	参赛者	学校名称	辅导教师
鉴别银杏树雌雄的创新研究	白宇菲 方赞清 周靖瑶	北京市通州区东方小学北寺庄校区	刘华 王学龙
小学生饲养芦丁鸡出壳率、成活率及干扰因素的研究	赵岳萌	北京市通州区后南仓小学	靳春松 白春艳 陈家轩
关于猫自我保护特性的研究	高畅	北京市平谷区第三小学	王健伟
关于几种水果削皮后的氧化与保鲜的观察探究	杨安然	北京市平谷区第一小学	石艳齐
小学生视力调查研究与保护视力建议	赵若帆	北京市平谷区第一小学	崔胜男
观察大蒜的生长环境	游涛玮 曹雨沫 郑浩晨	人大附中亦庄新城学校	刘子康 张茜 刘小童
不同种植模式对丹参生长发育及产量的影响	周施彤 郭婷伊 孙翌轩	北京市大成学校	陈秀梅 闫立娟 左强
金翅瓜对氮营养元素的生理响应实验	胥谦予	北京市大成学校	邢丽 陈秀梅 左强
焯水时长对西兰花与胡萝卜中维生素 C 含量的影响	张玉妍	北京师范大学奥林匹克花园实验小学	赵强
小天台，大舞台——不同污染物对校园屋顶绿化草花生长影响的研究	衣清如 王子瞻 王辰朗	北京市朝阳区白家庄小学	朱玲 李颖 崔荣峰
关于护眼壁纸的研究	李锦	北京市第二中学经开区学校	高宇 陶景琳 邱悦
探究航天丹参种植技术，感受中草药文化	曹语彤 何嘉雪 马子涵	北京市延庆区西屯中心小学	白昆鹏 谷进臣
盐度驯化对草金鱼的影响	李续正	北京市大成学校	胡颖 董颖 胡浩
多肉植物叶插能生根吗？	古坪钰	北京市东城区革新里小学	杨春娜
湿巾开封时长对其使用安全性的影响	韩奇轩	北京市朝阳区芳草地国际学校世纪小学	孔令娟 张媛媛 刘芳芳
云南头虫化石的采集与研究	陈刘芷蘅	北京市朝阳区芳草地国际学校万和城实验小学	陈秀娟 方微
关于热岛效应与北京生态变化的相关性研究	徐安羽 白洛霖 孙浩桐	北京市东城区史家胡同小学	付莎莎 刘晔
不同用量的氮肥对水培航椒 S328 生长的影响	曹景睿	北京市大成学校	闫立娟 陈秀梅 王利春
硫酸铜、硫酸铁对紫花地丁生长的影响以及根系分泌物测定	张子珊	北京市昌平区马池口中心白浮小学	尚欣 郑薛
不同形态氮对水培航椒 S328 生长影响探究	张雨德 张楚峰 松鹤婷	北京市大成学校	董星亚 陈秀梅 王利春

作品名称	参赛者	学校名称	辅导教师
关于丹参种植的研究报告	付翊辰 冯宇莫	北京市密云区第三小学 北京市密云区第二小学	付晓红
植物生长调节剂对航瓜艾妮果实生长的影响	王思喻	北京市大成学校	董星亚 陈秀梅 胡浩
常用手部清洁产品除菌效果对比研究	高幸	中国人民大学附属小学	白婧 毕秋丽
不同消毒器材对酒精消毒快递件的效果初探	王友辰	北京市海淀区五一小学	鲁屹
家燕胚胎育雏的行为初探	孙凡懿	北京大学附属小学	李颖 姜珊
水生植物在水生态系统恢复中的作用	吴梦缘	首都师范大学附属育新学校	侯丁嘉 薛晓京 张安
两种飞机模型的设计制作与升力实验研究	彭心晨 唐颢萱	北京师范大学实验小学未来科学城学校	雷婧
荡秋千引发的科学探究	李知轩	北京市东城区和平里第九小学	王澎
纸张大小与纸飞机滞空时间的关系	安梓溢	北京市通州区中山街小学永顺校区	武儒先 居伟强
斜坡倾斜角度与小汽车滑行的关系探究	胡乐之	北京学校	高佳颖 郭静
关于水果蔬菜发电的探究	李佳昕	人大附中亦庄新城学校	贾建华 黄真真
对于校服材料静电现象和静电预防的探究	高圣哲	北京市西城区华嘉小学	杨秋旭
对物体表面的镀层及其实现方法的研究	吕昊忱 卢弘轩	人大附中亦庄新城学校	陈小霞 陈依婷
水果电池电压与点亮不同单色发光二极管的探究	张家诚	北京市通州区第四中学（小学部）	李东雪 郭静
关于降低地下停车场安全风险的建议	许馨月	北京市海淀区中关村第一小学怀柔分校	明晓华 于红菊 张玉华
关于烟尘在空气中的运动和原因的探讨	孙恺阳	国家教育行政学院附属实验学校	王玉颖 李志远
夏天冰棍为什么冒白烟的实验研究	王昊承	国家教育行政学院附属实验学校	于泽 安禹诵
探究串联式太阳能混动小车在蓄电池有无电力情况下对车速的影响	贺雨涵	北京市平谷区第五小学	张燕梅 关鑫
对干冰特性的研究	刘与之	北京市东城区革新里小学	杨春娜
关于短视频平台及网络社交媒体对小学生的影响	岳凌惜 张宇瑄 李金瀚	北京市平谷区第五小学	关鑫 张燕梅
吹电扇为什么会凉爽的实验研究	李星怡	国家教育行政学院附属实验学校	安禹诵 刘莎莎
留住秋天的色彩——树叶拓染的实验研究	蒋雨诺	北京市朝阳区芳草地国际学校世纪小学	王婷婷 刘树兰 孔令娟
眼镜起雾原理及解决方法的实验研究	张珺茜 刘与钱 郝若言	国家教育行政学院附属实验学校	刘莎莎 王玉颖

作品名称	参赛者	学校名称	辅导教师
通州区电动自行车充电桩运营情况调查报告	王梓萱	北京市通州区后南仓小学	陈家轩 孟祥玲 韩婷婷
急救知识与技能普及现状调研	张航屹	北京市昌平实验小学	臧丽丽
借助学习伴侣（智能口算小助手）激发学生口算练习兴趣的研究	龙天 张依涵	北京市丰台区丰台第五小学	李萌 冯纲 段晓佳
关于动物随意放生与宠物弃养现状的调查分析研究	马为珩	北京市东城区史家胡同小学	王红
航椒 S328 育种优势研究报告	张舒扬	北京市通州区后南仓小学	段敏 范亚芳 孟祥玲
关于我校学生网络安全意识的调查与建议	曹格	北京市平谷区东交民巷小学马坊分校	岳小颖
回天地区商超及家用塑料袋使用情况的调查	王晨渲	北京市昌平区史各庄中心小学	张莉 刘娜
关于百姓对水杉了解程度的调查研究	贾栩萌 廖旖舟	北京市朝阳区实验小学	苏仁芳 吴咸中
兄弟姐妹一堂课——关于在小学课后服务课程中增设哥哥姐姐进课堂的研究	许羡钧 许端桐	北京市东城区史家胡同小学	王红 沙焱琦 王滢
关于在大城子农村厨余垃圾堆肥处理技术的调查研究	单心怡	北京市密云区大城子学校	朱秀荣
关于短时快速降温装置的调查研究与设计	丁一萌	北京市丰台区东高地第三小学	王君飞
关于将大城子镇老旧厂房改造为商业综合体的调查研究	裴梦思	北京市密云区大城子学校	朱秀荣
北京市高层居民楼常闭防火门使用情况调查	王建皓	北京市东城区和平里第四小学	高颖颖 霍玲娜
练习乐器对于缓解小学生焦虑情绪的调查研究	刘昕然	北京市丰台区东高地第一小学	徐子南
关于北京市学校周边拥堵改善方案的研究	孙嘉蔓	北京市第二中学经开区学校	张萌萌 曹烔烔 王裕莹
昌平区第五学校小学部电子产品品牌占有率调查	李梦溪	北京市昌平区第五学校	王杪 崔伶伶 李秀娟
限塑令后吸管使用现状调研	刘奕霖	北京市第二中学经开区学校	高宇 李东宇 郭蕊丽
关于果蔬保鲜情况的分析和调研	李嘉泽	北京市第二中学经开区学校	高宇 陶景琳 吕田田
浅谈中国钱币	曲翘楚	首都师范大学附属顺义实验小学	赵艳坤 陈定华
谐音成语使用的利弊	窦允谦	北京大学附属小学石景山学校	夏露 赵淼
关于提升白河城市森林公园科普教育功能的调查研究	祝梓瑶	北京市密云区南菜园小学	赵涵妮 彭秀伶
北京市公共饮水设备使用情况调查	丁若浠	北京市房山区良乡小学	陈淑瑞
智能喷药机	赵益铭泽	北京市丰台区怡海小学	程建容 李刚
预防老年认知障碍的小游戏	贾繁锐	中国人民大学附属中学丰台学校	金鑫

作品名称	参赛者	学校名称	辅导教师
智能消毒液洗手机	袁雨萱	北京市延庆区大柏老中心小学	周焕玲
视野盲区转角警示器	王映骄	北京市门头沟区大峪第一小学	王文
新型防水盐雕制备工艺	尹思彤	北京市门头沟区大峪第一小学	尹君
基于条形码存储的商超分布式快速结账装置	白凯 曹正玺 田润桐	北京市大兴区采育镇第三中心小学	张文远
家用智能垃圾桶	梁馨瑶	北京市石景山区古城第二小学	周宝善
双螺旋桨电动力遥控船设计	潘石	北京市昌平区西府冠华学校	吴学爽
红领巾固定器	侯思含	北京市平谷区山东庄中心小学	刘春梅
基于 Arduino 控制板的开放式智能科普小伙伴	刘宗益	北京市东城区和平里第一小学	魏萌 剧彦晋
水下金属管线的电磁感应式探测方法与实物设计	王泽颖	北京市昌平区昌盛园小学	马骥
智慧红绿灯系统的设计与实现	吕沅澤	北京市昌平区巩华学校	赵立双
一种具备酒精消杀功能的智能证件扫描辅助工具	韩佳辰	清华大学附属小学商务中心区实验小学	韩策 刘炎霖
家庭智能垃圾分类器	邹纯闻	北京市丰台区东高地第四小学	张颖
可移动式智能锥桶警示装置	刘嘉懿	北京市东城区史家胡同小学	王红 刘鑫 郭蕊
齿轮组合学具	许容荣	北京市顺义区东风小学	闫龙霞
节水型家用溢水阻断器	侯迪文	中国人民大学附属中学丰台学校	金鑫
智能平板支撑监测小助手	王知泓	北京明远教育书院实验小学青年城校区	郭京平
基于湿度感应的植物自动浇水器设计制作方案	刘夏艾	北京师范大学实验小学未来科学城学校	雷婧
鸭子坐姿提醒器	孙若熙	北京市平谷区第三小学	王健伟
创城的缩影	刘佳霖	北京市门头沟区城子小学	李佳颖
方舱垃圾机器人的研究与设计	李子啸	北京市大兴区第二中学	姜楠 郭宇
基于物联网语音交互智能外卖柜	张衷基	北京小学翡翠城分校	王金宝
太阳能养花神器	芦明菂	北京市延庆区旧县学校	马艳玲
京剧宣传学习机	杨婉濛 徐浩天 陈少杨	北京市密云区季庄小学 北京市密云区第一小学 北京市密云区第六小学	周思源
光电束式自动门	池雨泽	北京市延庆区第二小学	时秒
红绿灯路口控制行人通行装置	王羿天	北京市丰台区东高地第三小学	王君飞
远距离红外线智能遥控电扇	潘昱涵	北京市丰台区东高地第三小学	沈海侠
防手机沉迷装置	刘郑朝阳	北京市大兴区新源学校	燕子翾
寻找另一个地球—— 一款可高效演示凌星法探测系外行星的模拟装置	沈睿航 李岸瑾	北京市西城区师范学校附属小学	袁茗玮 房晓涵
共享单车停取摆渡两用车厢	雷禹贤	北京第二实验小学	甄奕
智能定时药盒	孙嘉璐 李屹婧 程晨	北京市昌平区昌盛园小学南邵学校	李建 王亚斌 王薇

作品名称	参赛者	学校名称	辅导教师
身份识别系统	韩曜丞	北京市朝阳区白家庄小学望京新城校区	段莹莹 王洁 王强
一种双电池构型的太阳能小车	张晨祎	北京市平谷区第五小学	张燕梅 关鑫
盲人自动定量取药装置	任棉泽	北京市东城区金台书院小学	陈晓玲 钟米珈
对平谷首条地铁的创新设计	吴斯	北京市平谷区第一小学	张倩
新能源旋转木马	安梓洋	北京市平谷区第三小学	王健伟
电动自行车充电新概念——移动储能车	王瀚宽	北京市东城区史家胡同小学	王红 刘鑫
遥控汽车改造设计	陈鹏宇 梁鑫宇 罗嘉勇	北京市顺义区高丽营学校	程颂凯 李霞 李瑞
通过声音识别实现老年人发生意外后自动报警的系统	代方旭	北京市第二中学经开区学校	高宇 李东宇 王紫凤
自动贩卖机	韩正煦	首都师范大学附属顺义实验小学	赵艳坤 陈定华
传染病自助检测智能助手	黄嘉佑	北京市西城区展览路第一小学	赵圣
电磁消防炮助力高空灭火——电磁发射技术在民用领域应用的探索	韦嘉朗	北京市陈经纶中学分校	文泽豪 张富程 邵乐乐
自制动态优化卡祖笛	冯子赫	北京市丰台区东高地第三小学	王娟 狄雅军 陈曦
智能感应垃圾桶	龚祎浩	北京市平谷区刘家店中心小学	邢兰香
3Z 无电压力饮水机	刘子慕 贾梓涵 徐梓淳	北京市陈经纶中学分校	邵乐乐 文泽豪 张富程
学伴儿（坐姿提醒仪）	刘子畅	北京市昌平区昌盛园小学南邵学校	李建 李晨光 王亚斌
不会断弦的小吉他	仇颢然 焦昕桐	北京市顺义区第一中学附属小学	郝丽娟 王旭东
装饰学校六角亭	程梁 周子越	北京大学附属小学石景山学校	邓晶
自动送餐车	张熙智	北京大学附属小学石景山学校	周宝善
多功能家庭生活控制系统	祁子涵	北京小学长阳分校	何立涛 董建峰
智能停车场	常家赫 李皓晨 张雲尊	北京第二实验小学永定分校	唐国雷
煮面机器人	刘鑫友	北京市房山区北潞园学校	刘华
护眼书架	张晗煦	北京十二中朗悦学校	王若君
智能检测机器人	刘天翼	北京十二中朗悦学校	王若君
智慧灯杆	樊俊宇	北京市房山区北潞园学校	赵玉敏

作品名称	参赛者	学校名称	辅导教师
基于书籍典型特征的盗版图书检测仪	李朝航	北京市中科启元学校	郝万露 王佳佳 史薇薇
北京市老小区海绵化改造模型研究	黄嘉旭	北京市海淀区玉泉小学	郝薇薇 张志刚
太空碎片回收装置	李伯尧	中国人民大学附属小学	白婧
模拟电路盒子	王铭扬	北京市门头沟区大峪第一小学	杨琼
仿生小天鹅	苏晨馨	北京理工大学附属实验学校	马朋朋 穆振东
消毒机器人	王润煊	北京市海淀区中关村第二小学	付庆
智能房屋	王梓谦	北京市密云区第二小学	高金鹏 高凤翔

第 42 届北京青少年科技创新大赛中学组青少年科技创新成果一等奖获奖名单

作品名称	参赛者	学校名称	辅导教师
纳米塑料可视化：新型荧光材料制备及其在塑料微粒成像中的应用	高杰磊	北京市第八十中学	邢国文 王珩
基于 CE-MS 的蛋白质琥珀酸化修饰高灵敏度检测方法的开发及应用	王宇霏	北京市广渠门中学	张新祥 秦泰 劳可敬
酸碱性对纳米气泡稳定性的研究	崔博萱	北京市第八十中学	陈宇红
仿植物叶片太阳能高效淡化海水的研究	宋力赫	北京市第五中学	黄雅钦 李蕎
Nb-TiO2 修饰的自清洁可复活口罩	孙博文	北京市第五中学	黄雅钦
基于废旧 PET 降解的再生聚氨酯弹性体研究	朱沈睿	北京一零一中矿大分校	吕兴梅 崔璨
基于身体姿态的青少年坐姿监督方法研究	张厚德	北京市文汇中学	于乃功 于靖 续森
面向全天候多场景的盲道识别	段皓天	北京市第二中学	裴明涛 臧传祺 高山
基于退火算法的无人驾驶路牌设计	花弘扬	北京市第二中学	高凯
一种基于机器视觉的适用于盲人的智能错题本	刘逸飞	北京一六一中学	闫莹莹 毕可雷 高云路
基于深度学习的图像合成孔径成像方法研究	邓云天	北京市广渠门中学	高跃 李思奇 马云梦
基于 UWB 技术游泳池溺水报警系统	周子涵	北京医学院附属中学	李文莉
利用现代技术助力北京胡同文化遗产传承——"胡同门墩儿"小程序开发项目研究报告	王鸿瑞	北京市上地实验学校	张玮
多鳍条驱动的机器水母	王嘉睿	北京市文汇中学	于靖 续森 张益鑫

作品名称	参赛者	学校名称	辅导教师
低温等离子体极速物表消毒器	赵子涵	北京市第二中学分校	刘鑫
运动陪练机器人	李昊哲	北京市朝阳外国语学校	祁琪 郭鸽
基于多 Arduino 控制板的复杂应用场景的物联网解决方案	韩明赫	北京市第八中学	刘凌
涵道无人机仿鱼鳃鳃盖侧窗调节器的设计与实现	刘子豪	北京师范大学附属中学	张霄 张亚 尚章华
VR 远程操控多用途机器人（危险作业、社交、元宇宙游戏等）	毕雯皓	北京市东直门中学	孔祥坤 郭晓芳 董巍
基于线性霍尔传感器的 3D 磁场扫描仪设计	林思源	北京市第二中学	高山
基于脑电信号控制的智能意念机械臂	李亚霖 郭怡嘉	北京市第十三中学	马萍萍 李蔚
非接触式智能 CPC 卡消毒系统	陈子恒 李嘉禾	北京市第十三中学分校	牛琦
基于智能图像拼接的图像 XY 扫描系统	董墨浓	北京市第二中学	高凯
小型道路无避让立体车库	王梓润	人大附中北京经济技术开发区学校	王佳婧 刘娇娜 李稳
老人跌倒监测拖鞋	丁朗	北京市第八十中学	何斌 刘永红
基于单片机控制智能试管清洗机的研究	陆嘉楠 郭思源 田皓宇	北京市西城外国语学校	潘之浩 窦洛海
具有头追功能和汽车驾驶功能的野外探测装置	史梓天	中国人民大学附属中学朝阳学校	王碧艳 刘军 王晶晶
基于毫米波雷达技术的独居老人监护机器人系统	宋睿轩	北京一零一中学	马丽霞
基于激光成型技术的柔性可拉伸 LED 阵列护颈装置	陈浚哲	北京一零一中学	郭亮 刘浩 曹雪芳
基于物联网的智能车载除霜器	冯一民	北京一零一中学	马丽霞
噬藻菌控制典型藻华物种铜绿微囊藻的初步探究	王嘉	北京市顺义区第二中学	张淑红 张聪科
污水处理工艺及生物菌种的净水效果研究	史仪	北京师范大学附属实验中学	方秀琳 滕济林
浑善达克沙地固沙先锋植物的生长特性研究——对飞播的启示	曹莺菲 刘砚函	北京市朝阳区人大附中朝阳分校东坝校区	刘鑫磊 许宏
富营养化水体中微藻与锑复合污染物的高效去除方法	王俊哲	北京市第八中学	侯越 王蕾
探究意大利苍耳和香丝草对铜绿微囊藻的影响	范艺曦	北京师范大学附属实验中学	张帆
pH 对城市餐厨废物发酵产挥发性脂肪酸的影响研究	刘天祜	北京市第八中学	王慧 侯越 王文智
南北方退役搬迁钢铁场地重金属淋洗技术对比研究	国睿泽	北京师范大学附属实验中学	赵溪 胡吉英
携氧絮凝材料对厌氧底泥界面微环境修复的作用过程研究	孔祥和	北京市回民学校	刘玥

作品名称	参赛者	学校名称	辅导教师
与 DNA 修复相关的组蛋白 H2A-H2B 结合因子快速筛选	高禹宸	北京市第八中学	周政 侯越 王文智
草间钻头蛛的求偶和交配行为	陈泊轩	北京市朝阳外国语学校	祁琪 李枢强
探究不同植物叶绿素电池及叶绿素溶液浓度对电压电流的影响	田雨润	北京一零一中学怀柔分校	苗琼
多黏菌素的天然增效剂筛选	陈章远	北京一六一中学	杨海燕 毕可雷
L4-2 神经元对果蝇识别图案的影响研究	王思媛	北京师范大学附属实验中学	杨郑鸿
北京城区居民住宅区珠颈斑鸠繁殖生态研究	白筱雨	北京市第五十中学	岳颖 吴璟宜
利用 NAN-IAV 通道使酵母菌感受声音刺激	刘苑琪 王奕璇 吕泓怡	北京市第五中学	向碧云 张红军
关于植物仿生在单元结构的表皮触觉交互初步研究	王悦然	北京市第八十中学	陈宇红
拟南芥 IP3 感受器结合 IP3 的特性研究	冀玎玲	北京市广渠门中学	韩生成 陈浣 王文婷
番茄尖孢镰刀枯萎病拮抗菌株的筛选	张羽菲	北京市第八十中学	周欣 芦晓苇
基于苹果多酚氧化酶的蛋白质工程与利用大肠杆菌原核表达系统进行重组表达	朝牁	北京市第二中学	叶盛 文淑君 鲁智虎
三种室内观赏植物与微生物协同净化甲醛效果的研究	任庭昊 付何润邦 吴宇同	北京中学	高畅 钱礼超
猪肉中三（2-氯乙基）磷酸酯的生物可及性	李承禹	北京师范大学附属中学	芮磊
基于深度学习的蛋白质 β 折叠结构快速预测算法	李万方	北京市第三十五中学	叶盛 詹争艳 杜春燕
封闭性湿地公园与开放性湿地公园的鸟类多样性差异	董馨宇 杨雨霖 钱清杨	北京市大兴区第一中学	张美燕 蔡静
一种低成本基于智能手机的唾液尿酸即时检测方法	弓子耕	北京市十一学校	窦向梅
发酵咖啡渣对茄子青枯病的防治初探	沈子谦 张程皓 高羽鹏	北京一零一中学 中国人民大学附属中学分校	马丽霞
基于计算机模拟工具和 PUP-IT 邻近标记技术研究 LPA1 和 LPA4 受体调控的细胞迁移	张胡杨	北京市十一学校	窦向梅 张俊杰
落地生根叶片不定芽的诱导及应用研究	姜泰吉	北京一零一中学	马丽霞
基于高峰期上下车效率的地铁车厢结构参数优化	刘师宇	北京市陈经纶中学	黄臣 杨秋静
西单地区共享单车停放站优化问题	聂彤	北京市第十五中学	于放
基于太阳能烧结成型技术建设月球基地的可行性研究	陈心蕾	北师大二附中西城实验学校	胡红信 阚莹莹
绕组合体的亚、超声速流动分离机理对比研究	刘鸿儒	北京市东直门中学	张颖 王术

作品名称	参赛者	学校名称	辅导教师
相接双星的截止周期研究	李向北	北京市第二中学	王晓锋 林杰 夏琪琪
多尺度周边建筑群对超高层建筑风荷载的影响研究	李知非	北京师范大学附属实验中学	孙志斌 张艳萍
不同外形汽车流场特征的仿真和实验研究	刘子傲 吴际霖 王翊先	北京市第八十中学	郭亮
宜居系外行星的统计研究与形成机制分析	张悦琳	北京师范大学附属实验中学国际部	冯晓琴 赵斐
基于被动式天空辐射制冷的校园建筑节能减排方案——冷静精庐	郭恬聿	北京市第八十中学	夏江江 赵胜楠
高中生为何焦虑及解决和预防焦虑	高佳音	北京市大峪中学	陶术研 田頔 王金杰
对影院放映音量是否过高问题进行调查研究	程子豪 董鹏翔	北京市第三十五中学	杜春燕 赵溪 张博雅
社区养老服务驿站提升老年人生活便捷指数的调查研究——以通州区北苑街道养老服务驿站为例	何萍	北京市通州区潞河中学	吴文君
远离焦虑现象，聚焦高中生心理发展——北京市中学生身体意象现状调查研究	徐梦媛	北京市第一七一中学	李昆 吴丽军
以昌平区为例的市民"互联网＋生活垃圾回收"现状调查	刘婷玉	北京市昌平区第二中学	张淑春 刘颖 石雪飞
正念与青少年手机使用及睡眠状况的关系探究	薛闲闲 杨静涵	北京市第八十中学	王玉正 陈宇红
北京地区预制菜市场消费状况的调查研究	石佳禾 赵嘉熙 徐之寒	北京师范大学附属中学	张亚 杨海燕
内隐刻板印象对高中生科目学习的影响——以北京市某中学为例	崔明宸	北京一零一中学	王莉 高希然
初中生人机互动中的信任及影响因素探究	李晨一 李文博 汤子其	北京一零一中学	鲁君实 高希然

第 42 届北京青少年科技创新大赛中学组青少年科技创新成果二等奖获奖名单

作品名称	参赛者	学校名称	辅导教师
纳米银复合材料的抑菌性能研究	张嘉乐	北京师范大学附属实验中学	王澎
药物母体结构手性吖丁啶的不对称合成	孙瑞康	北京市京源学校	牛丽亭 易峥屹
中草药添加对书画装裱浆糊性能影响的初步研究	许若溪 李筱珺 陈薪亦	北京市第十中学	姚爱丽 戴海霞 宋振中
多孔碳氮材料负载铂基金属催化剂研究	张朝益	北京市昌平区第二中学	张淑春 朱红

作品名称	参赛者	学校名称	辅导教师
可见光催化诱导制备非天然手性氨基酸研究	韩佳铭	北京市京源学校	易峥屹 牛丽亭
Cd-Ni3S2/NF 的合成及其电催化分解水的性能	柏瀚宸 段迦程	北京市第五十五中学	马淑兰 陈虹
荷叶启发的仿生超疏水棉织物制备研究	王苏悦	北京一零一中学	马丽霞
校园智能值周生——让红领巾飞扬	刘岑泽	首都师范大学附属回龙观育新学校	陈海燕
基于屏幕图像识别用户可自定义场景模拟操作系统的设计与实现	程千和 张佳一	北京市昌平区第二中学	杨静 蔡雨林
基于人脸识别算法的情绪调节应用	陈诺扬	北京市第八中学	刘凌
基于多传感器融合的移动机器人导航研究	曾凯轩 张岐宸 吴子晗	北京市第八十中学	罗云翔 赵胜楠 张朋
面向盲人辅助装置的图像文本描述方法研究	李逸伦	北京一六一中学	毕可雷 王玲 毕欣
基于 YOLOv5 的校服着装合规识别	张馨月 王子萱	中国人民大学附属中学朝阳学校	李雯
基于数字孪生技术的人员应急疏散虚拟仿真系统构建	胡雪琦	首都师范大学附属中学	丁刚毅 李玲 关正
自动扶梯踏板安全预警装置	曹文皓	首都师范大学附属回龙观育新学校	陈海燕
基于矩阵坐标的机器人室内导航方法研究	殷启宸	北京市第四中学	康帅 左世伟
基于视觉的智能助老自动跟随购物车设计	任清瑞	北京市昌平区第二中学	张淑春 尹亮
物联网智能健康监测猫砂盆	王润卿	北京市大兴区第二中学	郭宇
智能助力单人拖车机器人	张梓炎 章致雨	北京市第十一中学	蔡葆元 刘京
电子文字盲文转换器	张博森 张博程	北京一六一中学	王也 翟琨
拭子自动剥离机	郑茗心 陈泊文	北京市第一七一中学	白江波 李铮 翟浩迪
基于运动轨迹规划技术的一体化健身站	李泽钧	北京市第五十五中学	许丽娜
关于共享单车自动存放装置的研究	李简文	北京市第四中学	卓小利 李瑶
基于 Arduino 控制板的可自动寻路的变径三段式管道机器人	冯汉禹	北京市广渠门中学	马云梦 裴毅 陈浣
便携式等离子臭氧喷射器的应用设计	宋泽宁	北京市第二十二中学	张美玲 杨明
冰陆两用车	刘思远 陈熙	北京市顺义区第一中学	许实云 张巍
基于 Lidar 技术的搜救探索机器人设计方法	丁翌宸	北京市鼎石学校	袁崇健

作品名称	参赛者	学校名称	辅导教师
基于肌肉传感器的上肢伤残人员辅助康复系统	赵文棋 隋瑭 谢沛伦	北京市古城中学	郭新 耿宁波 张琦
PET 塑料瓶再生 3D 打印耗材制造机	林轩逸	北京市大兴区第七中学	侯岳伯
智能语音垃圾分类系统	赵梓涵 蔡添祺	北京市平谷区第三中学	程小刚
基于智能视觉识别的分类垃圾桶	曹博雅	北京市陈经纶中学劲松分校	李芳 吴斯 邱石
高压电线塔攀爬机器人	张思卓	北京航空航天大学实验学校中学部	刘荣 柳迪
环保型大豆蛋白木材胶黏剂的制备方法研究	刘聚夫 王浩轩 曹雨暄	北京市第十中学	姚爱丽 宋振中 戴海霞
企业漂绿背后的行为动机与逻辑研究	方靖壬 高千航 何玺儿	北京市第八十中学	曲炜 关辽 肖艳
对农村老旧闲置房屋的有效利用的调查研究	刘嘉莹	北京市密云区大城子学校	彭方圆
北京市朝阳区支路行道树优化策略探究	钱昱成 刘仕臻	北京市陈经纶中学	赵珺
借用荷叶疏水性原理实现石质文物表面自清洁	马雨菲 邸愈深 孙琳茜	北京市昌平区第二中学 北京化工大学附属中学 北京市昌平区前锋学校	张淑春 熊金平
浑善达克沙地两种豆科植物及其生境关系的探究	胡潇屹	北京理工大学附属中学	迟利敏 苏华 许宏
低成本绿色高效处理重金属铬污水的生物方法	庞泽堃	中国人民大学附属中学	鲁安怀 范克科 万丹
关于水体中微塑料的考察与鱼类摄食微塑料的探究	程易菲	北京交通大学附属中学东校区	张喻
北京市北部三环到四环之间社区绿地与城市休闲绿地两种生境下植物多样性与人为因素对鸟兽数量和行为的影响	田淏铖	北京市八一学校	常树岩
北京部分区域大气污染的分布特征及影响因素研究	贾鸿博	北京一零一中学	史艺
复合微生物菌剂发酵餐厨垃圾效果评估及分析	郑骅恒 王茗可 李佳一	北京中学	高畅 樊倩倩
紫甘薯中花青素稳定性的影响因素探究	史蕾萌 索震霄 齐琳	首都师范大学附属苹果园中学	郭欣 张乐
关于昌平南口地区蝗螋对农业生产与环境保护影响的研究	尤子昂	北京市昌平区第二中学	徐娇龙 韩飞鹏 王燕霞
不同激素和糖对百合小鳞茎发生与发育的影响	左梓楠	北京市第八十中学	赵胜楠 张朋
对线虫吸引力下降的捕食真菌突变株的筛选	李一凡	北京市第一七一中学	刘杏忠 赵雅楠 范雅妮

作品名称	参赛者	学校名称	辅导教师
松材线虫侵染对马尾松内生菌群落结构的影响	黄子为 梁致远 王鲸铸	北京市第一六六中学	赵莉蔺 张微蒂 秦悦
CD44 表达载体的构建和验证	魏寒飞	北京市第二中学	周旭宇 曹雪 冯冉轩
针对太空返回设备的消杀方式研究	关浩蓬	北京市第一七一中学	黄素兰
探究重金属对不同植物生长发育的影响	余乐	北京市大兴区第一中学	张会弟
关于月季 EDT1 基因提高紫花苜蓿耐旱性的研究	赵文浩	北京市大峪中学	郑广顺 孙红泽 李丹丽
探究市面常见几种无抗生素鸡蛋是否是"智商税"	魏之裕	北京市大兴区第一中学	王月 李超
丁香酚对昆虫趋避行为的影响	蔡信宽	北京师范大学三帆中学朝阳学校	于苗苗
北京市二级重点保护植物假贝母在怀柔的分布及生境调查	高迎凯	北京市怀柔区第一中学	宋旭
EDTA-FE 促进磺胺嘧啶光化学降解研究	张牧涵	北京市陈经纶中学劲松分校	李琬昀
贝莱斯芽孢杆菌 CLA178 诱导无刺蔷薇植物系统抗性对抗冠瘿病的机制	金静怡	北京市大峪中学	陈淋 孙红泽 侯占山
杀根结线虫真菌的筛选与鉴别	刘紫月	北京市第二中学	刘杏忠 贾怡丹
微生物用于强化黑臭水体中氨氮的处理研究	丁钰航	北京景山学校	李京 王菲菲
以圆明园水域为调查范围探究喂食行为对鸟类分布的影响	张蕴熙	清华大学附属中学	张正旺 梁姝颋
微博"水军"识别方法研究	刘知禾	北京市陈经纶中学	陈旭
区块链背景下对商业积分联盟的研究	石岩 刘心扬 郑楚锦	北京市朝阳外国语学校	孔志文
红绿灯路口配时的数学分析方法及编程模拟	平坦行	清华大学附属中学	谭洪政 杨静平
太阳系大行星成像观测深入探究	田雨歆	北京市陈经纶中学	黄臣 刘宁
高压下加温速率对煤炭气化的影响研究	许景宁	北京市第四中学	康帅 刘曰武
三角形晶格稀土硼酸盐的极低温磁制冷性能研究	高明楷	北京师范大学附属中学	金文涛 张亚
UCG 气化腔二氧化碳储存边壁渗透性质探究	姜雨彤	北京四中国际校区	康帅 刘曰武
石墨烯量子点多频辐射电子态跃迁探索研究	陈苏扬	北京师范大学附属中学	方炎 赵昕
微重力环境下蜡烛燃烧实验及燃烧火焰观察	蒋旭桐	中国人民大学附属中学分校	于强 刘海青
储液箱液面晃动的抑制方法研究	王浩宇	北京市上地实验学校	唐静 王红庚
中学生家庭关系与线上学习效率相关性的调查分析——以北京师大二附中集团校学生为例	李鹏翔	北京师大二附中国际部	胡红信 王婷婷
关于建立淘汰眼镜的服务与交流平台的调查研究	魏普林	北京中学	殷国程

作品名称	参赛者	学校名称	辅导教师
关于青少年考试焦虑影响因素的分析研究及应对方法展望	龚煜媛 高之涵 张朔维	北京市第八十中学	王天鸿 宋媛媛
线上学习能否取代在校学习	王琪 汤牧一	北京市顺义区李桥中学	姚鑫语 蒙广平
青少年体像满意度现状及影响因素探究	王佳莹 张妍 李琴心	北京市通州区潞河中学	陈礼旺 许香春
探析劳动课实施中的知与行——关于北京市通州区潞河中学初中生劳动教育的现状调研	姜舒怀	北京市通州区潞河中学	纪艳苹 牛林
体育中考改革对初中生课余体育锻炼行为的影响——以对北京市通州区三所初中的调查研究为例	李沐霖	北京市通州区潞河中学	吴文君
规划长辛店地区沿线特色旅游公交线路	陈泰峰 宋博阳 李知孟	北京市第十二中学	张明尧 石璐
关于大城子农村地窖有效利用的调查研究	王靳国	北京市密云区大城子学校	彭方圆
社区生活垃圾分类驿站使用率的调查——以朝阳区双井街道井点二号为例	英如错	北京市第二十五中学	陈晓玲 宁雪 赵海康
动漫分级制度调研及展望	李烨 曹鲁晋	北京一零一中学	杨双伟 张孟琪
探究 DNA 纳米材料在检测癌症标记物领域的应用	段鸣旸	北京师范大学第二附属中学	那娜 符永兰
用于化学回收聚苯乙烯塑料的光催化氧化策略	袁泽晨	北京市京源学校	牛丽亭 肖维新
土壤修复与校园古柏复壮的持续研究	杨思哲	北京市昌平区第二中学	张淑春 卢海龙 尹亮
氯代喹噁啉与邻二硫酚的生物正交反应研究	刘嘉星	北京市京源学校	牛丽亭 肖维新
玻尿酸面膜稳定离子电池 Zn 金属负极的探究	姚凌初	北京市第三十五中学	王华 杜春燕 张珂
不同 PLA/PBAT 配比对复合塑料材料性能的影响	赵紫晶 郭羿辰 楼杭之	北京中学	张康静 王长艳
隔夜茶能喝吗——隔夜茶的物质含量变化探究	田浩楠	首都师范大学附属密云中学	马骏飞 路平 高中辉
氢溴酸右美沙芬药物树脂复合混悬液的家庭配制与效果评价	冯开颜	北京市十一学校	窦向梅
计算机视觉在伦琴射线安检机图像识别方面的应用	田佳宇	北京中学	岳蕾 黄庆明
基于物联网和图像识别技术的校园节能减排智能控制系统	田佳昊 闫宇宁	北京师范大学第二附属中学未来科技城学校	杨敏 杨志奇
基于卷积神经网络的目标跟踪方法研究	李曜宁	北京一六一中学	毕可雷 闫莹莹 于乃功
基于 YOLOv3 目标检测的云台摄像机智能跟拍系统	王孝诚 韦佳睿	北京市第六十五中学	王慧 易观秀

作品名称	参赛者	学校名称	辅导教师
预警小助手	常晏子	北京市第五中学	李纛 刘荣
基于 OpenCV 的人脸、二维码识别的图书管理系统	李泽卿 狄啸林 李魏篪	北京市第二中学经开区学校	李东宇 高宇 陶景琳
模糊层次分析法的动态可视化实现与太空旅游评价应用	李心祎	北京市大峪中学	郭炳晖 李丹丽 李颖
基于宽度优先搜索的自创复杂围棋的程序设计与自动对弈功能的实现	赵科为	清华大学附属中学	白鑫鑫 谭洪政
京西花粉浓度变化特征及其与气象要素关系的研究	冀柘丹	北京市大峪中学	孙红泽 国文娇 吴莎
粗毛牛膝菊对土壤中镉元素和微塑料进行治理的分析	韩欣然	北京师范大学附属实验中学	方韡
甘蔗碳基微生物燃料电池电极材料的制备研究	潘一博	北京市第八十中学	陈宇红
大东流地区水质状况调查	吴依娜 翟欣悦	北京市昌平区大东流中学	宗厉 刘立娟 张莉
不同农药对土壤微生态的影响研究	王润	首都师范大学附属苹果园中学	郭欣 张乐
北京市水系水质时空变化特征研究	何亚融	北京市通州区潞河中学	周慧 黄萍 姚兰
模拟温室效应，倡导家庭节能减排	庄宏超	北京市昌平区前锋学校	侯丽丽 张艳花
基于数值模拟花粉传播路径及合理防治方法的研究	鲍萱墨涵	北京市第四中学	杨海燕 孔丽燕 马晓钧
脱氮菌用于畜禽废水中氨氮的处理研究	黄子轩	北京市三帆中学	田春华 宋敏 张全贵
古新世 - 始新世极热事件中气候变化特征的研究	田涛瑞	北京市顺义牛栏山第一中学	李万成
大脑中 SLC22A17 蛋白对髓鞘再生影响机理研究	张楚玥	北京师范大学附属中学	陈立功 张亚
鸽新城疫灭活疫苗制备研究	于浩林	北京市第八十中学	马洪梅 李壹
小分子药物 PF-07321332 对 NSP5 的抑制作用研究	杨蕙萍	北京一六一中学	毕可雷 赵溪 张然
DNA 提取试剂的优化	张续千	北京市昌平区第二中学	张淑春 钱嘉林
金银花与忍冬叶抗痤疮丙酸杆菌、金黄色葡萄球菌、表皮葡萄球菌比较研究	刘一凡	北京市通州区永乐店中学	王峰 姜海达
探究有糖可乐和无糖可乐对小鼠身体健康的影响	崔佳莹	北京市通州区永乐店中学	王峰 姜海达
无土栽培蔬菜与种植普通种植蔬菜品质差异探究	吕思涵 李太和 武雨桐	北京市第一六六中学	孙鑫 魏宗 刘磊

作品名称	参赛者	学校名称	辅导教师
基于酵母双杂交技术筛选沙柳 SpRLCK1 互作蛋白	韩知余	北京市大峪中学	李建波 李丹丽 孙红泽
不同有翅昆虫折叠与收纳方式初探	张立爽	北京市第四中学	卓小利 李瑶
SR 蛋白调控拟南芥低磷胁迫响应的分子机制研究	李明翰	北京师范大学附属中学	张亚
土壤基质对槭叶铁线莲人工种植的影响	李俊衡	北京景山学校	杨恬然 李京 王菲菲
萎缩芽孢杆菌 HN-768 的鉴定及其对番茄灰霉病的防治研究	武博文	北京师范大学附属中学	张亚 卢彩鸽
针对第四次世界妇女大会纪念公园冬春季野鸟的调查	宋涵凝	北京市怀柔区第一中学	宋旭
异源表达茶叶 MYB 基因提高紫花苜蓿类黄酮分布	艾午予	北京市大峪中学	索玲 苏欣 郑广顺
南海子麋鹿苑半散放条件下灰鹤孵卵期行为观察	钟雨航	北京市大兴区第一中学	吴玉刚
核桃炭疽病病原鉴定及生防菌株的筛选	马霄鹏 朱恺睿 刘紫辉	北京市大峪中学	孙红泽 王兴红 于君雅
纳米碳对拟南芥生长和发育的影响	张馨颐 张铭希	中国科学院附属实验学校	南素芬 王磊 王晋飞
根系共生微生物对水稻株高的功能研究	刘凯 胡耀宇 李璘汎	北京市顺义牛栏山第一中学	李万成 张全星 曹爱萍
普洱茶醇提物对脂多糖诱导 RAW264.7 巨噬细胞 M1M2 型极化的影响	赵婉淇	北京市十一学校	窦向梅 王洪霞
重组抗 CX3CR1 纳米抗体的原核表达	佟静怡	北京理工大学附属中学	迟利敏
探究不同培养条件对酵母菌发酵及酵母细胞的影响	赵晋彤	北京交通大学附属中学	祖浩东
蛋壳复合肥对西瓜产量和品质的影响	董欣然 官博雅 周紫炎	北京一零一中学	马丽霞
关于平面上多边形稳定性的研究	陈则端	北京市东直门中学	刘明秋
基于云模型算法的 NBA 篮球运动员综合能力评价研究	伍芊如	北京市第四中学	康帅 王子豪 Elliot Chin
探究密铺图形的奥秘	孙涵绅	北京市第八十中学管庄分校	王甜甜
在单一地点通过三角视差测距法测量地月距离	王海博	北京市昌平区第二中学	张淑春
太阳黑子面积的计算	姚致臻	北京市第一七一中学	陈洁 赵军
基于 InP 和 HBT 器件的 51GHz 静态分频器电路设计与仿真	陈麓云	北京市第二十四中学	南洋
异构纳米多层板的强韧化	张铭理	北京市第七中学	李庆
超声悬浮相控阵精准操控研究	魏嘉琪	北京一零一中学	夏焕春
透光式水波观测实验装置	曹成阳	中国人民大学附属中学分校	姜凤敏 刘海青
仿生金属荷叶制备及超疏水特性研究	张思睿 黎欣睿	北京科技大学附属中学	席宏波 赵宏轶

作品名称	参赛者	学校名称	辅导教师
基于自制鞋垫压力检测系统的足底压力分布研究	梁靖楠	北京一零一中学	贺凤美
调研无偿献血人员及对无偿献血后续发展的建议	李欣潔	北京市昌平区第二中学	徐娇龙 田俊欣
关于中学生日常通学方式中碳减排政策落实的调查研究	张智昂	北京市京源学校	吕俊荣 宋波
青春记忆不褪色，阅读人群莫流失——北京市外文书店发展困境的剖析和建议	李东蔚	北京市陈经纶中学分校	关利娟
北京近代校园建筑历史与遗存调查	辛巧嫣 熊嘉玥 王嘉凝	北京市通州区潞河中学	姚兰 黄萍 许香春
城市道路骑行安全性研究——以汇文中学周边区域为例	罗雅馨 张浩桐	北京汇文中学	田原 银换英
线上教学对亲子关系的影响	沈士清	中国人民大学附属中学朝阳学校	李雯
关于顺义区学生对榫卯结构的认知情况的调查研究	安冉 张申辰 张欣雨	北京市顺义区第一中学	张爱曦 董铁男
中国神话与希腊神话的异同及二者对后世的影响	田沐阳	北京市昌平区第二中学	蔡雨林 刘苗苗
初中生烹饪意愿与技能调查研究	岳云卓	北京市通州区漷县中学	肖曼曼 庞鑫 曹秋园
给予弱势群体相同的待遇就算公平、平等对待他们了吗？	王思源	北京市昌平区第二中学（回龙观校区）	刘苗苗 蔡雨林
迈过数字鸿沟，助推老年人融入美好数字生活	焦依娜	北京市第二中学经开区学校	祁志轩 高宇 李东宇
关于北京市中学食堂饭菜高盐问题的研究	金嘉良 王紫玥 孔令怡	北京市十一学校	王皓
多功能组合尺	张懿孜	北京市丰台区丰台第二中学	邢鲲鹏 陈卓 周宇
AI 爱心守护——智能防拐婴儿车装置	闫子涵	北京市第十八中学	李家茂 王琳
基于物联网的老年健康智能轮椅的研究与设计	汤镇华	北京市昌平区第二中学	杨静 王继飞 马英
防溺水自动充气泳衣	刘子轩	中国人民大学附属中学朝阳学校	李雯 陈晓陆 杨继红
基于颜色识别成熟度的全地形移动采摘机器人	赵晨凯	北京市第十四中学	刘学 张曦
基于蓝牙 Beacon 的体能锻炼记圈器研究	张博皓	北京市第八中学	王文智 刘凌
非机动车智能逆行预警装置	石宇璨	北京市第二中学分校	刘鑫 曹杰 徐辰宇
防干烧自主计时燃气灶	李卓熹	北京市三帆中学	田春华 王晶

作品名称	参赛者	学校名称	辅导教师
可对不规则物品进行包裹性抓取的自反馈机械爪	徐博	北京市第八十中学	何斌 阮祥兵
UWB 空间测距技术在标枪运动中的发明	任子鸣	北京市第八十中学	何斌 南星
基于液态金属的柔性可拉伸电子器件	王子逸	北京市朝阳区忠德学校	杜艳明
模数转换器模型	冯爽	北京市第四中学顺义分校	马彦来 龚志泉 冯文科
磁耦合增速式轴发电装置	张芷铭	北京市三里屯一中百子园校区	梁晶
慧眼追声	文秀琳 陈奕旭 孙梦舟	北京市古城中学	王可欣 姚春林 郭菲
智能扫码助手	王伟然	北京市第二中学分校	刘鑫 白江波 郭蕊
头戴式感光头盔	冯依诺 陶希然 戴可欣	北京市密云区第二中学	李桂荣 刘淼 石晓妍
多场景主动式蹲起辅助装置	吴雨桥	北京市朝阳区人朝分实验学校	郭立玲 毕智华
沙滩卫士——沙滩垃圾清理车	王一辰	北京市昌平区第一中学	周有祥 邹佳君 陈旭红
无角度限制自跟随摇头风扇底座	张恩泽	北京市和平街第一中学	韩晓佳 杨静 王子豪
适用于地震救援环境的仿生章鱼软体机械手	迟涵予	中国人民大学附属中学	王艺平

第 42 届北京青少年科技创新大赛中学组青少年科技创新成果三等奖获奖名单

作品名称	参赛者	学校名称	辅导教师
通过虚拟环境和随机森林模型预测钠离子电池的寿命	贺靖涵	北京师范大学第二附属中学国际部	李贺
简易铝空气电池的制备及其结构研究	吴旭冉 高乙	北京市第三十五中学	杜春燕
基于复合凝胶材料的二氧化碳捕集研究	谢东桓	北京工业大学附属中学	王政阳 王晶晶
蜡烛燃烧的再探究	毛雪莹 杨宜灵 李琦玮	北京理工大学附属中学通州校区	张琼 白书原 董又铭
不同形态二氧化钛光催化剂对不同温度下的聚乙烯光催化反应的影响	王以陶 秦蕗	北京市第一六六中学	施润 秦悦 张微蒂
用聚苯胺墨水笔绘制电路图的设计与思考	包如彤	北京市昌平区第二中学	张淑春 董广海 宋欣亚

作品名称	参赛者	学校名称	辅导教师
猫薄荷精油的提取及其熏蒸杀虫效果的研究	胡正昊 胡思瑀 胡紫灵	北京市丰台第八中学	陈雪静
混合配体金属有机骨架材料增强化学发光的研究	姚家瑞 阮小北	北京市京源学校	牛丽亭 吴静
不同产地铁皮石斛的 HPLC 指纹图谱的建立和对比分析初探	张迪	北京市第八中学	杨福全 侯越 王文智
光芬顿强化氯霉素的降解过程研究	张元博	中国人民大学附属中学朝阳学校	齐悦东 叶竞汝 夏烨
抗菌性齿科修复用复合树脂的实验探究	李熙润	北京市第三十五中学	杜春燕 蔡晴
中草药药性与化学成分的关系探究	张嘉颖	首都师范大学附属密云中学	马骏飞 高中辉 路平
从电解质溶液出发探究影响铝空气电池性能的因素	闫艺嘉 孟媛 李嘉琳	北京市延庆区第一中学	黄亮
水果的酸甜度对明胶果冻凝冻程度影响的探究	刘心语	北京市第八中学	黄雅钦 刘凌
自组装硒肽的高通量筛选	刘济菘	北京市顺义牛栏山第一中学	李万成
PMMA 改性氧化硅填充氰基丙烯酸酯的性能研究	孙千惠	北京市二十一世纪国际学校	朱红
家用燃油车和新能源车车内挥发性有机物组分对比研究	吕政轩	北京理工大学附属中学	迟利敏 吴方堃
可生物降解食品包装用纯壳聚糖膜的研究	徐子敬 焦子轩	北京一零一中学	马丽霞 卢芹
关于不同因素对金属盐与硅酸钠溶液发生复分解反应影响的探究	张隽铭	北师大二附中海淀学校	胡红信
基于人脸识别技术模糊脸的研究与应用	张弛	首都师范大学附属回龙观育新学校	陈海燕
智能 RFID 电动自行车安全监管系统	王天一	北京大学附属中学石景山学校	王旭东
智能分段排版算法的研究与实现	王宇轩	北京大学附属中学石景山学校	李莹莹
基于关键词语音特征进行文本语义校准的方法	火宥然	北京市第二中学分校	刘鑫
基于 Jetson Nano 的人流量数据挖掘系统	梁佳漪	北京市京源学校	宋波
VR 环境下基于脑电数据的学习行为认知与推理	姜懿倩	北京师范大学第二附属中学	刘希未
自助式智能人行横道交通安全灯设计	周胤卓	北京市昌平区第一中学	邹佳君
火星勘探互动模拟演示模型方案研究	彭泊钧	北京钱学森中学	刘雯 罗明辉
基于神经辐射场的图像分解与重照明方法探究	王冬敏	北京师范大学附属实验中学	马静
基于人工智能的衣服搭配和定位系统	张文涵	北京市昌平区第二中学	崔悦 杨静
基于肌肉传感器的上肢伤残人员肢体功能辅助恢复过程的研究	李冠霖	北京市古城中学	姚春林 王可欣 王新凯
仿手指弹奏机器人	汪俊晓	中国科学院附属实验学校	王西奎 申金娥 李静

作品名称	参赛者	学校名称	辅导教师
全球新闻事件数据情感和主题分析	徐伟钊 康志帅 姜宇尧	北京市顺义牛栏山第一中学	郭旦怀 李万成 杨哲
汉诺塔的还原规律及所需步数的研究	刘奕麟 李致用	北京市陈经纶中学帝景分校	尚岩 苏梦 李芳
基于 OpenMV 的智能健康饮食提醒器	王子硕 马宇卓 程思睿	北京师范大学第二附属中学未来科技城学校	王会明
监控盲区的摄像头点位分布程序的设计	王抱朴	北京理工大学附属中学	马晓欣
可抛货仓固定翼无人机的设计与制作	黄俊宁	北京市京源学校	宋波 黄俊
基于 ArduPilot 的垂直起降固定翼设计与制作	杨承熙	北京市京源学校	宋波
互动课堂软件"名著阅读游戏棋 5.0"的优化及应用	姜锦融	北京市海淀区教师进修学校附属实验学校	武赟
生命体征检测仪	张润籽	首都师范大学附属中学	朱安琪 吴联国
家用路由器安放位置与其信号质量的关联研究	任宇辰	北京理工大学附属中学	吴庆煜
老年人紧急呼叫器	郭京柱	北京师范大学燕化附属中学	杨志亚
基于遥感卫星影像的怀柔区城市热岛效应分析与对策	戴金召	北京市怀柔区庙城学校	陈婷婷 李路莎
关于八大处寺庙燃香污染及改进策略的研究	李明远 苑倬珲 聂子耀	北京大学附属中学石景山学校	任晓庆
遥感技术支持下的北京二中分校校区空间碳平衡研究	水启帆	北京市第二中学分校	刘鑫 陈茵青
月牙泉存续之谜	彭新锐 隗乐尘 张倬	北京市大峪中学	张帅 裴艳萍 陶术研
运用地理信息系统分析优化便民服务点选址——以北京市石景山区为例	丁佳蕊	北京市京源学校	蔡惠慧 徐永洋
中国水资源时空分异特征及其驱动因素分析	李骐亦	北京市通州区潞河中学	姚兰 周慧 张晓
制备条件对环境友好型聚合物土壤固结剂应用性能的影响	王迦南	北京市大峪中学	王少丽 陶术研 孙红泽
洗澡间废水收集再利用系统	张珺卓	北京汇文中学	莫菲 杜玉珠
性别差异对于专题图视觉信息加工的影响研究	韩静彤	北京市京源学校	吕俊荣
社区垃圾分类对碳排放影响的调查、分析与量化预测	李冠樵	北京市第八十中学	夏江江 张朋 赵胜楠
自动浇水旋转立体植物种植器的研究	张浩轩	北京市顺义区第一中学	许实云 李华岚
钢渣处理含磷污水及应用于土壤修复可行性的研究	贺昱铭	北京市陈经纶中学	丁春杰
关于现代人出行方式的研究报告	马浩睿	北京市大峪中学	任飞 方敬霞 刘倩

作品名称	参赛者	学校名称	辅导教师
北京秋冬季大气能见度变化趋势及冬奥会低能见度事件分析	江思缘	北京市第八十中学	刘子锐 赵胜楠
关于门城湖湿地水生植被生态结构及其环境因素的调查与实验研究	崔曈岳	北京市三家店铁路中学	李艳 刘玮 李挚
沙漠保水剂固沙功能增强的探索与机理研究	岑宇昂	北京市第五中学	韩东 敖卓
密云白河城市森林公园土壤有机碳及氮含量空间分布特征研究	王茜琳	首都师范大学附属密云中学	王静 张浩东 张硕
变废为宝——由废弃饮料瓶制取富氢合成气初探	戴泽桢	北京市第一五九中学	谢岗 张蕙 陈宏程
土壤中的微塑料分离及吸附作用研究	赵彬妍 高铭朝 张梓修	首都师范大学附属密云中学	曹丽娜 许萃 张硕
沙尘暴对水生小球藻生长的影响	梁静	北京市怀柔区庙城学校	张庆花 万青 曹皓源
关于在大城子推广厨余垃圾堆肥处理技术的调查研究	岳金磊 韩董浩	北京市密云区大城子学校	彭方圆
大峪中学初一年级纸张使用情况调研及策略研究	王铭皓	北京市大峪中学	任飞 方敏霞 刘倩
厨余垃圾促进绿化废弃物堆制成有机肥效果的研究	陈子瑜 冯任轩 闫凯博	北京市怀柔区庙城学校	张庆花 王昊 李核心
不同植被类型下土壤呼吸速率的差异性探究	邢家瑜	北京一零一中学怀柔分校	苗琼
密云白河城市森林公园藻类植物调查及水质初步评价	孙静雯	首都师范大学附属密云中学	路平
高铁废液循环机器人	张钦源	北京交通大学附属中学	朱阁
水温对水藻生长及水体净化的实验研究	杜禹征	北京市育英学校	鲁婷婷 李玮琳
未成年人影院观影噪音防护问题研究	兰胜卿	北京市第一七一中学	崔云鹤 李铮 张楠
探究植物种子萌发的影响因素	周禾	北京市第三十五中学	顾芳 张珂
MPSS 对肿瘤相关成纤维细胞活化的影响	白研文	清华大学附属中学朝阳学校	齐晴
对生活小区环境下的微生物——大肠杆菌和葡萄球菌的观察与思考	董怡希	北京市昌平区第二中学	徐娇龙 金鑫
不同地区甜酒曲中醇母菌的筛选及米酒酿造性能测定	李米柔	北京市东直门中学	行丹文 王雪红 孔祥坤
银喉长尾山雀（华北亚种）繁殖生态学初探	王小涵	北京市大峪中学	官昊慧 裴艳萍 李彩川
利用废弃物制作厚款生物塑料及其性能评价	韩钰焜	北京一零一中学怀柔分校	苗琼
不同消毒方法对小麦种子萌发及生长的影响	鲍薄熙	北京一零一中学怀柔分校	苗琼

作品名称	参赛者	学校名称	辅导教师
常用抗生素对酸奶生产菌种抑制作用的研究	周姝含	北京市通州区潞河中学	许香春 陈礼旺 周慧
基于中空介孔二氧化硅纳米颗粒的香料缓释研究	王在田	北京市第一七一中学	李彦辉 张欣
白色念珠菌几丁质合酶 CHS3 的功能研究	谢之枫	北京市第一七一中学	张樱腊
携带目的基因的质粒构建与质粒功能表征	耿宇恒	北京市通州区潞河中学	许香春 周慧 张晓
中药组合液对小鼠成纤维细胞增殖和迁移的影响研究	奚子墨	北京市通州区潞河中学	许香春 黄萍 张晓
帕金森病小鼠模型行动机制退化研究	赵星媛 李王音希 康尚清	北京市第八十中学	孙小英
不同扦插条件对月季花成活率的影响	姜雨瑶	北京市顺义区第一中学	陈丽娟
菠萝蛋白酶的稳定性研究	李响	北京市昌平区第二中学	张淑春
玉米须在不同提取液中抗氧化成分分析	张湛东 宋文轩 许家豪	北京市广渠门中学	孙惠娟
孟津黄河湿地、禹州颍河湿地夏季鸟类多样性比较研究	凡启航	北京市朝阳外国语学校	岳颖 王冰
沙柳 SpABR1 在干旱胁迫中的功能研究	苏孟超	北京市大峪中学	李建波 孙红泽 于君雅
探究不同环境中使用墩布的最佳策略	蒋思琪 田慧馨 刘知微	北京市大兴区第一中学	张会弟
红树植物秋茄在北京家养条件下的种植观察	王淳	北京市育才学校	王落琳 陈宏程
探究不同过期奶制品对小麦生长发育的最适浓度	林和煊	北京市大兴区第一中学	张会弟
不同气候环境下蝴蝶翅大小和颜色的比较研究	徐寅飞	北京景山学校远洋分校	路宁宁 杜玲玲 费宜玲
探究不同品牌湿巾的杀菌效果及纸巾的微生物分布情况	年思彤	北京市大兴区第一中学	张会弟
模拟施加农药处理土壤，探究其对植物生长发育的影响	王思佳 刘雨涵 刘珊筱	北京市大兴区第一中学	张会弟
探究不同稀释倍数下几种家用洗衣液的抑菌效果	马晨曦	北京市大兴区第一中学	张笑
不同种类杀虫剂对瓢虫和种子发芽的影响	刘晨然	北京市第十中学	姚爱丽 宋振中 戴海霞
奥森南园细菌多样性调查	张天硕	北京市朝阳外国语学校	张煜文
在荒漠化逆转中豆科灌木通过根系微域显著驱动土壤菌群的网络结构组成变化	吴学日新 任泳颐 韩孟佐	北京市大峪中学	周子渊 侯占山 孙红泽
发酵法提取怀柔板栗叶片植物单宁及测定其含量	彭云泽 赵子辰 姜林	北京市怀柔区第一中学	曹文竹

作品名称	参赛者	学校名称	辅导教师
不同种类的口罩对缓解过敏性鼻炎症状的探究	王疆博	北京市金融街润泽学校	关梦忻
川金丝猴叫声的个体差异研究	陈嘉豪	北京市平谷中学	王爽 李敏
不同玉米须提取液中抗氧化成分分析	吴锦宜 韩羽淇 刘震彬	北京市广渠门中学	陈浣
北京市郊区小菜园常见害虫生物防治探究	王帅策	北京市第四中学	卓小利 李瑶
夏季校园环境中空气微生物数量分布及不同抑制剂的抑制效果研究	李泽君 孙邓一	北京市第一六六中学	秦悦 张婉钰 郑莉
基于细胞结构可视化的细胞生命过程研究	郝相博	北京市密云区第二中学	李桂荣
基于适配体和抗体的 N 蛋白检测试纸条的研究	孟烨梁	北京市陈经纶中学	李品 黄臣 孟凡超
基于变异株的基因组信息模型及预测的病毒进化方向	李谨硕	北京市第四中学	陶宁 孔丽燕
非生物胁迫对甘草悬浮培养细胞中代谢物的影响	杨思远	北京市第十四中学	张玲 李存秀 陈彩霞
索拉非尼和仑伐替尼的疗效比较研究	赵宇晨	北京市昌平区第二中学	张淑春 安云鹤
鲜榨果汁对苹果的保鲜作用研究	牛睿洋 李梓慕 耿维	首都师范大学附属苹果园中学	郭欣 张乐
大黄素抑制急性胰腺炎胰酶异常分泌和活化的作用研究	王箫蓬	北京景山学校	郭易楠 王晓蕾 崔恬玉
怀柔龙山公园环境调查	李钰 王欣蕊	北京市怀柔区第一中学	宋旭
厚土栽培丹参时，土壤环境对丹参生长状态影响的分析	丁楚涵	北京教育学院附属丰台实验学校	王伟 杨毅 崔红艳
不同气候对珍珠番茄生长的影响	黄妍嘉	北京市平谷区山东庄中学	何向月
纤毛 5-HT6 受体对学习记忆能力的影响	李雨霏	北京市第五中学	张研
探究外植体类型对组培驯化成功率的影响	王新扬	北京市昌平区第一中学	王冉 王银环
运用基因编辑技术在抗除草剂小麦材料方面的研究	李悦然 李静涵	中国科学院附属实验学校	王晋飞
三湖慈鲷识别和记忆能力的研究	赵靖之	北京市陈经纶中学（本部初中）	孙娜 刘爱倩
探究奶茶中糖和蛋白质的含量	刘钱浩	北京市大兴区第一中学	张文艳 李超
大兴念坛公园鸟类多样性变化及影响因素	侯可心 林晴宇 杨紫雄	北京市大兴区第一中学	赵迪 蔡静 钟震宇
永定河大兴段鸟类多样性及影响因素	孙启宸 王英棠 闫歌航	北京市大兴区第一中学	李超 蔡静 钟震宇

作品名称	参赛者	学校名称	辅导教师
薄荷精油抗菌免洗洗手液的制备及性能评价	季锦仪 彭禹鑫 李思贤	北京一零一中学怀柔分校	苗琼 王洁琦
太空丹参使用果皮厨余垃圾为肥料的种植研究	李孟桐	北京教育学院附属丰台实验学校	杨冲 安秀婷 刘伟
不同菊科中药材中菊糖提取及含量差异探究	陈朔豪 谷婧霏 张博	首都师范大学附属密云中学	曹丽娜 李旭敏 马家冀
基于敲除 CD7 建立的电转染方法研究	方艺霖 陈怡霖	北京市广渠门中学	马云梦 陶宁
大叶黄杨不同生长期过氧化氢酶活性差异探究	王厚民	北京一零一中学怀柔分校	苗琼
感光细胞功能调控以及在视觉能力的作用研究	陈旭洋	北京市顺义牛栏山第一中学	李万成
不同豆类制作内酯豆腐的可行性及风味差异探究	陈波宇	首都师范大学附属密云中学	李旭敏 李艳 曹丽娜
羽衣甘蓝粉等保健品对斑马鱼及人体常见肠道菌群结构的研究影响	侯安琪 王宜芸 桂若菲	北京市大兴区第一中学	张美燕 王思远
人类活动对于常见湿地鸟类分布的影响——以沙河水库区域为例	陆一然	北京中学	张正旺 陈德 岳蕾
丁香酚抗氧化能力及其在体外模拟条件下对肠道菌群的影响	戴金杉	北京市育英学校	詹静
基于 DNA 条形码技术的葱属植物分类鉴定	果实	北京大学附属中学初中部	张志坚 陈露 曲贵祥
艾烟和酒精的抗菌效果研究	刘雨芯	北京亦庄实验中学	王嬰迪 金术超 高云飞
基于病毒检测与静电吸附技术的新型口罩研究	曹滢蕾	北京亦庄实验中学	王嬰迪 金术超 高云飞
利用斑马鱼的胚胎发育实验评价帕罗西汀的环境安全性	金子杉	北京大学附属中学	郭莉 查金苗
用数值计算通用软件求实系数一元五次方程的近似解	于铭轲	北京市第八十中学	卢胐
实数加法群的基	张璐奕	北京市第五中学	赵学志 刘长付 李鼒
基于国产数值计算软件北太天元的牛顿法的实现及优化	焦文凯	北京市广渠门中学	裴毅
应用数学建模法预测 5 公里跑步极点出现时间模型	刘品江 张博文	北京市海淀区教师进修学校附属实验学校	武赟 敬蕊萌
冰壶运动中的数学分析	陈月	北京一零一中学	杨静平
当前视频网站付费模式的创新研究	张可心 邓涵予	中国人民大学附属中学	王思思
FAST 中国天眼——射电望远镜结构及材料对反射效果影响的实验探究	孙艺涵 尤鹏翼	北京市延庆区第一中学	董雯雯
中国天眼——FAST 反射面结构及材料对射电望远镜灵敏度的影响	石浩文 赵子航	北京市延庆区第一中学	马育红

作品名称	参赛者	学校名称	辅导教师
介质特性对机械臂传动性能影响的实验研究	肖赫	北京市延庆区第一中学	闫智慧
气压传动与液压传动的差异以及影响液压传动的条件	鲁宣孜	北京市延庆区第一中学	哈万峰
排球运动中正面上手发球角度问题分析	樊斌健	北京中学	周端焱 于艳芹 何馨
海卫一掩星的数据处理与分析	韩天一	北京市第五十五中学	乔柯霖 刘爱英
天宫课堂微重力实验结果天地分析对比	孙启涵	中国人民大学附属中学朝阳学校	李雯
红外线与红外传感器特性研究	温景淳	中国人民大学附属中学朝阳学校	李雯
月球车仿真模型	于金硕	北京市密云水库中学	杨茜
射电望远镜基本构造的探究	冯家玥	北京市延庆区第一中学	哈万峰
探究测量北京地区的重力加速度	芮森	北京市平谷区第五中学	刘俊 李慧鹏
一种基于 Arduino 控制板的山区急转弯对向交通智能提示装置	郑鲲鹏	北京市顺义牛栏山一中实验学校	李万成
趣味实验探索之神奇的纳米世界	鲁逸舟 赵泓瑞 张圣甜	北京师范大学三帆中学朝阳学校	李鑫鑫 范媛媛 夏鑫
中国古代建筑的天文学影响因素	周米媞 顾泽桐	北京市第三十五中学	吴优
凸面镜在狼垡中学的应用研究	史润泽	北京市大兴区狼垡中学	霍红霞 刘影 李晓明
极端颗粒尺寸对水结冰现象的影响	孟鹭	北京景山学校	吕广宏 孙莹 王菲菲
对于密近与密接食双星的研究	张珈铭	北京景山学校	王晓锋 李京 王菲菲
羽毛球毛片材质与形状对羽毛球耐打性的影响	邱家承	北京市昌平区第二中学	蔡雨林 刘苗苗
探究自行车空气动力学与骑行姿势和边际收益的关系	田钊源	北京市昌平区第二中学（回龙观校区）	刘苗苗 蔡雨林
国家天文台兴隆站观测数据处理	董建鹏	北京市顺义牛栏山第一中学	李万成 张全星
基于猫下落启发的面积可控降落伞的设计与应用	朱帅	北京一零一中学	曹雪芳 林德福 刘新福
识别监测系统	韩彤菲	北京理工大学附属中学	金萍 马立玲
陪诊服务驱走孤独就诊者的噩梦——北京市陪诊服务的现状调查分析	王冉	北京市延庆区第四中学	李俊鹏 常贵良
通州区潞县镇和美乡村建设效果调查研究	姚淑丹 高宇欣 刘天翔	北京市通州区潞县中学	杨洁 李波 李淑娟
北京市中小学中医药文化进校园开展情况及学生喜好度调查	李嘉奥	北京市通州区永乐店中学	王峰 姜海达

作品名称	参赛者	学校名称	辅导教师
关于集体活动中瓶装水浪费问题的调查及建议	韩嬰轩 袁梓林	北京市育英学校密云分校	尹玉
中小学校园周边交通乱象与治理对策研究	吴润修 姚百涵	北京市西城区德胜中学	李焱沐
关于幼儿红色绘本现状研究	张俪檬	北京市东直门中学	刘思宇
对于顺义区苏庄闸桥及周边地区保护和发展初探	王伊桐	北京市顺义牛栏山第一中学	林媛媛 马青青
探究"内卷"对当今社会的影响	张自然 王紫伊	北京市昌平区第二中学（回龙观校区）	刘苗苗 蔡雨林
大辛庄地区水质情况调查与研究	宁天姿	北京市大兴区大辛庄中学	李森 刘志强
同伴互助驱散情绪障碍的阴霾	昝政希	北京市延庆区第五中学	张新华
智能手机用户信息安全意识与行为的调查研究	肖依涵 张美鑫 宗雨晴	北京市顺义区第一中学	董轶男 张爱曦 杜学珍
互联网背景下传统文化传播方式对青少年的影响	刁鹏盛	北京市平谷中学	王爽
北京市第八中学大兴分校初一年级父母陪伴子女学习情况调查研究	张宣圆	北京市第八中学大兴分校	江玉静 刘超
茶杯滤网取出放置的研究	乔江川	北京市大兴区狼垡中学	刘影 霍红霞 董悦
关于检测传染病时排队问题的研究	何佳杰	首都师范大学附属中学密云分校	曹丽娜 马家冀 刘继云
让年轻态的传统文化走进人们生活——关于如何让北京历史文化融入年轻人的研究与建议	孙瑶	北京市大兴区第一中学	王晓燕
电子竞技能否成为未来职业的选择	周瑞娜 刘铱铭	北京市第二中学朝阳学校	王傅亮 葛涛 杨成武
基于调整心理认知的高中校园控烟宣传方式研究	马小晴 昝希菡 冯桂清	北京市延庆区第五中学	张新华
以书法学习促进高中生书写质量改善的研究与建议	白晨阳	北京市延庆区第五中学	张新华
延庆区文化遗存现状调研与保护开发建议	吴鹏	北京市延庆区第五中学	张新华
元宇宙及其对中国影响的调查	赵一鸣	北京市平谷中学	王爽
关于密云区废旧笔芯回收情况的调查研究	王加祎 蒲思介	北方交通大学附属密云中学 北京市密云区第三中学	赵涵妮
关于增设电动自行车充电设备助力绿色出行的研究	李兰天	首都师范大学附属密云中学	曹丽娜 马家冀 王曦
关于解决商品刺客类问题的调查与研究	魏宇喆	首都师范大学附属密云中学	张浩东 王静 张硕
快递包装绿起来	王金铭	首都师范大学附属密云中学	张浩东 王静 张硕
北潞园社区交通拥堵调查	李依朵 惠箐晨 王添豪	北京市房山区北潞园学校	李占平

作品名称	参赛者	学校名称	辅导教师
青少年影视内容现状分析及思考——以互联网影视内容为例	张在在	中国人民大学附属中学分校	刘海青
学生课桌椅满意度调查与改进	蒋玥彤 徐可欣	北京外国语大学附属外国语学校	崔淑珍 王学辉
有关使用纸吸管喝可乐的些许有趣探究	吴欣珂	北京市育英学校	张花 张艳君 欧阳红霞
新型防过敏无挂耳口罩设计	许皓铭	北京亦庄实验中学	王嬰迪 金术超 高云飞
基于 GPS 定位的老年人记忆障碍智能助手的研究与设计	李欣远 黄思涵 刘昊	北京市昌平区第二中学	杨静 王继飞 刘玉梅
智能全地形月球工程车	李睿诚 刘嘉润	北京市丰台区外国语学校	刘忠毅 任筱淳
基于环境噪声的汽车喇叭自适应音量控制系统	蔡昊翰	北京市第四中学	马丽娜
关于消除汽车后排座椅大扶手晃动的创新	袁若邻	北京市陈经纶中学分校	马雪征
学生接送状态对接系统	杨振远	北京市陈经纶中学	杨秋静 黄臣 郭松梅
智慧厨房	白昭阳	北京景山学校远洋分校	周宝善
基于物联网的小区外卖配送装置	田凯竣	北京市第二中学分校	高凯 刘鑫
基于物联网的游泳池智能水质监测器	裴楚淼 王赫淇	北京市大兴区第二中学	郭宇
基于单片机控制的音乐节拍按摩仪	张筵函 高达	北京市西城外国语学校	窦洛海 潘之浩 王红梅
语音控制自动寻星机器人	郑悠然	北京市第八中学	王文智 刘凌
物联网语音家校通知智能信箱	陈鸿景 高岳 马伯龙	北京市第二中学	高凯
通用手势控制自行车助力器	翁宇昂	北京市第四十四中学	生志昊
物联网鱼花共生家用鱼缸的研究与设计	刘明昊	北京市昌平区第二中学	杨静 王继飞 佟婧楠
储能式遇水自动破窗装置	杨梓易	北京师范大学附属中学平谷第一分校	张少臣
多功能钉钉子辅助器	陈相元	北京市第八十中学	何斌 张桐
SCARA 自动化奶茶制作销售一体机	罗纳铎	北京一六一中学	毕可雷 翟琨
基于楼道中人体姿态识别的老年人安全报警应用	陈翰廷 修致远	北京市第一七一中学	李铮 程金龙 崔琦璋
碳中和社区健身自行车	史鹤轩	北京市大兴区第二中学	郭宇
智能感应盲杖	周家骏	北京市大兴区第二中学	郭宇 姜楠

作品名称	参赛者	学校名称	辅导教师
辅助事故救助智能头盔	王鸾	北京市第八十中学管庄分校	白楠
面向火星探测的无人建筑物组装系统	王涵可 石智博	北京市第六十五中学	王慧 刘峡壁 任禹臣
智能遮阳板	闫靖悦	北京市顺义区第一中学	许实云 张巍
基于 Arduino 控制板的车门防撞预警系统	马宇轩	中国人民大学附属中学丰台学校	金鑫
两用便携式口罩夹	权婧轩	北京市昌平区前锋学校	李德生 徐华
水下波动推进机器人	李沐函 郑昊天 庆文惠	北京市文汇中学	于靖 续森 张益鑫
AI 智能风扇	黄天乐 刘修睿	北京市第八中学	刘凌
一种新型水下声信标搜寻系统设计与研究	周宸宇	北京市第二中学分校（北校区）	刘鑫 刘烨瑶 廖佳伟
基于行空板的智能快递包装回收处理装置	董悦洋	北京市昌平区第二中学	李胜男
双向控制的地下车库出口安全报警装置	徐梓涵 侯舜尧 刘昊宇	北京市顺义区仁和中学	穆丽花
下一代数字化测量工具适用于斜切锯的高精度数显滚轮下料尺	刘宇清 郭锡锴	人大附中北京经济技术开发区学校	王佳婧 杨哲睿 李继燕
可遥控汽车三角架小车	周睿朗 卢梦楠	北京市顺义区第一中学	许实云 张巍
智能信箱	郝则胜 吴俣仝 张皓霖	北京市密云区第二中学	李桂荣 刘海山
家庭多媒体信息管理系统	张云皓	北京市古城中学	姚春林 王可欣 王新凯
自动驾驶汽车行驶模型	王浩宇	北京市第二中学经开区学校	高宇 李东宇 曹炯炯
基于视频识别的实验安全智能助手	张泽 王博	北京市第八中学大兴分校	刘维维 张永芳
可复用固体火箭发动机、燃料的研发车	唐梓赫	北京市第五中学分校	崔云鹤 郦雅
北实密水卫士	吴倩 杨博楷	北京师范大学密云实验中学	王萍 刘鹤
基于声音信号 FFT 变换的自动调弦装置	谭翕允 刘欣瞳	北京中学	杨琳 赵腾任 孙鹏
电动车安全辅助系统	陈奕成 刘文峥	北京市陈经纶中学分校	姜迪迪
可演示四季星空的互联网时钟	赵雨天	北京市航天中学	王娟 徐红 贾新峰

续　表

作品名称	参赛者	学校名称	辅导教师
基于 Arduino 控制板的自动清理收集智能猫砂盆	常令铎	北京市第八中学京西校区	景丽静
基于 Arduino 控制板与 RFID 识别的多传感器智能药物管理系统集成与开发应用	王懿杨	清华大学附属中学	白鑫鑫 付静
深紫外极速个人筷子消毒盒	毋子宽	北京市海淀外国语藤飞学校	赵靓 朱翠华
青少年坐姿监督矫正与视力保护小助手	王海薇	北京市中科启元学校	肖秋怡
关于下沉路段积水警告系统的研究	卢卓欣	北京市海淀区教师进修学校附属实验学校	武赟
共享单车忘带物品提示器	刘宸	北京交通大学附属中学	朱阁
便携式心电监测仪	王昊轩 徐一鸥	北京交通大学附属中学	朱阁
拱形结构力学演示仪	鲁墨尧	北京市大峪中学分校	李硕
一种可以定时定量给鱼投食的装置	赵梓鸣	北京四中房山分校	吴艳侠 马连霞 宗海春
可持续发展——缓解噪声对纺织厂劳工造成的困扰和伤害	阎敏行	北京一零一中学	刘晓琛
校园爱心伞共享机	任印玺 武轶群	北京市育英学校	薛晖
智能骑行辅助头盔	王熙鹏	北京市育英学校	薛晖
基于树莓派的智能饮水机研究	孙梓珊	北京市育英学校	薛晖
基于语音识别的智能骑行系统	马一天	清华大学附属中学	谭洪政
清风系统母婴车	孟凡怡	北京科技大学附属中学	刘华峥 李广民 石峰
智能无接触式手部消毒器	魏千皓	北京市第四中学顺义分校	马彦来
基于视频识别的班级智能小管家	陈泽同	北京市大兴区第三中学	李志强 赵立婷

第 42 届北京青少年科技创新大赛科技辅导员科技教育创新成果一等奖获奖名单

作品名称	参赛者	学校名称
关注节能我行动，实践动手我制作——引导学生制作风力驱动起重机的科教方案	岳蕾	北京中学
认识眼睛预防近视实践活动方案	刘屹	首都师范大学附属朝阳实验小学
密云区中学生"探秘密云通用机场"研学实践活动方案	尹玉	北京市密云区青少年宫
开拓创新之路，践行育人之旅——关于"引领学生设计制作电子报警器"科技方案	李春茹	北京市第十五中学
聚焦环境问题，共建绿色家园	张微蒂	北京市第一六六中学
关于奶制品的调查研究活动方案	林媛媛	北京市顺义牛栏山第一中学
"关注呼吸健康，远离烟草制品"跨学科实践项目	孙鑫	北京市第一六六中学
我给轮胎安个家，小小甘薯种起来	吴红颖	北京市昌平第二实验小学
探香梨奥秘，扬家乡至味——小学生科技教育活动方案	赵涵妮	北京市密云区青少年宫

作品名称	参赛者	学校名称
"探秘二十四节气中的自然密码"科教活动方案	毕可雷	北京一六一中学
我为航天员设计太空餐	杨海燕	北京市宣武青少年科学技术馆
语音引导智能餐盒的设计	刘佳	北京市宣武青少年科学技术馆
远程物联网植物生理活动实时检测仪	王晨旭	北京市第三十五中学
一种打击乐基本功 AI 陪练装置	杨琳	中国传媒大学附属小学
基于生活常见导体中数字信号互动的"小钢琴"	李东宇	北京市第二中学经开区学校
曲线运动速度方向观察器	牛仁堂	北京市第八中学
定量探究安培力实验器	胡丽丽	北京市第八中学
零摩擦追寻守恒量实验器	张明哲	北京市第八中学

第 42 届北京青少年科技创新大赛科技辅导员科技教育创新成果二等奖获奖名单

作品名称	参赛者	学校名称
"智能数控列车"专业实践活动方案	张琪	北京市丰台区少年宫
建造我的喷泉花园	张悦	北京教育学院附属丰台实验学校
小小工程师爱家乡——我们来造桥	李莹	北京市昌平第二实验小学
探究冠状病毒——科学课题研究班综合实践活动	宗达	北京市宣武青少年科学技术馆
太空农业之在太空种粮种菜	李振英	北京市丰台区东高地青少年科技馆
中国古代魔杯揭秘	康蕊	北京教育学院附属丰台实验学校
腐烂水果小问题，引发防腐大思考——中学生创新人才培养科技教育活动	侯越	北京市第八中学
安全距离小助手	郭冬梅	北京市丰台区东高地青少年科技馆
"瓦楞板大改造"单元活动方案	张豆豆	北京市朝阳区青少年活动中心
"窗口密码卡片"小学数学科普活动	黄涛	北京市宣武青少年科学技术馆
模拟鸟喙	舍梅	北京市东城区回民实验小学
基于馆校合作的太空教育进校园活动	胡静	北京市第三十五中学
认识火星地形	刘华	北京市通州区东方小学北寺庄校区
宣南胡同访家燕	岳颖	北京市宣武青少年科学技术馆
基于物理学科核心素养的科学探究活动——以探究影响物体稳度的因素为例	王艳丽	北京市第十三中学
巧用废旧材料自制小乐器	肖松柳	北京市密云区第五小学（民族小学）
"身边的信息安全"主题活动方案	董轶男	北京市顺义区第一中学
瓶盖陀螺	董雪盈	北京市通州区玉桥小学
二十四节气的前世今生——二十四节气的由来科技活动方案	陈迪	中国人民大学附属中学朝阳实验学校
动于动脑有趣有料玩转科学——小船动起来	沈海侠	北京市丰台区东高地第二小学
走近规划，认识社区，学做城市规划师	马兰	北京市西城区青少年科学技术馆
利用 3D 打印技术探究榫卯结构——设计制作 3D 打印孔明锁	闫宗辰	北京市宣武青少年科学技术馆
"薄荷奇艺"科技教育方案	曹春燕	首都师范大学附属回龙观育新学校
体验科技便利、感受学校之美——人型机器人美丽校园讲解员科技教育活动	高宇	北京市第二中学经开区学校

续　表

作品名称	参赛者	学校名称
品读古代农业典籍，探究现代农业奥秘	马昕奕	北京市宣武青少年科学技术馆
"镜"中望月，夜观星海——小学生自制望远镜观测跨学科主题实践活动	孔令娟	北京市朝阳区芳草地国际学校世纪小学
携手双进，逐梦航天——青少年社会主义核心价值观"普特双培育"航天科普活动	王娟	北京市丰台区东高地青少年科技馆
"动态木偶"设计与制作的实践活动方案	刘连立	北京中学
耳蜗产生的信号通过听觉神经传递的模拟实验	李骏驰	北京市朝阳区芳草地国际学校慈云分校
病毒侵染细胞过程的 3D 模型	刘晓庆	北京市陈经纶中学嘉铭分校
基于科学思维和科学探究能力培养的高中生物教学实践	曹爱萍	北京市顺义牛栏山第一中学
分子筛效应模拟装置	张帆	北京市西城区青少年科学技术馆
高中化学有毒气体实验微型化绿色化——二氧化硫制备及性质实验装置创新	李新宇	首都师范大学附属回龙观育新学校
燃烧条件实验仪	李硕	北京市大峪中学分校
掌控板编程实现人工智能语音控灯	刘海山	北京市密云区第二中学
一款适用于中学的人工智能教学装置	赵腾任	北京中学
日食形成演示教具	贺子君	北京市第八十中学康营分校
基于探究实践素养的课程活动设计与实施——以"大自然的礼物"课外课程为例	何燕玲	北京市东城区和平里第四小学
小孔日影套	许丽	首都师范大学附属苹果园中学分校
基于物联网的微环境下人工智能种植气候系统	倪辉	北京医学院附属中学
便携式电路检测器	薛彬	北京市陈经纶中学
伽利略思想实验的思辨与求证	刘婉英	北京市朝阳区教育研究中心附属小学
飞行器的制作与设计	杨芳菲	清华大学附属中学广华学校

第 42 届北京青少年科技创新大赛科技辅导员科技教育创新成果三等奖获奖名单

作品名称	参赛者	学校名称
创意搭建火星基地	刘洋	北京市丰台区东高地第三小学
"我眼中的小世界"——科技教育方案	林珊	北京市昌平第二实验小学
"在行动，灵心化物——制作动物模型"科教实践方案	高卓伦	北京市昌平第二实验小学
研究时间工具的历史，感受中轴线之美	刘小萌	北京市朝阳区日坛小学
天宫变形赛	苏玉刚	北京教育学院附属丰台实验学校
STEAM 理念下的模型制作	刘小旭	北京市延庆区第四中学
"柳树掉叶现象"项目研究	王学龙	北京市通州区东方小学北寺庄校区
人工智能体验活动	于放	北京市第十五中学
我为家乡豆腐代言——什么样的水可以提高黄豆发芽率	李艳松	北京市延庆区第二小学
STEAM 创意设计活动	王晴	北京光明小学
空气的热胀冷缩	孙雪	北京市密云区西田各庄镇中心小学
讲铁道文物故事感科学技术发展——中国铁道博物馆科学实践活动方案	林彦杰	北京市日坛中学

作品名称	参赛者	学校名称
深植劳动意识，培养劳动精神——小学生葡萄文化探究活动	付晓红	北京市密云区青少年宫
潭柘寺里研学忙	孙红泽	北京市大峪中学
放飞梦想，筝舞蓝天	张颖	北京市宣武青少年科学技术馆
访贤为求道，习得以知路——青少年访谈院士科技教育活动方案	沈海娇	北京市第十五中学
"北京自然博物馆"自主实践方案	韩坤	北京市朝阳区人大附中朝阳分校东坝校区
考察公园水域"水域管理者"巡河守护生态文明——小学高年级实践体验活动的方案	李鹏云	北京市大兴区少年宫
探秘空气占据空间科技教育方案	张萌萌	北京市第二中学经开区学校
生态研学——植物不同颜色原理探究活动	朱秀荣	北京市密云区大城子学校
水杯音乐创作	刘玥	北京市回民学校
认识柳荫公园中常见鸟类	高巍	北京市第二十一中学
科技智慧改变生活	周宝善	北京市石景山区青少年活动中心
创新创意项目制作——基于通用技术学科经历设计的一般过程	李桂荣	北京市密云第二中学
"健康"与"智能"有个约会	金鑫	中国人民大学附属中学丰台学校
宇宙畅想曲	李建	北京市昌平区昌盛园小学南邵学校
友谊、合作、拼搏——户外趣味定向越野活动	李晓丹	北京市宣武青少年科学技术馆
智慧农业大棚环境监测系统设计活动方案	张新华	北京市延庆区第五中学
玩转二维码为植物做名片——小学高年级创客主题体验活动科普方案	蔡莹	北京市密云区青少年宫
珊瑚礁保卫战	沈云雁	北京师范大学三帆中学朝阳学校
"植物的生长"单元整体教学之"红薯变变变"实践活动	肖玉婷	人大附中石景山学校
我为家乡特产代言——小学高年级"二维码"制作体验活动科教方案	彭秀伶	北京市密云区青少年宫
捕捉夜空中的"闪光"——人造卫星摄影科教活动方案	陈曦	北京市丰台区东高地青少年科技馆
"沙子过滤器"小学高年级探究科教方案	郭春涛	北京市密云区青少年宫
磁现象	张军	北京市延庆区旧县学校
大问题，小切口——中学科技创新人才培养实践活动方案	王文智	北京市第八中学
文明校园创建 垃圾分类先行	冯世玉	北京市房山区良乡小学
植物栽培实践活动科教方案	滑会然	北京市延庆区第五中学
居家"倡"环保 共享"绿"家园	曹天鸽	北京市海淀区中关村第二小学万泉河分校
设计智能小夜灯实践活动方案	李蓓	北京师范大学燕化附属中学
心率探测仪	雷明君	北京市第八十中学康营分校
三维原子结构模型的建构和制作	张宇明	北京市昌平第五学校
一种微型、环保电解装置的设计	林丽芹	北京市大兴区第一中学
新课标背景下的初中信息科技大单元教学实践——以"物联网"+"水下机器人"助力"河长制"为例	邱莉	北京教育学院石景山分院
网络新世界	霍雪飞	北京市密云区西田各庄镇中心小学
成长不停——科技类线上短视频课程之感受人工智能魅力	邹佳君	北京市昌平第一中学
风的成因实验盒的改进	郭士杰	首都经济贸易大学附属小学
多用途显微摄影仪	张培华	北京昌平凯博外国语学校

作品名称	参赛者	学校名称
多功能体育器材收纳车	杨毅	北京教育学院附属丰台实验学校
基于受力分析的桥梁辅助设计与分析装置的设计	翟永霞	北京大学附属中学石景山学校
人工智能助力科技课程创新	赵立双	北京市昌平区巩华学校
自动门模型教具	刘迎春	北京市顺义区第一中学
自制抽丝器	牛广彬	北京市第八十中学康营分校
图像识别技术在前滚翻动作中的应用	李璇	北京市第二中学经开区学校
终点智能计时器	宁荣辰	北京市第二中学经开区学校
验证叶序作用的实验装置	吴忠	北京市延庆区西屯中心小学
清晰光的传播路径，探究光的反射规律	朱秀娟	北京市朝阳外国语学校
捕捉风的痕迹——风速监测器	尹博雅	北京市第二中学经开区学校
点电荷周围电场线和电势山演示仪	刘晶	北京师范大学附属中学平谷第一分校
测量玻璃和水的折射率	王晓燕	北京市大兴区第一中学
人耳模型演示装置	纪振铎	北京市朝阳区垂杨柳中心小学金都分校
制作磁流体	梁晓晖	北京市第八十中学管庄分校
"库仑定律"教学用具	鞠晨晨	北京市大兴区第一中学

青少年创客国际交流展示活动——青少年创客作品获奖名单

作品名称	参赛者	学校名称	辅导教师
心中有数的可视化打击乐 AI 训练器	李长泽	中国传媒大学附属小学	杨琳 高超
智能型课桌助手	那晓晖	中国人民大学附属中学丰台学校	金鑫
一种下凹式立交桥积水自动警示预警模拟系统	韩佳辰	清华大学附属小学商务中心区实验小学	韩策
可移动式智能锥桶警示装置	刘嘉懿	北京市东城区史家胡同小学	王红 郭蕊
助理小 C（眼肌训练仪）	程梓豪	中国人民大学附属中学丰台学校	金鑫
基于物联网的自动诊疗装置	尹美莹 胡歆雨	中国传媒大学附属小学	杨琳 王鹏飞
全地形遥控月球探测车的设计研究	王逸帆 涂君慈	北京市朝阳区芳草地国际学校世纪小学	孔令娟 杨颖
一种装满可自动压缩可无线警报的垃圾桶	刘瑞丰	北京市通州区青少年活动中心	刘建中 黄明刚
会唱歌的雨伞	林雯怡 沈兆峰	北京市通州区东方小学	宋晓伟 王春艳
物联网公共卫生间厕纸智能监测装置	高昊成	北京市西城区青少年科学技术馆	马兰
空间站植物实验舱	陈骏毅 李思辰	北京市西城区椿树馆小学	张雪晴
针对手部以及手机的可移动多功能消毒清洁智能一体装置	李佳禤	北京市通州区运河中学附属小学	孙滢 高明月
基于蜂窝状水循环自蒸发式加湿装置的设计制作	孟钖沐	北京市和平街第一中学	韩晓佳 杨静

作品名称	参赛者	学校名称	辅导教师
智能核酸检测扫码助手	王伟然	北京市第二中学分校	刘鑫 郭蕊
基于图像识别的场馆人员安全预警系统	秦韬杰 陈翰廷 修致远	北京市第一七一中学	李铮 翟浩迪
基于非对称结构的链式越障机器人	沈予涵	北京市第八十中学	何斌 黄凯
水下波动推进机器人	李沐函 郑昊天 庆文惠	北京市文汇中学	于靖 续森
基于物联网的智能交互式宠物助手	尹泊睿	北京市东城区青少年科技馆	刘子豪 唐冰
中学生智慧全自动手机自律管理器	侯成奕	北京市十一学校龙樾实验中学	张丽辉 崔晓红
围棋分拣机	白一然 闽思瑶	北京市通州区第六中学	洪芳 宋丽丽
逐梦复兴之路	翟晟翔	首都师范大学附属中学	李玲
创意纸卷游戏实验室	张子琳 褚芮欣 蔡茗晞	北京市大兴区旧宫中学	贾少辉
智能黑水虻饲育箱	国玮丞	北京市第二中学朝阳学校	王傅亮 王彬
十字差动尾翼的巡飞控制系统	张润奇	北京市广渠门中学	裴毅
基于机器视觉的 AI 搭建系统	王涵可 石智博	北京市第六十五中学	王慧
基于视觉识别的射箭姿势实时矫正系统的设计与实现	邬乐昊 朱嘉茗	北京一零一中学	付鹂娟
AI 慧眼——道路驾驶小助手	郭印凯 阎思宇 秦思睿	北京市第十三中学	马萍萍 王玉洁

青少年创客国际交流展示活动——创客教师教案/论文获奖名单

作品名称	参赛者	学校名称
梦想桥的设计与制作	杜春梅	北京市大峪中学
汇报与评价篮球收纳器模型	任文秀 徐祉琳	北京市西城区志成小学
"健康"与"智能"有个约会	金鑫	中国人民大学附属中学丰台学校
一个自热盒饭的诞生	李静 秦先超	北京市第八十中学
光敏印章设计与制作	杨磊	北京市东方德才学校
对弈机器人	翟浩迪	北京市第一七一中学
基于人工智能技术的手写识别智能盒的设计与实施	马萍萍	北京市第十三中学